2019

北京园林绿化年鉴

BEIJING PARKS AND FORESTRY YEARBOOK

北京市园林绿化局编纂委员会◎编纂

中国林业出版社

·北京·

U0393090

图书在版编目（CIP）数据

北京园林绿化年鉴.2019 / 北京市园林绿化局编纂委员会编纂
-- 北京：中国林业出版社, 2019.12
ISBN 978-7-5219-0418-5

Ⅰ.①北... Ⅱ.①北... Ⅲ.①园林－北京－2019－年鉴②绿化规划－北京－2019－年鉴
Ⅳ.①TU986.621-54②TU985.21-54

中国版本图书馆CIP数据核字（2020）第001695号

出　　版：中国林业出版社（100009　北京市西城区德内大街刘海胡同7号）
网　　址：http://lycb.forestry.gov.cn
E-mail：cfybook@163.com　　　　电　话：010-83143580
发　　行：中国林业出版社
印　　刷：北京中科印刷有限公司
版　　次：2019年12月第1版
印　　次：2019年12月第1次
开　　本：880mm×1230mm　1/16
印　　张：25.25
彩　　插：36
字　　数：610千字
定　　价：160.00元

《北京园林绿化年鉴》编纂委员会

主　任　邓乃平　北京市园林绿化局（首都绿化办）党组书记、局长、主任
　　　　　　　　（兼北京世界园艺博览会事务协调局党组书记）

副主任　张　勇　北京市园林绿化局（首都绿化办）党组成员，北京市公园
　　　　　　　　管理中心党委书记、主任

　　　　高士武　北京市园林绿化局（首都绿化办）党组成员、副局长

　　　　戴明超　北京市园林绿化局（首都绿化办）党组成员、副局长

　　　　高大伟　北京市园林绿化局（首都绿化办）党组成员、副局长

　　　　朱国城　北京市园林绿化局（首都绿化办）党组成员、副局长

　　　　廉国钊　北京市园林绿化局（首都绿化办）党组成员、副主任

　　　　蔡宝军　北京市园林绿化局（首都绿化办）党组成员、副局长

　　　　程海军　北京市纪委驻市园林绿化局纪检监察组组长

　　　　　　　　北京市园林绿化局（首都绿化办）党组成员

　　　　王绍军　北京市园林绿化局（首都绿化办）副局长（挂职）

　　　　贲权民　北京市园林绿化局（首都绿化办）二级巡视员

　　　　周庆生　北京市园林绿化局（首都绿化办）二级巡视员

　　　　王小平　北京市园林绿化局（首都绿化办）二级巡视员

　　　　刘　强　北京市园林绿化局（首都绿化办）二级巡视员

委　员（按姓氏笔画排序）

　　　　马　红　马金华　马彦杰　王　军　王秀芬　王金增　王继兴
　　　　孔令水　白正甲　叶向阳　卢宝明　刘进祖　刘丽莉　刘明星
　　　　刘润泽　安永德　米国海　李　洪　李宏伟　李福厚　吕红文
　　　　向德忠　朱国林　朱绍文　佟永宏　杨　博　杨志华　杨君利

张　旸　　张　军　　张月英　　张克军　　张志明　　张海泉　　张俊辉

张增兵　　吴志勇　　吴海红　　杜建军　　杜连海　　宋　涛　　姜英淑

周荣伍　　周彩贤　　施　海　　侯雅芹　　胡　永　　胡　俊　　胡巧立

赵伟琴　　袁士保　　陶万强　　高　源　　高福颖　　梅生权　　崔东利

梁　莉　　揭　俊　　曾小莉　　蔡永茂　　薛　康　　冀　捷

《北京园林绿化年鉴》编辑部

一、领导

※ 4月1日，北京市委书记蔡奇到大兴区礼贤镇同中央军委领导参加义务植树活动

（何建勇　摄影）

※ 3月31日，北京市市长陈吉宁（右）到朝阳区十八里店丹枫公园参加共和国部长义务植树活动

（何建勇　摄影）

※ 2月24日，北京市副市长卢彦（左四）到昌平区检查森林防火工作

（市森林公安局　提供）

※ 8月14日，北京市园林绿化局（首都绿化办）局长（主任）邓乃平（左三）陪
同北京市副市长卢彦（右二）在通州区检查造林绿化工作（何建勇　摄影）

二、平原造林

※ 3月22日，中美联合商会到怀柔区杨宋镇开展主题为"我为北京添绿色"植树活动 （徐然 摄影）

※ 3月30日，门头沟区园林绿化局机关人员参加义务植树活动
（高季泽 摄影）

※ 4月1日，房山区四套班子领导及机关干部与驻区解放军官兵到西潞街道固村开展全民义务植树活动。 （刘腾 摄影）

※ 4月1日，中央军委领导和驻京大单位领导到大兴区礼贤镇李各庄村参加首都义务植树活动　　　　　　　　　　　　　（大兴区园林绿化局　提供）

※ 怀柔区宝山镇新一轮百万亩造林

（肖奇维　摄影）

※ 北京城市副中心"千年守望林"项目

（董兆磊　摄影）

※ 丰台区卢沟桥乡史规划馆平原造林地块

（冯超　摄影）

※ 3月31日，西城区四套班子领导及机关干部与驻地解放军官兵到常乐坊城市森林参加义务植树活动
（彭博　摄影）

※ 4月11日，全国人大常委会领导到丰台区参加义务植树活动
（冯超　摄影）

※ 密云区新一轮百万亩造林工程——太师屯地块
（裴川　摄影）

※ 大兴区新一轮百万亩造林工程——北臧村郊野公园景观
（大兴区园林绿化局　提供）

三、生态环境建设

※ 海淀区中关村大街
绿化景观

（杨晓涛 摄影）

※ 海淀区苏家坨浅山林区（徐海生 摄影）

※ 京西林场北港沟分场困难立地
造林工程 （王天罡 摄影）

※ 丰台区康辛路沿线及宛平城周边环境整治工程 （冯超 摄影）

※ 密云区2018年京津风沙源治理二期 　　※ 密云区古北口造林工程
工程——古北口镇潮关村 　　　　　　　　（王海龙 摄影）

（段丽丽 摄影）

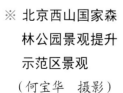

※ 房山区安庄村良
坨路两侧播草覆
绿工程景观

（冯超 摄影）

※ 北京西山国家森
林公园景观提升
示范区景观

（何宝华 摄影）

四、绿色产业

※ 怀柔区桥梓镇北林产业园林下种植百合
（马学斌 摄影）

※ 门头沟区蜂产品生产基地
（梁崇波 摄影）

※ 怀柔区庙城镇郑重庄村平原造林地
被栽植 （王剑 摄影）

※ 怀柔区长哨营满族乡八道河村林
下植物 （徐然 摄影）

※ 房山区石楼草根堂林下种植百合 （马学斌 摄影）

五、资源安全

※ 5月15日，北京市林业保护站举办常发性林业有害生物监测巡查技术培训班

（潘彦平 摄影）

※ 5月18日，北京市林业保护站在房山区开展飞机防治林业有害生物作业

（薛洋 摄影）

※ 5月23日，北京市林业保护站在黄垡苗圃举行"京津冀协同发展2018林业植物检疫检查联合行动"启动仪式

（孟博仁 摄影）

※ 7月18日，市政府召开全市自然保护地大检查工作部署会。 （唐波 摄影）

※ 8月27日，颐和园
公园管理处工作
人员为古树挂新
版古树标牌

（唐波 摄影）

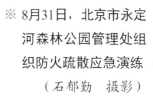

※ 8月31日，北京市永定
河森林公园管理处组
织防火疏散应急演练

（石郁勤 摄影）

※ 9月26日，海淀区森林警察在该区苏家坨镇三星庄村湖心岛解救被猎捕的野鸟　（闫岩　摄影）

※ 10月20日，市森林公安民警在门头沟区斋堂镇市场执法检查，打击非法贩卖珍贵濒危野生动物等违法行为

（何宁玉　摄影）

※ 10月25日，门头沟区召开2019年度森林防火工作电视电话会
（李建生　摄影）

※ 10月29日至11月2日，房山区园林绿化局在北京举办2018年森林公安民警培训班
（李晓鹏　摄影）

※ 11月1日，海淀区组织开展森林防火
　集中宣传活动
　　　　　　　　（封国剑　摄影）

※ 密云区森林火灾视频监控无人值守
　基站　　　　　（贾德才　摄影）

※ 北京八达岭林场有害生物监测与防治
　　　　　　　　　（杜晨明　摄影）

※ 平谷区开展无人机防控栎粉舟蛾
　　（平谷区园林绿化局　提供）

六、城市绿化美化

※ 西城区金融街中心景观绿地　　　　※ 西城区西直门外嘉茂大厦屋顶绿化

（城镇绿化处　提供）　　　　　　　　　　（徐明明　摄影）

※ 丰台区周庄子
家园屋顶绿化
（康森　摄影）

※ 东城区张自忠
路地铁口绿地
景观（城镇绿
化处　提供）

※ 海淀区长春桥路花
卉景观
（杨晓涛　摄影）

※ 西城区广安门桥绿
化景观（西城区园
林绿化局　提供）

※ 北京城市副中心行
政办公区绿化景观
（董兆磊　摄影）

※ 大兴区第五幼儿园屋顶绿化
（大兴区园林绿化局　提供）

※ 中秋节期间，怀柔区官渡河路口景观
布置 （怀柔区园林绿化局　提供）

※ 平谷新城"国家
森林城市"绿化
美化
（段增贤　摄影）

※ 西城区鼓楼地铁
口节日花坛景观
（西城区园林绿
化局　提供）

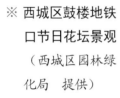

※ 丰台区六里桥花卉布置　　　　　　　　　　　　（冯超　摄影）

七、公园风景名胜区

※ 4月29日，北京
市园林绿化局在
世纪坛公园组织
绿地综合检查
（城镇绿化处
提供）

※ 大兴区北臧村赵家场小微绿地建设　　※ 西城区西海湿地公园
（大兴区园林绿化局　提供）　　　（西城区园林绿化局　提供）

※ 海淀区双紫花园景观　　　　　　（海淀区园林绿化局　提供）

※ 元大都城垣遗址公园第21届海棠花节 （张启升 摄影）

※ 第12届长城红叶生态文化节

（何建勇 摄影）

※ 丰台区槐房小微绿地建设

（冯超 摄影）

※ 海淀公园科技公园建成开放

（漆锋 摄影）

※ 平谷区城北湿地公园

（平谷区园林绿化局 提供）

※ 首都绿色文化碑
林管理处改造东
门台阶路，修建
无障碍通道
（高源 摄影）

※ 首都绿色文化碑
林管理处在东门
建设留金园
（高源 摄影）

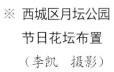

※ 西城区月坛公园
节日花坛布置
（李凯 摄影）

八、场圃与林业站

※ 7月21日，市大东流苗圃完成"美丽乡村建设试点村"供苗任务

（张岳 摄影）

※ 10月29日，市林业种子苗木管理站组织相关专家在北京圆山大酒店召开《北京市林木种质资源保护与利用规划（2018-2025）》验收会

（任慧朝 摄影）

※ 11月14日，市林业种子苗木管理站组织技术人员在门头沟区造林现场进行种苗质量检查（高晓明 摄影）

※ 11月23日，市园林绿化局领导赴大东流苗圃调研花卉产业发展情况

（张岳 摄影）

※ 市天竺苗圃优良乡土
宿根地被植物扩繁选
育及示范推广项目建
设资源圃

（唐玉红　摄影）

※ 12月5日，市天竺苗圃项目小组实地考察林业项目完成情况　（柳同庆　摄影）

※ 房山区北京龙乡圣树文化园　　　　　※ 怀柔区汤河口镇规模化苗圃

　　　　（何苗苗　摄影）　　　　　　　　　　（邓正苹　摄影）

九、法制 规划 科技

※ 4月11日，北京农学院、荷兰皇家科学院与怀柔区在板栗站试验园开展板栗根系研究

（刘振丽 摄影）

※ 4月22日，北京市海淀区太平路小学学生在西山国家森林公园开展"绿色科技 多彩生活"主题活动

（孙鲁杰 摄影）

※ 5月5日，英国谢菲尔德大学专家来松山进行植物考察

（范雅倩 摄影）

※ 5月26日，中国园林博物馆在农耕文化科普区，面向社会公众开展京西御道农耕文化体验活动

（王宇 摄影）

※ 6月7日，绩效评价专家组在大兴区新源路查看"北京平原地区春尺蠖无公害防控新技术示范与推广"项目现场
（刘克林　摄影）

※ 10月28日，在海淀区翠湖湿地公园举办中国科普作家协会生态科普创作专业委员会成立大会
（王博宇　摄影）

※ 12月18日，北京市园林绿化局与上海市园林科学规划研究院交流土壤污染防治工作
（魏雅芬　摄影）

※ 北京万寿公园
"优良乡土宿根
地被植物扩繁选
育及示范推广"
项目示范区建设
（唐玉红　摄影）

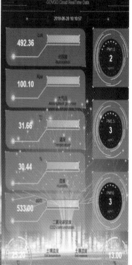

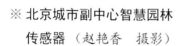

※ 北京城市副中心智慧园林
　　传感器（赵艳香　摄影）

　　　※ 西山国家森林公园景观提升示范区森林大舞台地被建设　　（李进宇　摄影）

十、调研 信息 宣传

※ 1月13日，延庆区人民政府慰问松山靠前驻防森林武警官兵 （赵雪 摄影）

※ 3月21日，日坛公园第十二届"春分·朝阳"文化节

（张琳 摄影）

※ "三八"妇女节期间，怀柔区园林绿化局组织女职工开展微景观制作活动（邓正苹 摄影）

※ 4月1日，北京市大东流苗圃应邀参加朝阳区全民义务植树宣传启动仪式

（张岳 摄影）

乡村振兴与林业现代化论坛
2018.4.3

※ 4月3日，乡村振兴与林业现代化学术研讨会在北京林业大学召开，相关科研院所、高校、政府部门、社会企业等机构的30余名专家学者参加

（林政处　提供）

※ 4月30日，西山国家森林公园大舞台举办第六届森林音乐会

（刘洋　摄影）

※ 5月26日"探秘自然　聆听心田"海淀公园第15届插秧节在海淀公园御稻流香景区举办　（赵永亮　摄影）

※ 6月27日，北京市园林绿化局后勤服务中心在西办公区组织消防演练
（罗霜　摄影）

※ 7月13日，平谷区召开创建国家森林城市学习研讨会（平谷区园林绿化局　提供）

※ 8月1日，北京松山国家
级自然保护区管理处
组织本底资源植物调
查——采集标本

（赵雪 摄影）

※ 10月15日，国家林业和
草原局授予北京市平谷
区"国家森林城市"称
号。平谷区委书记王成
国接受授牌（平谷区园
林绿化局 提供）

※ 8月30，北京园林绿化
工程质量监督站深入园
林绿化企业调研

（邵磊 摄影）

※ 9月25日，在大兴区
魏善庄镇举办"世界
月季名园"授牌仪
式。魏善庄月季主题
园荣获"世界月季名
园"称号（大兴区园
林绿化局 提供）

※ 11月1日，房山区防火办在良乡赛纳园开展以"保护绿水青山、森林防火当先"为主题的宣传咨询活动

（李京辉　摄影）

※ 首都绿化文化碑林管理处在东门举办"仁者乐山书画展"开幕式（高源　摄影）

※ 北京八达岭林场举办"小手拉大手　共植友谊树"活动　（王玲　摄影）

※ 怀柔区开展"健康人生绿色无毒"全民禁毒宣传活动（邓正苹　摄影）

十一、党群组织

※ 2月24日，松山管理处职工在松山自然保护区参与"科普宣教从自身做起"登山活动
（宋泽　摄影）

※ 7月5日，农村林业改革发展处党支部参观昌平区狼儿峪爱国主义教育基地（林改处　提供）

※ 7月6日，北京市食用林产品质量安全监督管理中心党支部，组织全体党员干部在西山无名英雄纪念广场开展"重温入党誓词"主题党日活动（康凯　摄影）

※ 9月27日，首都绿色文化碑林管理处党支部与新浪微博党委在黑山扈战斗纪念园联合开展主题党日活动（佟思平摄影）

※ 9月28日，西山国家森林公园英雄广场举办共和国无名英雄纪念仪式

（刘洋 摄影）

※10月30日，北京市黄垡苗圃到十三陵林场参观学习　　（孟博仁 摄影）

编辑说明

一、《北京园林绿化年鉴》（以下简称《年鉴》）是一部全面、准确地记载北京园林绿化行业上一年度工作成果和各方面新进展、新事物、新经验等重要文献信息，逐年编纂，连续出版的资料性工具书和史料文献。

二、《年鉴》坚持以马克思列宁主义、毛泽东思想、邓小平理论、"三个代表"重要思想、科学发展观、习近平新时代中国特色社会主义思想为指导，坚持辩证唯物主义和历史唯物主义的立场、观点、方法、存真求实，全面、科学地反映客观情况。为领导决策提供可资参考的依据；为园林绿化部门和单位提供有价值的资料；为国内外各方面人士认识、了解北京园林绿化事业提供最新、最具权威性的信息资料；同时为续修《北京·园林绿化志》积累丰富的史料。

三、《年鉴》为北京园林绿化行业年鉴，属地方性专业年鉴类型。

四、《年鉴》根据北京园林绿化行业的工作特点和内容采用分类编纂法，设栏目、类目、条目三个层次，以条目为主。

五、《年鉴》的基本内容，设有特辑、文件选编、北京园林绿化大事记、概况、生态环境建设、绿色产业、资源安全、城市绿化美化、公园风景名胜区、场圃与林业站、法制 规划 科技、调研 信息 宣传、党群组织、直属单位、区园林绿化、荣誉资料、统计资料、附录、目录19个基本栏目。

六、编入《年鉴》的文章和条目，均由各级园林绿化部门及局属单位负责撰稿或提供，并经领导审核。

七、《年鉴》采用文章和条目两种体裁，以条目为主，用记述体和规范的语言，直陈其事，文字力求言简意赅。为精简文字，年鉴中经常提到的机关名称，均用简称。如全国绿化委员会，简称全国绿化委；首都绿化委员会，简称首都绿化委；中国共产党北京市委员会，简称中共北京市委；北京市人民政府，简称为市政府；北京市园林绿化局 首都绿化委员会办公室，简称为市园林绿化局 首都绿化办；北京市森林防火办公室，简称市防火办；北京市园林绿化局 首都绿化委员会办公室党组，简称为局办党组。

八、2019版年鉴，集中记述2018年1月1日至2018年12月31日期间北京园林绿化的总体情况(部分内容依据实际情况时限略有前后延伸)，凡2018年的事情，均直书月、日，不再书写年份。

九、计量单位一般按1984年2月27日《中华人民共和国法定计量单位》执行。

北京园林绿化年鉴编纂委员会办公室
2019年10月20日

目　　录

特　　辑

国家林业局领导重要讲话 ……………… 1

在全国林业厅局长会议上的讲话　国家林
业局局长　张建龙 ………………… 1

市领导有关园林绿化工作重要讲话 …… 15

在深入推进疏解整治促提升　促进首都生
态文明与城乡环境建设动员大会上的讲
话　北京市委书记　蔡　奇 ………… 15

在2018年全市园林绿化工作会议上的讲话
北京市人民政府副市长　卢　彦 …… 19

在北京市2019年度森林防灭火工作电视电
话会议上的讲话　北京市森林防火指挥
部总指挥　副市长　卢　彦 ………… 24

**北京市园林绿化局(首都绿化办)领导重要
讲话** ………………… 27

在2018年全市园林绿化工作会议上的讲话
北京市园林绿化局局长　首都绿化办主
任　邓乃平 ………………… 27

首都绿化委员会第37次全体会议工作报告

首都绿化委员会办公室主任　邓乃平
………………… 39

在北京市2019年度森林防灭火工作电视电
话会议上的讲话　北京市森林防火指挥
部副总指挥　邓乃平 ………… 49

文件选编

国有林场森林管护项目管理办法 ……… 53

北京市平原生态林保护管理办法(试行)
………………… 55

北京市园林绿化局关于做好2018年城市绿
化工作的指导意见 ………………… 60

北京园林绿化大事记

2018年北京园林绿化大事记 ………… 65

概　　况

机构建制 ………………… 73

行政职能 ………………… 73

园林绿化概述 ……………… **84**

生态环境建设

绿化造林 ……………………… **91**
概　况 ……………………………… 91
公路河道绿化工程 ………………… 91
森林健康经营林木抚育项目 ……… 91
彩色树种造林工程 ………………… 92
北京市太行山绿化工程 …………… 92
京津风沙源治理工程 ……………… 92
京冀生态水源保护林建设合作项目 … 92

新一轮百万亩造林绿化工程 ……… **93**
概　况 ……………………………… 93
编制新一轮百万亩造林绿化建设工程总体
　规划 …………………………… 93
核心区及中心城区绿化建设 ……… 93
两条"绿色项链"建设 …………… 93
城市副中心及周边区域绿化建设 … 93
平原新城区域绿化建设 …………… 94
生态涵养区绿化建设 ……………… 94
实施留白增绿 ……………………… 94
宣传报道 …………………………… 94

湿地建设 ……………………… **95**
概　况 ……………………………… 95
《湿地北京》获国家科学进步奖二等奖
　………………………………… 95
"世界湿地日"主题宣传活动 …… 95
野鸭湖湿地自然保护区总体规划编制调研
　………………………………… 96
市领导赴平谷湿地公园调研 ……… 96
市地方标准《湿地生态质量评估规范》发布
　………………………………… 96

密云区园林绿化局推进湿地建设进程
　………………………………… 96
怀柔区湿地资源调查工作完成 …… 97

全民义务植树 ………………… **97**
概　况 ……………………………… 97
国际森林日植树纪念活动 ………… 97
共和国部长参加义务植树活动 …… 98
中央军委领导参加义务植树活动 … 98
党和国家领导人参加义务植树活动 … 98
全国人大常委会领导参加义务植树活动
　………………………………… 98
全国政协领导参加义务植树活动 … 98
全市重点纪念林普查 ……………… 99

林业碳汇与国际合作 ………… **99**
概　况 ……………………………… 99
树木医生助力北京园林绿化精细化管理
　………………………………… 99
京津冀地区林业碳汇计量监测标准化示范
　区建设项目 …………………… 100
山区适应气候变化技术示范项目 … 100
2018 中日密云植树活动 ………… 100
市园林绿化应对气候变化风险评估项目
　………………………………… 100
落实冬奥会碳中和理念 …………… 101
园林绿化国际智力资源引进项目 … 101
增彩延绿国际合作与创新技术研究项目
　………………………………… 102
森林疗养产业支撑与示范项目 …… 102
北京森林文化服务功能提升及森林体验教
　育示范项目 …………………… 102

北京城市副中心绿化建设 …… **103**
概　况 ……………………………… 103

抓好重大项目落地 ·················· 103

行政办公区绿化建设 ·············· 103

"两带一环一心"重点项目建设 ······ 103

通州区新一轮百万亩造林绿化建设 ··· 104

百姓身边建绿工程 ················· 104

北京城市副中心绿地接管 ·········· 104

北京城市副中心行政办公区智慧园林项目
　建设 ························· 104

绿色产业

种苗产业 ·············· **105**

概　况 ························· 105

种苗生产供应 ·················· 105

规模化苗圃建设 ················ 105

植物种质资源保护开发利用 ········ 105

国家重点林木良种基地管理 ········ 105

林木品种审定 ·················· 106

林木良种培育补助项目 ··········· 106

加强林木种苗行政审批 ··········· 106

梳理权力清单 ·················· 106

种苗随机抽查检查 ·············· 106

与山西省大同市开展京同合作协议项目
　·························· 107

花卉产业 ·············· **107**

概　况 ························· 107

迎春年宵花展 ·················· 107

参加 2018 香港花展 ············· 107

第九届郁金香文化节 ············· 107

第十届北京月季文化节 ··········· 108

第四届北京百合文化节 ··········· 108

第十届北京菊花文化节 ··········· 108

2019 北京世园会北京室外展园设计施工建
　设 ························· 108

2019 北京世园会北京室内展区设计方案通
　过审定 ····················· 109

2019 北京世园会北京参展展品征集预展活
　动 ························· 109

2019 北京世园会北京展区运营推介活动
　·························· 109

参加第八届中国月季展 ··········· 109

筹备 2019 年河南南阳世界月季洲际大会
　·························· 110

编写《北京花讯》宣传花卉文化 ····· 110

果品产业 ·············· **110**

概　况 ························· 110

北京市樱桃春季生产现场会 ········· 110

北京世界园艺博览会"百果园"建设
　·························· 110

启动第九届国际樱桃大会筹备工作 ··· 111

果树产业与美丽乡村融合发展研究项目调
　研 ························· 111

果树产业基金扩围方案获得北京市政府批
　准 ························· 111

持续开展果园化肥农药减量化工作 ··· 111

北京市果园栽植保存情况检查验收 ··· 111

果树基金投资高效节水果园工作 ····· 112

推进"密植果园保险"项目试点工作
　·························· 112

果品信息宣传 ·················· 112

蜂 产 业 ·············· **113**

概　况 ························· 113

抗灾保蜂 ····················· 113

养蜂精准扶贫 ·················· 113

制定蜂产业精准扶贫国家标准 ······ 113

蜜蜂授粉 ····················· 113

国家蜂产业技术体系北京试验站建设
　…………………………………… 113
自流蜜生产基地建设 …………… 114
智能化蜂箱开发研制 …………… 114
蜜蜂文化旅游休闲 ……………… 114
首届世界蜜蜂日庆祝活动 ……… 114
市森林蜜蜂特色小镇项目获批 … 114
全国养蜂大会 …………………… 114

林下经济 …………………………… **115**
概　况 …………………………… 115
林下经济服务基层活动 ………… 115
市林下经济现场观摩交流会 …… 115
林下经济调查研究 ……………… 115

资源安全

野生动植物保护及自然保护区建设与管理
　…………………………………… **116**
概　况 …………………………… 116
世界野生动植物日宣传活动 …… 117
第 36 届"爱鸟周"宣传活动 …… 117
全市自然保护地大检查工作 …… 117
首批丁香叶忍冬幼苗回归松山自然保护区
　…………………………………… 118
全市自然保护地大检查工作部署会 … 118
北京自然保护地大检查工作培训会 … 118
打击乱捕滥猎非法经营候鸟违法犯罪活动
　电视电话会议 ………………… 118
怀柔区园林绿化局开展野生动物保护法宣
　传活动 ………………………… 118
怀柔区园林绿化局做好野生动植物保护工
　作 ……………………………… 119
房山区发现震旦鸦雀 …………… 119
检查督导大兴区打击乱捕滥猎非法经营候

鸟违法犯罪工作 ……………… 119
严厉打击犀牛和虎及其制品非法贸易专项
　行动视频会议 ………………… 119
《城市绿地鸟类多样性及栖息地质量评价技
　术规程》通过审查 …………… 119

古树名木保护 …………………… **120**
概　况 …………………………… 120
北京古树名木书画展 …………… 120
北京最美十大树王发布仪式 …… 120
北京古树换新版"身份证" ……… 121
北京 5 棵古树荣登"中国最美古树"榜
　…………………………………… 121
古树名木保护管理技术培训班 … 121

绿化资源监测与规划设计 ……… **122**
概　况 …………………………… 122
北京市湿地资源调查 …………… 122
北京市 2017 年度林地变更调查 …… 122
基于高分遥感技术动态监测年度绿化资源
　变化 …………………………… 122
全国古树名木资源普查北京地区调查
　…………………………………… 122
北京市"十三五"时期园林绿化发展规划中
　期评估 ………………………… 123

林政资源管理 …………………… **123**
概　况 …………………………… 123
森林资源动态监测 ……………… 123
林地保护管理 …………………… 123
林权管理 ………………………… 124
森林资源定(限)额管理 ………… 124
森林经营方案编制 ……………… 124
森林督查 ………………………… 124
森林资源目标责任制 …………… 124

园林绿化资源保护专项检查 ……… 124
林政资源执法 ……………………… 125

林木有害生物防治 …………………… **125**
 概　况 …………………………… 125
 飞机防治林业有害生物 …………… 125
 苹果蠹蛾防控 …………………… 125
 林业有害生物防控 ……………… 126
 京津冀林业有害生物协同防控 … 126
 新一轮百万亩造林绿化林业有害生物防控
   …………………………………… 126
 北京城市副中心林业有害生物防控 … 126
 林业有害生物绿色防控试点 …… 127
 林业有害生物防控协会 ………… 127

森林火灾防控 …………………………… **127**
 概　况 …………………………… 127
 市领导检查"五一"期间森林防火 …… 128
 京津冀联合开展森林火灾应急处置演练
   …………………………………… 128
 森林防灭火工作电视电话会议 … 128
 森林防火宣传月 ………………… 128
 冬奥赛区森林防火检查 ………… 128

公安执法 ………………………………… **129**
 概　况 …………………………… 129
 打击破坏野生动物资源违法犯罪专项行动
   …………………………………… 129
 "绿剑2018"专项行动 …………… 129
 打击珍稀动物及制品非法贸易专项行动
   …………………………………… 130
 落实象牙禁贸令 ………………… 130
 森林公安队伍建设 ……………… 130
 森林公安宣传 …………………… 130
 案例要举 ………………………… 130

安全生产与应急管理 …………………… **131**
 概　况 …………………………… 131
 安全生产检查督导 ……………… 132
 确保汛期安全 …………………… 132
 防汛防火应急演练 ……………… 132
 安全宣传活动 …………………… 132
 安全生产教育培训 ……………… 132
 安全生产标准化建设 …………… 132

农村林业改革发展 ……………………… **133**
 概　况 …………………………… 133
 编制印发《关于完善集体林权制度促进首都
  林业发展的实施意见》 …………… 133
 落实《关于完善集体林权制度促进首都林业
  发展的实施意见》 ………………… 133
 探索新型集体林场试点 ………… 133
 新一轮全国集体林业综合改革试验示范区
  建设 ……………………………… 134
 配套服务设施建设规范调查研究 … 134
 北京市集体林权管理台账档案数据更新
   …………………………………… 134
 集体林地承包经营纠纷调处考评 …… 134

行政审批 ………………………………… **135**
 概　况 …………………………… 135
 工程建设审批制度改革 ………… 135
 促进优化北京市营商环境 ……… 135
 立足资源保护依法开展审批 …… 136

城市绿化美化

城市园林绿化建设与管理 …………… **137**
 概　况 …………………………… 137
 北京城市副中心园林绿化建设 … 137
 中非合作论坛绿化环境保障 …… 137

天安门广场花卉环境布置 ……………… 138
完成第十二届中国(南宁)国际园林博览会
　　北京园建设 ………………………… 138
第十一届中国(郑州)国际园林博览会北京
　　园获奖 ……………………………… 138
城市公园绿地建设 ……………………… 138
健康绿道建设 …………………………… 138
道路绿化景观提升 ……………………… 138
居住区绿化美化 ………………………… 139
立体绿化建设 …………………………… 139

园林绿化市场管理 …………………… **139**
概　况 …………………………………… 139
园林绿化企业管理 ……………………… 139
园林绿化工程招投标监督管理 ………… 139
质量监督管理 …………………………… 140
安全生产标准化达标 …………………… 140

城镇绿地管理 ………………………… **140**
概　况 …………………………………… 140
城镇绿地数字化管理 …………………… 140
标准化管理体系 ………………………… 140
园林绿化业务培训 ……………………… 141
城镇绿地常态化管理 …………………… 141
北京城市副中心绿地接管 ……………… 141

公园风景名胜区

公园行业管理 ………………………… **152**
概　况 …………………………………… 152
提升公园品质专项行动 ………………… 152
公园志愿服务 …………………………… 152
野生地被人工化管理 …………………… 153
发布智慧公园建设指导书 ……………… 153
发布特色公园创建指导书 ……………… 153

公园风景区资源动态监管 ……………… 153
公园风景区行业培训 …………………… 153
公园风景区公众服务品牌建设 ………… 153
森林文化活动 …………………………… 154
培育特色森林景观 ……………………… 154
节假日服务保障 ………………………… 154

风景名胜区行业管理 ………………… **154**
概　况 …………………………………… 154
编制《北京市风景名胜区体系规划》专项规
　　划 …………………………………… 154
制订《八达岭——十三陵风景名胜区详细规
　　划》 ………………………………… 155
编制《承德避暑山庄外八庙国家级风景名胜
　　区古北口长城景区详细规划》 ……… 155
风景名胜区执法检查 …………………… 155

场圃与林业站

场圃建设 ……………………………… **156**
概　况 …………………………………… 156
编制国有林场建设发展规划 …………… 156
制订国有林场管理考核办法 …………… 156
琅山苗圃改革 …………………………… 156
国有林场森林资源管理 ………………… 156
局属场圃监管 …………………………… 157
局属场圃园林绿化资源保护专项整改
　　……………………………………… 157

基层林业站建设 ……………………… **157**
概　况 …………………………………… 157
基层林业站本底调查 …………………… 157
标准化林业站建设 ……………………… 158
业务培训班 ……………………………… 158
全国林业站知识竞赛 …………………… 158

法制 规划 科技

政策法规 …………………… **159**
  概　况 …………………… 159
野生动物保护立法调研 ………… 159
市人大常委会农村办调研 ……… 159
六部涉农地方性法规立法后评估 … 160
地方性法规清理 ………………… 160
行政规范性文件清理 …………… 160
文件合法性审核管理 …………… 160
行政执法绩效考核 ……………… 160
生态环境损害赔偿制度改革 …… 161
司法系统协同配合机制建设 …… 161
执法专项行动 …………………… 161
行政执法责任制考核 …………… 161
城市园林绿化行政处罚职权划转 … 161
行政处罚权力清单动态调整 …… 162
行政处罚案监督指导 …………… 162
行政复议应诉 …………………… 162
行政诉讼案件 …………………… 162
普法宣传教育 …………………… 162
法律服务 ………………………… 162

规划发展 …………………… **163**
  概　况 …………………… 163
落实北京城市总体规划（2016 年—2035 年）
　………………………………… 163
配合做好各区分区规划 ………… 163
市园林绿化系统规划（2016 年—2035 年）
　编制 …………………………… 163
编制新一轮百万亩造林绿化建设工程总体
　规划 …………………………… 163
"留白增绿"绿化建设 …………… 164
西山永定河文化带保护建设工程 … 164

"两带""一环"规划研究 ………… 164
城市绿心园林绿化国际征集 …… 164
编制路县故城遗址公园绿化方案 … 165
园林绿化规划设计方案审查 …… 165
制订"留白增绿"绿化工程建设中综合利用
　建筑垃圾的指导意见 ………… 165

科学技术 …………………… **166**
  概　况 …………………… 166
园林绿化科学普及活动 ………… 166
林地绿地裸露土地生态治理 …… 166
园林绿化土壤污染防治 ………… 166
增彩延绿科技创新工程 ………… 167
科学研究 ………………………… 167
推广科技成果 …………………… 167
通州区智慧园林体系构建及资源服务平台
　建设 …………………………… 168
通州区生态绿化城市建设关键技术集成研
　究 ……………………………… 168
园林绿化土壤环境质量调查评估 … 168
园林绿化从业人员业务培训 …… 168
市园林绿化行业标准地方标准制定修订
　………………………………… 168
园林绿化地方标准应用推广 …… 169
强化园林绿化示范引领 ………… 169
园林绿化标准化宣传培训 ……… 169
园林绿化科学普及宣教活动 …… 169

调研 信息 宣传

调查研究 …………………… **170**
发展新型集体林场的调查与思考 … 170
对基层党组织书记如何履好职的几点思考
　………………………………… 170
野生动植物保护执法工作研究 … 171

新一轮百万亩造林绿化建设工程总体规划
　　工作研究 ……………………… 171
在生态保护红线制度下加强园林绿化资源
　　保护管理的对策研究 ………… 171
附属绿地养护管理现状分析及对策研究
　　…………………………………… 172
巩固退耕还林成果的对策建议 ……… 172

信息化建设 ……………………… **172**
概　况 ……………………………… 172
大数据应用研究 …………………… 173
园林绿化数据资源汇聚共享 ……… 173
网上审批工作 ……………………… 173
"互联网＋首都全民义务植树" ……… 173
城市副中心智慧园林项目建设 …… 173
市园林绿化局（首都绿化办）政府网站建设
　　…………………………………… 173
二维码标识标牌应用 ……………… 174
制订印发《北京市智慧公园建设指导书》
　　…………………………………… 174
园林绿化资源动态监管系统项目建设
　　…………………………………… 174

新闻宣传 ………………………… **174**
概　况 ……………………………… 174
义务植树宣传 ……………………… 174
园林绿化专题宣传 ………………… 175
园林绿化舆论热点宣传 …………… 175
园林绿化网络宣传 ………………… 175

党群组织

党组织建设 ……………………… **176**
概　况 ……………………………… 176
党员经常性学习教育 ……………… 176

基层党组织建设 …………………… 176
党员干部队伍管理 ………………… 177
党风廉政建设 ……………………… 177
团员青年工作 ……………………… 178

干部队伍建设 …………………… **178**
概　况 ……………………………… 178
干部教育培训 ……………………… 178
组织建设 …………………………… 179
人才选拔引进 ……………………… 179
干部管理 …………………………… 179
机构改革 …………………………… 179
行政审批制度改革 ………………… 180

工会组织 ………………………… **180**
概　况 ……………………………… 180
送温暖活动 ………………………… 180
庆"三八"国际妇女节活动 ………… 180
全市树木修剪技能竞赛 …………… 181
庆"五一"慰问文艺演出 …………… 181
"园林好声音"职工演讲比赛 ……… 181
医疗义诊活动 ……………………… 181
工会干部培训 ……………………… 181
第四届职工足球赛 ………………… 182
向北京市温暖基金会捐赠仪式 …… 182
市园林绿化行业工资集体协商签约仪式
　　…………………………………… 182

社会团体 ………………………… **182**
概　况 ……………………………… 182
北京林学会 ………………………… 183
北京园林学会 ……………………… 183
北京屋顶绿化协会 ………………… 183
北京果树学会 ……………………… 184
北京野生动物保护协会 …………… 184

北京盆景艺术研究会 ……………… 185
北京生态文化协会 ………………… 185
北京绿化基金会 …………………… 186
北京林业有害生物防控协会 ……… 186
北京花卉协会 ……………………… 186
北京果树产业协会 ………………… 187
北京中华民族园公园管理处 ……… 187
北京酒庄葡萄酒发展促进会 ……… 188

离退休干部服务 …………………… **188**
概　况 ……………………………… 188
组织建设 …………………………… 188
政治理论学习 ……………………… 189
通报工作情况 ……………………… 189
做好日常服务 ……………………… 189
文化娱乐活动 ……………………… 189
服务队伍教育培训 ………………… 189

直属单位

北京市园林绿化局执法监察大队 …… **190**
概　况 ……………………………… 190
园林绿化行政执法岗位培训 ……… 190
禁猎期野生动物保护专项巡查 …… 190
参与国家林业和草原局"绿剑2018"专项打
　击行动 …………………………… 191
完成对2017年国家林业局驻北京专员办督
　办案件线索的查督办工作 ……… 191
规范园林绿化执法行为自查活动 … 191
园林绿化资源保护执法宣传 ……… 191
完成与北京市城市管理综合行政执法局相
　关职权移交事项 ………………… 191
全市林业行政案件统计分析 ……… 192
党组织建设 ………………………… 192
领导班子成员 ……………………… 192

北京市林业工作总站 ……………… **192**
概　况 ……………………………… 192
平原生态林养护监管 ……………… 193
平原生态林养护综合示范区建设 …… 193
园林绿化养护创新 ………………… 193
林业科技推广 ……………………… 193
林业技能培训 ……………………… 193
京蒙对口帮扶 ……………………… 194
党建工作 …………………………… 194
单位荣誉 …………………………… 194
领导班子成员 ……………………… 194

北京市林业保护站 ………………… **194**
概　况 ……………………………… 194
林业有害生物发生趋势会商会 …… 195
测报APP应用技术培训 …………… 195
白蜡窄吉丁防治现场会 …………… 195
松材线虫病疫情普查部署会 ……… 195
常发性林业有害生物监测巡查技术培训班
　…………………………………… 195
监测测报点项目业务委托总结会 …… 195
应急防控演练 ……………………… 196
农药管理条例解读暨林业有害生物防治技
　术培训班 ………………………… 196
林木病虫害无公害生物防治技术培训班
　…………………………………… 196
外来有害生物发生形势与监测预报培训
　…………………………………… 196
市园林绿化局领导调研 …………… 196
春尺蠖围环防治技术培训会 ……… 197
林业植物检疫 ……………………… 197
林业有害生物防治宣传活动 ……… 197
领导班子成员 ……………………… 197

北京市林业种子苗木管理总站 ……… **198**

概 况 …………………………………… 198

规模化苗圃管理 ……………………… 198

搭平台促发展 ………………………… 198

林木种苗质量抽查 …………………… 198

宣传新《种子法》 …………………… 198

宣传规模化苗圃 ……………………… 198

"北京浅山区造林绿化树种筛选及应用示
范"课题研究 ……………………… 199

业务培训 ……………………………… 199

领导班子成员 ………………………… 199

北京市野生动物保护自然保护区管理站

…………………………………………… **200**

概 况 …………………………………… 200

野生动物保护宣传 …………………… 200

行政许可 ……………………………… 200

陆生野生动物危害补偿 ……………… 200

优化审批流程 ………………………… 200

制订审批事项办理工作规范 ………… 200

野生动物繁育利用管理数据库 ……… 200

修订《北京市实施〈中华人民共和国野生动
物保护法〉办法》 ……………… 201

起草制订行政许可事项委托下放管理办法
规范性文件 ……………………… 201

野生动物补偿管理系统平台建设 …… 201

完成"全国第二次陆生野生动物资源调查海
河平原调查" ……………………… 201

完成海关罚没野生动植物制品移交工作

…………………………………………… 201

领导班子成员 ………………………… 201

北京市水源保护林试验工作站（北京市园林
绿化局防沙治沙办公室）………… **202**

概 况 …………………………………… 202

退耕还林后续政策调研 ……………… 202

京津风沙源治理质量管理 …………… 202

京津风沙源治理工程管理 …………… 202

实施绿色工程 ………………………… 203

市防沙治沙成果宣传 ………………… 203

党组织建设 …………………………… 203

领导班子成员情况 …………………… 203

北京市蚕业蜂业管理站 ……………… **204**

概 况 …………………………………… 204

各区出台产业扶持保障措施 ………… 204

蜂业科研推广 ………………………… 204

双随机检查 …………………………… 204

养蜂技术培训 ………………………… 205

领导班子成员 ………………………… 205

北京市林业基金管理站 ……………… **205**

概 况 …………………………………… 205

林业项目贷款财政补贴 ……………… 205

森林保险 ……………………………… 205

党组织建设 …………………………… 206

落实党风廉政建设责任制 …………… 206

会计核算服务 ………………………… 206

领导班子成员 ………………………… 206

北京市野生动物救护中心 …………… **206**

概 况 …………………………………… 206

野生动物救护 ………………………… 207

珍稀野生动物繁育 …………………… 207

野生动物诊断治疗 …………………… 207

日常监测 ……………………………… 207

野生动物保护宣传 …………………… 207

对外交流学习 ………………………… 208

领导班子成员 ………………………… 208

北京市园林绿化局直属森林防火队（北京市航空护林站）⋯⋯⋯⋯⋯⋯⋯ **208**
概　况 ⋯⋯⋯⋯⋯⋯⋯⋯⋯⋯ 208
新航空护林站项目建设 ⋯⋯⋯⋯ 209
应急出警 ⋯⋯⋯⋯⋯⋯⋯⋯⋯ 209
防火物资管控 ⋯⋯⋯⋯⋯⋯⋯ 209
党员干部学习教育 ⋯⋯⋯⋯⋯ 209
精神文明建设 ⋯⋯⋯⋯⋯⋯⋯ 209
领导班子成员 ⋯⋯⋯⋯⋯⋯⋯ 210

北京市绿化事务服务中心 ⋯⋯⋯⋯ **210**
概　况 ⋯⋯⋯⋯⋯⋯⋯⋯⋯⋯ 210
绿化美化 ⋯⋯⋯⋯⋯⋯⋯⋯⋯ 210
生物防治 ⋯⋯⋯⋯⋯⋯⋯⋯⋯ 210
土壤改良 ⋯⋯⋯⋯⋯⋯⋯⋯⋯ 210
北京医院绿化工程 ⋯⋯⋯⋯⋯ 211
国家林业和草原局办公大院绿化改造
⋯⋯⋯⋯⋯⋯⋯⋯⋯⋯⋯⋯⋯ 211
平乐园保障房项目特选苗木保障 ⋯ 211
领导班子成员 ⋯⋯⋯⋯⋯⋯⋯ 211

首都绿色文化碑林管理处 ⋯⋯⋯⋯ **211**
概　况 ⋯⋯⋯⋯⋯⋯⋯⋯⋯⋯ 211
贾冠华师生书法作品展 ⋯⋯⋯⋯ 212
三江源国家公园摄影展 ⋯⋯⋯⋯ 212
森林"悦"读体验活动 ⋯⋯⋯⋯ 212
仁者乐山书画展 ⋯⋯⋯⋯⋯⋯ 212
铁路公安美丽中国书画展 ⋯⋯⋯ 213
秋季百望山彩叶风光摄影展 ⋯⋯ 213
北京古树名木书画展 ⋯⋯⋯⋯⋯ 213
佘太君与杨家将历史文化故事展 ⋯ 213
启动北京园林绿化文史资料收集利用工作
⋯⋯⋯⋯⋯⋯⋯⋯⋯⋯⋯⋯⋯ 213
建设留金园 ⋯⋯⋯⋯⋯⋯⋯⋯ 213
修缮佘太君庙 ⋯⋯⋯⋯⋯⋯⋯ 213

雨洪利用数据监测系统建设 ⋯⋯⋯ 214
雨水收集利用建设 ⋯⋯⋯⋯⋯⋯ 214
生态修复 ⋯⋯⋯⋯⋯⋯⋯⋯⋯ 214
森林健康经营 ⋯⋯⋯⋯⋯⋯⋯ 214
全民义务植树活动 ⋯⋯⋯⋯⋯⋯ 214
制作书籍 ⋯⋯⋯⋯⋯⋯⋯⋯⋯ 215
绿色文化碑林维护 ⋯⋯⋯⋯⋯⋯ 215
基础设施维护 ⋯⋯⋯⋯⋯⋯⋯ 215
安全工作 ⋯⋯⋯⋯⋯⋯⋯⋯⋯ 215
病虫害防治 ⋯⋯⋯⋯⋯⋯⋯⋯ 215
旅游服务接待 ⋯⋯⋯⋯⋯⋯⋯ 215
党建工作 ⋯⋯⋯⋯⋯⋯⋯⋯⋯ 215
宣传工作 ⋯⋯⋯⋯⋯⋯⋯⋯⋯ 216
获得荣誉 ⋯⋯⋯⋯⋯⋯⋯⋯⋯ 216
领导班子成员 ⋯⋯⋯⋯⋯⋯⋯ 216

北京市林业碳汇工作办公室（北京市园林绿化国际合作项目管理办公室）⋯⋯⋯ **217**
概　况 ⋯⋯⋯⋯⋯⋯⋯⋯⋯⋯ 217
林业碳汇 ⋯⋯⋯⋯⋯⋯⋯⋯⋯ 217
城市树木精细化修剪示范区建设 ⋯ 218
国际合作 ⋯⋯⋯⋯⋯⋯⋯⋯⋯ 218
外事交流 ⋯⋯⋯⋯⋯⋯⋯⋯⋯ 218
建设森林体验教育示范区 ⋯⋯⋯ 218
编写森林文化地方标准 ⋯⋯⋯⋯ 218
森林疗养师培训 ⋯⋯⋯⋯⋯⋯⋯ 218
行道树修剪技术培训 ⋯⋯⋯⋯⋯ 218
森林文化活动 ⋯⋯⋯⋯⋯⋯⋯ 219
大调研活动 ⋯⋯⋯⋯⋯⋯⋯⋯ 219
领导班子成员 ⋯⋯⋯⋯⋯⋯⋯ 219

北京市园林绿化局信息中心 ⋯⋯⋯ **219**
概　况 ⋯⋯⋯⋯⋯⋯⋯⋯⋯⋯ 219
检查督导 ⋯⋯⋯⋯⋯⋯⋯⋯⋯ 219
第三届北京智慧园林高峰论坛 ⋯⋯ 219

政府网站园林绿化信息运行 ………… 220
优化网上办公系统功能 ……………… 220
网络信息安全 ………………………… 220
获得荣誉 ……………………………… 220
领导班子成员 ………………………… 221

北京市园林绿化宣传中心 ………… **221**
概　况 ………………………………… 221
通讯员业务培训 ……………………… 221
党建工作 ……………………………… 221
绿化与生活编辑部改制 ……………… 222
领导班子成员 ………………………… 222

北京市园林绿化局干部学校 ……… **222**
概　况 ………………………………… 222
基层党支部规范化建设培训班 ……… 222
处级干部学习习近平新时代中国特色社会
　主义思想专题读书活动 …………… 222
工会干部培训班 ……………………… 223
人事干部能力素质提升培训班 ……… 223
新招录（招聘）人员入职培训班 …… 223
学习贯彻全市组织工作会议精神专题培训
　班 …………………………………… 223
科级以下在职党员学习习近平新时代中国
　特色社会主义思想轮训班 ………… 223
财务人员继续教育培训班 …………… 223
市山区森林经营工程管理施工技术培训班
　……………………………………… 224
园林绿化专业技术人员知识更新培训班
　……………………………………… 224
优秀年轻干部党性专题教育培训班 … 224
干部在线学习管理 …………………… 224
领导班子成员 ………………………… 224

北京市园林绿化局离退休干部服务中心
　…………………………………… **225**
概　况 ………………………………… 225
思想政治建设 ………………………… 225
围绕纪念建党 97 周年开展活动 …… 225
纪念改革开放 40 周年活动 ………… 225
服务保障 ……………………………… 226
基础设施设备修缮 …………………… 226
领导班子成员 ………………………… 226

北京市园林绿化局后勤服务中心 …… **226**
概　况 ………………………………… 226
西办公区路面修复 …………………… 226
老干部楼加装电梯 …………………… 226
家属区枯树砍伐补植 ………………… 227
机关配套设施建设 …………………… 227
机关办公用品采购 …………………… 227
干部职工服务保障 …………………… 227
安全防范管理 ………………………… 227
车辆人员管理 ………………………… 227
领导班子成员 ………………………… 227

**北京市林业勘察设计院（北京市林业资源监
　测中心）** …………………………… **228**
概　况 ………………………………… 228
林地林木资源价值核算调查 ………… 228
市 2018 年 LULUCF 碳汇计量监测 …… 228
市 2016 年百万亩平原地区造林工程核查
　……………………………………… 229
市园林绿化非工程类综合核（检）查项目
　……………………………………… 229
市 2017 年中央财政森林抚育补贴项目核查
　……………………………………… 229
市 2016 ～ 2017 年京津风沙源治理工程核查
　……………………………………… 229

市 2017 年国家重点公益林管护工程核查 ………………………………… 229

市林地林木管理及执法检查数据采集服务项目 ……………………………… 229

国家级公益林变化情况汇总统计分析 ………………………………… 230

编制《2017 年度北京市园林绿化资源情况报告》 ……………………………… 230

评估鉴定 ………………………………… 230

树木测绘 ………………………………… 230

获奖情况 ………………………………… 230

领导班子成员 ………………………………… 230

北京市园林绿化局物资供应站 ……… **231**

概　况 ………………………………… 231

解决历史遗留问题 ………………………………… 231

落实职工福利待遇 ………………………………… 231

为职工帮困解难 ………………………………… 231

企业清理规范 ………………………………… 231

支部党员活动 ………………………………… 232

党风廉政建设 ………………………………… 232

领导班子成员 ………………………………… 232

北京市园林绿化工程质量监督站 …… **232**

概　况 ………………………………… 232

质量监督业务培训 ………………………………… 233

新一轮百万亩造林工程项目监管 ……… 233

园林绿化工程质量监督站分站建设 … 233

招投标培训 ………………………………… 233

双随机检查 ………………………………… 233

电子招投标系统研发沟通协调会 ……… 234

种植土检测 ………………………………… 234

大调研 ………………………………… 234

国庆天安门、长安街沿线摆花工程检查 ………………………………… 234

监理人员培训 ………………………………… 234

北京城市副中心行政办公区园林绿化工程质量监督 ……………………………… 234

对世园会有关项目监督检查 ………… 234

园林行业增值税税率调整 ………… 235

梳理公共服务事项 ………………………………… 235

《园林绿化工程资料管理规程》修编 ………………………………… 235

领导班子成员 ………………………………… 235

北京市食用林产品质量安全监督管理事务中心 ……………………………… **235**

概　况 ………………………………… 235

安全监测检测 ………………………………… 235

无公害认证管理 ………………………………… 236

追溯体系建设 ………………………………… 236

安全预警应急监测实验室建设 ……… 236

行业技术培训 ………………………………… 236

技术宣传推广 ………………………………… 236

领导班子成员 ………………………………… 237

北京市八达岭林场 ……………… **237**

概　况 ………………………………… 237

环首都国家公园体系建设关键技术研究示范 ……………………………… 237

森林资源管理 ………………………………… 237

延庆八达岭森林公园残障人群自然体验及疗愈中心建设项目 ……………………………… 237

森林质量提升专项调研 ………… 238

2017 年度林地变更调查 ………… 238

八达岭林场天然气管道接入项目 … 238

企业清理规范 ………………………………… 238

第十二届长城红叶生态文化节 ……… 239

国有林场改革 ………………………………… 239

林业工程项目 ………………………………… 239

2017 年度森林抚育工程项目 ………… 239
北京长城国家公园体制试点区(八达岭林
　场)生态保护恢复工程项目 ……… 239
油松人工林生态服务功能评价项目 … 239
义务植树尽责活动 ………… 239
林木有害生物防控 ………… 240
林地林木管理 ………… 240
林木采伐 ………… 240
林地手续办理 ………… 240
森林防火 ………… 240
森林体验疗养活动 ………… 241
接待参观考察 ………… 241
获奖情况 ………… 241
领导班子成员 ………… 241

北京市十三陵林场 ………… **242**
概　况 ………… 242
古树名木管理 ………… 242
市园林绿化局领导调研京藏高速(十三陵林
　场段)沿线景观提升工程 ………… 242
京藏高速(十三陵林场段)沿线景观提升工
　程 ………… 242
2018 年森林管护项目 ………… 243
山区适应气候变化技术示范区建设工程
　………… 243
有害生物防控 ………… 243
林政资源管理 ………… 243
组建专业森林消防队 ………… 243
完成调研报告 ………… 243
燃煤锅炉清洁能源改造工程 ………… 243
国有林场改革 ………… 244
白皮松种质资源库苗木生长调查 … 244
节水灌溉工程 ………… 244
党组织建设 ………… 244
党风廉政建设 ………… 244

安全生产 ………… 245
领导班子成员 ………… 245

北京市西山试验林场 ………… **245**
概　况 ………… 245
国有林场改革 ………… 245
森林管护项目 ………… 245
林业科研 ………… 246
林业有害生物防治 ………… 246
古树名木管理 ………… 246
森林防火 ………… 246
林政资源管理 ………… 246
森林旅游 ………… 246
北法海寺二期遗址保护工程 ………… 246
方志书院建设 ………… 247
安全生产 ………… 247
党建工作 ………… 247
领导班子成员 ………… 247

北京市共青林场 ………… **247**
概　况 ………… 247
资源保护管理 ………… 248
落实森林资源管护项目 ………… 248
森林生态安全 ………… 248
精品景观林改造 ………… 248
文化林场建设 ………… 248
建设东部市级首都全民义务植树尽责基地
　………… 249
党员干部队伍建设 ………… 249
群团工作 ………… 249
领导班子成员 ………… 250

北京市京西林场 ………… **250**
概　况 ………… 250
义务植树基地授牌仪式 ………… 250

"爱鸟周"宣传活动 ……… 251
局领导调研 ……………… 251
组建京西林场分场 ……… 251
中元节文明祭祀活动 …… 251
消防宣传活动 …………… 251
联合扑火演练 …………… 251
义务植树活动 …………… 251
森林防火设施建设 ……… 252
京津风沙源治理工程 …… 252
森林管护项目 …………… 252
林场指界确权 …………… 252
档案管理 ………………… 252
基础设施改造 …………… 252
资产卡片维护 …………… 252
安全生产 ………………… 252
获奖情况 ………………… 253
领导班子成员 …………… 253

北京松山国家级自然保护区管理处 … 253
概　况 …………………… 253
联合森林武警开展植树活动 254
国家重点工程占地监管 … 254
冬奥延庆赛区外围生态监测项目通过专家
　论证 ………………… 254
武警森林指挥部机动支队入驻松山保护区
　……………………… 254
北京市松山林场挂牌 …… 254
林政执法 ………………… 254
本底资源调查 …………… 254
森林健康经营 …………… 255
基础设施建设 …………… 255
濒危物种扇羽阴地蕨长势良好 ……… 255
首批丁香叶忍冬幼苗回归松山自然保护区
　……………………… 255
对外交流 ………………… 255

签署生态文明建设战略合作协议 …… 255
科普宣传 ………………… 255
市领导检查森林防火 …… 255
领导班子成员 …………… 256

北京市温泉苗圃 ……………… 256
概　况 …………………… 256
苗木生产经营 …………… 256
项目工程建设 …………… 257
病虫害防治 ……………… 257
节水灌溉新模式 ………… 257
绿化工程 ………………… 257
安全环境整治 …………… 257
党风廉政建设 …………… 257
苗木保障 ………………… 258
领导班子成员 …………… 258

北京市天竺苗圃 ……………… 258
概　况 …………………… 258
苗木生产经营 …………… 258
林业项目 ………………… 258
园林绿化工程服务 ……… 259
规模化苗圃建设 ………… 259
赵全营镇基地建设 ……… 259
培训中心经营管理 ……… 259
疏解整治促提升 ………… 259
企业清理 ………………… 260
转企改制 ………………… 260
财经审计 ………………… 260
业务培训 ………………… 260
工会工作 ………………… 260
领导班子成员 …………… 260

北京市黄垡苗圃(国家彩叶树种良种基地)
　………………………… **260**

概 况 …………………………… 260
苗木生产 ……………………… 261
彩叶树种收集保存 …………… 261
林木有害生物监测 …………… 261
国际合作 ……………………… 261
乡土雄性毛白杨繁育研究 …… 261
项目建设 ……………………… 262
科普活动 ……………………… 262
党风廉政建设 ………………… 262
获奖情况 ……………………… 262
领导班子成员 ………………… 262

北京市大东流苗圃（北方国家级林木种苗示范基地） …………………… **263**
概 况 …………………………… 263
林木种苗生产 ………………… 263
花卉生产 ……………………… 263
园林绿化工程 ………………… 263
重要项目 ……………………… 264
科技创新 ……………………… 264
纪念建党活动 ………………… 264
制度建设 ……………………… 264
为群众办实事 ………………… 265
廉政建设 ……………………… 265
获奖情况 ……………………… 265
领导班子成员 ………………… 265

北京市永定河休闲森林公园管理处 … **265**
概 况 …………………………… 265
公园景观提升 ………………… 266
湿地建设 ……………………… 266
党建工作 ……………………… 266
安全管理 ……………………… 267
企业清理规范 ………………… 267
森林文化节 …………………… 267

领导班子成员 ………………… 267

北京市琅山苗圃 ………………… **267**
概 况 …………………………… 267
经营收入 ……………………… 268
转企改制改革 ………………… 268
党建工作 ……………………… 268
党风廉政建设 ………………… 268
企业清理处置 ………………… 269
安全管理 ……………………… 269
领导班子成员 ………………… 269

北京市蚕种场 …………………… **269**
概 况 …………………………… 269
企业清理规范 ………………… 269
落实项目建设 ………………… 270
上万龙乡圣树文化园生产养护 … 270
东营苗圃生产经营 …………… 270
党风廉政建设 ………………… 270
基层党组织建设 ……………… 270
为职工办实事 ………………… 271
领导班子成员 ………………… 271

区园林绿化

东城区园林绿化局 ……………… **272**
概 况 …………………………… 272
全民义务植树 ………………… 273
市领导调研 …………………… 273
市花月季进社区建设工程 …… 273
新中街城市森林公园建设工程 … 273
景泰城市休闲公园建设工程 …… 273
明城墙遗址公园北绿地建设工程 … 273
东四地铁口规划绿地建设工程 …… 274
故宫筒子河绿地改造工程 …… 274

香河园口袋公园建设工程 …………… 274

重大节日花卉布置 …………………… 274

试点街道园林绿化裸露地生态治理工程

………………………………………… 274

修编《东城区绿地系统规划》 ……… 275

屋顶绿化 ……………………………… 275

口袋公园建设工程 …………………… 275

绿化美化先进集体创建 ……………… 275

万株月季绿植"四进"活动 ………… 275

"乐享自然 快乐成长"系列活动 …… 275

认建认养 ……………………………… 275

杨柳飞絮治理 ………………………… 275

绿化养护管理 ………………………… 275

有害生物监测防控 …………………… 276

古树名木保护 ………………………… 276

园林绿化行政审批 …………………… 276

获奖情况 ……………………………… 276

领导班子成员 ………………………… 276

西城区园林绿化局 ………………… **277**

概　况 ………………………………… 277

绿化建设听取群众意见 ……………… 277

区领导调研园林绿化 ………………… 277

首都全民义务植树日活动 …………… 278

全民义务植树活动 …………………… 278

"城乡手拉手·共建新农村" ……… 278

回应群众关切 ………………………… 278

市领导视察广阳谷城市森林 ………… 278

绿化建设 ……………………………… 279

西海湿地公园建设 …………………… 279

园艺文化推广活动 …………………… 279

花卉布置 ……………………………… 279

花园式单位创建 ……………………… 279

绿化养护管理 ………………………… 280

安全生产监管 ………………………… 280

依法治绿监督管理 …………………… 280

领导班子成员 ………………………… 280

朝阳区园林绿化局 ………………… **281**

概　况 ………………………………… 281

第十二届"春分·朝阳"文化节 …… 281

第六届"北京二闸清明踏青节" …… 282

朝阳区侨界人士植树活动 …………… 282

第二十一届海棠花节 ………………… 282

北京卫戍区官兵参加植树活动 ……… 282

全国政协领导机关参加植树活动 …… 282

第十八届红领巾科普游园会 ………… 282

朝阳区绿化养护管理培训 …………… 283

专业养护检查 ………………………… 283

烈士纪念日公祭活动 ………………… 283

森林防火及野生动物保护培训 ……… 283

森林防火工作电视电话会 …………… 283

互联网＋全民义务植树基地落成 …… 283

资源保护 ……………………………… 284

绿化资源管理 ………………………… 284

年度工作计划编制 …………………… 284

新一轮百万亩造林建设工程 ………… 285

绿化美化先进集体创建 ……………… 285

领导班子成员 ………………………… 285

海淀区园林绿化局 ………………… **285**

概　况 ………………………………… 285

市领导调研 …………………………… 286

全民义务植树活动 …………………… 286

绿化美化先进集体创建 ……………… 286

街镇绿化美化工程 …………………… 286

森林健康经营示范工程 ……………… 286

生态林管护 …………………………… 286

农村街坊路绿化 ……………………… 287

花卉布置 ……………………………… 287

森林防火 …………………… 287

林木有害生物防控 ………… 288

林政执法 …………………… 288

行政许可 …………………… 288

公共绿地审查 ……………… 288

附属绿地方案技术指导 …… 288

代征绿地收缴 ……………… 289

野生动植物保护 …………… 289

集体林权制度改革 ………… 289

种苗产业 …………………… 289

新一轮百万亩造林绿化工程 … 289

AI科技主题公园 …………… 289

浅山区荒山造林工程 ……… 290

留白增绿 …………………… 290

翠湖品牌商标注册 ………… 290

公园文化品牌精品建设 …… 290

领导班子成员 ……………… 290

丰台区园林绿化局 **290**

概 况 ……………………… 290

全民义务植树活动 ………… 291

新一轮百万亩造林工程 …… 291

花卉景观布置 ……………… 291

环境整治工程 ……………… 292

绿化美化先进集体创建 …… 292

林地绿地养护 ……………… 292

行政审批 …………………… 292

代征绿地收缴 ……………… 292

行政执法 …………………… 292

违法图斑专项整改 ………… 293

公园管理 …………………… 293

公园景区服务 ……………… 293

森林防火 …………………… 293

林木有害生物防控 ………… 294

果品安全 …………………… 294

野生动植物资源保护 ……… 294

领导班子成员 ……………… 294

石景山区园林绿化局 **294**

概 况 ……………………… 294

义务植树活动 ……………… 295

绿化地块拉练踏查 ………… 295

林木绿地认建认养 ………… 296

绿化美化先进集体创建 …… 296

群众性绿化美化 …………… 296

绿化美化宣传 ……………… 296

创建国家森林城市 ………… 296

义务植树登记考核试点 …… 297

花卉环境布置 ……………… 297

绿化管理养护 ……………… 297

林业有害生物防治 ………… 297

涉林案件办理 ……………… 297

森林防火 …………………… 298

领导班子成员 ……………… 298

门头沟区园林绿化局 **298**

概 况 ……………………… 298

绿海运动公园建设项目 …… 299

义务植树 …………………… 299

指导绿化美化先进集体创建 … 299

创城工作 …………………… 299

森林防火 …………………… 299

新一轮百万亩造林 ………… 299

京津风沙源治理 …………… 300

森林健康经营林木抚育 …… 300

林业产业发展 ……………… 300

国家级公益林管护 ………… 300

成立保障性苗圃名录库 …… 300

古树名木保护 ……………… 300

果品安全 …………………… 300

林业资源保护 ·············· 300

绿地养护 ················· 301

领导班子成员 ·············· 301

房山区园林绿化局 ·········· **301**

概　况 ·················· 301

首次发现震旦鸦雀 ··········· 302

世界野生动植物日主题宣传 ······ 302

国际森林日植树活动 ·········· 302

森林消防队演习 ············ 302

首都全民义务植树日活动 ······· 302

实习基地挂牌 ·············· 302

果树栽培管理技术培训 ········· 302

百年拳谱回归 ·············· 303

古树名木保护 ·············· 303

林业有害生物防治 ··········· 303

森林公安民警培训 ··········· 303

森林防火宣传 ·············· 303

领导班子成员 ·············· 303

通州区园林绿化局 ·········· **304**

概　况 ·················· 304

打击违法行为专项行动 ········· 304

区创建国家森林城市建设 ······· 304

新一轮百万亩造林工程 ········· 304

规划编制 ················· 305

北京城市副中心园林绿化养护管理机制
·················· 305

义务植树活动 ·············· 305

绿化美化先进集体创建 ········· 305

森林防火 ················· 305

林木有害生物防治 ··········· 305

林业行政执法 ·············· 305

食用林产品安全监管 ·········· 305

蜂产业 ·················· 305

科技创新成果 ·············· 305

果树产业 ················· 305

规模化苗圃 ··············· 306

重点绿化工程 ·············· 306

广渠路树木移植 ············ 306

大运河森林公园 ············ 306

获得荣誉 ················· 306

领导班子成员 ·············· 306

顺义区园林绿化局 ·········· **306**

概　况 ·················· 306

杨柳飞絮治理 ·············· 307

绿地系统分区规划编制 ········· 307

顺平路绿化改造提升 ·········· 307

代征绿地绿化工程 ··········· 307

义务植树林木养护 ··········· 307

彩叶树种造林 ·············· 307

义务植树 ················· 308

绿化美化先进集体创建 ········· 308

绿植进家庭活动 ············ 308

园艺驿站试点建设 ··········· 308

新一轮百万亩造林工程 ········· 308

新增城市绿地 ·············· 308

绿地养护指导 ·············· 308

"留白增绿"专项任务 ·········· 308

公园管理 ················· 308

公园建设 ················· 309

果品产业 ················· 309

花卉产业 ················· 309

种苗产业 ················· 309

林政资源管理 ·············· 309

森林火灾防控 ·············· 309

公安执法 ················· 309

检疫执法 ················· 310

林木病虫害预测预报 ·········· 310

-19-

林木有害生物防控 ················ 310
枯死树情况调查 ················ 310
山区生态公益林抚育 ············ 310
林地卫星遥感疑似图斑调查 ······ 310
林地保护利用规划年度林地变更 ····· 310
湿地调查 ···················· 310
生态林管护 ·················· 310
领导班子成员 ················ 311

大兴区园林绿化局 ············ **311**
概　况 ······················ 311
成立机关党委 ················ 312
职能机构调整 ················ 312
世界月季名园 ················ 312
北京市副市长卢彦调研 ·········· 312
北京市委书记蔡奇调研 ·········· 312
世界月季名园授牌仪式 ·········· 312
园艺驿站建设 ················ 313
新一轮百万亩造林绿化 ·········· 313
镇村绿地建设 ················ 313
全民义务植树活动 ············ 313
屋顶绿化 ···················· 313
"留白增绿"专项任务 ·········· 313
森林火灾防控 ················ 313
林业有害生物防治 ············ 314
林业有害生物监测预报 ·········· 314
林业有害生物检疫执法 ·········· 314
林木伐移管理 ················ 314
生态林养护管理 ·············· 314
林业执法 ···················· 315
野生动物保护 ················ 315
公园管理 ···················· 315
城镇绿地养护管理 ············ 315
古树名木 ···················· 315
杨柳飞絮治理 ················ 315

果品产业 ···················· 315
老梨树桑树资源保护 ············ 316
林下经济 ···················· 316
食用林产品安全 ·············· 316
果树科技研究 ················ 316
种苗产业 ···················· 316
蜂产业 ······················ 317
绿化美化先进集体创建 ·········· 317
获得荣誉 ···················· 317
领导班子成员 ················ 317

北京经济技术开发区城市管理局 ······ **317**
概　况 ······················ 317
国际企业文化园绿化提升工程 ······ 318
林木有害生物防控 ············ 318
杨柳飞絮治理 ················ 318
绿化环境提升 ················ 318
安全生产 ···················· 318
领导班子成员 ················ 318

昌平区园林绿化局 ············ **318**
概　况 ······················ 318
平原地区造林 ················ 319
浅山区荒山造林 ·············· 319
为民办实事工程 ·············· 319
彩叶树种造林 ················ 319
森林健康经营 ················ 320
义务植树活动 ················ 320
代征绿地收缴 ················ 320
第十五届昌平区苹果文化节 ······ 320
果品产值产量 ················ 320
苹果产业 ···················· 320
林木有害生物防控 ············ 320
林木伐移管理 ················ 320
野生动物保护 ················ 321

古树名木管理 ……………… 321
绿地监管 …………………… 321
花卉产业 …………………… 321
执法情况 …………………… 321
森林火灾防控 ……………… 322
果品质量安全认证管理 …… 322
果农技术培训 ……………… 322
领导班子成员 ……………… 322

平谷区园林绿化局 …………… **322**
概　况 ……………………… 322
森林防火检查 ……………… 323
森林防火演练 ……………… 323
城北湿地公园开园 ………… 323
城北湿地公园管护移交 …… 323
山区生态林森林保险衔接 … 324
湿地公园多媒体科普视窗 … 324
清明节森林防火检查 ……… 324
义务植树活动 ……………… 324
森林防火实战演习 ………… 324
园林绿地景观提升 ………… 324
绿化资源疑似图斑梳理 …… 324
市领导调研湿地公园 ……… 324
自收自支事业单位改制 …… 325
城镇绿地环境美化 ………… 325
京津冀联合森林火灾应急演练 … 325
平谷区获市首个"国家森林城市"称号
　　…………………………… 325
森林防火动员部署会 ……… 325
古树名木管理移交 ………… 325
京津冀森林防火模拟实战演练 … 325
区领导检查调研 …………… 326
新一轮百万亩造林工程 …… 326
平谷区新城绿道工程 ……… 326
重要活动花卉布置 ………… 326

留白增绿 …………………… 326
山区生态公益林补偿 ……… 326
低收入户帮扶增收 ………… 326
征占林地管理 ……………… 326
林木伐移管理 ……………… 327
林业案件查处 ……………… 327
农村宅基地农转用占用林地核实 … 327
古树名木管理 ……………… 327
湿地调查 …………………… 327
野生植物调查 ……………… 327
野生动物调查 ……………… 327
森林防火 …………………… 328
野生动物保护救助 ………… 328
野生动物监测 ……………… 328
野生动物执法 ……………… 328
森林病虫害防治 …………… 328
局领导班子成员 …………… 328

平谷区果品办公室 …………… **329**
概　况 ……………………… 329
高密植果园建设 …………… 329
桃细菌黑斑病防控 ………… 329
果品质量安全监测 ………… 329
病虫害监测防治 …………… 329
果树实用技术培训 ………… 329
新品种引进 ………………… 330
甜桃王擂台赛评选活动 …… 330
土壤改良 …………………… 330
美好田园环境整治督查 …… 330
领导班子成员 ……………… 330

怀柔区园林绿化局 …………… **330**
概　况 ……………………… 330
武警森林指挥部机动支队派驻怀柔 … 331
创建国家森林城市 ………… 331
生态公益林投保 …………… 332

义务植树活动 …………………… 332
第八届北京国际电影节花卉布置 …… 332
平原造林地块开展城镇生活污泥试点
　　…………………………………… 332
小微绿地建设 …………………… 332
生态补偿资金发放 ……………… 332
新一轮百万亩造林工程 ………… 332
京津风沙源治理 ………………… 333
彩叶林工程 ……………………… 333
公路绿化工程 …………………… 333
森林健康经营林木抚育 ………… 333
国家重点公益林管护工程 ……… 333
绿化美化先进集体创建 ………… 333
五河十路绿色通道管护交接 …… 333
平原生态林日常管护监管 ……… 333
平原生态林管护促进本地就业 … 334
纪念林管护 ……………………… 334
青春公园提升改造工程 ………… 334
庙城精品公园 …………………… 334
屋顶绿化工程 …………………… 334
农村五边绿化 …………………… 334
杨柳飞絮综合治理 ……………… 334
板栗优新品种繁育栽培技术研究 … 335
板栗疫病防治技术研究 ………… 335
高效节水现代化果园建设工程 … 335
乡土果园项目建设 ……………… 335
榛子栽培管理技术推广示范 …… 335
申报无公害果品生产基地 ……… 335
蜜蜂产业 ………………………… 336
种苗生产 ………………………… 336
规模化苗圃建设 ………………… 336
林果科技科普培训 ……………… 336
林下经济 ………………………… 336
森林防火 ………………………… 336
森林防火基础设施建设 ………… 336
查处涉林案件 …………………… 337

野生动物保护 …………………… 337
林业有害生物预测预报 ………… 337
林业有害生物防治 ……………… 337
植物检疫执法 …………………… 337
林政资源管理 …………………… 338
领导班子成员 …………………… 338

密云区园林绿化局 ………………… 338
概　况 …………………………… 338
新一轮百万亩造林绿化工程 …… 339
京津风沙源治理 ………………… 339
森林健康经营林木抚育 ………… 339
国家级公益林管护工程 ………… 339
"留白增绿"建设 ……………… 339
彩色树种造林工程 ……………… 339
公路河道绿化 …………………… 339
全民义务植树 …………………… 340
国家森林城市创建 ……………… 340
果品产业 ………………………… 340
蜂产业 …………………………… 340
种苗产业 ………………………… 340
花卉产业 ………………………… 340
森林火灾防控 …………………… 340
森林防火宣传 …………………… 341
林政资源管理 …………………… 341
湿地建设 ………………………… 341
林木有害生物防控 ……………… 341
白河城市森林公园建设 ………… 341
杨柳飞絮治理 …………………… 341
屋顶绿化 ………………………… 341
建设工程项目附属绿地审核 …… 341
行政执法 ………………………… 342
涉林案件查处 …………………… 342
"绿剑2018"专项行动 ………… 342
领导班子成员 …………………… 342

延庆区园林绿化局 ……………… **342**

概　况 ……………… 342

机构变更 ……………… 343

首都义务植树日活动 ……………… 343

"爱鸟周"宣传活动 ……………… 343

参加北京农村专业技术协会会员代表大会

……………… 344

首都园艺驿站建设试点工作启动仪式

……………… 344

第四届北京百合文化节开幕 ……………… 344

杨树炭疽病防控专家研讨会 ……………… 344

第三届中国(北京)园林园艺景观苗木博览

会 ……………… 344

第十届北京菊花文化节开幕 ……………… 344

森林防火宣传活动 ……………… 344

北京14区平原生态林养护单位经验交流会

……………… 345

养蜂新技术培训班 ……………… 345

城乡景观质量提升 ……………… 345

林业案件查处情况 ……………… 345

野生动物保护 ……………… 345

创建国家森林城市 ……………… 346

林地森林资源管理 ……………… 346

古树名木保护 ……………… 346

林业有害生物防治 ……………… 346

自然保护区管理 ……………… 347

引进精品水生植物 ……………… 347

利用花芽抑制剂治理杨柳飞絮 ……………… 347

延庆鲜食葡萄获金奖 ……………… 347

京津冀协同防控林业有害生物 ……………… 347

领导班子成员 ……………… 347

荣誉记载

2017年度首都绿化美化先进集体 …… 349

2017年度首都绿化美化先进个人 …… 358

统计资料

2018年北京市森林资源情况统计表

……………… 362

2018年北京市城市绿化资源情况统计表

……………… 364

2019年北京市营造林生产情况统计表

……………… 365

附　录

北京市园林绿化局(首都绿化办)领导名单

(2018年) ……………… 366

市园林绿化局(首都绿化办)处室领导名录

(2018年) ……………… 367

市园林绿化局(首都绿化办)直属单位一览

表(2018年) ……………… 368

市园林绿化局(首都绿化办)所属社会组织

一览表(2018) ……………… 370

北京市登记注册公园名录(截至2018年年

底363个) ……………… 370

北京市市级重点公园名录 ……………… 373

北京市精品公园名录 ……………… 374

索　引 ……………… 376

后　记 ……………… 380

特　辑

在全国林业厅局长会议上的讲话

国家林业局局长　张建龙

（2018 年 1 月 4 日）

一、过去五年林业改革发展取得的历史性成就

党的十八大以来，习近平总书记高度重视生态文明建设和林业改革发展，提出了一系列重要战略思想。他反复强调：生态兴则文明兴，生态衰则文明衰；绿水青山就是金山银山；良好的生态环境是最公平的公共产品，是最普惠的民生福祉；林业建设是事关经济社会可持续发展的根本性问题，林业要为建设生态文明和美丽中国创造更好生态条件；发展林业是全面建成小康社会的重要内容，是生态文明建设的重要举措；要着力推进国土绿化，着力提高森林质量，着力开展森林城市建设，着力建设国家公园等。这些战略思想是习近平新时代中国特色社会主义思想的重要组成部分，极大地丰富发展了社会主义生态文明观，为林业改革发展提供了根本遵循。

五年来，全国林业系统深入学习贯彻习近平总书记生态文明思想，牢固树立"四个意识"，自觉践行新发展理念，认真落实党中央、国务院决策部署，扎实推进各项林业改革，着力提升林业发展质量效益，努力满足社会对林业的多样化需求。我们坚持科学谋划、统筹推进、分类指导、精准发力，集中力量解决制约林业发展的突出问题，林业在许多方面发生深层次变革、取得历史性成就，为建设生态文明、增进民生福祉、促进经济社会发展作出了重要贡献。

（一）全力维护森林生态安全，国土绿化稳步推进。习近平总书记亲自研究森林生态安全问题，作出了"四个着力"的重要指示。我们坚持总体国家安全观，将培育森林资源作为维护生态安全的重大举措，积极创新国土绿化体制机制，科学实施营造林三年滚动计划，注重用财政存量放大金融增量，发挥市场机制作用，大规模推进国土绿化，全力筑牢国土生态安全屏障。坚持发挥重点生态工程在国土绿化和改善生态中的主体作用，深入实施三北防护林体系建设、新一轮退耕还林还草、京津风沙源治理等工程，启动建设 11 个百万亩防护林基地，累计安排新一轮退耕还林还草任务 4240 万亩①。各地也实施了一批造林绿化工程，国土绿化步伐全面加快，生态状况持续改善。5 年来，全国完成造林 5.08 亿亩，森林面积达到 31.2 亿亩，森林覆盖率达到 21.66%，森林蓄积量达到 151.37 亿立方米，成为同期全球森林资源增长最多的国家。森林质量得到普遍重视，启动了国家储备林建设工程示范项目，建设和划定国家储备林 4766 万亩，国家储备林制度初步建立。出台了《全国森林经营规划(2016—2050 年)》，修订了《造林技术规程》《森林抚育规程》《低效林改造技术规程》，完成森林抚育 6.22 亿亩，林木良种使用率由 51% 提高到 61%。出台了《沙化土地封禁保护修复制度方案》，启动了沙化土地封禁保护区、国家沙漠公园建设、沙区灌木林平茬复壮等试点，封禁保护面积达 2315 万亩，国家沙漠公园达 103 个。五年累计治理沙化土地 1.5 亿多亩，绿进沙退的趋势进一步巩固。森林城市建设上升为国家战略，国家森林城市增加到 137 个。森林城市创建活动提升了林业社会影响力，增加了国土绿化资金投入。全国城市建成区绿地率 36.4%，人均公园绿地面积 13.5 平方米，城乡人居生态环境明显改善。

（二）实行最严格的生态保护制度，林业资源保护全面加强。全面停止天然林商业性采伐，天然林保护范围扩大到全国，19.44 亿亩天然乔木林得到有效保护，每年减少资源消耗 3400 万立方米，天然林生态功能逐步恢复。林地林权管理更加规范，实现以规划管地、以图管地，建设项目使用林地实行差别化管控。国务院出台《湿地保护修复制度方案》，提出湿地保有量不低于 8 亿亩，28 个省份出台湿地保护修复制度实施方案。修订了《湿地保护管理规定》。启动了湿地生态效益补偿、退耕还湿试点，共恢复湿地 350 万亩，安排退耕还湿 76.5 万亩。开展了国际湿地城市认证，新增国际重要湿地 16 处，国家湿地公园达 898 个。全国湿地保护率由 43.51% 提高到 49.03%，部分重要湿地生态状况明显改善。建立了打击野生动植物非法贸易部际联席会议制度，全面停止商业性加工销售象牙及制品活动。对国家级林业自然保护区生态破坏问题进行了清理整顿，发布了保护区内建设项目禁止事项清单。全国林业自然保护区达 2249 处，总面积 18.9 亿亩，占国土面积的 13.14%。其中，国家级自然保护区 375 处，占全国总数的 84.1%，重点保护野生动植物种群和数量稳中有升。加强了古树名木保护和树木移植管理，天然大树进城之风得到遏制。全国森林公园超过 3400 处，其中国家级森林公园 881 处。森林公安改革不断深化，执法职能和队

---

① 1 亩 ≈ 0.067 公顷。

伍建设明显加强，一批典型案件得到严肃查处。森林防火责任落实和处置措施不断强化，防扑火能力大幅提升，火灾受害率控制在1‰以下。特别是快速扑灭内蒙古乌玛"4·30"、毕拉河"5·2"、陈巴尔虎旗"5·17"等多起重特大森林火灾，受到党中央、国务院的充分肯定。林业有害生物防治继续加强，主要林业有害生物成灾率控制在4.5‰以下。沙尘暴和野生动物疫源疫病监测预警能力逐步提升，沙尘暴次数和强度明显降低，妥善处置大熊猫犬瘟热、候鸟禽流感等疫情。

（三）积极完善生态文明体制体系，林业改革取得重大突破。党中央、国务院出台《国有林场改革方案》《国有林区改革指导意见》，国有林区林场生态保护职责全面强化，相应的体制机制逐步建立，95%以上的国有林场定性为公益性事业单位，内蒙古大兴安岭重点国有林管理局挂牌成立。国有林区林场多渠道安置富余职工14万多人，金融债务处理意见获国务院批准，社会职能逐步移交，发展活力明显增强；完成棚户区改造174万户，惠及500万人，林区生产生活条件不断改善，职工收入水平明显提高。国务院办公厅印发《关于完善集体林权制度的意见》，集体林权制度改革全面深化，集体林业良性发展机制初步形成，经营管理水平不断提高。在福建武平召开了全国深化集体林权制度改革经验交流会，汪洋副总理出席会议并讲话。中央深改组批准4个国家公园体制试点方案，其中东北虎豹、大熊猫、祁连山国家公园由国家林业局具体负责，改革试点进入实质性阶段。东北虎豹国家公园管理机构挂牌成立，实施方案、总体规划编制和自然资源监测等稳步推进，重点物种国家公园成为改革试点的亮点。累计取消下放调整林业行政审批事项67项，削减比例达70%，双随机检查工作逐步推进，行政审批中介服务事项和工商登记前置审批事项全面取消，福建和天津两个自贸区实施野生动植物进出口行政许可新措施。开展了湿地产权确权、国有森林资源资产有偿使用、人工商品林采伐管理、林业自然资源资产负债表编制等试点，配合有关部门出台了一系列加强生态文明建设的制度办法。

（四）认真践行绿水青山就是金山银山理念，绿色富民产业持续快速发展。2017年，全国林业产业总产值达到7万亿元，林产品进出口贸易额达到1500亿美元，继续保持林产品生产和贸易第一大国地位。林业一、二、三产业比例为32∶48∶20，第三产业比重较2012年提高8个百分点，林业主要产业带动5200多万人就业。开展了林业重点龙头企业认定和林业产业示范园区创建工作，启动了森林生态标志产品建设工程。森林康养、木本粮油、电子商务等新产业新业态蓬勃发展，2017年全国森林旅游总人数14亿人次，社会综合产值1.15万亿元。全国经济林面积6.2亿亩，年产量1.8亿吨，油茶、核桃、竹子、花卉面积快速增长，优质林产品供给能力稳步提升。林业精准扶贫成效显著，山区贫困人口纯收入20%左右来自林业，重点地区超过50%；选聘生态护林员37万人，精准带动130多万人增收和稳定脱贫；国家林业局帮扶的4个贫困县6.1万人脱贫，减贫率36%。

（五）主动参与全球生态治理，积极贡献中国智慧和中国方案。认真落实习近平总书记关于构建人类命运共同体的重要思想，以"一带一路"建设等国家战略为平台，不断深化林业对外交流与合作，林业在国家外交中的地位不断提升。累计与33个国家签署40份林业合作协议，建立了中国—中东欧、中国—东盟、大中亚等多双边合作机制，为 106 个发展中国家培训林业人员 3000 人次。与 7 个国家启动大熊猫合作研究，大熊猫在国家外交中的影响力稳步提升。认真履行相关国际公约，深度参与全球林业事务。成功承办《联合国防治荒漠化公约》第十三次缔约方大会和库布其国际沙漠论坛，习近平主席两次发来贺信，充分肯定我国防沙治沙成就，参加第十三次缔约方大会的 1400 多名外宾对我国治沙成就高度赞赏。成功主办第十届国际湿地大会。积极推动《联合国森林战略规划（2017—2030年）》《联合国防治荒漠化公约 2018—2030 年战略框架》制定和发布工作。习近平主席致信祝贺国际竹藤组织成立 20 周年，充分肯定国际竹藤组织发挥的积极作用。亚太森林组织国际化进程明显加快，影响和作用逐步增强。妥善应对打击木材非法采伐和相关贸易、打击野生动植物非法贸易、应对气候变化等热点问题，积极引进林业治山、森林康养等先进技术和理念。境外非政府组织管理进入法制化规范化新阶段。利用国际金融组织贷款 18亿美元，海外森林资源培育开发规模稳步扩大，统筹运用国际国内两种资源、两个市场、两类规则的能力明显提升。

（六）不断夯实林业发展基础，支撑保障能力稳步增强。林业法治建设全面加强，修订了《种子法》《野生动物保护法》，森林法修改、湿地立法工作有序推进，颁布部门规章 16件、规范性文件 110 多件。林业行政执法更加规范，行政复议和行政应诉能力明显提高，社会公众林业法律意识进一步增强。建成林业行业首个国家重点实验室和一大批国家级科技创新平台，科技创新能力不断提升。累计取得重大科技成果 5000 多项，30 多项成果获得国家科学技术奖励，发布林业标准 1099 项，森林认证体系实现国际互认，林业科技成果转化率达 55%，科技进步贡献率达 50%。林业新增 3 位中国工程院院士，两院院士达13 人。开展了智慧林业建设，实施了一系列重大信息化项目，信息技术深度融入林业，全国林业信息化率达 70.35%，中国林业网在各部委网站中排名稳定在前两位。加强战略谋划和规划指导，形成了覆盖各重点领域的林业规划体系。林业公共财政政策覆盖面不断扩大，补助标准逐步提高，构建了全面保护自然资源、重点领域改革和多元投入的林业支撑保障体系。中央林业投入累计达 5386 亿元，比前五年增长 36%，其中，天然林保护1276 亿元，退耕还林还草 1433 亿元，湿地保护 82 亿元。林业金融创新取得重大突破，与中国银监会联合出台了《关于林权抵押贷款的实施意见》，林业贴息贷款 1160 亿元；与国家开发银行、中国农业发展银行推出支持国家储备林等林业重点领域的长周期、低成本贷款，合同金额超过 1100 亿元，已放款 384 亿元，成为林业社会融资的重要渠道。中央财政森林保险保费补贴政策覆盖全国，保险面积达 20.44 亿亩。林业碳汇纳入国家碳排放权交易试点。林业资金审计稽查力度不断加大，资金项目监督约束机制逐步完善。各级林业机构和人员队伍保持稳定，全面从严治党深入推进，林业系统党风政风行风明显改善，干部队伍纪律和规矩意识显著增强，履职能力稳步提高，为林业改革发展提供了有力保障。

（七）大力弘扬生态文明理念，林业社会影响力显著提升。习近平总书记对塞罕坝林场的感人事迹多次作出重要批示，明确指出塞罕坝林场是推进生态文明建设的生动范例，号召全党全社会坚持绿色发展理念，弘扬牢记使命、艰苦创业、绿色发展的塞罕坝精神，持之以恒推进生态文明建设。中央宣传部将塞罕坝林场作为生态文明建设重大典型，组织各大媒体集中开展了林业有史以来规格最高、规模最大、影响最广的宣传活动。塞罕坝精神宣讲团在人民大会堂及9个省市作了宣讲报告，全国上下掀起了学习宣传塞罕坝精神的热潮，全面彰显了林业在生态文明建设中的重要地位，有力提升了林业的社会影响力，广大林业干部职工深受鼓舞、倍感振奋。五年来，我们对林业进行了全方位、多角度、深层次的宣传报道，组织开展一系列主题宣传活动，推出一大批优秀生态文化作品，选树了杨善洲、余锦柱、孙建博、苏和等林业先进典型，为生态文明建设增添了正能量。实践证明，广泛深入的林业宣传活动，推动了生态文明理念深入人心，各级党委政府和相关部门对林业的认识不断深化，全社会关心林业、保护生态的自觉性明显增强，林业改革发展氛围越来越好。

总之，党的十八大以来我国林业改革发展取得的成就是全方位、开创性的，林业发生的变化是深层次、根本性的。取得这样的历史性成就，主要得益于以习近平同志为核心的党中央的坚强领导和习近平新时代中国特色社会主义思想的科学指导。过去五年，习近平总书记高度重视林业工作，多次深入林区视察指导，多次研究林业重大问题，关于林业的批示、指示、讲话170多次，次数之多、分量之重、力度之大、范围之广，都前所未有，为林业改革发展提供了根本遵循。正是在习近平总书记的亲自指导和强力推动下，林业的地位作用全面提升，林业的顶层设计全面优化，林业的各项改革全面推进，林业的资源保护全面加强。各级党委政府、各部门和全社会从来没有像现在这样关心重视林业，形成了推动林业改革发展的强大合力。林业能有这样的发展态势和良好局面，来之不易，全体务林人要倍加珍惜，继续保持，不断发扬光大。

二、新时代林业的根本任务和有利形势

经过长期不懈努力，我国林业建设取得了举世瞩目的伟大成就，各项改革不断深化，森林面积持续增加，资源保护全面加强，生态状况明显改善，绿色产业快速发展，林业已经站在新的历史起点上。但总的看，林业仍然是国家现代化建设中的短板，发展不平衡不充分的问题尤为突出，制约着经济社会可持续发展和国家现代化进程，也无法满足人民对美好生活的需要。林业发展水平落后，生态资源总量不足，已成为我国生态系统脆弱、生态产品短缺的重要原因。

党的十九大站在新的历史方位，对决胜全面建成小康社会、开启全面建设社会主义现代化国家新征程作出了安排部署。林业现代化既是国家现代化的组成部分，也是国家现代化的重要支撑。生态兴则文明兴，国家强林业必须强。建设社会主义现代化强国，实现中华民族伟大复兴，必须有良好的生态、发达的林业。各级林业部门要充分认识到，当前林业发展水平离这样的目标要求还有很大差距，必须再接再厉、埋头苦干、迎头赶上，林业绝不能拖国家现代化的后腿，全体务林人应该有这样的责任担当和广泛共识。要举全行业之力，集各方面之智，坚定不移推进林业现代化建设，全面提升林业改革发展水平，为实现"两个一百年"奋斗目标作出更大贡献。这就是新时代林业的根本任务，各级林业部门必须以此统领林业工作全局，统一思想，形成合力，务求全胜。

应该看到，推进林业现代化建设任务十分繁重，面临许多挑战，但也面临着前所未有的发展机遇。党的十九大作出了中国特色社会主义进入新时代、我国社会主要矛盾已经发生转化等重大判断，确立了习近平新时代中国特色社会主义思想的历史地位，提出了新时代坚持和发展中国特色社会主义的基本方略，确定了全面建成小康社会、开启全面建设社会主义现代化国家新征程的目标，对新时代推进中国特色社会主义伟大事业作出了全面部署。其中，将生态文明建设放在重要战略位置，坚持人与自然和谐共生成为中国特色社会主义的基本方略，建设美丽中国成为建设社会主义现代化强国的奋斗目标，提供更多优质生态产品成为现代化建设的重要任务，绿水青山就是金山银山成为生态文明建设的核心理念。这些重大理论创新和战略部署将对党和国家各项事业产生广泛而深远的影响，对林业的影响也将是深层次、全方位的。只要抓住机遇，科学谋划，全力推进，林业就一定能够实现更大发展，与国家同步实现现代化。

（一）建设社会主义现代化强国将为林业现代化建设提出更高要求。党的十九大提出，到2035年，我国基本实现社会主义现代化；到本世纪中叶，把我国建成富强民主文明和谐美丽的社会主义现代化强国。从全面建成小康社会到基本实现现代化，再到全面建成社会主义现代化强国，这是我们党对新时代中国特色社会主义发展作出的战略安排。这意味着，我国基本实现现代化的目标提前了15年，到本世纪中叶要全面实现现代化。随着国家现代化的加快，林业现代化必须提速，原定2050年的发展目标需要提前到2035年实现。提前实现这些目标，国家需要采取更为有力的政策措施，进一步加快林业发展，尽快补上国家现代化中林业这块短板。同时，到本世纪中叶，要全面建成社会主义现代化强国，美丽中国是主要标志，人与自然和谐共生是基本特征。林业在建设美丽中国和实现人与自然和谐共生方面具有不可替代的独特作用，各级党委政府将会更加重视林业，推动林业改革发展的举措将会更加协调有力，有利于全面提升林业现代化的质量和效益。

（二）社会主要矛盾转化将为林业现代化建设增添强大动力。党的十九大报告明确指出，我国社会主要矛盾已经转化为人民日益增长的美好生活需要和不平衡不充分的发展之间的矛盾；既要创造更多物质财富和精神财富以满足人民日益增长的美好生活需要，也要提供更多优质生态产品以满足人民日益增长的优美生态环境需要。这表明，我国稳定解决温饱之后，消费正在升级，人民期待天更蓝、地更绿、水更清，提供更多优质生态产品已成为社会主义现代化建设的重要任务。13亿多人对优质生态产品的巨大需求，必将产生强大的拉动力，带动林业不断提升生态产品生产能力。就像当年粮食紧缺一样，国家出台一系列政策支持农业生产，以确保饭碗牢牢端在自己手里。生态产品不可或缺、无法替代，也不能进口，只能立足国内满足人民需求。多年来，为改善生态状况，提高生态产品生产能力，国家采取了一系列重大举措支持林业改革发展，今后这方面的力度将会越来越大。同时，随着生态产品价值实现路径的多元化和生态产品价格形成机制的科学化，生态产品交易变现将会更加便捷可行，更多金融资本和社会资本将会进入林业，有利于进一步增强林业发展的活力和动力。

（三）加快生态文明体制改革将为林业现代化建设带来更大红利。党的十八大以来，以习近平同志为核心的党中央统筹推进"五位一体"总体布局，生态文明建设力度不断加大，一批破坏生态的重大案件得到严肃查处，各级党委政府重视林业的自觉性和主动性明显增强，全社会关注林业、保护生态的氛围更加浓厚，这是林业改革发展取得历史性成就的根本保证。党的十九大将生态文明建设摆在更加重要的位置，确定了加快生态文明体制改革的总体要求，号召全党全国人民牢固树立社会主义生态文明观，推动形成人与自然和谐发展现代化建设新格局。林业作为生态文明建设的重要内容，可以抓住这一有利时机，继续深化各项改革，进一步解决体制不顺、机制不活等问题，构建完善的政策支持体系和法律法规体系，为林业现代化建设提供更好保障。同时，随着生态文明制度体系的逐步完善，特别是一系列带有强制性的目标任务、考核办法、奖惩制度的建立健全，制度的引导、规范、激励、约束作用将不断显现，各类开发、利用、保护行为将更加规范，有利于在全社会形成保护自然生态、推动林业发展的良好氛围。

（四）实施乡村振兴战略将为林业现代化建设提供有效抓手。党的十九大提出，按照产业兴旺、生态宜居、乡风文明、治理有效、生活富裕的总要求，实施乡村振兴战略，这是我们党着眼"两个一百年"奋斗目标，为解决"三农"问题、缩小城乡差距作出的重大决策部署。林业主要工作领域在农村，主要从业人员是农民，实施乡村振兴战略，既可以加快农业农村现代化步伐，也必将有力地推动林业现代化建设。当前，我国农业农村是发展不平衡、不充分的重点领域。党的十九大报告明确要求，坚持农业农村优先发展，建立健全城乡融合发展体制机制和政策体系，这将进一步调整理顺工农城乡关系，从资源配置、财政投入、公共服务等方面对农业农村给予倾斜支持，也有利于各种生产要素向林业聚集。同时，还要看到，振兴乡村最大的优势在生态，最大的潜力在林业。为农业农村现代化提供生态支撑，满足城乡居民对绿水青山的巨大需求，必须依靠乡村这片广阔天地，努力打造生态宜居的美丽乡村，让广大农民能够安居乐业，让城镇居民方便寻找乡愁。在这方面，国内外有许多经验值得借鉴。日本的生态村建设、韩国的新农村运动，都把保护生态作为振兴乡村的重要着力点，实现了乡村振兴与生态改善良性互动。浙江省安吉县认真践行"两山"理论，积极做好山水文章，走出了一条依靠生态优势实现乡村振兴的发展之路。我们坚信，随着乡村振兴战略的深入实施，必将有力地促进生态改善和林业发展。

（五）决胜全面建成小康社会将为林业现代化建设夯实发展基础。党的十九大指出，从现在到 2020 年，是全面建成小康社会决胜期，事关第一个百年奋斗目标如期实现。习近平总书记多次强调，小康不小康，关键看老乡。这说明，全面建成小康社会关键在于打赢脱贫攻坚战，确保贫困人口和贫困地区全部脱贫。我国 60% 以上的贫困人口集中在山区林区沙区，是全面建成小康社会的最大难点。大多数贫困地区最突出的优势是生态，最适合的产业是林业。近几年来，中央和地方统筹整合资金，积极支持贫困地区开展生态保护修复和生态产业扶贫，有力带动了贫困人口精准脱贫，林业成为扶贫开发的最大亮点之一。山西省通过成立贫困人口占多数的专业合作社，从事造林绿化和森林管护经营，帮助贫困人口实现长期稳定脱贫。云南省贡山县选聘生态护林员 2500 多名，促进了全县 76.8% 的贫困人口脱贫增收。湖南省邵阳县种植油茶 65.4 万亩，年产值 14.5 亿元，带动 3.1 万人脱贫，占全县脱贫人口的 34.8%。宁夏等地将易地扶贫搬迁腾退的土地用于恢复生态，林草植被快速增加，生态状况明显好转。可以预见，随着精准扶贫力度的不断加大，贫困地区将会获得更多的政策、资金、技术支持，农村基础设施建设将会全面加强，林业林区生产条件将会继续改善，生态护林员规模将会进一步扩大，森林资源利用方式将会更加绿色，这些都将为林业现代化建设创造更好的条件。

（六）为全球生态安全作贡献将为林业现代化建设搭建广阔舞台。党的十九大报告指出，建设美丽中国，为人民创造良好生产生活环境，为全球生态安全作出贡献。这既是在生态领域推动构建人类命运共同体的重大举措，又是赋予林业现代化建设的光荣使命，充分体现了负责任大国的担当和远见。习近平总书记反复强调，森林是人类生存的根基，是自然生态系统的顶层，拯救地球首先要从拯救森林开始，森林关系生存安全、淡水安全、国土安全、物种安全、气候安全和国家外交大局。近年来，我国森林资源持续增加，率先实现土地退化零增长目标，提出了应对气候变化林业方案，开展了大熊猫保护合作研究，积极参与打击象牙等野生动植物制品非法交易，为维护全球生态安全贡献了中国力量，我国林业国内外影响力显著增强，党和国家领导人日益重视生态外交。站在新的历史方位，我国要为全球生态安全作出更大贡献，必须针对国内缺林少绿、生态脆弱的严峻形势，从国家层面采取更为有力的政策措施，全面提升森林资源总量和质量，全力维护国家森林生态安全。同时，以更加积极的姿态参与全球生态治理，主动贡献中国智慧和方案，推动相关国际规则朝着互利共赢的方向发展，可以为国内林业发展创造更好的国际环境。

三、新时代林业现代化建设的总体思路

综合分析当前林业的形势与任务，推进新时代林业现代化建设，要全面贯彻党的十九大精神，以习近平新时代中国特色社会主义思想为指导，以建设美丽中国为总目标，以满足人民美好生活需要为总任务，坚持稳中求进工作总基调，认真践行新发展理念和绿水青山就是金山银山理念，按照推动高质量发展的要求，全面深化林业改革，切实加强生态保护修复，大力发展绿色富民产业，不断增强基础保障能力，全面提升新时代林业现代化建设水平，为实施乡村振兴战略、决胜全面建成小康社会、建设社会主义现代化强国作出更大贡献。

根据党的十九大对我国社会主义现代化建设作出的战略安排，综合考虑当前林业发展水平和人民对良好生态的需求等因素，必须对新时代林业发展目标进行科学谋划，以更好地指导全国林业现代化建设。经过初步测算和论证，提出如下预期目标。

力争到 2020 年，林业现代化水平明显提升，生态环境总体改善，生态安全屏障基本形成。森林覆盖率达到 23.04%，森林蓄积量达到 165 亿立方米，每公顷森林蓄积量达到

95 立方米，乡村绿化覆盖率达到 30%，林业科技贡献率达到 55%，主要造林树种良种使用率达到 70%，湿地面积不低于 8 亿亩，新增沙化土地治理面积 1000 万公顷，国有林区、国有林场改革和国家公园体制试点基本完成。

力争到 2035 年，初步实现林业现代化，生态状况根本好转，美丽中国目标基本实现。森林覆盖率达到 26%，森林蓄积量达到 210 亿立方米，每公顷森林蓄积量达到 105 立方米，乡村绿化覆盖率达到 38%，林业科技贡献率达到 65%，主要造林树种良种使用率达到 85%，湿地面积达到 8.3 亿亩，75% 以上的可治理沙化土地得到治理。

力争到 21 世纪中叶，全面实现林业现代化，迈入林业发达国家行列，生态文明全面提升，实现人与自然和谐共生。森林覆盖率达到世界平均水平，森林蓄积量达到 265 亿立方米，每公顷森林蓄积量达到 120 立方米，乡村绿化覆盖率达到 43%，林业科技贡献率达到 72%，主要造林树种良种使用率达到 100%，湿地生态系统质量全面提升，可治理沙化土地得到全部治理。

推进新时代林业现代化建设，既是一项长期的战略任务，又是一项复杂的系统工程。各级林业部门要坚持问题导向，紧盯发展目标，强化责任担当，抓实工作举措，用林业现代化引领林业改革发展全局，在具体实践中把握好以下基本要求。

（一）坚持把以人民为中心作为林业现代化建设的根本导向。人民是历史的创造者，是决定党和国家前途命运的根本力量。推进林业现代化建设，要始终坚持发展为了人民、发展依靠人民、发展成果由人民共享，将人民对美好生活的向往作为奋斗目标，着力提升林业综合生产能力，满足人民的个性化、多样化需求，让人民充分享受林业现代化建设成果。要尊重人民首创精神，最大限度调动基层群众的主动性和创造性，激励人民自觉投身林业改革发展，汇聚起林业现代化建设的磅礴力量。要坚持群众利益至上，及时解决群众最关心的生态问题，防止出现损害群众利益的不良现象，让群众在参与林业建设中获得更多实惠，在就业增收宜居中拥有更多的获得感和幸福感。

（二）坚持把人与自然和谐共生作为林业现代化的不懈追求。建设生态文明是中华民族永续发展的千年大计。人因自然而生，人与自然是共生关系，对大自然的伤害最终会遭到大自然的报复，这是人类发展必须遵循的客观规律。森林、湿地、荒漠和野生动植物与人类相伴相生，一直以来都是人与自然和谐共生的风向标。推进林业现代化建设，要准确把握生态与产业、保护与发展的关系，始终尊重自然、顺应自然、保护自然，自觉按科学规律和自然规律办事，还自然以宁静、和谐、美丽，让人与自然相得益彰。要提升自然生态系统承载力，方便人民更好地走进自然，满足人民亲近自然、体验自然、享受自然的需要，推动人与自然融合发展。

（三）坚持把生态保护修复作为林业现代化建设的核心使命。当前，我国生态系统脆弱，生态问题突出，既制约经济社会可持续发展，更危及中华民族永续发展。推进林业现代化建设，必须把生态保护修复放在首要位置，始终坚持保护优先、自然恢复为主的方针，让森林河流湖泊得到充分的休养生息。要统筹山水林田湖草系统治理，实施重要生态系统保护和修复重大工程，着力增加林草植被，保护恢复湿地，治理沙化土地，优化生态安全屏障体系，维护国家生态安全。要完善林业法律法规，实行最严格的生态保护制度，抓紧划定生态保护红线，严厉打击破坏自然生态的行为。要建立以国家公园为主体的自然保护地体系，实施珍稀濒危野生动植物拯救性保护行动，构建生态廊道和生物多样性网络，保护好重点野生动植物种和典型生态系统。

（四）坚持把发展绿色产业作为林业现代化建设的重要内容。林业具有生态、经济、社会等多种功能，肩负着生产生态产品和保障林产品供给的双重任务。人民对美好生活的需要，不仅包括优质生态产品，也包括绿色林产品。推进林业现代化建设，必须牢固树立绿水青山就是金山银山的理念，在修复保护好绿水青山的同时，大力发展绿色富民产业，努力实现生态产业协调发展、多种功能充分发挥，既创造更多的生态资本和绿色财富，满足人民对良好生态的需要，又生产丰富的绿色林产品，满足人民对物质产品的需要。发展林业产业，关键要走绿色发展之路，坚持节约资源和保护生态，积极运用先进技术成果，优化产业产品结构，提升产业素质和资源利用水平，最大限度减少资源消耗。

（五）坚持把改革创新作为林业现代化建设的动力源泉。改革创新是解决林业发展活力不够、动力不足的根本举措。近年来，我们通过深化改革，创新了体制机制，增强了发展活力，但林业改革相对滞后，新型经营主体发育迟缓，科技创新驱动乏力，产权模式结构单一，社会资本难以进入，林业的活力和动力都不足。推进林业现代化建设，必须把改革的红利、创新的活力、发展的潜力有效叠加起来，着力形成持续健康的发展模式。当前，林业改革已经进入攻坚阶段，要敢于在关键领域寻求突破，大胆创新产权模式，推进国有自然资源有偿使用，拓展集体林经营权权能，健全林权流转和抵押贷款制度，以吸引更多资本参与林业建设。要大力推动林业科技、金融和管理创新，优化要素配置，培育新兴产业，全面增强林业发展内生动力。

（六）坚持把提升质量效益作为林业现代化建设的永恒主题。目前，我国经济已由高速增长阶段转向高质量发展阶段，林业发展也进入了转型升级的关键时期。推动林业转型升级，就是要适应人民群众的新需要，依靠科技进步的新动力，着力解决林业发展质量不高、效益不好的问题，形成优质高效多样化的林业供给体系，以提供更多优质的产品和服务，在更高水平上实现供需均衡。推进林业现代化建设，必须坚持数量质量并重，质量第一、效益优先，推动林业发展由规模速度型向质量效益型转变，走出一条内涵式发展道路。当前林业发展，既要保持量的扩张，更要注重质的提高，在质的大幅提升中实现量的有效增长。要着力提升生态保护修复专业化水平，注重提高森林、湿地、荒漠生态系统的质量和稳定性，全面提升优质生态产品生产能力。

（七）坚持把夯实发展基础作为林业现代化建设的有力保障。我国林区基础设施和公共事业相对滞后，科技、人才、法治、管理等问题突出，这是制约林业高质量发展的主要瓶颈。推进林业现代化建设，必须着力抓重点、补短板、强弱项，尽快解决林业基础薄弱问题，提升林业自我发展能力。要加强林业基础设施建设，改善国有林区林场道路、通信和基本公共服务设施，提高林业装备现代化水平，增强生态监测、森林防火、有害生物防治和自然灾害应急能力。加强林业机构队伍建设，强化行政管理职能，稳定基层林业站所和人才队伍，吸引高水平专业人才，着力提升队伍整体素质，为林业现代化建设提供有力保障。

四、关于 2018 年重点工作安排

2018 年，是贯彻党的十九大精神的开局之年，是改革开放 40 周年，也是决胜全面建成小康社会、实施"十三五"规划承上启下的关键一年。各级林业部门要深入学习贯彻党的十九大精神，按照中央经济工作会议、中央农村工作会议的安排部署，紧密结合林业工作和各地实际，重点抓好以下 11 个方面工作。

（一）认真学习贯彻党的十九大精神。把学习贯彻党的十九大精神作为首要政治任务，深入开展学习宣讲解读工作，真正做到学深悟透、入脑入心，切实用习近平新时代中国特色社会主义思想武装头脑、指导实践、推动工作。要牢固树立"四个意识"，用党的十九大精神统一思想和行动，主动对接十九大决策部署，加强调查研究，进一步谋划好工作思路、目标任务和重点举措，确保十九大有关林业的工作部署得到全面落实。积极作为，加强协调，争取林业在实施精准脱贫、区域发展等国家战略中获得更多支持。同时，大力弘扬塞罕坝精神，激励全体务林人不忘初心、牢记使命、驰而不息、久久为功，坚持不懈推进林业现代化建设。坚持正确舆论导向，创新宣传形式，丰富宣传载体，多出精品力作，为林业改革发展营造良好氛围。

（二）推动实施乡村振兴战略。认真学习领会中央农村工作会议精神，准确把握实施乡村振兴战略的部署和要求，统筹推进"五位一体"总体布局，全面加强乡村生态文明建设，不断加大生态保护修复力度，为农业农村现代化提供生态屏障。全面加强原生植被、自然景观、古树名木、小微湿地和野生动物保护，坚决制止开山毁林、填塘造地等行为，大力弘扬乡村生态文化，努力保持乡村原始风貌，真正留住乡情、记住乡愁。实施乡村绿化美化工程，抓好四旁植树、村屯绿化、庭院美化等身边增绿行动，着力打造生态乡村，提升生态宜居水平。建设一批特色经济林、花卉苗木基地，确定一批森林小镇、森林人家和生态文化村，加快发展生态旅游、森林康养等绿色产业，推动产业兴旺，增加农民收入，助力精准扶贫。各级林业部门要积极参与乡村振兴战略规划编制工作，主动争取体现更多的林业内容。坚持因地制宜、改革创新，通过加大投入、典型示范等多种方式，探索形成林业实施乡村振兴战略的长效机制。

（三）加快国土绿化步伐。启动大规模国土绿化行动，加快实施生态保护修复重大工程，扩大退耕还林、重点防护林、京津风沙源治理和石漠化治理等工程造林规模。以三北工程 40 周年为契机，新建 2 个百万亩防护林基地，开展精准治沙重点县建设。抓好雄安新区白洋淀上游、内蒙古浑善达克、青海湟水三个规模化林场建设试点，规划造林 723 万亩。发挥中央投资撬动作用，利用开发性政策性贷款 300 亿元，发行绿色金融债券 100 亿元，积极培育珍贵树种和大径材，建设国家储备林 1000 万亩。创新国土绿化机制，丰富义务植树尽责形式，探索先造后补、以奖代补、赎买租赁、贴息保险、以地换绿等多种方式，引导企业、集体、个人、社会组织等各方面资金投入，培育一批从事生态保护修复的专业化企业，优先支持政府和社会资本合作国土绿化项目。大力推进森林城市、森林城市群、森林公园建设。力争全年完成造林1亿亩以上，其中人工造林5000万亩，森林抚育1.2亿亩。

（四）加强资源保护管理。做好生态保护红线划定工作，将林业重要保护地纳入红线，实行最严格的保护制度，人工商品林原则上不划入红线。总结推广安徽省成功经验，探索实行林长制，全面落实地方党委政府领导保护森林资源的责任。坚持以林地一张图经营管理林地，加强征占用林地审核审批管理。重点国有林区全面实施国家重点生态功能区产业准入负面清单制度。完成第九次全国森林资源清查，实现全国及各省森林资源主要指标年度出数。开展国家级公益林生态效益监测评价，抓好第二次全国林业碳汇计量监测，基本完成全国古树名木资源普查。推动落实《湿地保护修复制度方案》，扩大湿地补助补偿、湿地保护修复工程覆盖面，加强湿地公园建设，发布国家和省级重要湿地名录，开展第三次全国湿地调查试点，完成湿地面积变化年度监测任务。认真落实《沙化土地封禁保护修复制度方案》，扩大封禁保护范围，抓好重点沙区灌木林平茬复壮和沙漠公园建设。加快推进森林法修改和湿地、天然林等立法，完善野生动物保护法配套法规。组织开展森林资源专项督查和重点国有林区毁林开垦专项清理，依法严厉打击破坏森林资源的违法犯罪活动。加强行政执法制度建设，依法办理行政复议和行政诉讼案件，开展规范林业行政执法专项行动。争取以国务院名义出台进一步加强野生动物保护工作的意见，开展野生动植物非法贸易联合打击行动，加强停止商业性加工销售象牙后续监管。加大自然保护区建设和监管力度，发布一批重点野生动物栖息地。建立重大林业有害生物灾害核查、督办、问责机制，提高社会化防治和绿色防治水平，防止松材线虫病等重大灾害蔓延。加强野生动物疫源疫病监测防控和沙尘暴监测预警。

（五）抓好森林防火工作。坚决贯彻中央决策部署，认真研究武警森林部队改革后的森林防火机制问题，确保防扑火工作不受影响。加强国家和地方各级森林防火管理机构建设，完善机构，配齐人员，增强统筹协调能力，充分发挥森防指成员单位在森林火灾扑救中的作用。大力推进地方专业森林消防队伍建设，坚持标准化建队，配备高技术装备，全面提升火灾扑救能力。通过明察暗访、通报约谈等措施，加强专项监督检查，确保森林防火责任制全面落实。认真实施《全国森林防火规划（2016—2025年）》，加快引进大型灭火飞机和全道路运兵车等急需装备，提高火场通信、防火道路、物资储备库、综合调度指挥平台等基础设施建设水平。完善森林火灾应急预案体系，坚持依案扑救，发生火情后重兵投入、科学指挥，集中力量打歼灭战，把灾害损失降到最低程度，坚决避免重大人员伤亡和生态环境损失。同时，认真抓好林业安全生产工作，严防发生重特大安全事故。

（六）推进各项林业改革。认真总结天然林保护工程20年经验，进一步完善天然林保护制度，争取国务院出台全面保护天然林的指导意见，统筹研究全面保护天然林与二期工程到期后的相关政策措施。开展国有林区和国有林场改革督查，强化地方政府责任落实，加快组建吉林、龙江、大兴安岭国有林管理机构。深入推进"四分开"，坚持分类指导、因地制宜推动政事企分开，剥离森工企业社会职能，将人员和机构逐步移交地方。抓好市县级国有林场改革方案落地，基本完成主要改革任务，启动省级评估验收工作。抓好集体林业改革试验示范，积极推行集体林地"三权分置"，完善集体林业社会化服务体系，加快培育新型林业经营主体，促进多种形式的适度规模经营。鼓励各地开展重点生态区位商品林赎买等改革。大力推进东北虎豹、大熊猫和祁连山国家公园体制试点，抓好管理机构组建运行、总体规划编制报批、边界和功能区划落地、监测体系建设，推动自然资源资产统一确权登记和职责移交。出台《国有森林资源资产有偿使用改革方案》，规范重点国有林区森林资源资产产权变动管理。配合有关部门继续做好湿地产权确权试点工作。深化林业放管服改革，继续清理整合林业行政许可事项，实现行政许可随机抽查全覆盖，加强事中事后监管，提升行政审批效率和服务水平。

（七）提升林产品生产能力。争取国务院出台加快林业产业发展的指导意见。深入推进林业供给侧结构性改革，促进一、二、三产业融合发展，增加绿色优质林产品供给，力争全国林业产业总产值达到 7.5 万亿元，进出口贸易额达到 1600 亿美元。认定建设一批示范基地、示范市县、示范园区和优势产区，带动林业产业高水平发展。加快生物质能源基地及多联产发展工程建设，推动林产品精深加工和林业产业集聚发展。完善森林认证制度，实施森林生态标志产品建设工程。启动中国林产品交易中心建设，制修订一批林产品标准，加强重点林产品品牌建设和质量监管。推进林业产业监测预警体系建设，及时发布监测预警指导报告。创新林业扶贫机制，加大深度贫困地区生态扶贫力度，推动定点帮扶县按期脱贫。认真筹备 2019 北京世界园艺博览会，办好中国国际森林产品博览会、中国林产品交易会、中国森林旅游节等节庆展会。

（八）推动林业高质量发展。提高林业发展质量，既要靠科技，又要靠管理。要加强林业科技创新，提升科技对林业发展的支撑引领作用。继续实施林业科技扶贫、科技成果转移转化、标准化提升三大行动。组织开展新时代中国林业现代化战略研究，为林业现代化建设做好顶层设计。加强科技创新平台建设，推动成立京津冀、长江经济带、"一带一路"三大区域林业协同科技创新中心。加快实施转基因生物新品种培育、种业自主创新等重点科研专项，抓好新一轮森林资源核算研究和负离子监测试点，推动建设国家林木种质资源设施保存库。强化林业植物新品种保护，开展实施知识产权创新战略试点。深入实施"互联网＋"林业行动计划，抓好金林工程、生态大数据、智慧监管平台等项目建设，加强政务信息系统、综合办公系统建设，完善基础网络设施，维护网络和信息安全，用林业信息化带动林业现代化。着力提升森林质量，加快建立国家、省、县三级森林经营规划体系，编制完成重点国有林区和国有林场森林经营方案。抓紧实施森林质量精准提升工程，推进森林经营样板基地建设，抓好森林抚育和退化防护林更新改造。加强林木种苗培育和质量监管，优化种苗树种结构，从源头上提高森林质量。

（九）深化国际交流与合作。围绕国家外交大局和林业中心工作，全力打造林业国际合作新格局。加强"一带一路"沿线国家林业务实合作，推动落实《鄂尔多斯宣言》《"一带一路"防治荒漠化共同行动倡议》。认真履行相关国际公约和双边协议，做好重要国际会议参会准备，办好中外林业机制性会议，讲好中国林业故事，贡献中国智慧和方案。妥善应对涉林热点敏感问题，维护国家利益和形象。办好世界竹藤大会、第二届世界生态系统治理论坛、亚太森林组织10周年活动、第四届世界人工林大会、全球雪豹保护大会，继续推动全球森林资金网络落户中国。与有关国际组织加强协调，拓宽交流合作平台。继续开展"走近中国林业"主题活动，展示生态文明建设成效。推进大熊猫、朱鹮等国际合作研究，加强境外森林资源培育与利用，抓好林业援外培训和项目建设，扩大林业利用外资规模。

（十）夯实政策和人才支撑。完善林业生态保护恢复和林业改革发展财政政策，扩大政策覆盖面，增加林业资金投入。提高天保工程社会保险、政策性社会性支出补助标准，启动国有林区林场道路建设工程，完善巩固退耕还林成果政策，扩大集体和个人天然林停伐补助面积，扩大生态护林员规模和国家重点生态功能区转移支付范围。坚持党管干部、党管人才原则，坚持正确选人用人导向，加强领导班子和干部队伍建设，加大干部教育培训力度，深化人才体制机制改革，着力引进培养更多优秀人才，鼓励高校林科毕业生到基层工作，努力建设高素质专业化林业干部队伍。推进林业工作站、木材检查站、科技推广站等基层站所标准化规范化建设，提高执法、服务、管理能力。

（十一）坚持全面从严治党。认真落实新时代党的建设总要求，推进全面从严治党向纵深发展。坚持把政治建设摆在首位，教育引导党员干部提高政治站位，增强政治定力，牢固树立"四个意识"。开展"不忘初心、牢记使命"主题教育，推进"两学一做"学习教育常态化制度化。加强基层组织建设，严格党内政治生活，增强党支部战斗堡垒作用和党员先锋模范作用。深入开展"灯下黑"专项整治，强化社会组织党建工作。严格落实中央八项规定精神，坚持不懈转作风，驰而不息纠"四风"，不断改进林业系统行风政风。全面落实党风廉政建设责任制，完善廉政风险防控机制，加强资金项目监督约束，扎紧"不能腐"的制度笼子。推进重大工程突出问题专项整治行动，强化专项巡视和稽查审计，开展规章制度执行情况专项督查，用好监督执纪"四种形态"，营造风清气正的政治生态。推进林业群团组织改革，加强和谐机关建设。

市领导有关园林绿化工作重要讲话

在深入推进疏解整治促提升
促进首都生态文明与城乡环境建设
动员大会上的讲话

北京市委书记　蔡　奇

（2018 年 2 月 23 日）

一、充分肯定过去一年的工作

过去一年，全市上下凝心聚力、攻坚克难，在疏解整治促提升、生态文明与城乡环境建设方面做了大量富有成效的工作，啃下了一批硬骨头，解决了一批多年想解决而未能解决的难题，取得了一批标志性成果，办好了一批群众家门口的事情。动物园地区批发市场全部闭市，大红门地区批发市场完成疏解提升，疏解非首都功能取得重要进展；PM2.5 年均浓度下降到 58 微克/立方米，这是人民群众最有获得感的一件事情；拆除违法建设、整治"开墙打洞"力度之大，也是过去没有的；一批背街小巷达到"十无五好"标准，城市精细化管理取得明显进展；市民对疏解整治促提升的满意率达到 92.9％，在全社会形成了共治共管、共建共享的良好局面。

这些成绩来之不易，是我们深入学习贯彻习近平总书记对北京重要讲话精神，推动北京城市发展深刻转型的结果，是全市人民团结奋斗的结果，是各级党员干部勇于担当、真抓实干的结果。尤其是基层一线同志奋勇当先、不怕困难，干出了精气神，干出了北京的新变化，干出了市民群众的获得感，应当予以充分肯定和表扬。在京中央单位、驻京部队积极参与，给了我们有力支持。还有各领域专家学者也积极建言献策，给我们提供了很多帮助。为此，我代表市委市政府，向大家为我们这座伟大城市的繁荣与发展所作出的积极贡献，表示崇高敬意和衷心感谢！可以说，当前疏解整治促提升正在成势，生态文明与城乡环境建设逐步形成自觉，这为我们继续前行奠定了坚实基础，许多好的做法要坚持和发扬。

当然，我们也要清醒地认识到，疏解整治促提升、生态文明与城乡环境建设任务仍然艰巨繁重。疏解非首都功能还需要久久为功，生态文明建设压力还很大，城乡环境治理还有许多"硬骨头"要啃，相比较而言提升工作跟进不够及时，长效机制还不健全等。对这些问题，都要在下一步工作中着力加以解决。

二、进一步明确今年工作的总体要求

党的十九大报告进一步明确了以疏解北京非首都功能为"牛鼻子"推动京津冀协同发展的重大战略部署，将生态文明建设列为千年大计，将"美丽"列入社会主义现代化强国目标，将污染防治作为三大攻坚战之一。抓好疏解整治促提升、生态文明与城乡环境建设，就是贯彻党的十九大精神的实际行动，就是实施新一版北京城市总体规划的有效举措，就是推动首都可持续发展的重要抓手，就是带领人民创造美好生活的生动实践。当前，要切实把握好三个适应：

一是适应京津冀协同发展战略的需要。推动京津冀协同发展，疏解北京非首都功能是关键环节和重中之重，生态环境保护则是要率先突破的三大重点领域之一。昨天，中央政治局常委会召开会议，听取河北雄安新区规划编制情况汇报，又一次强调承接北京非首都功能，深化京津冀协同发展。我们必须进一步树立大局观，着眼于实施好京津冀协同发展这一重大国家战略，着眼于落实首都城市战略定位，着眼于建设国际一流的和谐宜居之都的目标，坚定不移抓好疏解整治促提升，抓好生态文明与城乡环境建设，有效治理北京"大城市病"，发挥好北京"一核"的作用，推动京津冀协同发展不断取得新成效。

二是适应城市发展深刻转型的要求。近几年，北京的城市发展开始深刻转型。其中，最实质的就是从"城"到"都"的转型，加强"四个中心"功能建设，提高"四个服务"水平，更好地服务党和国家工作大局，这是首都发展的全部要义，更是首都职责所在。在具体路径上，就是从聚集资源求增长转向疏解功能谋发展。北京已经成为全国第一个减量发展的城市，这是缓解人口资源环境突出矛盾的必然要求，是大势所趋。对北京来说，减量发展是特征，创新发展是出路，而且是唯一出路。北京的城市发展要实现"华丽转身"，现阶段就要靠疏解整治促提升来开路，用生态文明与城乡环境建设来倒逼。所以，各项工作都要提高站位，着眼未来，很好地适应城市发展深刻转型的要求。

三是适应人民群众对美好生活的向往。进入新时代，我国社会主要矛盾发生了深刻变化，在北京的具体表现就是市民对便利性、宜居性、多样性、公正性和安全性的要求日益突出、迫切。疏解整治促提升、生态文明与城乡环境建设，恰恰是补上公共服务短板、改善人居环境的实际举措。所以，在实践中，我们必须紧扣我国社会主要矛盾的变化，多从广大市民的关切和需求入手考虑问题、开展工作，以更好满足人民群众日益增长的美好生活需要，不断增强人民群众的获得感、幸福感、安全感。

总之，我们要以习近平新时代中国特色社会主义思想为指引，深入贯彻党的十九大精神，深入贯彻习总书记对北京重要讲话精神，从履行好新时代首都职责使命的高度，紧紧围绕加强"四个中心"功能建设、提高"四个服务"水平，切实把疏解整治促提升、生态文明与城乡环境建设工作抓紧抓好。基调是稳中求进，坚持稳扎稳打、步步为营，又积极主动、奋发有为，务求取得新进展、新成效。要求是保持定力、坚定有序，一体部署、互为促进。坚持谋定而后动，看准了的事就一抓到底，依法依规有序推进。任务要完成，舆情又不冒泡，这才是真功夫，这要靠大家付出艰苦细致的努力，把工作做到家。目标就是一步一个脚印地把国际一流的和谐宜居之都建设扎实推向前进。

三、深入推进疏解整治促提升专项行动

我们要立足已有工作基础，更加注重疏解整治与提升同步推进，更加注重共建共治共享，更加注重市民群众的满意度，确保专项行动取得更好实效。

第一，要持续抓好疏解非首都功能。疏解整治促提升，疏解是打头的，是第一位的，是"牛鼻子"。要坚持抓重点带一般，像去年抓动批、大红门市场疏解一样，排出一批重点任务和项目，紧盯督办，挂账销号，发挥好示范效应。要抓住今年市级机关第一批单位搬迁的时机，谋划带动国企、教育、医疗等市属资源向城市副中心布局，引导社会资源向城市副中心聚集。鼓励具备条件的学校、医院向主城区以外整体搬迁。"散乱污"企业要坚决清理关停。市场疏解涉及群众生活的，要优先补位提升。

第二，要把握整治重点。专项行动的突出特点是疏解整治并举，整治的重点是治理"大城市病"，这也是促疏解。要继续推进拆除违法建设。减量发展、绿化造林都要靠拆违争取空间，拆除违法建设也是环境整治，对生态文明与城乡环境建设都有直接作用。要注重"拆""清"结合，建筑垃圾要及时清理，做到资源化再利用。要大力推进"留白增绿"，并建立相应政策机制，已落点落图的"增绿"地块要抓好落实验收。支持创建无违建区或街道(乡镇)。整治"开墙打洞"要坚持发动群众，平稳推进，与修复街巷生态同步。要巩固已有成果，坚决防止反弹回潮。老旧小区综合整治也要依靠群众积极性，加强居民自我管理。其他各专项都要按要求抓好。交通拥堵治理要加强静态交通管理，持续开展缓堵工作，扩大公共交通和绿色出行。

第三，要同步统筹谋划好提升工作。提升与疏解整治不能脱节，要坚持破立并举、先立后动，让市民群众不断感受到新的积极变化。要加强腾退空间的统筹利用，该腾笼换鸟的要腾笼换鸟。就环境提升来讲，要十分注重人居环境的改善。根据国家统计局北京调查总队的民意调查，居民对疏解整治促提升有"四盼"：一盼大力加强后期监管，杜绝死灰复燃现象；二盼继续加强宣传引导，广泛赢得理解支持；三盼着力改善购物环境，完善商品服务配套，据调查，居民对购物环境满意率仅为74.7%，是偏低的，居民购物便利性也不如上海，我们在提升方面一定要注重满足居民对便利性的需要；四盼重视后期规划管理，维护良好市容市貌。这些都需要我们特别关注，切实把工作做好。因地制宜补建菜场、便民商业网点，建设休闲绿地、口袋公园、养老驿站，加装电梯，增设停车设施等，这些都是群众家门口的事、群众关心的事，要把这些好事办实办好。

四、推动生态文明与城乡环境建设向纵深发展

生态文明与城乡环境关乎首都形象、关乎城市品质、关乎群众福祉，而我们在这方面还有不少短板。要进一步抓实各项措施，确保不断取得实实在在的进展。

一是要打好污染防治攻坚战。这是生态环境建设最具标志性的任务，要层层压实责任，坚定不移推进治理。大气污染防治要继续攻坚、不能松懈，编制实施蓝天保卫战三年行动计划，加强源头防治、全民防治、协同防治，精准施策，一个微克一个微克去抠，确

保空气质量稳中向好。水环境建设要实施第二个三年行动方案，补上污水处理设施和配套管网等方面的欠账。河长制就是治水工作机制，就是工作责任制，各级领导要齐动手，一抓到底。永定河综合治理，北京市要带头抓好。垃圾治理要扩大生活垃圾强制分类实施范围，加强垃圾处理设施能力建设。土壤污染防治要在监测、管控和修复上下功夫。

二是要进一步加强城乡环境建设。背街小巷和城乡结合部是两个突破口。背街小巷治理最能体现城市管理精细化水平，目标就是实现"十无五好"。要按照三年行动方案的要求，运用城市设计导则管控标准，发挥街巷长和小巷管家作用，狠抓群众性精神文明创建，强化基层综合执法，依靠社会监督共治，完善精细化管理机制。核心区要做好带头示范。城乡结合部整治要结合"一绿""二绿"建设、安全隐患清理来进行。面上要全面开展农村人居环境整治，以美丽乡村建设为抓手，以农村垃圾、污水治理和村容村貌提升为主攻方向，着力清脏、治乱、增绿。浅山区要抓好生态修复和建设管控，对违法建设要进行专项治理。

三是要实施新一轮百万亩造林绿化工程。这是落实城市总规"大尺度绿化"要求的具体行动，也是扩大我市生态空间和环境容量的重要举措。与前一轮平原地区百万亩造林工程相比，这一轮造林绿化要更加注重拆违还绿、"留白增绿"、城市修补、生态修复等，促进新造林与原有林有机连接，推动绿色生态廊道完整贯通，全面提升生态建设质量水平。造林绿化务必抓在手上，今年任务要完成。

五、切实加强各项工作的组织领导

疏解整治促提升、生态文明与城乡环境建设是一项复杂的系统工程。要加强组织领导，周密部署，层层推进落实。

一要加强统筹协调。各位市领导要加强指导、调度，各个专项工作都要加强专班力量，各牵头部门特别是市发展改革委要加强统筹协调，避免工作脱节。各部门、各专项下任务，到了区里就是一本账，总的就是增减挂钩，各区也应加强统筹。要加强工作检查，有问题及时解决。要注意保护和发挥好基层干部的积极性，又要防止工作方法简单化等问题。工作推进要坚持先易后难，遇到问题也不回避，该解决的就要攻坚克难。会后要进一步做好准备，把方案制定好，把细节考虑好，把力量组织好，全国"两会"后实施。各区、各部门要因地制宜，把握节奏，积极稳步推进。

二要深化改革创新。要善于用改革的办法来破解面临的难题。围绕腾退空间利用、土地利用方式、城市有机更新等，加强政策和体制机制创新，攻克难点、推进工作。围绕加强源头治理研究改革举措，建立与减量发展相配套的政策机制，深化生态文明体制改革。"街乡吹哨、部门报到"重在解决最后一公里抓落实的机制。我们讲"一分部署、九分落实"，落实不是在各级的部署会上，关键还在最后一公里是要见真功夫、破难题的。新的一年各级党员干部都应当更多地到一线去调查研究，解剖麻雀、解决问题、推动工作。要建立长效治理机制，巩固治理成果，遏制问题新发。要及时总结推广基层经验，将好的做法坚持下去。

三要动员各方参与。我们这些工作都要走好群众路线，大兴调查研究之风，注重倾听群众呼声，了解群众诉求，涉及群众利益的事，多和群众商量着办。要加强与公众的沟通，多听各方面的意见，以形成共识和合力。年前，我在网上看到中国城市规划设计研究院的规划师们在东城区方家胡同等街巷的调查走访手记，其实不是简单的调查，他们也参与了胡同环境整治过程，有许多感触和体会，总的就是，治理修复保护好胡同真不容易，这就是为群众办事，就是城市共建共治共享的体现，要欢迎和鼓励更多这样的专业力量和规划师参与胡同的整治保护。要充分发挥基层党组织战斗堡垒作用，在抓落实中检验党组织的战斗力。要牢固树立服务意识，主动对接，为中央单位、驻京部队创造更加优良的环境，提供更好的服务。这里也希望中央单位和驻京部队一如既往地支持北京的工作，支持首都的发展。

四要营造良好的舆论氛围。我们干工作，要坚持务实低调，埋头苦干，少说多做。同时又要加强正面宣传引导，讲清疏解整治促提升、生态文明与城乡环境建设的必要性和道理所在，讲清所有努力都是要增强群众的获得感。要聚焦基层一线，多用典型引路，及时回应社会关切。这方面要加强整体宣传策划，掌握舆论主动权。要重视新媒体的作用，加强网络舆情应对，这也是守土尽责。还要加强舆论监督，这也是发动和依靠群众。鼓励市民投诉、媒体曝光，依靠群众、依靠社会力量来解决问题。《北京日报》有一个"政府与市民"栏目，去年采访报道市民群众反映的环境问题 500 多件，其中约 90% 的问题得到了解决。这个比例 2016 年是 50%，去年提高到 90%，从 50% 到 90% 反映了舆论监督的重要作用。今后群众有诉求，无论是 12345，还是网上，都要认真受理，主动办理。反映哪个区、哪个街道的问题，这个区、这个街道就要主动了解情况，该解决的就要及时采取措施解决，不要等上面批示，这就是主动作为。

五要促进一季度经济开门红。今年以来，我市经济运行趋稳，但开局压力不小。现在已是二月下旬，各区各部门要按照年初确定的计划，加强经济运行调度，进一步优化营商环境，抓紧推进重点工程建设，抓紧高精尖产业发展指导意见落地实施，抓紧以供给侧改革引导和促进消费、促进服务业发展，营造良好市场预期，确保一季度实现开门红。

在 2018 年全市园林绿化工作会议上的讲话

北京市人民政府副市长　卢　彦

（2018 年 2 月 6 日）

一、深刻学习领会习近平新时代中国特色社会主义思想，在学懂、弄通、做实上下功夫

党的十八大以来，习近平总书记高度关注生态文明建设，连续五年参加首都全民义务植树活动，并先后两次到北京视察工作，对大力推进林业绿化和生态文明建设做了一系列重要指示，提出了一系列重大战略思想。我对习近平总书记的有关讲话和重要指示做了一个简单的梳理，感觉有这么几个方面需要我们加深理解，形成共识。

一是抓生态必须调结构的思想。在绿色产业结构方面，习近平总书记多次强调，"要促进形成绿色生产方式和生活方式，坚定不移走绿色发展、低碳发展、循环发展之路"。特别是到北京视察时，他对农业与林业、种粮与节水的关系问题做了精辟论述。他指出"北京的自然生态系统已处于退化状态，资源环境已明显处于超负荷状态，北京发展农业要考虑节水问题，北京本身缺水，种粮又耗水，大水漫灌，成本很高，从涵养水源和风沙防护的角度看，北京应该多搞林业，积极恢复森林、湿地、湖泊，扩大环境容量和生态空间"。

二是抓生态必须扩空间的思想。习近平总书记多次提出，"在有限的空间内，建设空间扩大了，绿色空间就减少了，要尽快把每个城市特别是特大城市的开发边界划定，把城市放在大自然中，把青山绿水留给市民"；"要保留村庄的原始风貌，慎砍树、不填湖、少拆房"；"要实现生产空间集约高效、生活空间宜居适度、生态空间山清水秀"等。特别是在北京视察时，他突出强调，"要加大京津保中心区过渡带的生态建设，成片建设森林、恢复湿地"；"要优化城市空间结构，做好不同功能用地加减法，中心城区疏解腾退出来的空间，要适当留白增绿、见缝插绿"；"北京城市副中心建设要高度重视绿化美化，增强吸引力，构建蓝绿交织、清新明亮、水城共融、多组团集约紧凑发展的生态城市布局"。

三是抓生态必须系统治理的思想。比如，习近平总书记多次提出，人与自然是生命共同体，人类必须尊重自然、顺应自然、保护自然，要坚持节约优先、保护优先、自然恢复为主的方针，并特别提出山水林田湖草是一个生命共同体、要系统治理的思想。他指出，人的命脉在田，田的命脉在水，水的命脉在山，山的命脉在土，土的命脉在树。如果种树的只管种树、治水的只管治水、护田的单纯护田，很容易顾此失彼，最终造成生态的系统性破坏。这就告诉我们，保护修复自然生态，必须遵循生态系统自身的规律，否则可能事倍功半，甚至徒劳无功。

四是抓生态就是保安全的思想。习近平总书记多次强调："森林是陆地生态系统的主体，是国家和民族最大的生存资本，是人类生存发展的根基，关系生态安全、生存安全、淡水安全、国土安全、物种安全、气候安全和国家外交大局"，"不可想象，如果没有森林，地球和人类会是什么样子"；"要着力推进国土绿化、着力提高森林质量、着力开展森林城市建设、着力建设国家公园"等。

五是抓生态就是惠民生的思想。习近平总书记多次指出，"绿水青山就是金山银山"；"良好的生态环境是最公平的公共产品，是最普惠的民生福祉"；"环境就是民生、青山就是美丽、蓝天也是幸福"。"植树造林是实现天蓝、地绿、水净的重要途径，是最普惠的民生工程"；"林业建设是事关经济社会可持续发展的根本性问题，是全面建设小康社会的重要内容，是生态文明建设的重要举措"；"森林是水库、钱库和粮库"，"林业不但蕴藏着很高的经济利益，而且还有生态效益和社会效益，在发展经济和满足人民生活需求等方面占有重要地位"等。

六是抓生态就是谋未来的思想。习近平总书记指出,"生态兴则文明兴,生态衰则文明衰","生态文明建设功在当代、利在千秋","建设生态文明是中华民族永续发展的千年大计";"走向生态文明新时代,建设美丽中国,是实现中华民族伟大复兴中国梦的重要内容";"我们要建设的现代化是人与自然和谐共生的现代化,既要创造更多物质财富和精神财富以满足人民日益增长的美好生活需要,也要提供更多优质生态产品以满足人民日益增长的优美生态环境需要"。

习近平总书记关于生态文明建设的一系列重大思想内涵丰富、博大精深,为我们加快推进首都生态环境建设、持续扩大绿色生态空间提供了强大的理论指南和根本遵循,我们一定要深刻领会精神实质,紧密结合首都工作实际,融会贯通地抓好落实。

二、让习近平新时代生态文明建设重大思想在京华大地落地生根,努力形成生动实践

随着中国特色社会主义进入新时代,当前我们正站在一个新的历史方位。全市上下要以习近平新时代中国特色社会主义思想为指导,按照中央和市委的要求,紧紧围绕如何回答"建设什么样的首都、怎样建设首都"这个重大命题,以更大决心、更大力度加快推进园林绿化建设,持续拓展首都绿色生态空间,努力为建设国际一流和谐宜居之都奠定更加坚实的生态基础。

第一,要高质量实施新一轮百万亩造林绿化工程。

与上一轮平原百万亩造林工程相比,这一轮造林与上一轮既有联系又有区别,比如,在实施范围上,上一轮百万亩造林重点突出平原地区,而这一轮覆盖到全市范围,既包括城市建成区,也包括平原地区、浅山区和镇村。在发展类型上,既包括远处的大尺度绿化,也包括市民身边的背街小巷、老旧小区和村镇社区等精细绿化,重点解决发展不平衡、不充分的问题。在建设重点上,上一轮重点解决的是平原地区森林的数量和规模问题,突出大尺度,更多强调立地成林、立地成景的效果;这一轮造林绿化要着力解决生态功能和质量效益的问题,既要突出大尺度,更要突出生态质量和生态系统的完整性、连通性和生物多样性,带动全市园林绿化整体转型升级、提质增效,实现更高质量发展。在投资政策和地块筛选上,上一轮造林由于重点突出平原地区,政策指向比较明确,而且当时情况下的地块选择也不是大问题;而这次造林由于覆盖全市域,光政策就涉及核心区和中心城、平原地区、绿隔地区、浅山区包括村庄等不同的地区,需要因区施策、因地施策,特别是由于可绿化空间日益减少和拆迁腾退难度大,使地块选择成为很大问题。比如拆迁腾退后适宜留白增绿的地块既零碎又分散,情况十分复杂。因此,在新一轮百万亩造林绿化建设中,要着重解决好四个方面的问题。

一是要着力解决留白增绿、造林看地的问题。市规划国土委与园林绿化部门要密切配合,统筹平衡留白增绿地块,对具备条件的1600公顷拆后土地要加大土地整理和手续办理,尽快实施绿化建设;对后续的留白增绿地块,要积极创造条件,加大拆迁腾退和地上物的清理,尽快见地块、见效果,建立压茬安排、滚动建设机制,确保移交一批、实施绿化一批,切实以绿看地、以绿控违、以绿惠民。

二是着力解决城乡统筹、生态一体的问题。把远处与身边、"前庭"与"后院"、平面与立体、大尺度与精细化等多层次绿化紧密结合起来，不仅重视中心城、平原等重点地区的大尺度绿化，更要关注市民身边和城市角落、农村地区的绿化，把绿化重点向城市的背街小巷、街区社区、边边角角延伸，向郊区农村的浅山区、小城镇和村庄延伸，多在小微绿地、城市森林建设和立体绿化、村镇四旁绿化上做文章，多在人民群众的身边造林增绿，切实增强他们的绿色获得感。

三是要着力解决理念集成、质量提升的问题。立足于高质量发展和用生态的办法解决生态的问题，充分吸收借鉴国内外先进经验，加大先进理念、适用技术和管理模式的集成创新，更加突出人与自然和谐共生和山水林田湖草系统治理；更加突出集中连片、互联互通和生态系统质量、生物多样性；更加突出乡土、长寿、抗逆、食源、景观等各类树种科学配置，努力构建更高质量的城市森林生态体系。特别是核心区和长安街，以及城市副中心、新机场、冬奥会和世园会等重点区域的绿化建设，一定要突出先进理念，充分体现高水平、高质量。

四是要着力解决机制创新、群众参与的问题。顺应互联网时代的新趋势，积极创新义务植树尽责方式，拓宽人民群众参与绿化美化建设的渠道和方式方法，大力推广"互联网＋义务植树"的发展模式，广泛发动人民群众和社会各界积极参与首都生态文明建设，共建绿色美好家园。

第二，要落实最严格的林木绿地资源保护管理制度。

目前从中央到地方对生态环境问题的追责问责日趋从紧从严。党的十八大以来，中央围绕推进生态文明体制改革，密集出台了一系列生态问责制度，并建立了中央环保督查制度，处罚力度之大、问责层级之高均前所未有。园林绿化部门是全市生态环境建设的主责部门之一，管的地盘大、资源多，目前全市林业生态用地已占到市域面积的近70%，是名副其实的大半壁江山，必须高度重视资源保护。

一是要正确处理好绿化建设与资源保护的关系，做到"两手抓""两手都要硬"。大力加强森林湿地、城市公园绿地和自然保护区、风景名胜区等保护管理，不断加大专项检查和执法力度，特别是对私自侵占林地绿地和毁坏林木的非法行为，要以零容忍的态度严肃查处、决不手软。前一段，国家林业局通报了全国发生的10起侵占毁坏林地的典型案例，其中就涉及北京1起，大家一定要引起高度重视。对去年资源保护专项检查中发现的问题，要纳入各区疏解整治促提升专项行动中，统筹研究部署，逐项落实整改，切实保护绿化成果。

二是大力加强林木绿地资源的精细化、科学化养护管理。健全完善分级养护管理体制机制，着力解决好"有养护不专业、有管理不精细"的突出问题。细微之处见功夫。要像绣花儿那样更加重视细节、重视精细化。要对林木绿地养护管理来一个大培训、大学习，全面提升各级从业人员的专业技能，各区之间要加强交流，相互切磋，取长补短，共同提高。要建立树木巡诊制度，对重点地区的重点树种，像给人看病那样经常进行巡视检查，及时进行精准化、个性化的诊疗管护。要积极探索科学的养护管理体制，比如城市副中心的园林绿化资源如何创新管理，能不能像建立医联体那样，建立生态联合体，构建市区协同、上下联动的体制机制，可以大胆探索实践。

三是要全力以赴抓好森林防火工作。去冬今春以来，全市气候条件异常，气温居高不下，且连续100余天没有有效降雪，森林防火形势十分严峻。特别是在春节期间，随着五环路以内实施禁放，郊区和山区林区的森林防火压力剧增。各区、各单位一定要高度戒备，全力抓好安全生产和公园景区庙会活动的应急保障工作，全面加强林地绿地的火源管理，完善应急预案，切实做到人员值守、安全措施、应急处置三到位，在思想上毫不松懈，工作上毫不疏漏，措施上毫不含糊，行动上毫不懈怠，确保全市不发生重大森林火灾和各类安全事故。

第三，要围绕落实乡村振兴战略加快推进兴绿富民。

构建绿色产业体系，做好绿色兴业、绿色富民是篇大文章。要把森林资源转变成绿色资本，让绿水青山给农民带来持久的金山银山和生态红利，实现生态美与百姓富的统一。

一是要发展绿色产业促进农民增收。把多搞林业作为农业结构调整的重要方向，加大林业产业与农业、旅游、文化、体育等相关政策的融合对接，推动传统林业向创意林业、会展林业、体验林业、观光休闲林业转型升级，尽快做大做强特色林果、花卉种苗、林下经济、森林旅游、森林体验疗养等都市型现代绿色产业。

二是要深挖绿色岗位促进农民增收。充分发挥林业链条长、吸纳就业广的优势，结合造林绿化建设，深度开发生态工程、林木管护、公园服务、森林防火等生态公益岗位，千方百计吸纳更多农民绿岗就业增收。特别是在新一轮百万亩造林绿化中，要积极探索和创新林业经营管理模式，认真研究发展集体林场的政策机制，把更多农民组织起来参与造林绿化和森林资源管护，使他们逐步成为有专业技能、有稳定收入的集体林业工人。

三是要完善生态政策促进农民增收。目前林业涉农的政策较多，要加大相关政策集成，在现有基础上，进一步积极探索建立湿地生态效益补偿、重点生态区位商品林赎买等新的政策机制，特别是围绕巩固退耕还林成果，尽快研究制定补助政策到期后的接续政策。同时，要积极借鉴塞罕坝林场推进碳交易的经验，积极探索北京如何开展林业碳汇交易补偿等问题。

总之，园林绿化工作涉及方方面面，与各行各业密切相关。各区要牢固树立人与自然和谐共生、"绿水青山就是金山银山"的思想，把园林绿化建设放在更加突出的位置来抓，坚持主要领导亲自抓、负总责，分管领导具体抓、负主责，进一步明确工作重点、细化责任目标、狠抓措施落实。市有关部门要按照职责分工，继续大力支持园林绿化建设，加大投入，统筹推进。各级园林绿化主管部门要围绕抓好今年的任务特别是新一轮百万亩造林绿化建设，切实做好组织协调和指导服务工作，积极主动加强与各有关部门的协调沟通。要充分发挥新闻媒体的舆论引导作用，广泛发动社会力量踊跃参与新一轮百万亩造林绿化建设，努力掀起首都生态文明建设的新高潮。

在北京市 2019 年度森林防灭火工作
电视电话会议上的讲话

北京市森林防火指挥部总指挥 副市长　卢　彦

（2018 年 10 月 17 日）

一、进一步提高政治站位，切实增强森林防灭火工作的紧迫感和责任感

首都的森林资源是极其宝贵的，做好森林防灭火工作，事关首都生态安全和政治稳定大局。党中央国务院高度重视森林防灭火工作，党的十八大以来，习近平总书记多次就保护森林资源做出批示、提出要求，强调森林是陆地生态的主体，是国家和民族最大的生存资本，是人类生存的根基，关系国土安全、物种安全、气候安全和国家外交大局，必须从中华民族历史发展的高度来看待这个问题，为子孙后代留下美丽的家园。10 月 10 日，习近平总书记在主持召开中央财经委员会第三次会议强调，加强自然灾害防治关系国计民生，要建立高效科学的自然灾害防治体系，提高全社会自然灾害防治能力，为保护人民群众生命财产安全和国家安全提供有力保障；9 月 25 日，李克强总理就森林草原防灭火作出重要批示，要求始终绷紧安全这根弦，坚持预防为主、防救结合，坚决防范森林草原火灾事故的发生，最大限度减少灾害损失。市委书记蔡奇同志和市长陈吉宁同志也多次就森林防灭火工作作出批示。特别是前不久，蔡奇书记到怀柔区喇叭沟门满族乡蹲点调研时，提出"良好的生态环境是一笔宝贵的财富，要坚持以习近平生态文明思想为指导，统筹山水林田湖草系统治理，坚决守护好首都最北端的这道生态屏障，全力抓好生态林管护，加强森林防灭火，让这片广袤的林海更加郁郁葱葱"。

当前受气候变化的影响，全球进入森林火灾的高发期。刚才，邓乃平同志提到今年美国、希腊等国家相继发生严重森林火灾，上百万公顷山林损毁，造成重大人员伤亡。特别是随着全球气温的继续攀升，发生极端天气的可能性和频率大幅提高，依然存在发生森林大火的可能性。森林火灾突发性强、破坏性大、危险性高，是发生最频繁、处置最困难、危害最严重的生态灾害之一，是森林资源和生态文明建设的最大威胁。"一点星星火，可毁万亩林"，北京市一旦发生大的森林火灾，多年绿化成果将毁于一旦，还会造成城市生态环境的急剧恶化，各方面损失不可估量。

11 月 1 日开始，全市进入森林防火期，有一些事、一些重点地区值得同志们关注。一是随着新一轮机构改革，八达岭国家公园管理局将落实到位，八达岭地区的森林防火很重要，要引起足够重视；二是随着城市副中心行政办公区正式投入使用，通州地区的大运河、潮白河沿岸的森林防火工作也要引起关注；三是第二届"一带一路"国际合作高峰论坛正在抓紧筹备，怀柔区、朝阳区森林防火需要高度戒备；四是明年4月份北京世园会即将开幕，从城区经昌平到延庆沿线的森林防火也需要高度关注；五是目前北京大兴国际机场建设进入冲刺阶段，大兴周边的森林防火也必须高度关注；六是冬奥会、冬残奥会筹备，延庆特别是松山地区，森林防火更不能有丝毫懈怠；七是创建国家森林城市的有关区也要对森林防火高度重视，提前谋划各项工作。希望各区各有关部门密切协同，抓好森林防火工作。当前我们正面临机构改革，确保一系列重大活动的顺利举行和首都安全稳定，是我们肩头的一项重要政治责任，森林消防安全保障不容有丝毫懈怠。我们一定要认清面临的严峻形势和肩负的重大责任，以习近平新时代中国特色社会主义思想为指引，不断提高政治站位，牢固树立"四个意识"，聚焦"四个中心"首都城市战略定位，进一步提高对森林防灭火工作重要性、复杂性、严峻性的认识，切实增强紧迫感和责任感，在思想上不能有丝毫的麻痹，在工作上不能有丝毫的疏漏，在行动上不能有丝毫的懈怠，全力做好首都森林防灭火工作，维护首都生态安全。

二、进一步采取过硬措施，不断提高森林防灭火工作水平

有句俗话说"宁可千日无火，不可一日不防"，进一步增强森林消防安全保障能力，是做好当前及今后一个时期首都森林防灭火工作的重中之重，关键是能力要到位。

一要抓好火灾预防。预防是森林防灭火重要的基础工作，也是从根本上增强森林防灭火工作的主动性、最大限度减少防火成本的关键措施。要坚持关口前移，进一步完善森林火险预警信息发布机制，提升森林火灾预警能力。从天气预报开始，不同的气候状况要关注不同的情况，比如春季杨柳飞絮，就要关注杨柳飞絮可能引发的森林火灾。要健全巡护制度，在重点林区主要路口、关键地段、风景旅游区入口处等重要位置设立足够的、履职到位的防火检查站，增加巡查力量，加大巡护密度，加强火源管理，严禁火种进山，确保重点林区和关键部位的防火安全。要严查火灾隐患，持续开展森林火灾隐患大排查，找问题、促整改、抓落实。要强化宣传教育，大力开展森林防灭火法律法规、火源管理规定、安全避险知识普及教育，提高林区群众防火意识和基本避险技能。要加强联防联控，推动信息互通，林火互防，共同保障京津冀森林消防安全。去年，有些区与毗邻的天津、河北区县签订联防协议，建立了联防联控机制，今年还要继续做好这方面的工作。

二要抓好火灾处置。森林火灾既要防的好，也要及时灭，真正做到火灾早发现、早报告、早处置。要靠前驻防，将专业灭火力量和大型装备要提前部署到火灾高发的地区，确保一旦发生森林火灾、火情能够快速出动。要重兵出击，小火大打，避免小火酿成大灾。要科学应对处置，科学预防火灾的发生，科学预测火灾发展的事态，做到科学有序、高效处置，要坚持以人为本，尊重火灾的客观规律，强化灭火的安全，避免盲目扑救造成人员伤亡。这里要强调一下，刚刚履职、尚无森林火灾扑救经验的领导不要冒险，不要直接参与火场火灾现场扑救，避免无谓伤亡。

三要夯实基础工作。夯实森林防灭火基础设施，提高森林火灾综合防控能力，是关系森林防灭火工作长远发展的根本性问题，也是一项长期而又艰巨的任务。刚刚，邓乃平同志提到全市森林防灭火"三年行动计划"项目建设已全面启动。下一步，各区要针对薄弱环节，按照"三年行动计划"有序推进预警监测、应急通讯、林火阻隔等方面的基础设施建设，切实解决在森林防灭火工作中存在的对火情看不见、反应慢、上不去等问题。看不见，反映出瞭望塔、视频监控覆盖面不够宽，比如怀柔喇叭沟门一带就存在这样的情况；反应慢，就是应急通讯保障跟不上，无法将观测到的情况迅速向上反馈；上不去，从另一方面说明林火阻隔系统建设的重要性，集中连片的百万亩造林要开辟隔离带、防火道，把营林、造林与森林防火一体谋划。因此，着力建设具有首都特色、与首都城市战略定位相适应的森林消防安全保障体系就显得尤为重要。全市专业森林消防队也要逐步改善装备，加强演练，努力建设成为训练有素、装备精良、快速反应、战斗力强的专业化队伍。特别是冬季低温状态下，要确保防火设施装备能正常运转使用。

四要强化创新发展。创新发展是推动首都发展的路径，也是推动森林防灭火事业发展的唯一出路。一是做实科技防火。要加强实用技术研发推广，尽快用现代化的理念和技术装备武装森林防灭火，深入推广无人机、直升机、以水灭火装备等在森林防灭火方面的应用，切实提高森林防灭火科技含量和应对各种复杂火情的能力。二是深化机制创新。当前，全市上下正处于深化机构改革的关键时期，我们要认真贯彻落实国务院关于森林草原防火体制机制改革的要求，建立统一指挥，部门协同、资源共享，快捷高效的首都森林防灭火工作机制。针对机构改革后森林防灭火工作的新情况、新问题，各区政府和有关部门要深入调查研究，在推进工作衔接、制定配套政策中统筹考虑森林防灭火工作。要大胆推进工作创新，抓紧完善各项制度，去年森林防灭火平谷的"山长制"、延庆的"包片制"卓有成效，但仍需进一步推广。三是做好综合治理。北京的生态文明建设关乎国家和首都形象，关乎城市品质，关乎民生福祉。加快建设"天蓝、水清、土净、地绿"的美丽北京，在森林防灭火工作中，就要坚持"用生态办法解决生态问题"，积极统筹森林防灭火和污染防治工作，全面推广枯枝落叶行进式粉碎还林和营造生物防火林带的好经验。林下路边的落叶、灌木要保留，便于增加土壤肥力和维持生物多样性，同时要做好精细化管理，防范森林火灾发生。

三、进一步加强组织领导，全面落实森林防灭火各项责任

森林防灭火工作既看重过程，更重视结果，贵在坚持，重在落实。全市各区、各有关部门一定要加强领导，明确责任，扎扎实实地把各项措施落到实处。

一是严格落实责任。实行行政首长负责制和部门分工责任制，是做好森林防灭火工作的一项根本制度和关键措施。要深入贯彻习近平总书记关于党政同责、一岗双责、齐抓共管、失职追责的安全管理责任要求，认真落实国务院关于森林草原防火体制机制改革的部署，切实强化地方党委政府主要责任，严格落实经营单位防火主体责任和部门行业管理责任。要通过逐级签订森林防灭火责任状，把各项责任贯穿于森林防灭火工作的全过程，上下联动，形成体系，使各级真正按照责任状要求履行职责。各级政府特别是区、乡镇政府领导要把森林防灭火工作作为当前的一件大事来抓，亲自部署，亲自检查，亲自抓落实；

各级森林防灭火机构要当好参谋，切实履行好职责，做好具体工作。要一级一级落实各单位、部门、各岗位及人员的职责。

二是加强衔接配合。当前，机构改革在即，各区各部门要正确对待改革，集中精力抓好当前工作，保持应有的精气神和队伍稳定，做到岗位在、责任在。要加强工作协同配合，各司其职、各负其责。园林绿化部门要把森林防灭火工作作为履职的重中之重，加强沟通协调；应急管理部门要积极做好工作衔接与协调配合；气象部门要进一步做好森林火险预报预警；发改和财政部门要加大森林防灭火基础建设项目投入力度，按照"三年行动计划"，要保障投入到位；教育、宣传部门及媒体要主动做好森林防灭火宣传教育工作；其他涉及相关部门也要在各自职责范围内，共同做好森林防灭火工作，向党和人民交上一份满意的答卷。

三是严明督察奖惩。近年来，市政府已经把森林防火工作列入政府绩效考核进行专项督查，今年要加大督查力度。对落实市委、市政府工作部署，成绩显著的予以通报表扬和奖励，工作落实不力的，市森防指将对属地政府和相关单位进行约谈，对于因隐患不除、问题不改、管理不到位导致森林火灾的，将严肃追究当地政府、有关部门领导和相关单位责任人责任，坚决做到有责必问、问责必严。

北京市园林绿化局（首都绿化办）领导重要讲话

在 2018 年全市园林绿化工作会议上的讲话

北京市园林绿化局局长　首都绿化办主任　邓乃平

（2018 年 2 月 6 日）

一、过去五年全市园林绿化工作取得重大成效

刚刚过去的 2017 年意义重大、影响深远，全市召开了第十二次党代会，党中央、国务院正式批复了新版北京城市总体规划，特别是党的十九大胜利召开，提出了习近平新时代中国特色社会主义思想，绘就了未来发展的宏伟蓝图。一年来，全系统紧紧围绕落实首都城市战略定位，不断在功能疏解中扩大新空间，在服务大局中提高新水平，圆满完成了市委、市政府和首都绿化委员会部署的各项任务。全年新增造林绿化面积 17.8 万亩，实施森林健康经营 70 万亩，恢复建设湿地 2400 公顷，新增城市绿地 695 公顷，持续拓展了新的绿色生态空间。

党的十八大以来，习近平总书记高度关注首都生态环境建设，提出了一系列新指示、

新要求。在习近平总书记两次视察北京重要讲话精神的指引下，在市委、市政府的正确领导下，过去五年成为首都园林绿化外部环境最有力、各级领导最关注、发展成效最显著的重要时期。全系统认真践行五大理念，紧紧围绕建设国际一流和谐宜居之都的目标，坚持工程带动、政策拉动、创新驱动、全民发动，圆满完成了以平原百万亩造林为代表的一批重大生态工程，完成了一系列重大活动的景观环境布置和服务保障任务，实现了京津冀生态协同率先突破，人民群众的绿色获得感、幸福感明显增强。全市新增造林绿化面积134万亩、城市绿地4022公顷，森林覆盖率由38.6%提高到43%，森林蓄积量由1500万立方米增加到1748万立方米；城市绿化覆盖率由46.2%提高到48.2%，人均公园绿地面积由15.5平方米提高到16.2平方米。

总结五年来的工作，主要有以下几个方面的特点：

（一）首都绿色生态空间大力拓展。一是城乡生态环境质量持续提升。围绕疏解整治促提升专项行动，持续加大疏解建绿和留白增绿，全市新增城市绿地4022公顷，建成城市休闲公园150处、小微绿地328处，全市注册公园达到403个，公园绿地500米服务半径覆盖率达到77%；围绕提升城市绿化生态品质，建成健康绿道710千米，实施屋顶绿化58万平方米、垂直绿化350千米，2017年对核心区179条胡同街巷实施了绿化美化提升，全面实施了西城新街口、菜市口等6处城市森林建设试点，市民身边的绿色环境明显改善；围绕推进城乡一体化，在城乡结合部地区新增造林绿化面积24万亩，其中"一绿"完成绿化建设1.35万亩；"二绿"新增绿化22.65万亩，建成了一批高品质的城市休闲郊野公园。二是平原生态格局基本形成。2012年，市委、市政府做出了实施平原百万亩造林工程的重大决策，到去年底累计完成造林117万亩，新增万亩以上绿色板块23处、千亩以上大片森林210处，建成了18个大尺度公园绿地，平原地区森林覆盖率由14.85%达到27.81%，提高了近13个百分点，基本形成"两环三带九楔多廊"的空间布局，显著提升了城市生态承载能力。三是山区绿色屏障不断加固。持续推进京津风沙源治理、太行山绿化等国家级重点生态工程建设，完成人工造林34.3万亩，实施森林抚育310万亩，森林质量明显提高。四是加大湿地保护恢复和建设，累计恢复建设湿地6400余公顷，建设湿地公园5处、湿地保护小区7处，湿地生态功能显著提升。

（二）京津冀生态协同率先突破。一是高标准推进城市副中心园林绿化建设。在规划层面，编制了副中心园林绿化发展规划、绿地系统专项规划和三年行动实施方案，完成了副中心行政办公区园林绿化规划设计方案国际征集和先行启动区绿化设计方案编制工作，编制了副中心园林绿化设计导则。同时，参照中心城区标准制定了城市副中心园林绿地养护管理工作规范、投资定额标准等相关制度和政策。在绿化建设方面，共启动实施了67项重点绿化工程，2016年实施的42个续建项目，7项完工、30项完成主体工程，完成绿化面积6万亩；2017年实施的25个新建项目，23项已全部进场施工，实施绿化面积1300亩。二是大力推动京津冀生态建设协同发展。持续加大京津冀生态水源保护林建设，在张承地区累计完成造林50万亩；全面完成京津保地区4万亩造林绿化合作试点项目；配合相关部门完成张家口坝上地区退化林分改造122万亩。进一步完善了三地森林资源保护联防联控机制。加强了与雄安新区在生态空间规划布局方面的全面对接。三是全面启动了永定河综合治理与生态修复。配合国家和市有关部门制订了相关规划方案和重要文件，并编制完成了永定河流域绿化建设实施方案。2017年在永定河流域新增造林绿化面积3.9万亩，实施森林质量提升3.3万亩、建设湿地公园1处。

（三）生态资源保护管理全面加强。一是森林灾害防控能力明显提升。全面加强森林防火基础设施和扑救队伍建设，完善预警监测和应急指挥体系，完成了航空护林站、国家物资储备库和红外监测自动报警系统等重大项目建设，全市专业森林消防队达到116支2800人，实现了"两个确保"的工作目标；林业有害生物绿色防控、应急防控、社会化防控水平不断提高，无公害防治率达到了100%，实现了"有虫不成灾"的目标。二是林木绿地资源保护管理全面加强。加强平原地区林木资源管护，建立了"市—区—乡镇—专业队"四级管护责任体系，累计建立专业管护队伍600余支；制订了城市绿地和全市公园分类分级管理办法，持续开展了园林绿地"灭死角、除盲区"和公园景区"春季整治促提升专项行动"。加强征占用林地绿地和林木采伐管理，实现了林地动态"一张图"管理；公布了第一批46个主要公园名录和本市第一批市级湿地名录；实施了古树名木隐患排查，完成古树名木复壮4200余株。野生动物疫源疫病监测工作全面加强。三是不断加大园林绿化执法力度。落实中央和市委、市政府部署，持续开展了公园会所治理、高尔夫球场清理、打击破坏林地绿地违法行为、野生动物市场整治等专项执法行动，特别是深刻汲取"祁连山自然保护区生态环境破坏问题"的教训，集中开展了全市园林绿化资源保护专项检查、风景名胜区执法检查、鸟类市场交易专项执法行动，依法查处了一批违法案件，建立了资源监测和监督检查体系，有力保护了森林资源安全。比如，怀柔区在园林绿化资源保护专项检查中，区委、区政府高度重视、全区动员，先后3次召开专项部署会，镇乡、街道和各村参会人员达1800人，并对排查的问题系统梳理建立台账，建立了严格的督办机制。

（四）重大活动带动生态文化快速发展。一是圆满完成APEC峰会、上海合作组织峰会、"一带一路"高峰论坛和党的十八大、十九大、国庆65周年、纪念抗战胜利70周年、向人民英雄敬献花篮等一系列重大活动、重要节日的景观环境保障任务，充分展示了大国首都的良好形象。二是高水平举办筹办了一批园林绿化重大展会。成功申办了最高等级的2019年世界园艺博览会，成功举办了第九届中国（北京）国际园林博览会以及世界葡萄大会、世界月季洲际大会、中国兰花大会、中国菊花展等，积极参展了一系列国内外重大展会，并多次获得大奖，充分展示了首都园林绿化的良好形象。三是全面启动了国家森林城市、首都森林城镇、首都绿色村庄三级创建活动，印发了国家森林城市创建工作实施方案，平谷、延庆、通州率先推进国家森林城市创建，房山长沟、顺义北小营等6个镇积极创建首都森林城镇，累计创建首都绿色村庄876个。四是全民义务植树活动深入开展。圆满完成了每年党和国家领导人植树等六大义务植树活动的组织保障，带动了全市义务植树活动蓬勃开展。五年来，共有2200万人次以各种形式参加了义务植树，共植树1577万株。积极创新义务植树尽责形式，在房山区张坊镇启动了全国首个"互联网＋义务植树"基地建设；在全市设立了4处市级义务植树尽责基地、多处区级义务植树接待点，大力弘扬了生态文明新风尚。五是生态文化活动蓬勃开展。成功承办了首届世界生态治理论坛和中国生态文化协会高峰论坛；围绕推进全国文化中心"一城三带"建设，积极编制西山永定河文化带保护规划和五年行动计划，制定了全市森林体验教育发展规划；持续开展了"世界野生动植物日""国际森林日"和"北京湿地日"等生态科普宣传活动，举办了绿色科技多彩生活、森林音乐会、森林文化节等500余场系列文化活动；全市公园景区年均开展各类文化活动300余项，年接待游客2.9亿人次。策划推出了走平原看绿化、绿满京华等一批专题宣传片，与中国林科院合作完成的科普作品《湿地北京》荣获国家科技进步二等奖。

（五）兴绿惠民水平明显提升。一是果树产业加快转型升级。大力推广高效节水栽培技术，新建、更新和改造高效节水果园10.8万亩。全市果园面积达到204万亩，年收入43.5亿元，全市从业果农达到28万户，户均收入突破1.5万元。建立了果树发展基金，投资1.4亿元支持一批龙头企业、合作社和家庭农场发展高效节水果园，推动了果树产业适度规模经营。编制了世园会百果园建设"规划设计方案"，启动了果园土壤环境质量调查和果园大数据调查；加强了食用林产品质量安全检测。二是启动了规模化苗圃建设。通过创新经营机制和投融资机制，吸引社会资金60多亿元，累计建成规模化苗圃140余个，总面积达12万亩。三是花卉和蜂产业快速发展。实施花卉产业行动计划，全市花卉种植面积达到7.4万亩，年产值达到15亿元；开展了"三节一展"系列花事活动，打造了顺义鲜花港郁金香、通州花仙子、密云玫瑰、延庆葡萄园百合等一批大尺度、有特色的北京花田，提升了全市花卉综合效益，带动了农民增收致富。全市蜜蜂饲养量达到26万群，养蜂总产值1.85亿元，带动1.2万户农民增收致富；特别是通过实施养蜂精准扶贫工程，带动2000户低收入农户年均增收4500元。四是累计发展林下经济57.51万亩，年产值达到3.92亿元，1.05万农户户均增收1.86万元，带动就业1.54万人。

（六）园林绿化重点改革任务扎实推进。一是基本完成全市国有林场主要改革任务。全市34个国有林场全部理顺了管理体制，落实了公益一类属性，发展重点从过去多种经营为主向保护生态资源、加强森林经营为主转变，36个企业与国有林场实现了事企分开；基本完成京煤集团林场移交工作，正式成立了全市面积最大的市属京西林场；编制完成了全市国有林场发展规划、国有林场空间规划和三年行动计划，部分林场调整了经营范围，国有林地面积净增8万亩。二是进一步深化集体林权制度改革。制定了完善集体林权制度、促进首都林业发展的意见，开展了房山区全国集体林业综合改革示范区建设和全市家庭林场试点工作。持续开展森林保险工作，全市10个区和5个市属国有林场的1137万亩山区生态公益林统一纳入了保险范围，实现全市统保。三是围绕推进生态文明体制改革，编制了湿地保护修复、园林绿化土壤污染防治和生态监测网络建设等一批实施方案，制定了深化森林公安改革、加强乡镇林业站建设、加强沙化土地治理成果保护等改革文件；积极配合相关部门开展了城市管理体制改革、农业结构调转节、不动产登记、八达岭国家公园体制试点等工作，研究建立了生态文明建设考核评价指标、生态保护红线划定、自然资源负债表编制和离任审计等生态文明制度。四是深入推进行政审批制度改革。清理园林绿化非许可审批事项 13 项、取消许可审批事项 4 项、下放 4 项；落实公共服务类基础设施建设项目"一会三函"制度，制定了完善基础设施建设项目占用园林绿化用地管理的意见，精简了全市重大基础设施建设项目审批程序；调整公布了园林绿化权力清单和责任清单。

（七）基础管理工作全面加强。一是政策法规体系不断完善。《北京市湿地保护条例》全面实施，开展了全市《公园条例》执行情况检查和野生动物保护法办法修订的立法调研，实施了全市主要公园委托执法试点；研究制定了平原造林工程、规模化苗圃建设、绿隔地区和"五河十路"生态林用地及管护、森林植被恢复费征收标准等一批重要政策，提高了山区生态林两个补偿标准，山区生态效益补偿由现行的每年每亩 40 元提高到 70 元，山区生态林管护标准由现行的 532 元/人/月提高到 638 元/人/月，有力促进了低收入农户就业增收。二是规划管理全面加强。配合有关部门全程参与编制了新版《北京城市总体规划》，开展了大量前期研究，使生态建设成为新版城市总规的突出亮点。市政府审议通过并与市发改委联合发布了《北京市园林绿化"十三五"发展规划》，编制了湿地保护、永定河"五园一带"等一批专项规划，制定了新一轮百万亩造林绿化、浅山区扩大绿色生态空间、园林绿化应对气候变化、森林防火等一批专项行动计划。三是科技支撑力度不断加大。出台了加强园林绿化科技创新工作的意见，实施科技攻关重大课题 100 余项，推广科技成果 58 项。与国家林业局、北京林业大学等 6 家单位签署了《北京林业国际科技创新示范基地建设战略合作协议》，建成 17 个科技创新示范区和 34 个科普教育基地，以及一批增彩延绿、废弃物资源化利用示范区。制订了园林绿化土壤污染防治工作方案，完成污染状况详查以及 580 个果园用地详查任务；实施了杨柳飞絮治理示范工程，累计治理杨柳雌株 60 万株。林业碳汇工作扎实推进，制订了碳排放权抵消管理办法，实施了顺义区碳汇造林一期、房山区石楼镇碳汇造林等碳汇交易项目。建立了 16 家在京非政府国际组织合作交流网络，中德财政合作项目首席专家荣获市政府长城友谊奖。实施"互联网＋园林绿化"行动计划，启动了智慧园林应用示范项目。四是基层单位建设全面加强。市属场圃加快转换经营机制，大力推动"场园一体"发展，在基础设施建设、煤改清洁能源、森林经营抚育、科普教育示范和生态文化普及等方面取得新突破。特别是琅山、天竺、永定河森林公园管理处等单位敢于担当、敢于碰硬，紧紧围绕疏解整治促提升，大力推进拆除违建和低端业态疏解，彻底解决了一批历史遗留的老大难问题，实现了减量瘦身发展。

总之，过去的五年，是首都园林绿化发展史上极不平凡的五年，绿化建设规模之大、资金投入之多、发展成效之好均前所未有。上述成绩的取得，是市委市政府正确领导、各区和有关部门通力协作、大力支持的结果，也是全系统广大干部职工顽强拼搏、攻坚克难，社会各界积极参与、共同努力的结果。在此，我代表市园林绿化局和首都绿化办，向所有关心支持和热情参与首都园林绿化事业的各级领导、社会人士和全系统广大干部职工表示衷心的感谢！

二、充分认识新时代首都园林绿化面临的新形势、新任务

党的十九大做出了中国特色社会主义进入新时代的重大判断，标志着生态文明建设也在进入新时代。面对新的历史方位和社会主要矛盾的新变化，需要我们对当前的发展形势有一个更加清醒的认识和把握，统筹谋划未来发展。

第一，深刻领会新时代生态文明建设重大战略部署，明确发展方向。十九大报告对新时代生态文明建设做了系统完整的战略部署。在发展战略上，报告指出，"建设生态文明是中华民族永续发展的千年大计"，并把"坚持人与自然和谐共生"作为习近平新时代中国特色社会主义思想的 14 条基本方略之一。在发展目标上，与"两个一百年"战略目标同步明确了生态文明建设的时间表、路线图，提出到 2035 年基本实现社会主义现代化，使"生态环境根本好转，美丽中国目标基本实现"；到 21 世纪中叶，把我国建成富强民主文明和谐美丽的社会主义现代化强国。在发展理念上，报告提出要牢固树立社会主义生态文明观。比如，坚持人与自然是生命共同体，人类必须尊重自然、顺应自然、保护自然的自然观；坚持绿水青山就是金山银山，坚持节约优先、保护优先、自然恢复为主，坚持山水林田湖草系统治理的发展观；坚持生产发展、生活富裕、生态良好"三生共赢"的政绩观等。同时，报告提出要"推进绿色发展、解决突出环境问题、加大生态系统保护、改革生态环境监管体制"四大任务。这些新思想、新论断内涵丰富、博大精深，是指导首都园林绿化未来发展的根本遵循。我们要融会贯通地学习领会精神实质，尽快把思想统一到习近平新时代中国特色社会主义思想的理论指引上来，把力量凝聚到党的十九大确定的生态文明建设重大部署上来。

第二，深刻认识园林绿化在国际一流和谐宜居之都建设中的职责使命，更加奋发有为。随着生态文明建设的深入推进，这对我们而言既是难得机遇，也是前所未有的挑战和重大责任。比如，在重要决策部署方面，市第 12 次党代会报告提出要加快建设天蓝水清、森林环绕的生态城市，全面建成一道绿隔城市公园环和二道绿隔郊野公园环，给城市戴上群众期盼的绿色项链。党中央、国务院批复的新版城市总规把生态建设作为突出亮点，在空间布局上，明确了"一屏三环五河九楔"的市域绿色空间格局；在指标体系上，总规把森林覆盖率、人均公园绿地面积、公园绿地 500 米服务半径覆盖率纳入全市 42 项约束性指标，并明确了 2020 年到 2035 年的园林绿化指标体系；在重点任务上，把扩大绿色生态空间覆盖到"一核一主一副、两轴多点一区"城市结构的各方面。特别是去年 10 月份，蔡奇书记在市委常委会学习贯彻党的十九大精神时提出，"要以更大决心和魄力，开展新一轮百万亩植树造林，集中连片进行大尺度绿化，不断提升首都生态文明建设水平"，并把新一轮百万亩造林绿化作为深入贯彻新发展理念、推动"六个发展"重点抓好的 14 项任务之一。陈吉宁市长先后两次在市政府常务会议上突出强调，在新一轮百万亩造林工程中，要统筹山水林田湖草系统治理，以生态的办法解决生态的问题；要以专业方法、科学决策、系统思维推进生态建设，科学选择乡土树种、长寿树种，坚持精细化设计、种植、养护，着力提升城市森林体系的整体性、连通性，大幅提高首都生态建设的规模和质量。实施新

一轮百万亩造林工程，是推动习近平新时代中国特色社会主义思想和社会主义生态文明观在首都落地生根的生动实践，也是市委、市政府落实首都城市战略定位和新版北京城市总体规划、建设国际一流和谐宜居之都的重大举措。各区、各单位一定要紧抓发展机遇，积极主动把工作重点向扩大绿色生态空间聚焦，向新一轮百万亩造林绿化建设聚焦，推动新时代首都园林绿化实现新发展、新跨越。

第三，深刻把握社会主要矛盾变化对首都园林绿化提出的新要求，实现更高质量发展。十九大报告指出，我国社会主要矛盾已经转变为人民日益增长的美好生活需要和不平衡不充分的发展之间的矛盾。中央经济工作会议指出，推动高质量发展是当前和今后一个时期确定发展思路、制定经济政策、实施宏观调控的根本要求。中央农村工作会议围绕落实乡村振兴战略，提出要以绿色发展引领生态振兴，统筹山水林田湖草系统治理，实现百姓富、生态美的统一。从全市园林绿化情况来看，我们距离高质量发展的要求还有不小差距。比如，在生态系统建设上，森林绿地资源总量仍然不足，生态系统完整性、连通性不够，综合功能效益发挥不充分，与国际大都市还存在较大差距。在绿色空间格局上，资源分布不均衡、结构不合理，公园绿地500米服务半径覆盖率仅为77%，与国家生态园林城市要求的90%还有较大差距；绿化隔离地区两道"绿色项链"还不完整，"一绿"还有近50平方千米的规划绿地缺口，"二绿"还有100平方千米绿色开敞空间尚未实现。在发展质量上，山区的森林中幼林多、纯林多，70%处于功能亚健康状态，蓄积量仅为29立方米/亩；平原森林的整体性、连通性不够，生物多样性不丰富；城市绿化存在过度园林化倾向，植物配置结构不尽合理，绿地生态功能发挥不充分，缺乏一定规模的城市森林。在养护管理上，专业化、精细化水平不高，机械化程度低。

未来五年是全面建成小康社会的决胜期，是"两个一百年"奋斗目标的历史交汇期，也是首都园林绿化转变发展方式、提升发展质量的关键时期。全市园林绿化工作要积极主动与"两个一百年"发展蓝图对接，与市第12次党代会和新版城市总规确定的园林绿化目标任务对接，以习近平新时代中国特色社会主义思想为指导，以新一轮百万亩造林绿化建设为带动，按照高质量发展的要求，更加注重建设与管理并重、数量与质量并重、保护与利用并重、生态与民生并重，切实抓重点、补短板、强弱项，不断满足人民群众对优美生态环境、优质生态产品的需要。

在发展理念上，要充分体现高质量发展的新要求。一是更加突出科学发展。坚持绿水青山就是金山银山、人与自然和谐共生、山水林田湖草是一个生命共同体等新的发展理念，坚持节约优先、保护优先、自然恢复为主的方针，以专业方法、系统思维推进生态建设。二是更加突出规划统筹。全面落实新版《北京城市总体规划》和《京津冀协同发展规划纲要》确定的园林绿化生态布局、约束性指标和重点任务，并统筹落实全市土地利用、城乡发展、绿地系统等各类专项规划，着力形成"生态布局一张图、生态保护一张网、生态建设一盘棋"的大生态格局，构建系统完整的生态网络体系。三是更加突出生态质量。尊重自然、顺应自然、保护自然，着力提升生态功能、生态质量和生态系统的完整性、连通性和生物多样性，以生态的办法解决生态问题。四是更加突出精细管理。落实更加严格的资源保护管理制度，建立更加科学的资源养护管理机制，大力推动精治、共治、法治。五是更加突出以人为本。充分发挥园林绿化多产品、多功能、多效益的优势，大力促进造林绿化与生态文化融合发展，提升市民绿色福祉，带动农民就业增收，实现人与自然和谐共生。

在生态布局上，全面加强与"一屏、三环、五河、九楔"市域绿色空间结构的融合对接。在中心城周边，以东西南北四大森林湿地组团和两条景观绿带为支撑，以三道公园环、三条文化带和重点绿色廊道为骨架，以城市副中心、北京新机场、冬奥会和"三山五园"、南中轴等重点区域绿化为节点，形成支撑市域绿色空间结构的"四梁八柱"，构建大尺度森林湿地群落、高品质绿地公园组团、多景观田园村庄绿化为主体的绿色生态体系。

在总体目标上，着力构建国际一流和谐宜居之都园林绿化生态体系。加快构建更高质量的绿色生态空间，力争到2022年，新增森林绿地湿地面积100万亩，全市森林覆盖率达到45%以上（提前实现新版城市总规确定的到2035年的目标）、平原地区森林覆盖率达到32%，森林蓄积量达到2005万立方米，全面实现北京冬奥会碳中和；建成区公园绿地500米服务半径覆盖率达到87%，人均公共绿地面积增加到16.6平方米。加快构建更高质量的绿色惠民体系，在"乡村振兴"中壮大绿色产业，在全国文化中心"一城三带"建设中繁荣生态文化，提供更多生态产品惠及城乡人民绿色福祉。加快构建更高质量的资源保护管理网络，着力形成精治、共治、法治的发展格局。

力争到2035年，全市森林覆盖率趋于稳定、森林质量全面提升，人均公园绿地面积达到17平方米，建成区公园绿地500米服务半径覆盖率达到95%，全面实现城市总规确定的规划目标，建成与国际一流和谐宜居之都相适应的园林绿化生态体系。

三、关于2018年重点工作安排

2018年是全面贯彻党的十九大精神的开局之年，是改革开放40周年，是决胜全面建成小康社会、实施"十三五"规划承上启下的关键一年，也是实施新一轮百万亩造林工程的启动之年。做好今年的工作，意义重大、责任重大、使命重大。

今年工作的指导思想是：以十九大精神为指引，以习近平新时代中国特色社会主义思想为根本遵循，紧扣社会主要矛盾变化，牢固树立新发展理念，坚持国际一流和谐宜居之都建设的总目标，坚持稳中求进工作总基调，坚持高质量发展和"用生态办法解决生态问题"的总要求，着力完善生态布局、扩大绿色空间；着力释放多种功能、提升质量效益；着力加快乡村振兴、推动兴绿惠民；着力加强资源监管、提升治理能力，加快建设天蓝水清、森林环绕的生态城市，构建人与自然和谐共生的新格局。

2018年工作目标是：全市计划新增造林绿化面积23万亩、改造提升6.7万亩，新增城市绿地600公顷、改造325公顷。全市森林覆盖率达到43.5%，森林蓄积量达到1798万立方米；城市绿化覆盖率达到48.3%，人均公共绿地面积达到16.3平方米。

重点抓好以下七个方面工作：

（一）突出生态优先，强化系统治理，全面启动新一轮百万亩造林绿化工程。一是全面提升城市绿化生态品质。在核心区，以服务保障首都核心功能为重点，围绕落实疏解整治促提升专项行动，加大留白增绿，扩大绿色空间，重塑城市生态环境，重点建设城市森林5处、生态精品街区8处、小微绿地21处。在中心城区及新城，大力推进城市修补和生态修复，建设朝阳金茂府、房山琨廷社区等城市休闲公园10处，建设林荫大道、景观大街35条，新增健康绿道100千米，实施屋顶绿化12万平方米、垂直绿化14.6千米，公园绿地500米服务半径覆盖率由去年的77%提高到80%，全面提升城市宜居环境，增强市民的绿色获得感。二是全面推进平原地区大尺度森林湿地建设，实施绿化9.95万亩。围绕闭合两道绿色项链，在一道绿隔重点推进丰台南苑、朝阳十八里店、海淀"三山五园"三大片区绿化，启动城市公园建设10处，实施绿化0.4万亩；在二道绿隔重点启动朝阳四合庄、何各庄、孙河等郊野森林公园建设3处，实施绿化0.2万亩。围绕完善平原地区"两环三带九楔多廊"生态布局，通过退耕还林还湿、疏解腾退还绿、填空造林、连接碎片化资源，实施造林绿化6.35万亩，在新机场、冬奥会、世园会周边及沿线实施大尺度森林建设2.6万亩。三是全面启动浅山区造林绿化三年行动计划，加大台地、坡耕地、山前平缓地退耕还林，拆迁腾退地留白增绿，废弃矿山生态修复，宜林荒山造林绿化，完成造林绿化8.7万亩。同时，持续推进京津风沙源治理、太行山绿化等国家重点生态工程，完成山区造林2.2万亩，实施封山育林15万亩，完成森林经营抚育70万亩。启动怀柔浅山区森林游憩景观带试点和永定河流域5处滨水森林公园建设。

（二）强化区域协同，促进互联互通，推动京津冀生态一体化。一是全面加快城市副中心园林绿化建设。落实"两带一环一心"绿色空间结构，尽快编制东部、西部两条生态绿带规划；启动编制新一轮城市副中心园林绿化三年行动方案，研究建立城市副中心园林绿化市级统筹协调、区级牵头负责的运行机制。把握轻重缓急，突出工作重点，加快推进28个续建项目，新启动13个项目，实施绿化面积6.05万亩（新增林地绿地4.35万亩、改造提升1.7万亩）。在行政办公区，要加快工作进度，确保上半年高质量完成绿化示范段收尾工程，全面完成先行启动区的道路、公园、水系公共绿地建设主体工程，统筹推进行政办公区建筑庭院和屋顶绿化，为市级机关搬迁营造优良政务办公环境。在城市副中心155平方千米内，重点推进11个续建项目，新启动西海子公园改扩建二期、张家湾公园一期、休闲公园三期等5个绿化项目，实施绿化0.7万亩。在城市副中心外围，重点推进17个续建项目，新启动台湖万亩游憩园三期、潮白河森林生态景观带二期、京秦高速公路通州段等8个绿化项目，实施绿化3.65万亩。二是围绕京津保中心区过渡带、城市副中心、张承生态涵养区、永定河综合治理等重点区域，全面加强湿地保护恢复和建设，全年恢复湿地1600公顷，新增湿地600公顷，重点完成房山琉璃河、东南郊二期、马驹桥、延庆野鸭湖以及密云穆家峪湿地公园建设，启动昌平沙河等湿地公园建设。大力推进永定河综合治理和生态修复，新增造林面积3.5万亩、森林质量提升6.54万亩；启动两处公园建设，新增公园面积1580亩。三是继续在张承地区官厅水库、密云水库上游集水区营造京冀生态水源保护林 10 万亩，进一步完善三地森林防火、林业有害生物联防联控机制。

（三）围绕首善标准，做好四个服务，全面提升重大活动服务保障能力。一是全力做好中央领导、共和国部长和将军、全国人大和全国政协领导、国际森林日等六大植树活动的组织协调和服务保障工作。结合新一轮百万亩造林，大力推动"互联网＋义务植树"基地建设，力争在每个有任务、有条件的区设立一处示范基地，全年完成义务植树 100 万株、抚育树木 1100 万株。二是认真总结全系统服务保障重大活动、重要节日的宝贵经验和成功做法，更加精益求精、细之又细地全面提升服务保障水平。今年要重点做好"五一""十一"和抗战胜利纪念日、烈士纪念日、改革开放 40 周年纪念活动等重要节日及重大活动的环境保障工作，全面提升重点区域、重要道路的绿化品质，充分展示新时代大国首都的崭新风貌。三是把创建森林城市作为推动首都生态文明建设的重大举措，抓紧编制发展规划，平谷区要全面实现创森工作目标，延庆区、通州区要加快推进国家森林城市创建，房山、怀柔、密云等具备条件的区要尽快启动创森程序。四是全力做好重大展会筹办工作。加快推进 2019 年世园会筹办工作，完成园区场馆及配套设施建设和国内外招展任务；加大与有关部门协调，尽快办理完成相关手续，确保春季全面启动世园会北京园和百果园建设。积极参展第十二届南宁园博会、第八届中国月季展，展示首都园林绿化良好形象。

（四）坚持守土有责，切实履职尽责，落实最严格的生态资源保护管理制度。一是要深刻吸取教训，切实扛起资源监管的政治责任。党的十八大以来，中央制定出台了一系列生态文明制度，特别是建立了中央环保督查制度，对生态环境问题追责问责的力度之大、层级之高前所未有。我们系统作为生态保护的主责部门之一，承担的责任越来越大、风险越来越高，容不得半点松懈。管绿化必须管资源、管资源必须保安全。各区、各单位要牢固树立底线思维，全面落实管行业、抓监管、保安全的主体责任，全面加强对涉林涉绿资源的统筹监管，做到守土有责、履职尽责。要切实转变以森林防火管理代替资源管理、以林木采伐管理代替林地管理的传统观念，充分利用卫星遥感技术，持续加大森林资源监测和专项监督检查。特别是对去年专项检查中发现的 3500 多起问题，要在认真甄别核实的基础上建立专项台账，纳入各区疏解整治促提升专项行动，统筹加大整改。属于重点工程项目占用林地的，要尽快完善相关手续；确属违法侵占毁坏林地林木的，要严肃查处，切实做到立行立改一批、规范治理一批、严厉打击一批，加快建立林地管理大数据平台，构建长效管理机制。同时，要加大湿地、自然保护区的保护管理，尤其要强化野生动物和古树名木保护，研究专项管理办法和相关政策。做好野生动物疫源疫病监测工作。二是全面提高森林安全应急能力。加快实施森林防火基础设施建设三年行动计划，加快重大设施建设，强化防火物资储备和装备配备，抓好林区道路和阻隔系统建设，全面提升专业森林消防队的应急备战能力，认真研究武警部队改革后森林防火靠前驻防的体制机制，确保首都生态安全；提升林业有害生物防控智能化、信息化、社会化、自动化水平，狠抓重点地区、重点路段、重点树种的预防性防治，重点做好新一轮百万亩造林林木和 2019 年世园会植物引进的检疫工作。三是大力加强林木绿地资源养护管理。制定城市绿地精细化管理意见，编制城镇绿地养护管理定额，完善公园景区三级智慧管理平台；健全完善平原地区林木资源管理办法和分级分类养护技术规范，重点推进50个综合示范区建设，特别是要坚决杜绝随意对树木截干、抹头等过度修剪导致破坏生态景观的现象。四是切实加强安全生产工作。深刻吸取大兴区"11·18"火灾事故教训，全面落实"管行业必须管安全、管业务必须管安全、管生产经营单位必须管安全、谁主管谁负责"的要求，在全系统持续开展安全隐患大排查、大清理、大整治行动，坚决防范遏制各类安全事故发生。

（五）推动绿色发展，加快乡村振兴，着力提高优质林产品供给能力。今年，要配合市有关部门编制全市乡村振兴战略发展规划，并抓紧研究制定园林绿化促进乡村振兴行动计划。一是加快推进美丽乡村建设。围绕"村庄周围森林化、村内道路林荫化、村民庭院花果化、河渠公路风景化"的要求，结合农村环境治理和疏解整治，加大沟路河渠村"五边"绿化建设，广泛动员农村群众绿化美化房前屋后、村镇四旁，重点完成1100个村、0.4万亩美丽乡村绿化，切实以绿治乱、以绿控违、以绿兴业、以绿惠民。结合创建国家森林城市，编制森林小镇发展规划，大力弘扬乡村生态文化，实施一批覆盖乡村的绿色生态项目，加强原生植被、自然景观、古树大树、园林遗迹、小微湿地和野生动物保护，坚决制止开山毁林、填塘造地等行为，保持乡村原始风貌，提升生态宜居水平，打造一批森林特色小镇和生态文化村，重点创建首都森林城镇6个、首都绿色村庄50个。二是加快推进绿色产业转型升级。加大沟通协调，制定出台林业产业发展的意见以及果园附属设施用地相关政策，研究推动果树产业基金扩大使用范围、降低使用门槛，吸引社会资金大力推动高效节水果园建设和低效果园改造；实施种苗产业优化升级规划，利用好政府补助政策，继续鼓励社会资本新发展规模化苗圃5000亩；实施蜂群提质增效、产业风险互助等重点工程，促进低收入农户增收。推动传统林业向休闲观光、文化创意、体验教育等多产品、多功能、多效益提升，抓住2019年世园会、新一轮百万亩造林等重大契机，大力发展林下经济、沟域生态经济和森林旅游、节庆会展、花卉园艺、观光采摘等新型绿色产业，建设一批森林康养休闲、森林体验教育、森林文化展示示范区。三是繁荣发展生态文化。围绕全国文化中心"一城三带"建设，与市文物局共同编制完成西山永定河文化带保护规划和五年行动计划；深入挖掘森林文化、园林文化、古树文化的丰富内涵，在"三条文化带"上统筹谋划实施一批生态环境治理、公园体系建设、历史园林保护等生态文化重点项目。贯彻习近平总书记重要指示，策划开展"让古树活起来"古树保护生态文化活动，保护好首都历史文化的"活化石"；加强对党和国家领导人、社会名人等义务植树纪念林、纪念树的保护利用，打造一批首都生态文明教育基地。

（六）改革创新驱动，夯实基础管理，不断增强园林绿化治理能力。一是推动落实重点改革任务。深化集体林权制度改革，尽快出台关于完善集体林权制度的实施意见，特别是结合新一轮百万亩造林绿化建设，要积极探索以镇村和专业合作组织为主体发展集体林场的管理模式，全力抓一批试点示范，把更多农民组织起来参与造林绿化和森林资源管护。进一步深化国有林场改革，实施三年行动计划，编制国有林场基础设施建设规划和森林经营方案，制定改革验收考核办法。围绕推进生态文明体制改革，研究制订落实《北京市生态文明建设目标评价考核办法》的具体意见，抓紧出台全市湿地保护修复制度方案，积极配合相关部门研究建立自然资源产权制度、资源有偿使用和生态环境损害赔偿等生态文明制度。继续推进行政审批"放管服"改革，精减行政职权事项，动态调整公布权力清单，大力加强对事中事后审批事项的全面监管。全面深化森林公安改革，研究建立城市园林绿化执法权划转城管执法后的衔接机制。加快推进事业单位分类改革和局属生产经营类事业单位转企改制。二是着力加大政策研究。围绕实施新一轮百万亩造林工程，加大与相关部门协调，出台拆迁腾退土地"留白增绿"的政策。特别是对具备条件的1600公顷"留白增绿"地块，要抓紧编制绿化设计方案和技术导则，明确各类型地块的投资标准，制定"留白增绿"资金管理办法，确保压茬滚动建设，积极有序推进。同时，围绕巩固退耕还林成果，尽快研究制定补助政策到期后的相关政策。三是全面加强规划管理。抓好园林绿化"十三五"规划中期评估；围绕落实新版城市总规，编制完成全市绿地系统规划、新一轮百万亩造林绿化建设总体规划，加快编制湿地保护、风景名胜区体系建设、森林城市建设等专项规划，推动重要绿色空间落地。四是强化科技支撑。围绕实施新一轮百万亩造林绿化，加强对乡土植物选育、城市森林系统建设、园林绿化废弃物资源化利用、森林绿地土壤污染防治等重大课题科技攻关，全面启动北京林业国际科技创新示范基地建设，制订促进园林绿化科技成果转化的意见以及土壤环境质量调查与监测网络建设方案，全面落实冬奥会生态监测及碳中和方案。抓紧建立百万亩造林决策咨询机制和专家联系各区及重点项目机制，让专家全程参与规划设计、方案评审、建设管理和后期养护，确保工程质量。

（七）提高政治站位，全面从严治党，打造忠诚干净担当的园林绿化干部队伍。一是全面加强党的政治建设。牢固树立"四个意识"，当前最重要的任务就是要紧密联系本行业工作实际，切实把学习贯彻党的十九大精神与认真落实市委、市政府对园林绿化工作的一系列决策部署结合起来，与实施新一轮百万亩造林工程、实现更高质量发展结合起来，努力让习近平新时代中国特色社会主义思想尤其是生态文明建设重大理论在全市园林绿化系统落地生根，形成生动实践。二是要全面压实各级党组织的党风廉政建设主体责任。全市园林绿化行业和局（办）系统各单位要以落实蔡奇书记在全市领导干部警示教育大会、市纪委十二届三次全会上所列举的突出问题为重点，进一步对照检查工作中存在的廉政风险点和薄弱环节，全面落实党风廉政建设主体责任和监督责任。当前我们承担的各类重点工程比较多，要坚决把纪律和规矩、监督和制度挺在前头，从一开始就要全面建章立制、抓源治本、防微杜渐，研究制订项目管理、资金管理和检查验收、绩效考评等一系列管理办法，坚决打造廉洁工程、精品工程、民心工程。三是要大力加强作风建设。当前和今后一个时期，我们面临的任务十分艰巨，全系统各级领导干部要大兴调查研究之风，真正把心思用在干事创业上，把功夫下到察实情、出实招、办实事、求实效上，紧紧围绕改革发展中的重点问题、政策执行中的难点问题、人民群众关注的热点问题，有针对性开展调查研究，拿出管用、实用的对策和办法，着力增强解决实际问题、狠抓工作落实的能力。特别是对今年的百万亩造林工程，各区、各单位要建立台账，盯着重点难点任务，一件一件落实分工、明确责任、狠抓落实，切实当好"施工队长"；要加大与相关部门的沟通协调，确保地块早落实、方案早编制、手续早办理、资金早拨付、政策早出台、工程早开工。

首都绿化委员会第37次全体会议工作报告

首都绿化委员会办公室主任　邓乃平

（2018年2月23日）

一、2017年首都绿化美化工作情况

2017年，是党的十九大胜利召开之年，也是落实全市"十三五"规划的关键之年。3月29日，习近平等党和国家领导人率先垂范，以身作则，来到北京市朝阳区将台乡参加首都义务植树劳动，习近平总书记发出"培养热爱自然珍爱生命的生态意识、把造林绿化事业一代接着一代干下去"的号召。一年来，市委、市政府和首都绿化委员会认真贯彻落实习近平总书记两次视察北京重要讲话精神，特别是关于推进国土绿化和生态文明建设的一系列重要讲话精神，牢固树立"四个意识"，紧紧围绕服务首都城市战略定位、建设国际一流和谐宜居之都的目标，加大疏解留白增绿，全力扩大绿色生态空间。圆满完成了中央交办的各项服务保障任务以及市委、市政府和首绿委第36次全会部署的各项工作任务。

全市新增造林面积16.9万亩、城市绿地600公顷；森林覆盖率达到43%，城市绿化覆盖率达到48.2%，人均公共绿地面积达到16.2平方米。主要工作体现在以下六个方面：

（一）围绕践行生态文明，着力持续深入开展首都全民义务植树

1. 社会各界履行植树义务的热情不断高涨。习近平总书记今春在参加首都义务植树劳动时的重要讲话精神深入人心，极大地激发了首都广大干部群众积极参与绿化首都、美化北京的高涨热情。

中央单位、驻京部队做出新的贡献。中直机关和中央国家机关深入践行绿色发展理念，一手扎实推进山区义务植树、绿化基地护林防火和林木有害生物防控工作，一手抓好单位庭院绿化，广泛开展节约型绿化单位创建活动。全年完成义务植树37万株，庭院绿化46.6万平方米。驻京解放军、武警部队继续发挥生力军、突击队作用，积极参与首都重大义务植树活动和服务保障工作，同时大力开展营区植树绿化升级改造活动，共栽植各类植物7.5万株，养护林木绿地1400公顷，大幅度提升了营区绿化整体水平。

市属各系统各单位广泛参与。市发改、财政、规划和国土、农委等绿委成员单位，积极参与义务植树劳动的同时，在绿化建设项目立项、资金投入、政策扶持等方面给予大力支持；各级工会、共青团、妇联开展"人人行动、美丽北京""巾帼绿化创建活动""三八绿色工程"等形式多样的主题绿化活动。各级教育部门组织全市大中小学通过广播、校园网、

海报等多种媒介，广泛开展生态文明知识宣传和"弘扬生态文明，建设美丽校园"主题绿化实践活动。市公路、水务、铁路等专业部门大力推进干线公路沿线、铁路沿线、河湖两岸的绿化造林和养护管理工作，新增绿化 235 公顷，完成公路绿化 223.4 千米、铁路绿化 6.3 千米，栽植各类植物 86.7 万株。

国际友人多种方式参与北京绿化。2017 年"国际森林日"，来自十多个国家的使领馆以及联合国、国际组织代表，参加了植树纪念活动。在 2017"北京国际友好林"植树养护活动中，来自澳大利亚、俄罗斯、哈萨克斯坦、巴基斯坦等 30 多个国家的驻华使节、外国专家、在京国际组织及机构代表、留学生等 400 多人，参加了以"拥抱地球拥抱绿色，共建和谐宜居之都"为主题的国际友好林植树活动。世界自然保护联盟、世界自然基金会、欧洲森林研究所等 26 家国际组织，荷兰、日本、南非等 18 个国家，以及一些驻华使节、国际友人、志愿者，通过实施林业国际合作项目、林业国际咨询培训等多种形式，对北京生态环境、森林文化建设建言献策，积极参与北京绿化美化建设。

2. 生态文化活动丰富多彩。一是积极做好国内外重大展会参展工作。圆满完成第九届中国花卉博览会北京参展工作，共荣获 376 个奖项，取得全国排名第一的佳绩，受到国家和市领导关注与赞誉。二是高质量完成了郑州园博会北京园建设和 2018 年第十二届南宁园博会北京园规划设计工作，同时应邀参加了加拿大加蒂诺市第一届国际立体花坛展。三是生态文化活动精彩纷呈。全年举办第五届森林文化节、第十一届长城红叶生态文化节等 170 场森林文化活动，举办 5 场不同主题的森林音乐会，开展 74 场森林大篷车和 39 场"悦"读森林系列活动，举办 1000 场首都生态文明宣传教育基地义务植树、科普宣传、生态课堂、互动体验主题宣教活动。推出公园风景区春季赏花踏青、夏季赏荷纳凉、秋季观赏彩叶、冬季冰雪庙会等 450 项特色文化活动。

3. 首都义务植树不断开拓创新、成效显著。"互联网 + 义务植树"工作迈出了里程碑式的重要一步。全绿委把北京市作为全国"互联网 + 全民义务植树"首批试点，北京市在全国率先启动了省级"互联网 + 全民义务植树"试点工作，利用互联网把实体植树与网络尽责有效地结合起来，开创了首都全民义务植树新形式。在房山区张坊镇打造了全国首个国家级"互联网 + 全民义务植树"示范基地，完成了首都全民义务植树网的平台开发和试运行，为全国作出了表率。创新推动了林木绿地认建认养工作。积极响应习近平总书记"每一个有社会责任感的企业都要认植、认养、认管一片林，自觉成为绿化山川、绿化城市、绿化乡村的参与者、践行者"的伟大号召，社会单位、家庭和个人积极参与林木绿地认建认养活动。今年全市共有 221 个单位、1000 多个家庭、1.26 万个人认建认养林木绿地 244 块、面积 534.7 万平方米、树木 6.4 万株。深入开展森林城市创建系列活动。按照习近平总书记"着力开展森林城市建设"的重要指示，落实蔡奇书记"留白增绿、造林看地、建设森林城市这件事要作为专项好好抓一抓"的重要批示，继续深入开展了首都森林城市创建系列活动。督促指导平谷区、延庆区、通州区做好国家森林城市创建工作；完成创建首都森林城镇 6 个、首都绿色村庄 50 个、花园式社区 36 个、花园式单位 64 个。义务植树宣传发动成效显著。各级宣传部门和新闻单位围绕习近平总书记关于生态文明建设系列重要讲话精神，充分利用报刊、电台、电视等传统媒体和网络、微博、微信等新媒体，抓住中国植树节、首都全民义务植树日、国际森林日等重要节点，加大"弘扬生态文明，共建美丽北京"主题宣传力度，全年刊发绿化宣传稿件 500 余篇，为首都绿化美化建设营造了良好的舆论氛围。

（二）围绕服务首都城市功能定位，着力提升绿化美化服务保障水平

1. 高标准完成了重大植树活动的服务保障工作。在中央领导，全国人大、全国政协领导，驻京部队百名将军以及共和国部长，国际森林日等重大植树活动的服务保障中，精心组织、周密安排，切实加强与相关部门的沟通协调，保障了各项义务植树活动的顺利进行。

2. 高质量完成了重大活动的绿化景观环境服务保障工作。圆满完成了党的十九大、"一带一路"高峰论坛、烈士纪念日敬献花篮、国庆节等重大国事活动的绿化景观环境服务保障任务，充分发挥了绿化美化在服务保障首都核心功能方面的重要作用。国庆期间，天安门广场、长安街沿线等重点区域布置了以"祝福祖国、践行五大理念"为主题的各类立体花坛 157 处，栽摆花卉 2500 余万株；结合"一带一路"高峰论坛景观环境服务保障，实施了环境整治、景观提升和花卉布置"三大工程"，打造了二环路"彩叶大道"、三环路"月季大道"、四环路"林荫大道"，新增和改造绿化景观 647 万平方米，营造了优美大气的城市景观环境；圆满完成外国政要游园活动等各项服务保障工作，慕田峪长城等 6 个公园风景区共接待各国贵宾共计 25 批次 307 人。

3. 扎实推进 2019 年中国北京世界园艺博览会筹办工作。2019 年世园会是由中国政府主办、北京市承办的国际级别最高的世界园艺博览会。2017 年是北京世园会的全面建设年，筹办工作取得了显著成效。园区及配套基础设施建设全面开工、稳步推进；国际法律体系创建工作全面完成，树立了 A1 类世园会筹办工作新标杆；《展览展示总体方案》等 4 项基础文件全面完成编制工作；市场开发工作卓有成效，首批 5 家全球合作伙伴已完成签约，推出首批近 400 款世园会特许产品。国内外招展工作成果丰硕，德国、上海合作组织等 64 个国家和国际组织已书面确认参展，英国、荷兰等 32 个国家明确表态参展，国内 31 个省区市已完成参展前期筹备工作，香港、澳门和台湾地区正在积极准备参展。

4. 市民对公园风景区服务的满意度明显提升。今年配合全市疏解整治促提升专项行动，在全市公园风景区开展了春季整治促提升专项行动和迎国庆、迎十九大专项检查，全面加强公园风景区环境整治、垃圾卫生清理以及安全隐患大排查活动，推进便民服务，全市公园风景区累计清理死角和盲区 1600 余处，排查各类安全隐患 985 处，清理垃圾 28 万立方米，进一步提升了公园风景区园容环境和游览秩序；做好全市 783 家公园风景区三级平台监管运营工作，充分利用传统主流媒体和互联网新媒体，及时向公众发布公园风景区服务信息，极大地方便了广大市民游客选择游览、合理出行。市属公园大力推广"抑花一号"治理杨柳飞絮成效明显，持续推进增彩延绿和节约型园林建设，增彩延绿示范区达到

19 处，绿地节水灌溉面积超过 80%，智能灌溉面积达到 81.4 万平方米。全年共接待游客
3.4 亿人次，公园风景区成为展示首都北京生态环保、绿色发展新成就的重要窗口，市民
群众满意度明显提升。

5. 主动做好中央单位、驻京部队园林绿化服务工作。受理中央和驻京部队涉及林地、
绿地、林木（树木）的固定资产投资项目 103 件，为各类工程建设提供园林绿化咨询服务
130 项，有力保障了中央单位和驻京部队开发建设项目的顺利实施。

（三）围绕疏解非首都功能，持续拓展城乡绿色生态空间

一是城市宜居环境明显提升。围绕疏解整治促提升专项行动，持续加大中心城疏解建
绿和留白增绿，新增绿地 600 公顷、改造绿地 840 公顷，建成东城西革新里、西城莲花池
东路等 10 个城市休闲公园，建设小微绿地 160 处，公园绿地 500 米服务半径覆盖率达到
77%。围绕提升城市绿化生态品质，对核心区 179 条胡同街巷实施了绿化美化提升，完成
居住区绿化 17 处、老旧小区绿化改造 21 处；实施了西城区新街口、菜市口等 6 处城市森
林建设试点，完成了广渠路、通燕高速路等 67 条道路绿化。实施屋顶绿化 5.5 万平方米，
垂直绿化 49.5 千米。二是平原地区生态格局不断完善。围绕城乡结合部、新机场、世园
会和冬奥会周边以及京津冀生态廊道和京津保等重点区域，共实施拆迁腾退 800 万平方
米，完成平原绿化建设 6 万亩，启动了将府（四期）、孙村、东小口、常营五里桥 4 个郊野
公园建设。三是山区生态建设加快推进。继续推进京津风沙源治理、太行山绿化等国家级
重点生态工程，完成人工造林 8.91 万亩，封山育林 19 万亩；实施森林健康经营 70 万亩，
建设森林经营示范区 10 处，完成低效林改造 26.5 万亩，彩叶树种造林 2.13 万亩。大力
推进美丽乡村建设，完成 354 个村庄绿化美化 5100 亩。四是湿地保护恢复与建设全面加
强。在密云水库周边、永定河沿线等重点区域恢复和新增湿地 2200 公顷，新建密云太师
屯清水河、古北口汤河湿地保护小区 2 处。

（四）围绕落实京津冀协同发展国家战略，全力推进城市副中心园林绿化建设和三地生
态协同发展

一是高标准推进城市副中心园林绿化建设。在规划层面，编制了副中心绿地系统专项
规划，完成了副中心行政办公区园林绿化规划设计方案国际征集和先行启动区园林绿化景
观方案编制工作。开展了"两带一环"的规划研究，编制了副中心园林绿化规划设计导则，
配合相关部门完成 13 条河道园林绿化设计方案编制。同时，参照中心城区标准制定了城
市副中心园林绿地养护管理工作规范、投资定额标准等相关制度和政策。在绿化建设方
面，67 项重点绿化工程加快推进，2016 年实施的 42 个续建项目，竣工 37 个，完成绿化
面积 6 万亩；2017 年实施的 25 个新建项目，22 个项目已完成设计招投标工作，23 个项目
完成重点区域大树栽植工作，实施绿化面积 1300 亩。二是推动京津冀生态建设协同发展。
继续实施京冀生态水源保护林建设合作项目，在张承地区的密云、官厅水库上游重点集水
区内实施造林 10 万亩；全面完成京津保地区 4 万亩造林绿化合作试点项目。全力支持雄
安新区绿化建设，召开了专题座谈会，加强本市绿化与京津保地区、雄安新区外围绿化在

空间规划布局方面的对接。进一步完善了京津冀森林资源保护和生态保护执法等区域联防联控机制。三是全面启动了永定河综合治理与生态修复。配合中央和市有关部门编制完成了永定河综合治理与生态修复相关规划方案和重要文件，编制完成了永定河综合治理与生态修复绿化建设实施方案。全年在永定河流域新增造林绿化面积3.9万亩，实施森林质量提升3.3万亩、建设湿地公园1处。

（五）围绕确保首都生态安全，资源保护管理能力日益加强

一是森林灾害防控能力不断提升。全面加强森林火灾应急处置体系建设，严格落实森林防火岗位责任制，全市116支专业森林消防队2800人24小时备战备勤，加强预警监测，严格火源管控，本年度火情、火灾同比分别下降29.6%和25.0%，确保了全市没有发生重大森林火灾，实现了"两个确保"的工作目标。加强林业有害生物防控，实现了"有虫不成灾"的目标。二是林木绿地资源管理全面加强。健全平原地区森林资源统筹管理体系，建立常态化巡查检查通报机制。制定城市副中心园林绿地养护管理工作意见，使副中心绿地养护管理全面与中心城接轨。会同市规划国土委、市文物局联合开展了全市私家园林普查。建立林政资源档案数字化管理系统，启动了利用卫星遥感技术加强资源监测监管工作，建立"天上看、地上查、网上管"的立体监管体系，实现资源全方位和动态化的实时监测监管。三是深刻汲取"甘肃祁连山自然保护区生态环境破坏问题"的教训，集中开展了全市园林绿化资源保护专项检查、全市风景名胜区保护执法检查，开展了全市滑雪场占用林地排查专项行动，加大了野生动物保护专项巡查特别是全市鸟类市场交易专项执法，依法查处了一批违法案件，有力保护了森林资源安全。

（六）围绕深化改革，重点改革任务取得明显进展

一是基本完成全市国有林场改革工作。全市34个国有林场全部理顺了管理体制，落实了公益一类属性，发展重点从过去多种经营为主向保护生态资源、加强森林经营为主转变；全面完成京煤集团林场移交工作，正式成立了全市面积最大的市属京西林场；国有林场事企分开工作顺利推进；编制完成了全市国有林场发展规划和三年行动计划。二是进一步深化集体林权制度改革。制定了完善集体林权制度、促进首都林业发展的政策意见，提高了山区生态林管护标准。开展了房山区全国集体林业综合改革试验示范区建设和全市家庭林场试点建设的总结验收工作。持续开展森林保险工作，全市10个区和5个市属国有林场的1137万亩山区生态公益林统一纳入了保险范围，实现全市统保，总保险金额达2719万元。三是推动落实生态文明体制改革重点任务。按照中央和市委、市政府部署，先后编制了湿地保护修复、园林绿化土壤污染防治和生态监测网络建设等一批具体方案，制定了深化森林公安改革、加强乡镇林业站建设、加强沙化土地治理成果保护等改革文件。编制完成了园林绿化资源生态红线划定方案，配合市有关部门编制了生态文明建设目标评价考核办法和考核目标体系，完成了不动产统一登记改革、领导干部自然资源资产离任审计试点和绿色发展指标制定等工作，长城国家公园体制试点工作稳步推进。

这些成绩的取得，是党中央、国务院亲切关怀、率先垂范的结果，是中直机关、中央

国家机关和驻京解放军、武警部队大力支持、积极参与的结果,是市委、市政府和首都绿化委员会坚强领导、大力推进的结果,也是全市人民和绿化战线上广大干部职工辛勤努力、共同奋斗的结果。2017年,首都绿化美化建设虽然取得了新的成就,但是,我们也清醒地认识到,与首都城市功能定位对生态环境的要求和习近平总书记的殷切希望相比,与人民群众对优质生态产品和优美生态环境需要相比,与建设人与自然和谐共生的生态系统的目标相比,首都绿化美化发展不平衡不充分的问题仍然存在。一是森林湿地生态系统的质量水平不高、稳定性不够,需要进一步加大生态系统建设保护力度;二是绿色惠民力度不强,需要进一步提升人民绿色福祉;三是首都全民义务植树运动有待于进一步深入广泛开展,需要不断开拓创新。上述这些问题需要我们以党的十九大精神为指引、以问题为导向,创新探索,加快破解。

二、2018年首都绿化美化工作安排

(一)指导思想

2018年是全面贯彻落实党的十九大精神的开局之年,是决胜全面建成小康社会、实施"十三五"规划承上启下的关键一年,也是北京全面落实新城市总体规划的第一年。首都绿化美化工作要全面贯彻落实党的十九大会议精神,以习近平新时代中国特色社会主义思想为指导,牢固树立新发展理念,全面贯彻落实北京城市总体规划,紧紧围绕服务保障首都"四个中心"战略定位,着眼京津冀协同发展,积极适应新时代首都建设的特点和规律,着力在全民发动、广泛参与,汇聚社会各界力量投身首都绿化美化建设上取得新进展;着力在推动新一轮百万亩造林绿化工程,增加绿色总量、促进生态高质量发展上迈上新台阶;着力在创新体制机制、强化政策支撑、推进生态惠民上取得新成效,为北京早日建成国际一流的和谐宜居之都作出新贡献。

(二)目标任务

实施新一轮百万亩造林绿化工程,新增造林绿化面积23万亩、改造提升6.7万亩,新增城市绿地600公顷、改造340公顷。全市森林覆盖率达到43.5%,城市绿化覆盖率达到48.3%,人均公共绿地面积达到16.3平方米。

实现上述目标任务重点做好以下几个方面工作:

1. 着力发挥重大活动的示范引领作用,动员社会各界力量履行植树义务

(1)突出抓好重大植树活动的服务保障。习近平总书记非常重视首都生态文明建设,自党的十八大以来连续5年到北京参加义务植树劳动。全国人大、全国政协领导、中央军委领导、中央和国家机关部级以上领导,每年都率先垂范集体参加北京植树劳动,2018年要高标准做好服务保障工作,确保植树活动安全、有序、圆满。

(2)精心组织好首都全民义务植树活动。认真组织好首都第34个全民义务植树日活动,及时发布义务植树活动地点及尽责方式,认真做好接待服务工作;结合新一轮百万亩造林绿化工程,拓展"互联网+全民义务植树"基地建设,力争在每个有条件的区设立一处"互联网+全民义务植树"基地;在4个市级义务植树尽责基地,开展"首都全民义务植树

电子尽责证书"试点发放工作；在石景山区、顺义区开展新形势下义务植树登记考核试点工作；组织好宣传发动工作，广泛动员社会各界在搞好单位绿化的同时，积极参加社会绿化活动。

（3）高质量高水平做好重要节庆活动环境布置与保障。紧紧围绕改革开放 40 周年、全国"两会"、国庆节等重要时间节点的重点区域，做好环境保障工作，营造隆重、喜庆、优美的环境氛围。

（4）全面推进森林城市建设工作。落实好习近平总书记"着力开展森林城市建设"的重要指示精神，狠抓森林城市建设，推进新时代首都园林绿化实现高质量发展。抓好《北京市森林城市建设发展规划》编制工作。召开全市国家森林城市创建活动现场推进会，推动平谷区年内完成北京首个"国家森林城市"创建任务。继续组织延庆、通州区扎实开展创森活动，组织密云、怀柔、房山等具备条件的区启动创森程序，进一步完善北京市森林城市创建体系，为推动京津冀森林城市群建设奠定基础。

（5）大力推进绿化美化群众性创建工作。着眼部分社区、村庄和单位绿化发展不均衡不充分问题，狠抓宣传发动、组织协调、督导检查、跟踪帮扶等重要环节，推进群众性创建工作，形成社会各界多方参与的群众性创建新局面。创建首都森林城镇 6 个，创建首都花园式社区 36 个、首都花园式单位 58 个、首都绿色村庄 50 个。

（6）认真做好重要展会筹办工作。加强 2019 年世园会筹办工作，积极做好世园会北京展园建设及预展工作；扎实做好第十二届中国（南宁）国际园林博览会北京园建设工作和 2020 年第四届中国绿化博览会协办工作，要突出首都园林历史和文化特色，展现首都园艺水平，展示首都园林绿化良好形象。

2. 启动实施新一轮百万亩造林绿化工程，大力推进首都绿化美化建设高质量发展

启动实施新一轮百万亩造林绿化工程，是新一届市委市政府和首都绿化委员会，着眼首都生态建设高质量发展作出的重大战略决策。2018 年计划完成造林绿化 23 万亩：在城市核心区、中心城区及新城增加城市绿地 1 万亩；平原地区实施大规模造林绿化 10.3 万亩；美丽乡村建设 0.4 万亩；浅山区造林绿化 11.3 万亩。另外，在北京城市副中心、京藏高速、京新高速、五环路沿线等景观改造提升 6.7 万亩。各区、各部门、各系统要围绕这一任务目标，早计划、早安排、早动手，确保任务如期完成。

（1）在首都核心区、中心城区和新城，重点推进城市森林建设，着力扩大绿色空间。要落实好习总书记关于"四个着力"要求，大力推进城市森林建设。突出抓好城市核心区的留白增绿工作，建设东城新中街、西城常乐坊等城市森林 5 处，建设小微绿地和微型公园 27 处；围绕王府井、金融街等重点区域，建设生态精品街区 8 处；在中心城区及新城，大力推进城市修补和生态修复，建设海淀园外园三期、朝阳金茂府等公园绿地 520 公顷，建设森林休闲公园 10 处，建设森林大道和特色景观大街 65 条，新建森林健康绿道 100 千米，实施屋顶绿化 13 万平方米、垂直绿化 14.6 千米。

（2）在首都平原地区，重点推进大规模森林湿地建设，着力提升生态承载能力。通过

实施大面积造林绿化、碎片化森林连接贯通、绿色廊道加宽加厚以及森林公园环建设，新增造林绿化10.3万亩。一是在首都新机场周边建设大尺度的森林湿地，在冬奥会、世园会周边及沿线建设森林生态廊道。二是围绕两道绿色项链的闭合工程建设，重点在一道绿隔丰台南苑、朝阳十八里店、海淀"三山五园"地区实施大规模造林绿化，建设城市森林公园7处；在二道绿隔地区建设朝阳孙河、房山丁家洼等郊野森林公园5处，启动实施温榆河森林湿地公园示范区建设。三是围绕"两环三带九楔多廊"生态建设总体架构，采取退耕还林还湿、疏解腾退还绿、生态修复补植补种等方式，形成平原地区林木绿地集中连片，山水林田湖相偎相依的自然景观。

（3）在浅山区及山区重点实施第一道生态防护林建设，着力固牢首都生态绿屏。通过浅山区台地、坡耕地、山前平缓地退耕还林，拆迁腾退地留白增绿，废弃矿山生态修复，宜林荒山造林绿化，持续推动山区绿屏建设。继续推进京津风沙源治理等重点生态工程，实施低效林改造、封山育林，彩色树种造林，公路河道绿化，山区森林经营等工程建设。启动建设怀柔浅山区森林游憩景观带试点项目、永定河流域5处滨水森林公园建设。

（4）在乡村要大力推动绿色发展，着力实施美丽乡村建设。编制全市乡村振兴战略发展规划，抓紧研究制定园林绿化促进乡村振兴行动计划。围绕"村庄周围森林化、村内道路林荫化、村民庭院花果化、河渠公路风景化"的要求，结合农村环境治理和疏解整治，加大沟路河渠村"五边"绿化建设，广泛动员农村群众绿化美化房前屋后、村镇四旁，重点完成1100个村、0.4万亩美丽乡村绿化，切实以绿治乱、以绿控违、以绿兴业、以绿惠民。

（5）在城市副中心重点打造绿化精品优质工程，着力推动京津冀生态协同发展

一是按照世界一流国际标准抓好城市副中心绿化美化建设。围绕"两带、一环、一心"的绿色空间结构，打造蓝绿交织、清新明亮、水城共融、多组团集约紧凑发展的森林城市目标，加强副中心绿色空间结构规划研究，启动城市绿心（中央公园）建设和国家级植物园的项目前期研究工作。全面推进28个绿化续建项目，启动实施13个新项目，新增绿化面积3.2万亩。在城市副中心155平方千米范围内，实施交通绿廊、河流生态绿廊和林荫大道建设，构建城市副中心网状绿色生态廊道；建设各具特色的森林公园，逐步实现居民出行"300米见绿、500米入园"的要求。

二是积极推进京津冀生态环境共建共享、联防联控。坚决贯彻落实中央关于大力推进《京津冀协同发展规划纲要》要求，与河北省联手加强生态修复和保护，增强"首都水源涵养功能区"的生态功能。重点在张家口市、承德市官厅水库、密云水库上游集水区营造京冀生态水源保护林10万亩；在京保中心区过渡带、张承生态涵养区、永定河综合治理等重点区域，全面加强湿地建设和保护工作。新增湿地600公顷，恢复湿地1600公顷，完成房山琉璃河、东南郊二期、马驹桥、延庆野鸭湖以及密云穆家峪湿地公园建设，启动昌平沙河等湿地公园建设。同时，进一步完善三地在森林防火、林业有害生物防控、野生动植物疫源疫病监测等方面的联防联控机制。

3. 以市民群众对优美生态环境需求为着力点，持续推进生态惠民工作

（1）着力推进生态惠民。结合疏解整治促提升工作，坚持拆违还绿、留白增绿等，不断扩大生态空间，让市民群众充分感受生态环境变化带来的实惠。在中心城区和新城要新建公园31处；全市新建小微绿地160处；持续推进拆墙透绿，见缝插绿工作，加大市民出行见公园绿地建设力度，2018年公园绿地500米服务半径覆盖率提高到80%；改造提升玉渊潭公园、莲花池公园等公园；开展百街千巷绿化提升工程，提升老旧小区绿化质量；鼓励城区积极开展美丽胡同、美丽庭院、美丽阳台等工作。

（2）深入推进产业惠民。结合新一轮百万亩造林绿化建设，加快构建近郊休闲观光、远郊循环示范、山区自然经营等特色产业群。全年新建和更新改造果园1万亩，充分发挥果树产业基金的带动作用，引导企业、集体、社会组织参与果园规模化经营；实施全市花卉产业行动计划，拓展花卉产业的休闲观光功能，打造一批大尺度、有特色的北京花田，提升综合效益；按照"圃林一体"的思路，持续推进平原地区规模化苗圃建设，积极鼓励社会力量和民间资本多方投入，全年新发展规模化苗圃5000亩；做大做强林下经济，抓好示范基地建设。抓好中华蜜蜂保护区、蜜蜂良种繁育基地等建设，推进蜂产业发展，带动农民绿岗就业、富民增收。

（3）大力推进文化惠民。立足北京文化中心功能定位，充分发挥首都生态文化资源优势，实现生态文化惠民。围绕大运河、西山永定河、长城等三条文化带建设，深入挖掘森林文化的自然和人文内涵，全力抓好一批示范区建设。深入挖掘古树名木历史文化内涵，讲好北京古树名木的故事，让北京古树名木活起来；开展"爱绿一起——2018"绿色体验活动，持续开展"百园生态跑"系列活动和"三节一展"、市民观光采摘等花果节庆活动；充分利用公园绿地附属设施和街道社区的公共服务空间，在有条件的区试点建设园艺中心（驿站），使之成为满足市民对绿色生活需求的服务平台。结合森林公园建设，深入挖掘森林历史和人文景观，加强景观欣赏区、体验教育区、森林疗养区及休闲游憩区等区域的建设，开展森林体验馆、森林图书屋、市民自然课堂等基础设施建设，让更多的市民走进森林，体验森林文化。

4. 狠抓资源管理，确保生态安全

（1）加强资源管护。认真汲取祁连山自然保护区生态环境问题教训，把加强生态资源保护管理作为重要政治责任。严厉打击涉及自然保护区、公园风景名胜区、林地绿地湿地等各类违法违规行为，大力开展森林资源监督检查工作，筑牢首都生态安全屏障。进一步加大对湿地、自然保护区和古树名木、野生动植物资源的保护力度，特别是要进一步强化对鸟类保护，要制定专项保护方案，加大对非法捕鸟、非法交易的打击力度。做好野生动物疫源疫病防控工作。做好第九次园林绿化资源普查的准备工作，开展好全市湿地资源普查，强化市级湿地监管，推进配套制度建设。制定城市绿地精细化管理意见，推进城镇绿地养护管理定额编制工作，完善公园风景名胜区三级智慧管理平台建设。加强平原地区生态林的养护管理，推进50个综合示范区建设，制定平原生态林分级分类养护技术规范。

建立林木绿地管理台账制度，进一步强化涉林、涉绿资源的行政许可和规划审查，最大限度减少资源损失。

（2）加强森林防火联控能力建设。按照早发现、早处置、不成灾，不死人、少伤人的总体要求，抓好森林防火联控工作。制定出台《全市森林防火指挥中心内业建设标准》，修订完善《北京市专业森林消防队建设标准》等一批规章制度。抓好《森林防火"五联"机制建设指导意见》贯彻落实，建立健全森林防火联合指挥、联合预防、联合训练、联合作战和联合保障的"五联"机制。实施森林防火基础设施建设三年行动计划，2018年新建森林防火视频监控系统178套、森林防火指挥中心3座，升级改造212座瞭望塔、395座检查站，新建专业森林消防队9支，投资1000万元建设环京8县森林防火系统。加强应急值班力量与调度，全市专业森林消防队伍实行集中食宿、靠前驻防，森林武警实行靠前驻防并协同开展巡护等工作。

（3）加强林业有害生物防控。提升林业有害生物防控工作智能化、信息化、社会化水平，狠抓重点地区、重点部位、重点路段、重点树种的预防性防治和监督检查，着力精准测报，狠抓检疫执法，强化综合防治，确保不发生重大林业植物疫情和林木有害生物灾害。

5. 坚持改革创新，着力推进首都绿化美化创新工作

（1）推动落实重点改革任务。深化集体林权制度改革，出台关于完善集体林权制度的实施意见；结合新一轮百万亩造林绿化建设，探索以镇村和专业合作组织为主体发展集体林场的管理模式；进一步深化国有林场改革，编制国有林场基础设施建设规划和森林经营方案，制定改革验收考核办法；出台全市湿地保护修复制度方案；研究建立自然资源产权制度、资源有偿使用和生态环境损害赔偿等生态文明制度；研究建立城市园林绿化执法权划转城管执法后的衔接机制；全面深化森林公安改革。

（2）强化科技支撑。围绕实施新一轮百万亩造林绿化，加强对生态质量提升和乡土植物选育、城市森林系统和生物多样性构建等重大课题科技攻关，研究制定一批标准规范和导则图则；建立百万亩造林决策咨询机制和专家联系各区及重点项目机制；继续推进增彩延绿科技创新工程，全面启动北京林业国际科技创新示范基地建设，持续加大杨柳飞絮综合治理；大力推进智慧园林建设，重点抓好城市副中心行政办公区智慧园林示范建设，加快推进百万亩造林网络管理系统、园林绿化土壤污染防治和生态监测网络等基础数据库建设。

在北京市 2019 年度森林防灭火工作电视电话会议上的讲话

北京市森林防火指挥部副总指挥　邓乃平

（2018 年 10 月 17 日）

一、全面总结 2018 年度全市森林防灭火工作

刚才，大家观看了 2018 年度全市森林防灭火工作专题片。专题片对过去一年我市森林防灭火工作进行了全面总结。2018 年度，在市委、市政府的坚强领导下，在市森林防火指挥部各成员单位的大力支持下，我市各级森林防火机构努力践行绿水青山就是金山银山的理念，牢固树立"四个意识"，强化责任担当，经受住了连续 145 天无有效降水的恶劣天气形势和森林火险等级居高不下的严峻考验，始终保持了森林防灭火工作高位推动、创新驱动、重点带动、科技拉动、多方联动的工作态势，各项工作取得了明显成效。本防火年度，全市共发生森林火情 11 起，其中构成森林火灾 1 起，同比分别下降了 71.1% 和 66.7%，圆满完成了党的十九大、"两会""清明"和"五一"等重要时间节点和重大活动期间的森林火灾防控任务，有力维护了首都森林资源安全。在 2018 年度森林防灭火工作中，各区、各有关单位形成了很多好经验、好做法，希望大家相互学习借鉴，认真总结，分析存在的问题和原因，制定针对性强的整改措施，全力以赴做好 2019 年度森林防灭火工作。关于 2018 全市森林防灭火工作文字总结，在这里我就不再重复了，会后以简报的形式印发给大家。

二、认真分析当前森林防灭火面临的形势任务

在充分肯定成绩的同时，我们要清醒地看到，在当前和今后一个时期，全市森林防灭火工作形势依然严峻，任务相当艰巨。

一是气候条件极为不利。近年来，受厄尔尼诺影响，全球气候变暖，极端灾害性天气增多，并进入新一轮森林火灾高发期。今年以来，美国森林火灾发生 4.6 万多起，受灾面积超过 282 万顷，欧洲发生严重森林火灾的次数也较过去 10 年均值增长 40%，特别是希腊森林大火造成 96 人死亡，成为 20 世纪以来欧洲最严重的森林大火。我国也连续发生四川甘孜州、云南大理州、内蒙古大兴安岭等重特大森林火灾，与去年同期相比均有较大幅度增加。据专家预测，今年秋冬季我市大部分地区气温较常年同期偏高 0.9℃，进入 11 月大风天气将增多，森林火险等级将较常年同期偏高，具备发生森林大火的气候条件。

二是野外火源管理难度进一步加大。据统计，我市森林火灾 95% 以上是人为用火引起。传统的烧荒、燎地边等农业生产用火屡禁不止；受传统祭祀习惯影响，春节、清明、重阳等节日期间野外祭祀用火难以管控；随着森林旅游的迅速发展，林区外来人员持续增加，火源管理难度越来越大。这些因素相互交织，极大增加了引发森林火灾的可能。

三是林下可燃物增多，火灾隐患突出。近年来，我市持续推进造林绿化，森林资源总量增加迅速，植被的盖度逐年提高，林内枯枝落叶聚集，火灾风险增加；平原地区新造林地、绿地与城市、村庄相连，一旦发生火灾，"火烧连营"，损失巨大；平原地区森林防灭火设施及专业力量相对薄弱，也增加了发生森林火灾的潜在隐患。

四是森林防灭火基础设施仍存在短板。森林防灭火基础建设发展不均衡。有些区、乡镇森林防灭火配套资金投入不足，森林防灭火通信系统、指挥系统陈旧，运转不畅；森林防火视频监控覆盖率较低，个别区仅为40%；部分区森林防灭火装备现代化程度不高，森林防灭火机具、电台、车辆落伍；基层森林防灭火队伍不稳定，老龄化严重，待遇低，人员流动性大，个别区还未成立专业森林消防队，这些问题亟待解决。

三、扎实做好2019年度森林防灭火工作

2019年及今后一个时期，是我们以习近平新时代中国特色社会主义思想为指引，深入贯彻落实"四个中心"首都城市战略定位、建设国际一流和谐宜居之都的重要时期。做好首都的森林防灭火工作，意义重大、任务艰巨。森林防灭火要牢固树立新发展理念，以改革创新为动力，以保障人民生命财产和森林资源安全为总目标，坚持预防为主、防灭结合，落实责任，加强管理，精准施策，夯实基础，进一步提升能力水平，坚决防范森林火灾事故发生，维护人民群众利益，维护首都生态安全。重点抓好以下三个方面的工作：

（一）落实责任，健全机制，全面提升首都森林防灭火治理能力

1. 着力健全纵向责任体系。一是严格落实属地党委政府森林防灭火主要责任。落实习近平总书记关于党政同责，一岗双责，齐抓共管，失职追责的安全管理责任体系要求，将森林防灭火工作纳入政府绩效考核，对责任落实不到位造成火灾的单位和个人，必须依法依规严处。二是严格落实森林防火行政首长负责制。全面落实区长、乡镇长、村长"三长"负责制，进一步明确森林防灭火第一责任人、分管负责人和直接责任人。三是严格落实"五包"防火责任制。落实"区领导包乡镇、乡镇领导包村、村干部包户、管护员包段、村民包地块"的五包防火责任制。四是严格落实经营单位森林防火主体责任。划定责任区、确定责任人。五是严格落实行业管理部门责任。按照管行业必须管安全，管业务必须管安全，管生产经营必须管安全的要求，认真履行行业管理职责，各级园林绿化部门要认真组织实施森林火灾的防治规划，指导开展防火巡护、火源管理、防火设施建设等工作，及时排查消除各类火灾隐患。通过明确各部门职责，层层签订责任书，逐级传导压力，做到山有人管、林有人看，火有人防、责有人担。

2. 着力健全横向责任体系。一是完善指挥体系。按照机构改革要求，在市森林防灭火指挥部统一领导下，要及时调整补充各级森林防灭火指挥部成员单位，明确各自的职责分工，建立起科学高效的森林防灭火指挥体系。二是建立"五联"机制。积极协调森林防灭火指挥部各成员单位建立联席会议制度，建立工作协作机制，逐步构建全市森林防灭火联合指挥、联合预防、联合训练、联合作战和联合保障的"五联"机制。三是建立健全协同机制。完善京津冀边界火共同防范处置工作机制，努力形成"森林防火一盘棋"的协同发展格局。

3. 着力健全群防群治责任体系。森林防火要坚持全民动员，人人参与，人人尽责，群防群治。要着力调动社会参与森林防灭火的积极性、主动性。通过村民公约、签订联防协议、关键时间节点驻村工作、加强与社会组织合作等多种形式，引导广大市民不断增强森林防火意识，营造全社会关注森林防火、参与森林防火、支持森林防火的良好氛围。

4. 着力健全工作衔接机制。当前，全市上下正在稳步推进机构改革。全市各级森林防灭火机构要在各级党委和政府的统一领导下，切实增强大局意识，敢于担当，主动履职，加强协作配合，主动做好机构改革中森林防灭火的工作衔接。今年，市森防办继续协调应急部森林消防局机动支队在海淀、门头沟、昌平、延庆、怀柔、平谷等区靠前驻防、巡逻检查，各区要主动对接，做好服务保障工作，确保森林防灭火工作不断档。

(二)精准施策，多措并举，全力提升首都森林火灾风险防控能力

1. 科学制定森林防灭火预案。森林防火"不怕一万，就怕万一"。要下大力气抓好预案修订、完善和执行工作。2017年，市森防办先后修订完善了《京津冀联合处置森林火灾应急预案》《北京市森林火灾应急预案》。机构改革后，各区各部门要结合实际，抓紧时间修订、完善本区本部门森林防灭火预案，并严格执行，全面提升森林火灾处置综合能力。

2. 下大力气抓好火灾预防工作。隐患险于明火，防范胜于救灾。做好首都森林防灭火工作，必须下大力气做好火灾预防工作。一是要着力加强隐患排查清理。各级森林防火机构领导要高度重视隐患排查清理工作，要亲自带队，亲历亲为，采取"四不两直"方式，深入一线排查火灾隐患，扎实做好源头治理，重点对铁路、公路、道路两侧、墓地、散坟区域，易燃易爆物品库、矿山周围以及山区林地、平原林间的可燃物彻底清除，确保隐患治理无盲区、防火措施全覆盖。二是要着力加强野外火源管理。要突出重点部位，对森林高火险区、自然保护区、风景旅游区、新造片林、进山路口等，做到定点把守、重点防范；确定重点时段，在元旦、春节、两会、清明、"五一"等特殊时间节点，做到增加巡护力量、严加防范；管住重点人群，对精神病人、智障人员、未成年人等，要严格落实监护人的森林消防安全责任。要严格执法，森林公安机关要坚持"见烟查、违章罚、犯罪抓"，重拳出击、严查火案，坚决杜绝野外违法用火行为。三是要着力加强预警监测。会同气象、广电等部门第一时间发布我市森林火险预警等级信息。全市212座瞭望塔，502路视频监控系统，395座森林防火检查站，197支巡查队、5万余名生态林管护员，全部到岗到位、死看死守。瞭望塔要及时发现火情，弥补视频监控盲区；检查站要重点检查进山火种；巡查队要全天候无死角巡查；生态管护员要严格落实考勤和奖惩制度，保证出工又出力。四是要着力加强宣传教育。要在林区主要道路、入口设置森林防火警示牌、LED宣传屏，悬挂森林防火宣传横幅、标语，设立森林防火语音宣传杆或流动宣传车，护林员和巡查队要做好"义务宣管员"，及时向过往群众发放宣传单，提醒广大市民注意森林防火。要充分发挥各类媒体的舆论引导和监督作用，加强森林防灭火警示教育宣传，用火灾案例和血的教训警示公众。要加强森林防灭火常识和紧急避险方法宣传，提升市民森林防灭火安全意识。

3. 下大力气抓好火灾处置工作。一是坚持靠前驻防部署。坚持关口前移，把专业力量向一线延伸，今年市森防办继续协调应急部森林消防局机动支队在我市实施靠前驻防。全市专业森林消防队伍126支3000人，也要靠前驻防布点、严阵以待，确保一旦发生火情快速反应，确保打早、打小、打了。二是坚持快速组织扑救。火灾发生要按照应急预案快报，上通下联，做到第一时间发现、第一时间报告、第一时间赶赴火灾现场处置。坚持小火要当大火打，重兵出击。做好余火清理，严防死灰复燃。三是强化应急值守。严格落实24小时值班、领导带班制度。严格执行"有火必报"的要求，坚决杜绝迟报、瞒报、大火小报等现象。要高度关注网络舆情，实时掌控微博和微信上的火情信息，加强信息沟通和反馈，重大问题及时请示报告。

（三）抢抓机遇，打牢基础，全力提升首都森林防灭火综合保障能力

党的十八大以来，是首都森林防火事业发展最快的时期。当前，建设国际一流和谐宜居之都，确保首都生态安全对森林防灭火工作提出了新的更高的要求，同时也带来了难得的发展机遇。各区各部门要立足当前，着眼长远，抢抓机遇，推动森林防灭火工作科学发展。一是要落实森林防火"三年行动计划"项目建设。2019年计划投资约4亿元（不含防火道路），计划建设森林防火视频监控系统338套，数字通信基站30套，移动通信基站22套，森林防火指挥系统4套，使全市森林防火指挥系统建设率达到100%；协调指导在冬奥会区域改建防火道路26.5千米，京西林场改建防火道路41千米。二是要加强专业队伍建设。依据《全国森林防火规划（2016—2025年）》专业森林消防队伍配备要求，结合我市森林防火实际，2019年在平谷、昌平和房山等区的平原乡镇新建专业森林消防队10支，使全市队伍总数达到136支。加强平原地区专、兼职护林员队伍建设，没有专、兼职护林员队伍的，要在养护队伍中明确从事森林防灭火的专兼职人员。要强化山区生态管护员和平原专兼职护林员森林防灭火业务知识和技能的培训。三是要加强物资装备更新配置。结合北京实际，按照最高标准，及时补充灭火物资。积极做好单兵装备、高压灭火水泵等高科技装备机具的更新换代。推广无人机租赁项目，提升森林防灭火现代化水平。在"清明""五一"等防火关键时期，在重点地区实施无人机低空巡护。四是要加强森林防火经费投入。建立以政府投入为主的森林防灭火经费保障机制，森林防灭火基础设施建设纳入市、区国民经济和社会发展规划，预防扑救及专业队伍建设经费纳入各级财政预算。

文件选编

国有林场森林管护项目管理办法

第一章　总则

第一条　为加强局属林场森林管护项目管理，提高森林经营水平，保证项目顺利实施，充分发挥效益，根据市财政局、市园林绿化局《关于加强国有林场预算定额编制工作的指导意见》和市园林绿化局、市财政局关于印发《北京市国有林场森林管护投资指导标准》的通知精神，结合林场实际，制定本办法。

第二条　本办法所称森林管护项目是指由市级财政安排的用于市园林绿化局直属林场（自然保护区）森林管护项目。

第三条　森林管护项目主要内容包括森林抚育、森林防火、林业有害生物防治和其他森林管护内容。森林抚育措施主要有割灌（草）、修枝、间伐、补植、定株和扩墩等；森林防火主要包括护林、扑火、开设防火隔离带、防火设施设备维护、小型防火器具购置及护林防火宣传等；林业有害生物防治主要包括有害生物普查、综合防治及有害生物防治宣传等；其他包括森林抚育、森林防火、林业有害生物防治具体内容中未包含的其他项目。

第四条　森林管护项目的申报和实施，必须围绕全市园林绿化建设的目标任务，坚持"生态优先、统筹规划、突出重点、讲求实效、追踪问效"的原则。

第二章　项目申报

第五条　森林管护项目由林场负责申报和组织实施，并对项目实施内容负责。

第六条　林场森林管护资金纳入单位部门预算管理。计财（审计）处根据年度预算安排，发布项目申报通知，明确申报要求。

第七条　项目申报应符合以下要求：

（一）项目申报文本包括项目申报文本、项目支出预算明细表和绩效目标申报表等。

（二）项目金额为 200 万元（含）以上的要附项目实施初步方案（代可行性研究报告）。

（三）实施政府采购的项目，编制时要按照北京市"政府采购集中采购目录及标准"的要求和相关采购政策规定，列出具体采购项目、需求数量、资金预算、需求时间，并在项目申报书中予以明确。

第八条　计财（审计）处接到市财政局资金下达文件后，及时批复项目预算。

第三章　项目组织实施

第九条　各林场（自然保护区）按项目内容及总体要求，委托具有林业调查规划设计资质的单位编制实施方案，并报林场处审批。

第十条　实施方案主要包括项目名称、项目基本情况、设计依据、项目建设地点、项目主要建设内容及规模、项目建设期、建设进度安排、项目投资总概算、项目效益评价等。

第十一条　涉及森林抚育部分需编制作业设计，作业设计文件主要由作业设计说明书、调查设计表、作业设计图组成。

（一）作业设计说明书主要内容包括设计依据和原则、作业设计地区的基本情况、抚育技术措施、物资需要量、设施的修建、费用测算、抚育作业施工进度安排等。

（二）调查设计表包括作业小班的基本情况表、抚育技术设计表、工程量表、投资概算表等。

（三）作业设计图包括抚育作业布局图等。

第十二条　实施方案批复后，各项目单位必须严格按照设计内容，组织实施，不得擅自变更项目地点、内容、质量、增加或缩减规模。

第十三条　项目实行制度化、规范化管理，推行项目招投标制、项目行政领导责任制，确保项目实施。

第十四条　项目资金专款专用，按规定用于批准的管护项目，严禁挪用、挤占、截留。各项费用开支应当符合财务管理规定，现金使用与管理严格执行国家有关规定。

第十五条　在项目实施过程中，林场处加强对项目实施质量、实施内容的监督；计财（审计）处加强对项目资金支付情况的检查，加强对政府采购、资金绩效的监管。

第四章　检查验收

第十六条　检查验收采取单位自查，主管部门核查的两级验收方式实施。

第十七条　项目单位自查。12 月底前对森林管护项目完成自查。自查合格后，向市局提交自查总结报告。

第十八条　主管部门核查。市局收到自查总结报告后，组织具有相关资质的林业专业机构和技术人员验收，并由其完成检查验收报告。

第十九条　凡在森林管护项目的申报、审查和实施过程中，有违反有关规定，造成重大损失的，应当追究相关责任人的责任。

第五章　附则

第二十条　本办法自公布之日起执行。2015 年 12 月 3 日印发的《国有林场森林管护项目管理暂行办法》同时废止。

北京市园林绿化局

2018 年 2 月 23 日

北京市平原生态林保护管理办法
（试行）

第一章　总则

第一条　为加强和规范本市平原生态林保护管理，巩固绿化建设成果，提高森林林木质量水平，发挥多重功能效益，维护生态资源安全，根据国家、本市有关法律法规和政策，制定本办法。

第二条　本市以下平原生态林适用本办法：

（一）第一道、第二道绿化隔离地区森林林木林地(绿地)；

（二）平原地区郊野公园、森林公园、滨河公园等公园绿地；

（三）平原地区实施"两轮"百万亩造林绿化工程营造的林地林木；

（四）以"五河十路"为重点的道路、铁路、河流等通道、廊道两侧营造的景观防护林；

以上平原生态林，国家和本市法律、法规、规章及有关政策有其他规定的，应一并遵守。

第三条　平原生态林保护管理工作应当遵循"政府主导、严格保护、分类管理、科学经营、绿色惠民"的原则，建立严控严管的制度。

第四条　市园林绿化行政主管部门负责本市平原生态林的保护管理、技术指导、监督检查。市人民政府有关部门按照职责做好平原生态林保护管理相关工作。

各区人民政府是本行政区域内平原生态林建设、保护、管理的责任主体。

各区园林绿化行政主管部门负责本行政区域内平原生态林保护管理、技术指导、监督检查等具体工作。

第二章　管控和保护

第五条　坚持总量不减、质量提升、功能增强的原则，在平原生态林内严格限制与保护管理无关的活动,必要的建设工程实行分类管控,确保平原生态林植被面积不减少。

第六条 依照建设类型、功能定位、经营目标对平原生态林实行分类管控和保护管理。

(一)第一道、第二道绿化隔离地区森林林木林地(绿地):实行重点保护,不得随意调整和占用。因重点工程建设或者公共基础设施建设无法避让的,按《中华人民共和国森林法》规定办理用地审批手续。

(二)公园绿地:包括平原地区郊野公园、森林公园、滨河公园等生态景观绿地,参照国家和本市生态保护红线等有关规章、政策要求进行管理,严格禁止除城乡基础设施和公共安全设施、城乡公共服务设施等以外其他与生态保护无关,影响生态功能质量的建设活动。相关建设项目选址前,规划国土部门应当与园林绿化主管部门做好沟通衔接,保障平原生态林资源安全和景观完整性。

(三)平原造林:本市平原地区以实施"两轮"百万亩造林工程为主营造的发挥生态景观功能的林地林木。符合条件的,应当逐步纳入林地保护利用规划,实行全面保护管理。

(四)通道景观防护林:以"五河十路"为重点的道路、铁路、河流等通道、廊道两侧景观防护林,按照规划控制线,遵循"宜宽则宽、绿不断带"的原则,加强保护管理。临时占用的,应当及时恢复,确保景观防护功能不降低。

第七条 因国家和本市重点工程建设项目或者重要公共基础设施建设无法避让,确需占用平原生态林的,遵循以下规定:

(一)占用第一道绿化隔离地区规划林地(绿地)和郊野公园的,在取得规划许可的前提下,按照市人民政府有关绿化隔离地区建设管理的政策规定办理审批手续。

临时占用第一道绿化隔离地区规划林地(绿地)和郊野公园的,由市园林绿化行政主管部门批准。

(二)占用第二道绿化隔离地区绿化建设和郊野公园、森林公园、滨河公园、平原地区"两轮"百万亩造林工程、"五河十路"等绿色通道建设的林地(绿地),按照《中华人民共和国森林法》《北京市绿化条例》等相关法律法规管理。

(三)占用平原生态林用地需要采伐(砍伐)、移植林木(树木)的,依法办理相关手续。

第八条 在平原生态林范围内新增以下建设项目,属森林经营单位修筑的直接为林业生产服务的设施,由市、区园林绿化行政主管部门从严把握,按照权限审批;其他建设项目需要将林地转为非林业建设用地的,报规划国土部门办理建设用地手续。

(一)平原生态林保护经营必要的生产服务配套基础设施;

(二)对区域具有系统性影响的道路交通、市政基础设施;

(三)其他必要的公益性设施和特殊设施,如森林防火、应急救援、安全保密设施等。

第九条 林木绿地管护单位依法做好林地林木(树木)资源保护,引导社会公众树立生态保护意识,对采挖林下乡土原生野生植被植物,筑坟建墓,乱栽乱种,放牧盗猎,私搭乱建房屋设施,乱堆乱放杂物和垃圾,焚烧树枝树叶、荒草和垃圾杂物,擅自截除树木主干，非法排放污染物等行为要及时制止或者举报。

第十条　平原生态林重点区域应当设立保护标志牌，标明位置、四至范围、面积、管理单位、管护单位、管护内容、责任人和监督举报电话等内容。

第三章　养护和经营

第十一条　市、区园林绿化行政主管部门应当健全"属地主责、行业监管、专业养护、社会参与、农民就业"的养护管理机制。各区园林绿化行政主管部门负责组织、指导和监督检查本行政区域内平原生态林森林防火、林木有害生物防控、专业养护、农民绿岗就业等经营抚育管理工作。

第十二条　各管理主体和有林单位应当建立健全专业养护队伍。

（一）属于政府采购的项目，应当通过政府采购方式确定林木养护单位。中标或者成交单位按照合同约定配备必要的专业技术人员、聘用本地农民参与林木养护工作。

（二）其他项目可以采取组建、委托、指定等方式确定林木养护单位。

（三）探索新型集体林场管理模式，鼓励当地以农民为主体建立养护队伍，按照相关养护技术标准参与本地区平原生态林养护管理。

第十三条　养护单位按照季节特点和分级分类要求加强林地林木养护。

（一）综合考虑区域功能需要和树种、树龄、树木长势、立地条件、气候等各方面因素，分级分类编制年度养护实施方案，明确养护目标、主要内容和技术措施。

（二）建立全程可追溯养护体系，建立养护台账，完善监测巡查和应急处置预案，按照养护实施方案和作业计划组织实施。

（三）应当配备必需的浇水、修剪、打药、除荒、粉碎、旋耕等作业机械设备。

第十四条　园林绿化主管部门应当建立养护实施方案监督管理制度。各区园林绿化主管部门应当指导养护单位编制养护实施方案，对养护实施方案的执行开展监督检查，并按照市园林绿化主管部门要求做好汇总上报工作。

第十五条　各区园林绿化行政主管部门应当分类编制森林经营规划，实施森林健康经营和近自然经营，培育异龄、混交、复层的平原生态林分，建设稳定的森林生态系统。

第十六条　各区应当建立平原生态林养护管理综合示范区，分类探索适合不同地区、不同类型生态林培育的配套、成型养护技术，加强技术推广，提升平原生态林培育、经营水平。

第十七条　按照分级分类管理、属性不变、景观效果和功能效益提高的原则，可以对郁闭度0.7以上、景观效果差或者过熟、过密、过疏、老化严重的平原生态林实施升级改造。

各区应当加强现有林木保护利用、留优去劣，采用就地移植、异种补植的办法，对过密林分进行伐移，对过熟、低效林分进行更新调整，对过疏、林间空地进行补植补造，形成合理密度，培育优势树种和大树，提高多树种混交效果。

升级改造的，应当编制实施方案。园林绿化主管部门应当建立升级改造实施方案审查机制，对于一般经营类或提质升级类改造项目，各区园林绿化主管部门指导方案编制，组织专家论证，做好上报审查工作；对于片林改造公园、通道绿化升级等增加功能类型的升级改造项目，市、区园林绿化行政主管部门应当与相关部门做好对接，履行项目基本建设程序。

第十八条　各区应当加强林地生态保育工作。

（一）保护除建植型地被的林下原生植物。不得随意拔除原生地被花草，清除外来入侵植物，进行适度修剪，做到有草不荒；

（二）原则上不在冬、春季节进行土壤旋耕；

（三）不采伐和破坏珍稀濒危和受保护物种；

（四）实施园林绿化废弃物资源综合利用；

（五）控制园林绿化生产过程中的土壤污染；

（六）开展裸露土地治理。

第十九条　根据平原生态林经营需求，可以按一定比例建设必要的服务配套基础设施，主要用于科研、试验、生产经营等，具体建设内容和建设标准由市园林绿化行政主管部门会同市规划国土部门研究制定。

建设服务配套基础设施的，应当编制规划方案。

第二十条　在不影响生态功能正常发挥的前提下，森林经营单位可以编制经营利用方案，经园林绿化主管部门批准后可适地、适量、适度地利用平原生态林地林木开展森林康养、文体服务、休闲游憩、林下经济、儿童游乐等满足首都发展和市民需求的公益性和功能性经营项目和活动。

第四章　管理和责任

第二十一条　平原生态林纳入全市森林资源调查范围。市、区园林绿化行政主管部门依据调查成果，建立平原生态林管理信息数据库、遥感影像数据库和管理信息系统，建立健全林地林木资源"一张图"。

第二十二条　市、区园林绿化行政主管部门应当建立平原生态林动态管理机制。

（一）本市平原地区符合条件的新建生态林或者通过改造提升新增的发挥生态公益功能的生态林，经办理规范用地手续后，可以纳入平原生态林保护管理范围。

（二）经批准占用的平原生态林，相应核减平原生态林总量，退出保护管理范围，并按照原政策渠道核减相应补助资金。

（三）每年9月底前，各区园林绿化行政主管部门梳理汇总上报本行政区域内平原生态林资源消长变化情况（含资源情况表、资源数据库等），经核准作为下一年度调整平原生态林管护面积、土地流转及养护管理补助的依据。

第二十三条　各区园林绿化行政主管部门应建立健全平原生态林管理档案。归档资料包括政策文件、区域建设规划、竣工验收结果、现状情况、养护管理招投标及委托资料、养护管理合同、养护管理实施方案、养护管理巡查记录、林业有害生物监测巡查及防治记录、森林火灾记录、检查验收报告、资金使用台账及相关影像等。

第二十四条　市、区应当完善平原生态林保护管理资金保障机制。

（一）根据经济社会发展状况和生态资源保护发展目标，建立平原生态林土地流转及养护管理补助资金动态调整机制。

（二）各区可以综合考虑功能定位、林分类型、经营目标、生态价值、财力水平等因素，划分管护等级，提出不同养护标准并调整保障水平，增加养护投入。

（三）平原生态林养护工作经费由同级财政单独列支。工作经费是指用于编制养护经营方案、审核监督、巡查检查、技术咨询、宣传培训、档案管理、检查验收等工作所需费用。

第二十五条　各区应当健全平原生态林保护管理考核机制。

（一）把平原生态林保护管理工作纳入生态环境保护绩效目标考核，建立日常巡查、现场检查、问题督查、资源保护管理制度。

（二）建立林木养护情况横向比较和资金使用效益评价机制，定期组织开展包括养护管理资金使用在内的年度综合考核，保证专款专用和养护机构履职尽责。

（三）对检查发现的养护经营管理问题，应当提出整改要求，养护机构没有按期整改或2次以上整改仍不达标的，核减养护资金，情节严重的终止养护合同。

（四）可通过购买服务的方式，选用第三方机构组织开展日常养护管理监督检查。

第二十六条　按照资源公有、物权法定和统一确权的原则，依据规定逐步将平原生态林资源纳入自然资源统一确权登记范围，界定平原生态林所有权主体，探索建立归属清晰、权责明确、监管有效的平原生态林资源资产产权制度。

第二十七条　各区对在平原生态林保护管理工作中做出突出贡献的单位或者个人，应当给予表彰或者奖励。

第五章　附则

第二十八条　各区可根据本办法，结合本区实际，制定实施细则。
第二十九条　本办法自 2018 年 12 月 1 日起实施。

北京市园林绿化局
2018 年 10 月 23 日

北京市园林绿化局关于做好
2018 年城市绿化工作的指导意见

各区园林绿化局，局属有关单位：

2018 年，是全面贯彻党的十九大精神的开局之年，也是落实新版北京城市总体规划和实施"十三五"园林绿化发展规划十分重要的一年。同时，全市新一轮百万亩造林绿化也将在 2018 年启动实施。为统筹推进好城市绿化工作，高质量完成全年建设任务，创建和谐宜居的城市生态环境，现将 2018 年城市绿化工作指导意见印发给你们，请结合实际，认真贯彻执行。

一、指导思想

全面学习贯彻党的十九大精神，以党的十九大精神和市委十二届二次、三次、四次全会精神为指导，紧密围绕建设国际一流和谐宜居之都的目标，以满足人民对优美生态环境的需要为出发点，按照新发展理念和高质量发展要求，聚焦新一轮百万亩造林、城市副中心绿化、重大活动及重要节日环境保障重点任务，着力扩大绿色生态空间，提升绿化综合功能，推进绿地精细管理，高水平实施公园绿地、城市森林、精品街区、健康绿道、小微绿地、道路、居住区、立体绿化和绿地管护等各项建设管理任务，努力形成生态文明建设在城市绿化工作中的生动实践，展示新时代首都园林绿化的城市特色和创新活力。

二、工作目标

2018 年，全市完成新增城市绿地 600 公顷，改造绿地 325 公顷，城市绿化覆盖率实现 48.3%，人均公园绿地面积达到 16.3 平方米，公园绿地 500 米服务半径覆盖率从 77% 提高到 80%，为实现"十三五"园林绿化发展规划奠定坚实的基础。其中，新建 10 处城市休闲公园、16 处城市森林、50 处口袋公园及小微绿地；加强城市生态修复，建设王府井、金融街等 8 处绿化精品街区；提升道路绿化景观，建设林荫大道、彩叶大道 35 条；完成新增居住区绿化 23 万平方米，提升改造老旧居住区绿化 8.7 万平方米；通过立体拓绿，实施屋顶绿化 12 万平方米，垂直绿化 14.6 千米；完成 100 千米绿道建设；实施公园绿地改造 134.9 万平方米；推进城市副中心 501 公顷绿化工程建设。

三、总体思路

(一)落实新版总规，不断拓展城市绿色生态空间。按照北京城市总规关于"一屏、三环、五河、九楔"的市域绿色空间结构布局，以及核心区、中心城、新城的功能定位，城市绿化要在支撑全市绿色空间结构、提升城市园林绿地服务功能上下功夫。核心区结合"疏整促"行动，以服务首都核心功能、打造良好人居环境、彰显古都文化魅力为目标，开展多元增绿、见缝插绿，完善绿地体系，保障首都核心功能。中心城、新城坚持改善人居环境质量，开展城市修补、生态修复，实施留白增绿，推进城市森林和公园绿地建设，打造和谐宜居的人居环境，增强市民的绿色获得感。

（二）坚持新发展理念，推动城市绿化高质量发展。城市绿化要体现新发展理念，坚持以生态的办法解决生态的问题。在绿地设计上，突出自然生态，突出植物种植为主，注重林荫广场、林荫道路的设置，避免过度设计、过度人工化；树种选择上，坚持乡土、长寿、抗逆、食源、美观等原则，强调适地适树，乔木为主，坚持生态与景观并重，实现生态系统、生物多样性、景观环境、配套服务功能的有机统一。

（三）坚持以人民为中心，体现绿化惠民。城市绿化建设紧密围绕建设和谐宜居的城市目标，突出绿化惠民。如"新建10处城市休闲公园、100千米绿道和新增50处口袋公园及小微绿地"等三项市政府重要民生实事事项；实现公园绿地500米服务半径覆盖率达到80%，以及建设方便市民就近使用的微公园、小微绿地，都是明年的重点的绿化惠民工程。力争通过更多的绿地建设，提供更多优质生态产品以满足人民日益增长的优美生态环境需要，实现市民身边增绿，让市民群众有更多的获得感幸福感。

（四）完善措施办法，提升精细化管理水平。强化精细化管理理念，瞄准养护管理工作的关键节点，不断完善精细化管理长效工作机制，以《北京市城镇绿地分级分类办法》《城镇园林绿化养护管理年度考评工作细则》、城镇园林绿化动态管理考评系统为抓手，采取服务培训、技能比赛、观摩交流等多种形式，激发各级园林绿化部门精心施管、精细落实的内在动力，促进城镇园林绿化工作质量和水平的整体提升，努力打造整洁优美的城镇园林绿化环境。

四、重点任务

（一）城市副中心建设工程。计划实施501公顷绿化建设。在行政办公区内，高质量完成行政办公区绿化示范段工程36公顷，全面实施先行启动区1.2平方千米道路、公园、水系公共绿地65公顷，统筹推进行政办公区建筑庭院和屋顶绿化，营造良好的政务办公环境；在城市副中心155平方千米内，推进11个续建项目。新启动西海子公园改扩建二期、张家湾公园一期、休闲公园三期、潞苑北大街绿化景观提升工程、京秦铁路绿化景观建设工程5个项目，实施绿化400公顷。

（二）公园绿地建设工程。计划实施公园绿地建设637.8公顷。主要是落实绿地系统规划，通过代征绿地建设公园绿地，实现规划建绿。同时结合低端产业腾退、棚户区改造和拆除违法建设，把拆迁腾退后的土地更多用于公园绿地建设。通过多种方式，消除公园绿地服务盲区，提升500米服务半径覆盖率，构建公园绿地均好布局。

（三）城市森林建设工程。计划实施20处城市森林建设项目，其中：核心区完成建设5处，其他区建设15处。以《北京市城市森林建设指导书（试行）》为指导，坚持生态与景观并重，强调适地适树，选择乡土、长寿、抗逆、食源、美观树种，配套必要服务设施。建设新中街、常乐坊、小红门等城市森林项目。

（四）口袋公园及小微绿地建设工程。计划实施口袋公园及小微绿地建设56.8公顷。

2019 北京园林绿化年鉴

主要是通过多措并举实现多元增绿，充分利用城市拆迁腾退地和边角地、废弃地、闲置地开展小微绿地建设。面积小的地块，实现见缝插绿、身边增绿、提升环境品质。对具备条件的地块要建口袋公园，拓展生态空间，提升公园绿地 500 米服务半径覆盖率。建设东四块玉西侧、南新华街、红莲南路等项目。

（五）绿道建设工程。计划启动绿道建设 200 千米，完成 100 千米建设任务。依据《北京市级绿道系统规划》，推进市、区和社区级三级绿道体系建设，构建"环带成心、三翼延展"的空间结构，形成覆盖城乡、特色突出、功能多样的绿道网络。以连通型和滨水型绿道为重点，完成京密引水渠绿道（顺义段）、南水北调绿道、重要通道生态游憩带建设工程（一期）、常营半马绿道和永丰路绿道 100 千米建设。

（六）精品街区建设工程。计划实施绿化精品街区 8 处。主要是实施城市修补、生态修复，立足以生态的方法解决生态的问题。通过行道树、道路两侧绿地景观提升、土壤改良、增加垂直绿化等方式，重塑街区生态。建设王府井、金融街等精品街区。

（七）道路绿化工程。计划实施 35 条道路绿化改造提升。通过更新、复壮、补植冠大荫浓的大树，增加观叶、观花等彩叶树，建设林荫大道、彩叶大道，推进城市绿网建设。通过树池连通及主辅隔离带增绿，改善植物生长条件，有效提升道路景观效果。实施圆明园西路、北清路等绿化提升及中关村大街、莲石路、阜石路树池连通工程。

（八）居住区绿化工程。计划实施新建居住区绿化 23 万平方米，老旧小区改造 8.7 万平方米。园林绿化行政主管部门要给予居住区绿化技术指导服务，参与工程绿化验收，提升居住区绿化建设水平，创建和谐宜居的人居环境。完成南口经济适用房小区、密云橡树湾、改建裕龙三区、首城汇景湾等居住区绿化建设。

（九）立体绿化建设工程。计划实施屋顶绿化 12 万平方米，垂直绿化 14.6 千米。主要是对标"十三五"绿化目标责任制任务，丰富城市"第五空间"，持续推进立体拓绿年度建设任务的落实。实施北京国际职业教育学校、翡翠小学屋顶绿化以及通燕高速、延庆江水泉公园垂直绿化等项目建设。

（十）老旧公园改造工程。计划实施老旧公园改造 134.9 万平方米。主要是按照因地制宜、立足保护的原则，解决公园绿化景观退化、配套设施陈旧、服务功能不全等突出问题，要将区域历史和文化内涵融入改造设计之中，突出文化建园理念，完善提升公园景观品质和文化内涵。实施绿海运动公园、松林公园等老旧公园改造。

（十一）背街小巷绿化提升工程。结合 2018 年背街小巷环境整治任务组织实施。依据《背街小巷绿化美化规划建设技术指导书》，按照"能绿尽绿，多元增绿、古树保护"的原则，结合场地条件开展树木栽植、花箱种植、垂直绿化等不同形式增绿建设，形成简洁疏朗的绿化效果，避免过度设计。各区绿化行政主管部门要统筹做好街巷绿化方案审查和技术指导。

（十二）重大活动保障工程。全力做好"五一""十一"和抗战胜利纪念日、烈士纪念日等重要节日及重大活动的绿化环境服务保障工作。以迎接国庆 70 周年为契机，市园林绿

- 62 -

化局牵头完成长安街(西起门头沟定都峰,东至通州北运河左岸)景观提升总体设计方案并由各区组织实施,全面提升重点区域、重要道路绿化品质,充分展示首都园林绿化的成果和风貌。高质量建设完成第十二届南宁园博会北京园,展示首都园林先进造园理念和施工工艺,圆满完成参展工作。

(十三)提升绿地精细化管理质量。在全面抓好城镇绿地养护管理工作落实的基础上,健全完善城镇绿地管理工作台账,研究细化城镇绿地管理措施办法,加强对附属绿地(居住小区、社会单位)的行业监管力度,切实补齐城镇绿地养护管理的工作短板,不断提升区域内城镇绿地养护管理的整体质量和水平。同时,注重抓好园林植物修剪、重点树木养护工作培训,努力打造城镇园林绿化的景观效益。

(十四)加强园林绿化市场管理。认真贯彻落实《住房城乡建设部办公厅关于做好取消园林绿化企业资质核准行政许可事项相关工作的通知》(建办城〔2017〕27 号)、《园林绿化工程建设管理规定》等文件精神,加强园林绿化市场事中事后监管,营造诚实信用、公平公正的市场环境。一是抓紧出台《北京市园林绿化施工企业信用评价管理办法》(以下简称"办法"),对本市行政区域内从事园林绿化施工及养护活动的企业开展信用评价工作;二是配合"办法"出台,进一步完善园林绿化项目负责人管理办法、园林绿化施工现场关键岗位人员培训考核方案、招标文件示范文本修订、加强城市园林绿化施工现场监督检查等相关配套管理措施;三是针对历史遗留代征绿地收缴问题,在朝阳区先行试点黑名单制度,通过北京市公共信用信息服务平台对列入黑名单的开发建设单位实施联合惩戒。

五、保障措施

(一)加强领导,精心组织。城市绿化要站在全面落实党的十九大精神、新版北京城市总体规划的战略高度,坚持以人民为中心的发展思想,着力推进扩大绿色空间,加强精细化管理,以解决人民群众最关心、最直接、最现实利益问题为出发点和落脚点,全面推进2018 年新一轮百万亩造林城市绿化各项建设任务。要高度重视,加强领导,将各项建设任务列入本单位重要议事日程,明确主管领导和具体责任部门,专人负责,以高度的责任感和紧迫感,早谋划、早动手,加快推进项目各项前期工作,及早开工建设。

(二)注重质量,按时完成。质量是园林绿化工程的生命,建设项目要立足高标准,坚持高质量,充分展现首都园林绿化的先进工艺、创新理念和建设水平。要严格施工标准、质量控制及竣工验收各个环节,严格执行《园林绿化工程施工及验收规范》、《北京市绿化工程质量监督实施办法》等相关规定,将质量和安全贯穿于工程建设的全过程,建设城市绿化精品工程和市民群众满意的民心工程。

(三)加大协调,部门联动。全面做好建设项目内外统筹协调工作,积极搭建沟通联动平台,定期召开部门协调会,及时沟通情况,分析研究存在问题,提出解决办法;积极协调发改、规划国土、环保、水务、财政等有关部门,在项目审批、资金保障、施工许可和协调配合等方面给予支持,加快办理项目批复及各项手续,推进工程建设。

(四)注重宣传,营造氛围。充分利用电视、报刊、官方网站等媒体和信息平台,深入宣传城市绿化在改善首都人居环境质量、传播生态文化、建设国际一流和谐宜居之都中的重大意义，广泛普及城市绿化科学知识，提高社会各界、全体市民的生态意识和爱绿护绿意识。同时，要通过多种渠道、多种方式引导市民参与城市生态环境建设、管理和监督，努力营造良好的舆论氛围，不断提升城市绿化建设管理的质量和水平。

　　附件：北京市 2018 年城市绿化建设计划表（略）

北京市园林绿化局

2018 年 2 月 1 日

北京园林绿化大事记

一月

10日，首都绿化委员会办公室在京西林场组织召开市级首都全民义务植树尽责基地2017年工作总结暨2018年工作安排会议。

11日，《2018年京冀生态水源保护林建设合作项目实施方案》顺利通过专家评审。

21日，欧洲森林研究所城市林业专家弗里斯博士应邀来京交流城市森林建设，交流建设城市森林国际经验。

二月

3日，由北京市园林绿化局、北京花卉协会主办，由中国花卉协会零售业分会、丰台区园林绿化局等6家单位承办的"2018年北京迎春年宵花展"在北京花乡花卉创意园开幕。本届活动邀请天津、河北的协会组织和企业一同参与。

6日，北京市召开2018年园林绿化工作会，会议总结回顾2017年园林绿化工作，明确部署2018年工作任务。北京市副市长卢彦参加会议并讲话，北京市园林绿化局（首都绿化办）领导班子成员，市有关部门、各区政府相关负责人，各区园林绿化部门、局机关处室、局属各单位主要负责人，新闻媒体记者共160余人参加会议。

12日，北京市园林绿化局（首都绿化办）局长（主任）邓乃平与来访的中国蜂产品协会会长杨荣一行座谈交流。

23日，深入推进疏解整治促提升促进首都生态文明与城乡环境建设动员大会召开。市领导张工、隋振江、卢彦、杨斌就疏解整治促提升专项行动、环境整治和垃圾处理、水环境治理和绿化、大气污染治理和交通拥堵治理等工作进行部署。

24日，北京市副市长卢彦专题调研园林绿化工作。听取世园会北京室外展园设计方案汇报，前往昌平区实地检查森林防火工作。北京市园林绿化局局长邓乃平以及相关负责人一同参加。

三月

1日，北京市在房山区十渡镇举办"2018年世界野生动植物日"宣传活动。在现场放归救护康复的国家一级保护野生动物黑鹳1只，国家二级保护野生动物红隼2只。

15~17日，国际园艺生产者协会（AIPH）主席伯纳德·欧斯特罗姆（Bernard Oosterom），副主席张启翔、提姆·爱德华（Tim Edwards）和秘书长提姆·布莱尔克里夫（Tim Briercliffe）一行来京考察2019北京世界园艺博览会（以下简称"2019北京世园会"）筹备工作，实地考察园区工程建设进展情况。

16日，由北京市园林绿化局组织布展实施的北京展区以"花漾街景美生活"为设计主题，选取菊花、大丽花为主花材，呈现一幅"心花放"北京胡同生活整体画卷，荣获2018年香港花卉展览最佳设计金奖。

同日，国际园艺生产者协会（AIPH）主席伯纳德·欧斯特罗姆先生考察北京花卉产业，参观昌平区雁北路百合专业合作社和昊景花卉种植基地。中国花卉协会和北京世界园艺博览会事务协调局相关负责人一同参加。

19日，北京世界园艺博览会事务协调局（以下简称"世园局"）常务副局长周剑平在北京世园局会见由美国佛罗里达州迈阿密市市长卡洛斯·希门尼斯（Carlos Gimenez）率领的迈阿密市政府代表团一行。双方举行座谈，就美国迈阿密市参展世园会进行全面对接。

同日，首都绿化委员会办公室正式向社会公布2018年义务植树尽责接待点。明确"实体尽责"和"以资尽责"两种尽责方式。设立尽责植树接待点42处，占地1133.34余公顷，提供待认养林木近70万株。

21日，举行"国际森林日"植树纪念活动，首都2018义务植树活动正式拉开帷幕。活动由全国绿化委员会、国家林业局、首都绿化委员会共同在房山区张坊镇"互联网+义务植树"基地组织举行。联合国粮农组织、国际竹藤组织等国际组织，外国驻华使馆代表以及各界代表240余人参加活动，栽植油松、国槐、柿树、五角枫等700余株。

22日，北京市园林绿化局制订印发《北京市新一轮百万亩造林绿化工程建设技术导则（试用）》。

23日，全面推进2022年冬奥会和冬残奥会筹办工作动员部署大会在北京召开。北京市市长、北京冬奥组委执行主席陈吉宁主持会议。国家体育总局局长、中国奥委会主席、北京冬奥组委执行主席苟仲文，中国残联主席、北京冬奥组委执行主席张海迪，市人大常委会主任李伟，市政协主席吉林出席。北京市委书记、北京冬奥组委主席蔡奇强调，要全力以赴做好"北京周期"各项筹办工作。

30日，2019北京世园会省、区、市第二次工作会在北京市延庆区召开。中国花卉协会会长、北京世园会组委会副主任委员江泽慧，全国绿化委员会办公室专职副主任胡章翠，中国国际贸易促进委员会副会长张伟，北京市副市长王红出席会议并讲话。31个省（区、市）主管部门、17家参展企业以及北京世园局和延庆区等相关负责人共约 350 人参会。

本月，市森林公安局破获 2018 年第一起象牙交易案件。自 1 月 1 日起，查明涉案象牙制品 1184 件、盔犀鸟制品 2 件，涉案价值约 4 万余元。

四月

1 日，北京市党政军学民参加首都绿化、美化家园全民义务植树活动。16 个区都安排区四套班子领导参加主题多样的义务植树活动。共挖坑 81.99 万个，栽植各类树木 77.53 万余株，养护树木 478 万余株，清扫绿地 1634.15 万平方米，设咨询站 1024 个，发放宣传材料 90.83 万份。

同日，中央军委、军委机关各部门和驻京大单位领导共同参加首都义务植树活动。中央军委副主席许其亮、张又侠参加活动。北京市市委书记蔡奇，北京市市长陈吉宁陪同。军地领导在大兴区礼贤镇李各庄村植树点栽种白皮松、玉兰、榆叶梅等 1500 余株。

同日，北京市正式发布实施《湿地生态质量评估规范》。该规范从评估流程、指标选取与赋值、赋值标准、计算方法和等级划分等方面提出相应技术标准。

清明节期间，北京市副市长卢彦调度检查全市森林防火工作和新一轮百万亩造林工程。重点调度检查密云区、怀柔区、延庆区、房山区和门头沟区清明节森林防火应急值守和预防工作，深入了解各区平原造林工程进度。

2 日，党和国家领导人习近平、李克强、栗战书、汪洋、王沪宁、赵乐际、韩正、王岐山等来到北京市通州区张家湾镇

参加首都义务植树活动，植树点位于北京城市副中心绿心城市公园内，面积 500 亩（33.33 公顷），植下油松、国槐、侧柏、玉兰、红端木、碧桃等。北京市主要领导陪同参加。

8 日，由北京林学会、北京市科学技术委员会、北京市园林绿化局主办，第七届北京森林论坛在北京举行。北京市园林绿化局（首都绿化办）局长（主任）邓乃平、中国林学会副理事长陈幸良等出席开幕式并讲话，中国工程院院士沈国舫、尹伟伦两位专家为北京建设城市森林建言献策。来自市园林绿化相关部门、科研机构、企业和国际机构代表共计 140 余人参加论坛。

同日，由北京市园林绿化局、密云区政府及北京野生动物保护协会共同举办的第 36 届"爱鸟周"宣传活动在密云区举行。十余家野生动物保护单位协办。活动现场放归经北京市野生动物救护中心救护康复的国家二级保护野生动物 3 只，其中猎隼 2 只、大鵟 1 只。

9 日，北京市副市长卢彦督导检查 2018 年春季造林工作。实地调研朝阳区十八里店乡丹枫公园拆迁腾退地、城市副中心绿心中心公园绿化施工现场，并召开市新一轮百万亩造林绿化总指挥部会议。

11 日，全国人大常委会副委员长曹建明、张春贤、沈跃跃、艾力更·依明巴海、王东明、白玛赤林，秘书长杨振武以及全国人大常委会、全国人大专门委员会部分组成人员，来到北京市丰台区北宫国家森林公园全国人大绿化基地参加义务植树活动。

由全国绿委会和中国林学会联合主办的"中国最美古树"结果公布。位于北京市

北京园林
绿化年鉴

门头沟区永定镇戒台寺风景区，树龄 1300 年内的白皮松获"中国最美白皮松"称号。位于北京市怀柔区九渡河镇西水峪村，树龄 700 年的板栗树获"中国最美板栗"称号。位于北京市海淀区宝山镇对石村，树龄 1000 年的槲树获"中国最美槲树"称号。位于北京市东城区花市枣苑，树龄 800 年的酸枣树获"中国最美酸枣"称号。位于北京市门头沟区潭柘寺景区的树龄 1300 年的古银杏"帝王树"，全国共有 85 株，北京 4 株古树获"中国最美古树"称号。

20 日，2019 北京世园会中国馆钢结构屋顶完工，中国馆屋顶为"如意"造型，为建造出如抱月形状的屋顶，施工中使用到各种钢结构构件，包括 132 根主桁梁、5400 根小横杆、2184 根拉杆以及 696 根水平支撑杆，其中主梁最长有 32 米，重量达 7000 千克。

26 日，北京市园林绿化局（首都绿化办）局长（主任）邓乃平督导检查城市副中心办公区绿化建设情况。

本月，城市副中心园林绿化生态环境建设工作领导小组专题研究《2018 年北京城市副中心园林绿化工作要点》。

五月

7 日，全市创建国家森林城市推进会在平谷区召开。

同日，北京市园林绿化局召开全市新一轮百万亩造林绿化工作调度会，通报近期新一轮百万亩造林绿化工作进展情况。会议由北京市园林绿化局局长邓乃平主持，各区主管副区长、区园林绿化局局长参加。

11 日，由北京市园林绿化局、北京市公园管理中心、北京市花卉协会、中国月

季分会主办的第十届月季文化节，在世界花卉大观园、北京植物园、天坛公园、陶然亭公园、北京国际鲜花港等 12 家园区内展示近千万株 2300 余种月季，供游客观赏。

15 日，北京市园林绿化局正式印发《加强低收入农户精准帮扶工作的实施意见》。

17 日，2019 北京世园会第二批赞助企业签约活动在北京饭店举行。继 2017 年 4 月首批 5 家全球合作伙伴中国国际航空股份有限公司、中青旅控股股份有限公司、北京银行股份有限公司、北京顺鑫控股集团有限公司、万科企业股份有限公司签约之后，北京世园会品牌赞助名单又添新成员。北京汽车集团有限公司、北京百度网讯科技有限公司、北京京东世纪贸易有限公司、中国电信股份有限公司北京分公司成为北京世园会全球合作伙伴；中国人民财产保险股份有限公司北京市分公司、北京歌华大型文化活动中心有限公司、北京花乡花木集团有限公司和云南鑫通文化传播有限公司成为北京世园会高级赞助商。

22 日，北京市制订印发《完善集体林权制度促进首都林业发展的实施意见》。

25 日，2019 北京世园会第二批向参展者推荐服务供应商授牌活动在首钢体育大厦举行，北京世园局相关部门及延庆区筹备办负责人出席活动。为第二批 18 家参展者推荐服务供应商颁发授权证书。

31 日，北京市 2018 年度森林防火期圆满结束。共接警 45 起，同比下降 19.6%；发生森林火情 10 起，同比下降 71.4%；发生森林火灾 1 起，同比下降 66.7%。

3～5 月，北京市园林绿化局部署开展春季打击非法捕猎贩卖候鸟专项保护行动。

-68-

共立案 7 起，抓获犯罪嫌疑人 2 人，收缴保护野生鸟类 400 余只。

六月

6 日，北京市副市长卢彦检查督导新一轮百万亩造林绿化工作。实地检查丰台区卢沟桥乡小屯、小瓦窑拆迁腾退地造林地块以及大兴区永定河荒滩荒地造林、西红门镇拆迁腾退地造林地块。

13 日，2019 北京世园会执委会副秘书长彭红明在国际展览局第 163 次全体大会上，详细陈述北京世园会最新筹备进展，得到国际展览局秘书长洛塞泰斯的肯定和赞赏。

25~26 日，2019 北京世园会第一次国际参展方会议在北京召开。国际展览局（BIE）副秘书长迪米特里·科肯兹，国际园艺生产者协会（AIPH）秘书长提姆·布莱尔克里夫，北京世园会组委会委员等相关领导出席会议。确认参展及重点邀请的国家和国际组织代表共约 270 人参会。此次会议的召开标志着 2019 北京世园会国际参展由招展阶段转入建设布展阶段。

25 日，中国蜂产品协会和北京市蚕业蜂业管理站主持起草的中国首批精准扶贫国家标准《蜂产业项目运营管理规范》，由国家市场监督管理总局、国家标准化管理委员会正式批准发布。

29 日，第四届北京百合文化节在延庆区开幕。活动场地共种植百合品种 64 个、70 多万株，打造出 10 万平方米百合花海，成为全市独具特色的百合主题公园。

本月，北京市园林绿化局制订印发《北京市新一轮百万亩造林绿化建设档案管理办法》。

七月

3 日，举办全市平原生态林养护管理专项培训会。北京市园林绿化局主管领导参加，有关区园林绿化局、有林单位平原生态林养护相关负责人、业务骨干近 60 人参加。

4 日，在丹麦哥本哈根举办的第 18 届世界月季大会上，北京市大兴区魏善庄月季主题园荣获"世界月季名园"称号。大兴区魏善庄月季主题园以众多月季品种，丰富的月季文化内涵获得世界月季联合会评审委员会认可，从包括美国、加拿大、德国等国家地区月季园中脱颖而出，获得"世界月季名园"这一月季界最高荣誉。这是 2016 年国际月季大会后北京市在月季行业取得的首个国际荣誉。

9 日，北京市委书记蔡奇专题调研平谷生态涵养区，现场听取森林城市创建工作。实地察看平谷湿地公园绿色景观和生态保护工作。他要求始终把生态环境建设放在首位，统筹山水林田湖草系统治理，结合新一轮百万亩造林绿化工程，大幅度扩大绿色生态空间，争创国家森林城市。北京市委秘书长崔述强、北京市副市长卢彦一同参加。

18 日，北京市园林绿化局召开全市自然保护地大检查工作培训会，各相关单位共计 85 人参加。

22 日，新中街城市森林公园建成开放，总面积达 11042 平方米，是北京市 2018 年重要民生实事项目。

7 月 31 日至 8 月 1 日，2019 北京世园会中国馆省、区、市及科研院校室内展区展示方案第一次专家评审工作会在北京延庆举办。23 个省（区、市）及 3 所科研院校的室内展区展示方案在评审会上亮相。

本月，正式批复 2019 北京世园会延庆区市政道路两侧绿化建设工程实施方案，启动延庆区世园路、百康路、阜康路、圣百街 4 条道路两侧景观生态林建设，总面积 76 公顷，移植树木 3494 株，新植 14643 株。

八月

3 日，城市绿心园林绿化概念性规划设计方案国际征集评审工作圆满完成。由中国工程院院士吴志强、中国科学院院士匡廷云领衔的专家评审委员会对 6 个应征设计方案进行评审，最终评选出北京园林古建院 - 德国安博戴水道联合体、澳大利亚 HASSELL 设计集团和法国岱禾的 3 个应征方案为优胜设计方案。

14 日，北京市副市长卢彦调研督导城市副中心园林绿化工程建设。踏查东郊森林公园、宋庄公园、六环西辅路带状公园、减河公园和城市绿心中心公园绿化先行启动区等建设成果。

17 日，2018 年中非合作论坛北京峰会服务保障工作誓师动员大会召开。北京市园林绿化局贯彻落实中非合作论坛北京峰会服务保障工作誓师动员大会精神，围绕城市主干道、驻地、会场等重要节点、重点区域做好绿化景观布置，倒排工期，做到关键节点主题突出，全程色彩纷呈不断，各区域百花齐放、特色鲜明的绿化美化格局。

23 日，北京、天津、河北、山西、内蒙古、山东六省（区、市）林木种苗工作交流会在北京召开。国有林场和种苗管理司有关处室负责人及六省（区、市）林木种苗站主要负责人、业务主管等 20 多人参加

会议。

28 日，北京市完成中非合作论坛北京峰会环境景观提升工程。重点围绕"三区、两线三环、十点、多景"实施环境景观提升，布置大型主题花坛 25 座、小型花坛与花堆等小品 300 余处、花柱 102 根、花箱 1.2 万个，栽植地被花卉千万余株、品种 100 多个。

29 日，"2018 年平原地区规模化苗圃建设实施方案"委、办、局联审会顺利召开。

30 日，日本外务省代表团赴北京市昌平区中日绿化合作纪念林参加植树活动。国家林业和草原局国际司、对外合作项目中心以及北京市园林绿化局相关领导参与植树活动，栽植白皮松 5 株。

九月

5 日，北京市副市长卢彦主持召开新一轮百万亩造林绿化调度会。会议传达北京市委书记蔡奇新一轮百万亩造林绿化专题会议讲话精神，部署下一阶段新一轮百万亩造林绿化和"留白增绿"工作。

8 日，第十届北京菊花文化节在北京国际鲜花港开幕。

同日，北京市园林绿化局森林公安局召开全市电视电话会议，全面部署"绿剑 2018"专项打击行动。

11 日，北京市园林绿化局（首都绿化办）局长（主任）邓乃平在通州区组织召开城市副中心绿心规划设计方案研讨会。

12 日，2019 北京世园会中国馆省、区、市及科研院校室内展区展示方案第二次专家评审工作会在北京世园局召开。共有 7 个省（区、市）及 2 所科研院校的室内展区展示方案在评审会上亮相。特邀评审

专家、中国花卉协会、参评省（区、市）及科研院校相关领导和北京世园局相关部门负责人员出席此次评审会。

25 日，2019 北京世园会近 300 款特许商品亮相 2018 北京国际设计周。2018 北京国际设计周于 9 月 22 日拉开帷幕，是具有国际影响力的创意设计交流交易平台。此次北京世园会特许商品新品推介暨京东平台产品发布活动中发布的近 300 款北京世园会特许新品，将通过 2019 北京世园会全球合作伙伴京东集团开设的北京世园会特许商品京东旗舰店面向全社会进行线上销售。

26 日，京津冀联合开展森林火灾应急处置演练，北京市平谷区、怀柔区、密云区、昌平区、顺义区，天津市蓟州区，河北省三河市等地 10 支专业队伍 210 名森林消防队员参加此次演练。进一步提高三地森林防火组织指挥和协同作战能力，为做好 2019 年度京津冀联合防火工作和探索京津冀协同发展应急管理机制打下坚实基础。

截至 9 月底，北京市开展"绿剑 2018"涉林执法专项行动，解救北京市二级重点保护野生鸟类八哥、画眉、山雀等 80 余只，查获捕具 19 个，已对 1 名违法行为人进行行政立案调查。

十月

10 日，2019 北京世园会园区公共绿化景观建设完成 90% 工程量；园区内道路框架体系基本成型；中国馆、国际馆、生活体验馆、植物馆等主要场馆建设有条不紊。51 个室外展园已全部施工建设，大部分展园建设进展超过总工程量 50%。日本、印度、德国以及国际竹藤组织等 59 个国家和国际组织已入场施工。

同日，北京市人民政府新闻办公室联合北京世园局召开 2019 北京世园会倒计时 200 天新闻发布会。北京世界园艺博览会事务协调局、北京市延庆区人民政府等有关单位领导出席发布会介绍有关情况。

15 日，平谷区在 2018 森林城市建设座谈会上荣获北京市首个"国家森林城市"称号。

24 日，北京市副市长卢彦组织召开新一轮百万亩造林绿化工程建设总指挥部会议，审议通过《北京市新一轮百万亩造林绿化行动计划 2019 年度建设总体方案》，16 个市级部门和 16 个区政府相关领导参加会议。

31 日，北京市委副书记、市长陈吉宁到延庆区调研北京世园会建设情况，并主持召开北京世园会执委会专题会议。他强调，要加强统筹协调，确保工程圆满收官，加紧动员全市力量，抓紧抓好筹办攻坚，力争将 2019 北京世园会打造成为世界园艺新境界、生态文明新典范。

十一月

8 日，北京市蚕业蜂业管理站成功承办首届密云蜂产业发展高峰论坛，并荣获 6 项大奖。

12 日，北京市园林绿化局（首都绿化办）局长（主任）邓乃平专题调研西山林场。实地查看北法海寺二期遗址保护工程和方志书院临时布展情况。

13 日，北京市副市长卢彦到昌平区专题检查森林防火工作，慰问专业森林消防队员，检查消防队扑火机具使用、物资储备、消防队员培训等情况。

14 日，北京市园林绿化局邀请北京大学生命科学学院博士生导师、著名自然保护学者吕植教授及其团队就北京城市生物多样性保护与恢复问题进行座谈。

24日，北京市首次开启冬季全民义务植树尽责活动。

截至28日，北京大兴国际机场2018年绿化建设任务全面完成。新增造林绿化面积282.93公顷。目前机场周边现有森林面积1.79万公顷，森林覆盖率36.35%，基本形成"几何状、大色块、大绿、大美"森林景观。

29日，北京市园林绿化局（首都绿化办）局长（主任）邓乃平专题调研石景山区园林绿化工作。

本月，全市美丽乡村绿化美化任务超额完成。2018年，完成229个村周边绿化美化任务310.07公顷，栽植乔木25.7万株、灌木65.9万株、地被植物46.1万平方米。

十二月

3日，在习近平主席访问巴拿马期间，北京世园局组织相关部门在巴拿马首都巴拿马城举办的2018年中国（巴拿马）综合品牌展览会上宣传推介北京世园会，并在总统晚宴上将北京世园会吉祥物小萌芽、小萌花赠送给巴拿马总统巴雷拉，欢迎巴拿马相关机构和游客参展、参观北京世园会。2018年中国（巴拿马）综合品牌展览会2日在巴拿马首都巴拿马城开幕，中国远洋海运、中国银行、中国国航、徐工集团、华为、科大讯飞等26家中国企业参展。本次展会由中国贸促会主办，中国国际商会承办，持续到6日。展会涉及金融服务、汽车船舶、人工智能、移动互联、电子产品、工程机械等多个领域。

截至7日，全市新一轮百万亩造林绿化完成1.54万公顷。超年度计划任务0.7%。

13日，天津市城管委赴北京市园林绿化局座谈交流城市园林绿化建设经验。

截至18日，北京市2018年"留白增绿"绿化任务全面完成。完成"留白增绿"绿化任务1381.29公顷，占年度任务的100.7%。

19日，北京市园林绿化局、市公园管理中心在天坛公园举办"最美十大树王"发布仪式，北京市园林绿化局（首都绿化办）局长（主任）邓乃平参加发布仪式。

21日，北京市首个区级"互联网+全民义务植树"基地在朝阳区望和公园落成。

截至21日，2018年全市完成人工造林任务1.79万公顷，森林经营任务5.67万公顷。全市森林覆盖率43.5%，城市绿化覆盖率48.3%，人均公共绿地面积16.3平方米。

25日，国庆70周年游园活动指挥部召开第一次全体会议。游园活动指挥部指挥、北京市副市长卢彦主持会议。

截至12月底，北京市3个村获评2018年"全国生态文化村"，分别为昌平区十三陵镇康陵村、房山区周口店镇黄山店村、怀柔区喇叭沟门满族乡对角沟门村。此活动由中国生态文化协会组织评选。

全市2018年新一轮百万亩造林绿化任务全面完成。实际完成23.5万亩（1.57万公顷），栽植各类乔木、花灌木1012万余株，重点在北京城市副中心、新机场、世园会及冬奥会等周边实施大尺度绿化和生态修复工程。

（北京园林绿化大事记由齐庆栓 供稿）

概　　况

【市园林绿化局（首都绿化办）机构建制】

2018年，北京市园林绿化工作仍由北京市园林绿化局（简称市园林绿化局）、首都绿化委员会办公室（简称首都绿化办）负责。市园林绿化局（首都绿化办）为市政府直属机构，设19个内设机构和森林公安局、机关党委（团委）、工会、离退休干部处以及驻局纪检组。市园林绿化局（首都绿化办）机关行政编制154名，其中局长（主任）1名、副局长5名、首绿办专职副主任1名；处级领导职数22正（含机关党委专职副书记1名、工会主席1名、离退休干部处处长1名）29副。市园林绿化局森林公安局（市公安局森林公安分局）政法专项编制40名，其中处级领导职数2正5副。市园林绿化局森林公安局（市公安局森林公安分局）列入北京市公安局机构序列，实行市园林绿化局和北京市公安局双重领导管理体制，党政工作以市园林绿化局管理为主，公安业务工作以北京市公安局管理为主。森林公安政法专项编制由北京市机构编制委员会办公室统一管理。

（机构建制：杨道鹏　供稿）

【市园林绿化局（首都绿化办）主要职责】

1. 贯彻落实国家关于园林绿化工作方

面的法律、法规、规章和政策，起草北京市相关地方性法规草案、政府规章草案，并组织实施；制定园林绿化发展中长期规划和年度计划，会同有关部门编制城市园林专业规划和绿地系统详细规划，并组织实施。

2. 组织、指导和监督北京市城乡绿化美化、植树造林和封山育林等工作；组织、协调和指导防沙治沙和以植树种草等生物措施为主的防治水土流失工作；负责园林绿化重点工程的监督检查工作；组织、指导生态林的建设、保护和管理；组织、协调重大活动的绿化美化及环境布置工作。

3. 承担管理和保护北京市森林资源的责任；组织编制林木采伐限额，监督检查林木凭证采伐、运输，组织实施林权登记、发证工作；负责森林资源的调查评估、动态监测、统计分析等工作；指导集体林权制度改革，拟订集体林权制度和林业改革意见，并组织实施；依法调处林权纠纷。

4. 组织制定北京市园林绿化管理标准和规范，并监督实施；拟订公园、自然保护区（自然保护区指森林和野生动植物类型自然保护区及湿地保护体系，下同）、风景名胜区等建设标准和管理规范，并组织实施；拟订古树名木保护等级标准；负责市级（含）以上园林绿化建设项目专项资金使用的监督工作。

5. 承担保护北京市陆生野生动植物的责任；组织、指导陆生野生动植物资源的保护和利用工作，组织开展陆生野生动物疫源疫病的监测工作；依法组织开展生物多样性保护和林木种质资源保护工作，组织、指导林木、绿地有害生物的监测、检疫和防治工作。

6. 承担组织、指导和监督检查北京市森林防火工作的责任；组织拟订森林防火规划和森林火灾扑救应急预案，并监督实施；指导森林防火基础设施和扑救队伍建设；承担北京市森林防火指挥部（北京市森林防火应急指挥部）的具体工作；负责北京市森林公安工作，管理森林公安队伍；依法查处破坏森林资源的案件。

7. 负责北京市公园、风景名胜区的行业管理；组织编制公园、风景名胜区发展规划，监督、指导公园、风景名胜区的建设和管理；负责公园、风景名胜区资源调查和评估工作。

8. 依法负责北京市园林绿化行政执法工作。

9. 研究提出北京市林业产业发展的有关政策，拟订相关发展规划；负责林果、花卉、蜂蚕、森林资源利用、林木种苗等行业管理。

10. 拟订北京市园林绿化科技发展规划和年度计划，指导相关重大科技项目的研究、开发和推广；负责园林绿化信息化的管理；负责组织、指导、协调林业碳汇工作；负责园林绿化方面的对外交流与合作。

11. 负责北京市园林绿化的普法教育和宣传工作。

12. 承担首都绿化委员会的具体工作；负责首都全民义务植树活动的宣传发动、组织协调、监督检查和组织实施评比表彰工作。

13. 承办市政府交办的其他事项。

【市园林绿化局（首都绿化办）处室主要职责】

办公室　协助局领导处理机关政务工作，负责组织协调、办理有关事务性工作。

主管局机关公文办理工作，协助审核以局（办）党组、局、局办公室名义发布的公文。负责指导局属单位的公文处理工作。负责局（办）党组会、局长（主任）办公会以及全局性重要会议的会务工作，负责全局性重要事项和重大活动的组织协调工作。负责局督查工作。重点负责重要文件和局（办）党组会、局长（主任）办公会议有关决定事项的督办，以及上级领导和本级领导批示的专项催办工作。负责园林绿化政务信息工作及政府信息公开工作。负责全局外事工作。负责组织办理、答复人大对园林绿化工作方面的议案、建议，以及政协对园林绿化工作的提案工作。负责局信访工作、矛盾纠纷排查调处工作和市非紧急救助服务中心园林绿化分中心工作。负责局档案工作，管理局（办）党组、行政印鉴和行政介绍信（函）及国旗工作。承担局保密委员会、国家安全领导小组的日常工作。负责局机关后勤保障工作。负责局机关信息化建设、有关政府系统业务平台的管理与使用。负责全局业务、机要文件的收发、交换、管理工作，管理局值班工作。负责管理局计划生育工作。负责局文印工作。承办局（办）领导交办的其他事项。

法制处 组织起草全市园林绿化行业的地方性法规、规章草案，并组织实施。组织指导局机关依法行政工作，检查督促执法责任制等制度的组织实施情况。负责局机关规范性文件的合法性审核和文件清理工作，承办市政府及有关部门法规草案征求意见工作。负责局系统的行政执法监督工作和行政执法人员资格管理工作。承办局机关行政复议审理办理、行政诉讼的应诉代理工作和国家赔偿案件的办理。组织局机关行政听证和有关案件统计工作。组织开展法制宣传教育工作，组织有关法律咨询和服务工作。承办局（办）领导交办的其他事项。

研究室 负责起草全市园林绿化工作会议工作报告，以及市有关领导重要讲话。根据局（办）领导要求，起草部分综合性、全局性重要讲话和文稿。承担全市园林绿化重要发展战略研究，提出相关对策、建议。负责对全市园林绿化改革、发展、建设方面的重大问题进行调查研究，提出意见、建议。加强对局（办）系统调查研究工作的统一管理，拟定和组织实施年度调研工作计划，健全局（办）调查研究工作制度、重点调研课题管理制度和专家咨询制度，推动决策的科学化、民主化。负责研究提出局（办）重点调研课题，经局（办）党组会审议通过后组织实施。协调、指导全市园林绿化系统开展调查研究工作，完善调查研究工作网络，对优秀调研成果进行评比表彰和总结推广，促进成果转化应用。负责局（办）信息资料室建设，收集、分析、整理园林绿化发展的各方面重要信息和文件资料，编辑决策参考信息，为局（办）领导科学决策提供参考建议。负责全市园林绿化系统地方志、年鉴的协调、指导和组稿、编纂等工作。承办局（办）领导交办的其他事项。

联络处 负责首都绿化委员会有关文件、简报、信息的起草、印刷、收发、报送工作，大事记和文件汇编的编辑工作和档案管理工作。负责会议记录和文件传阅工作。牵头完成首都绿化委员会全体会议、首都绿化表彰大会的各项筹备工作。完成人大建议、政协提案、来信来访、市领导批示的办理答复工作，办理群众来电、来信、来函的答复工作。参与制定首都绿化美化、改善生态的方针、政策。负责重大义务植树活动的协调服务工作，组织安排首都全民义务植树日各项活动。协调组织首都绿化委员会委员、市人大代表、市政协委员对首都绿化的检查指导工作。协助开展绿化美化宣传活动，开展首都绿化先进经验总结、推广。负责与中直机关、中央国家机关、驻京解放军、武警部队及市属相关部门的联络与沟通。编制首都绿化委员会办公室各项工作的预算，完成首都绿化委员会办公室年终决算。负责绿化办机关事务管理和后勤保障工作。承办领导交办的其他事项。

义务植树处　贯彻落实有关国土绿化、义务植树的方针、政策和法律法规；组织开展首都全民义务植树工作的调查研究、政策制定；组织制订首都全民义务植树规划和年度计划。组织编制首都城乡绿化美化年度计划，协调确定首都绿化美化重点工程，并组织检查验收。负责中直机关、中央国家机关、驻京解放军和武警部队义务植树的日常协调服务工作。组织指导市属机关、企事业单位、区县绿化部门开展群众性义务植树工作。组织指导社会各界开展植纪念树、造纪念林工作，绿地、林地、树木认建认养工作，"城乡手拉手、共建新农村"义务植树活动。组织开展全国绿化模范城市、全国绿化模范县的创建工作。组织开展首都绿化美化花园式单位、园林小城镇、绿色村庄、花园式社区的创建工作。组织、协调推荐"全国绿化先进集体""全国绿化先进工作者""全国绿化劳动模范"评选的相关工作。组织、协调推荐"全

国绿化模范城市""全国绿化模范县""全国绿化模范单位""全国绿化奖章获得者"评选的相关工作。组织开展首都绿化美化先进集体、积极分子的评选表彰工作。参与首都绿化委员会全体会议、首都绿化美化总结表彰暨动员大会的筹备工作。起草、制订市政府与各区县政府签订的"绿化目标责任书"。及时掌握全市绿化美化工作的进展情况，总结、推广各单位绿化美化工作的先进经验。有关文件、简报、信息的起草工作，处内大事记的记载和档案整理工作。完成人大建议、政协提案、市领导批示的办理答复工作，办理群众来电、来信、来函的答复工作。组织开展全市小城镇绿化、新农村绿化等市重点绿化美化工作。承办局(办)领导交办的其他事项。

规划发展处　起草全市城市绿线管理办法，实施日常绿线管理。负责有关改变公园用地使用性质和改变绿化用地使用性质的行政许可工作。审核城市建设项目中的绿化用地比例和布局，审核园林绿地内建筑工程的设计方案。依照城市规划和园林绿化的有关法规和规范标准，组织专家对城市绿地规划方案评审或评议，审查、审批城市绿地的规划方案。答复市规划委就其审查项目中绿地比例和布局问题的征询，为建设单位提供服务和咨询。参与制订和修编《北京城市总体规划》，组织编制全市性、区域性绿地系统规划等园林绿化专项规划，指导各区县编制园林绿化专业规划。配合各处室研究如风景名胜区总体规划、郊野公园总体规划等园林绿化各专项规划的编制工作。参与审查规划、交通、水务等部门负责的城镇总体规划、控制性详细规划及专项规划的编制工作。参与北

京市规划动态维护会议，酌情适时调整规划。与发展改革、规划、国土、建设、环保等部门建立联席会议制度，就涉及园林绿化的相关规划问题定期研究会商。组织全市优秀园林设计的年度评选工作。代表市园林绿化局参加城市雕塑艺术委员会有关工作。负责有关的信息、信访、调研、文件管理、档案材料归档、接待以及建议、提案办理、史志编写等综合性工作。承办局（办）领导交办的其他事项。

造林营林处　贯彻落实国家和北京市关于生态林建设和经营管理、防沙治沙、造林营林、林木种苗方面的方针、政策，组织起草相关政策措施、管理办法、技术规程、建设标准，并监督实施。负责编制全市造林营林方面的规划和年度计划，开展技术指导、检查验收和质量评比等管理工作。编制生态林建设管理的中长期规划和年度计划，并贯彻落实。负责全市国家级重点公益林建设、市生态林建设的实施和管理。负责全市生态林建设的技术指导、检查验收和管护等工作。负责全市生态林管护员队伍的建设和管理，组织开展业务培训、监督检查、评比考核；建设生态林管理信息系统，指导各区县开展生态林管护和管护员队伍建设管理工作。贯彻落实全市生态公益林效益促进发展机制的方针政策，负责起草相关政策措施和管理办法，组织编制发展规划和年度计划，审批年度实施方案，并监督落实。贯彻落实全市关于绿化隔离地区绿化建设的方针政策，负责组织编制建设规划和年度计划，起草相关政策、建设标准和管理办法，并监督实施。负责全市造林营林重点工程项目的立项、规划、报批工作，审批实施方案和作

业设计，并监督实施；具体承担太行山绿化、三北地区防护林建设、平原绿化工程等国家重点工程和绿化隔离地区绿化建设、重点绿色通道建设、彩叶树种造林、公路河道绿化、农田防护林建设、林业节水和引水上山、低效林改造（包括成熟林、过熟林更新）、中幼林抚育、森林健康经营等本市造林营林重点工程项目的实施。协调落实市园林绿化局承担的本市与周边省市在区域生态环境建设方面的政策任务。负责组织编制造林营林、防沙治沙、林木有害生物防治等方面的区域生态建设合作中长期规划、年度计划，制订相关建设标准、技术规范和管理办法，并监督实施。负责区域生态建设合作项目的立项、报批和监督实施。组织指导全市防沙治沙工作，负责以植树、种草等生物措施防治水土流失。负责全市林木种质资源的保护和利用工作。指导落实国家和北京市关于林木、绿地有害生物防治的方针、政策，组织指导全市林木、绿地有害生物监测、检疫和防治工作。负责全市造林营林方面的调查研究工作，组织开展造林营林技术研究和试验示范区建设，推广应用先进技术和建设管理模式。依法负责全市防沙治沙和造林营林管理方面的行政许可工作。负责从事营利性治沙活动许可、治沙项目验收审核；负责审核生态林范围、面积、等级划定，核查营造林面积和评定质量，调查造林质量事故和确定等级，认定造林营林专业队资质等行政许可工作。负责国家、北京市营造林方面的先进单位、先进个人的评比和绿化造林先进区县和乡镇、优秀设计和优质造林绿化工程的评比工作。负责北京市生态文化协会的业务管理工作，协调指导

开展生态文化宣传、生态文化活动创建等业务工作。承办局承担的全市造林营林、生态建设、治理大气污染等市重要实事和市政府折子工程等任务。负责全市造林营林、生态林建设方面的动态信息发布、统计分析、先进典型总结推广等工作。承办国家林业局造林司、三北局等上级业务主管单位和市相关部门关于造林营林建设方面的工作。承办局（办）领导交办的其他事项。

城镇绿化处　贯彻执行国家关于园林绿化建设、管理的法律、法规及政策，参与起草、拟定全市有关园林绿化建设、管理的政策、办法和制度，并监督执行。组织编制全市城镇园林绿化建设规划，制订年度计划，并组织、指导、监督实施。负责市重大项目、重点工程的组织、协调、监督工作，市重大活动的绿化美化及环境布置工作的组织指导协调工作。制定指导性文件，包括建设规划纲要、重点地区布置方案及执行政策等，并监督、指导实施。负责全市城镇绿地管理工作的监督、检查、考核和指导工作。协调、配合有关部门对绿地内违法、违章行为的查处及案件移送工作。负责权限内占用绿地的审批及需市政府审批的改变绿地性质的申报工作，指导监督区县园林绿化主管部门临时占用绿地的审批。参与制定园林绿化行业地方性规程、标准并检查、监督执行。负责组织、指导区县对全市公共绿地建设工程的竣工验收，对使用国有资金投资或者国家融资的绿化工程实施质量监督。组织制定全市屋顶、停车场绿化等多元化绿化发展规划，指导多元化绿化建设和养护管理工作。负责指导全市绿地养护管理工作。组织制定

本市绿地养护等级、定额标准，并组织实施；指导相关部门建立、健全养护管理制度，并对落实情况进行监督、检查；组织绿地等级评定工作，建立绿地等级管理档案；组织指导绿地养护管理队伍的培训。指导、监督区县园林绿化管理部门对与公共设施存在矛盾的树木修剪的审批。负责全市绿地卫生监督、检查，制定绿化施工中控制扬尘作业标准，并组织、监督实施。负责制订全市绿地使用再生水发展规划和实施方案，并对实施情况进行监督。负责城市信息管理平台园林绿化终端信息的接收、分析和处理。负责全市园林绿化施工企业一级资质的核准及二级以下资质的审定工作。负责全市园林绿化施工企业资质的动态管理，监督规范管理全市园林绿化施工市场。监督检查园林绿化施工企业、设计企业、监理企业的资质情况、项目组织机构及管理情况。负责全市园林绿化行业的招标投标市场的监督管理，指导各区县绿化市场的招投标工作，规范绿化行业招投标市场。负责直属绿地的管理。组织指导区县绿化管理队伍的培训。配合相关处室办理好人大、政协有关城镇园林绿化提案、建议等工作。承办局（办）领导交办的其他事项。

林政资源处　贯彻执行国家关于森林资源管理和城市绿化管理的法律、法规及政策，起草全市森林资源管理有关政策、办法和制度，并监督执行。组织制订森林资源林地林木调查的规划、规程，组织指导森林资源清查、调查、建档和动态监测工作，指导森林经营方案的编制工作。组织各区县、市级有林部门、有林单位、局属国有林场编制年森林采伐限额，并负责

汇总、平衡、上报市人民政府；组织编制和下达全市年度木材生产计划，并对年森林采伐限额执行情况进行监督检查。负责市规划部门对涉及林地、林木、城市树木的各类工程建设项目的规划选址、选线等前期调查工作，负责提出保护现状林地、林木、城市树木的意见。负责权限范围内的林木、城市树木采伐（移植）审批工作；负责由市人民政府审定林木、城市树木采伐（移植）的审核、申报工作；监督检查全市林木、城市树木采伐（移植）的落实情况和林木、城市树木采伐（移植）许可证的核发的情况。负责全市古树名木迁移审核和向市政府申报的工作。组织指导对全市更新造林和工程采伐后绿化造林的实绩核查。组织指导全市的林权登记发证、变更及注销等管理工作；协调处理林权纠纷；负责跨区县国有林场的森林、林木和林地的权属登记及变更的办理。指导监督森林资源依法转让。负责全市征用、占用林地的审核及向国家林业局的申报工作，依法办理使用林地审核同意书，并组织开展监督检查工作。负责权限内临时占用林地的审批及需要国家林业局审批的临时占用林地的申报工作，指导监督区县林业主管部门临时占用林地的审批。负责国有森林经营单位在其经营范围内修筑直接为林业生产服务的工程设施需占用林地的审批工作，并对区县园林绿化主管部门的审批进行监督检查。指导全市木材检查站的管理，参与治理公路"三乱"工作，监督、检查木材运输管理及木材运输证的核发工作。负责林地森林植被恢复费的征收、使用的管理，监督检查森林植被恢复工作。协调指导全市木材资源的综合利用；参与制定木材行业发展的政策、规划；监督木材经营加工企业的原料来源。组织指导全市林政资源管理队伍的培训，指导基层林政资源管理工作。承办局（办）领导交办的其他事项。

公园风景区处 组织编制全市公园、风景名胜区发展规划及年度计划并组织实施。制订公园、风景名胜区管理标准规范，并组织实施。依法办理全市公园、风景名胜区相关行政许可事项和有关国家级公园、风景名胜区、自然遗产、自然与文化双遗产的申报组织工作。组织开展公园、风景名胜区资源调查、评估等工作。承担全市公园、风景名胜区行业管理，组织检查、评比、表彰工作。承担公园登记注册工作。参与公园规划设计方案的审核。承担公园、风景名胜区对公众信息服务的管理工作。指导公园、风景名胜区的行业精神文明建设工作。组织全市公园、风景名胜区干部培训工作。协助办理有关信访、建议、提案工作。承办局（办）领导交办的其他事项。

林场处（花卉产业处） 全市国有林场和森林公园行业管理工作。组织编制全市国有林场和森林公园发展规划。依法办理全市森林公园相关行政许可事项。研究制定全市国有林场苗圃深化改革、加强建设的方针、政策和相关措施。指导国有林场造林营林管理、资源保护和基建项目的管理工作。负责直属林场苗圃管理及服务。承办局（办）领导交办的其他事项。

研究提出全市花卉产业政策，制订花卉产业发展规划。组织拟定花卉产业的生产技术规范和行业标准。调查统计年度花卉产业的生产、销售和发展情况。重点抓好花卉育种研发及新品种、新技术、新材料的示范推广工作，协助有关区县和部门做好全市花卉产业政策扶持项目的筛选。组织花卉产业的技术交流和培训,做好行业信息服务工作。协助政府有关部门做好花卉流通领域工作。组织、配合有关单位开展全市花卉产业宣传、文化创意、节庆活动。承办局(办)领导交办的其他事项。

野生动植物保护处 贯彻执行国家和北京市关于陆生野生动植物保护与管理,古树名木保护,森林、野生动植物、湿地等类型自然保护区(以下简称自然保护区)的建设和管理的方针、政策和有关法律、法规及规章。组织编制全市陆生野生动植物保护、自然保护区、湿地(含湿地公园和湿地保护小区,以下均同)、古树名木保护发展规划,并组织实施。组织编制全市陆生野生动植物保护、自然保护区、湿地保护、古树名木保护的相关技术标准和管理办法,并组织和监督实施。负责协调、指导全市陆生野生动植物、古树名木、自然保护区、湿地等方面的行政许可工作。负责组织开展自然保护区、湿地、古树名木资源普查和相关的监督管理工作。负责野生动植物保护、自然保护区、古树名木和湿地保护的相关业务培训、交流和科普宣传活动,并组织开展相关行业评比表彰,指导相关协会业务工作。指导野生动植物及其产品、衍生物进出口管理和监督;指导、监督本市陆生野生动植物资源开发利用。组织开展全市陆生野生动植物资源和湿地资源的保护与利用的科学研究。指导和监督全市陆生野生动物疫源疫病监测。协调指导野生动物资源保护管理费的收缴管理工作。承办局(办)领导交办的其他事项。

产业发展处 拟订全市果树、蜂蚕、林木种苗、森林资源利用等产业的发展规划和政策措施,并组织实施。拟订全市果树、蜂蚕、林木种苗、森林资源利用等产业的管理规范和技术标准,并组织实施。承担林果生产、蜂蚕养殖领域的监督管理。承担林果生产、蜂蚕养殖企业和农民专业合作组织以及其他林果生产者、蜂蚕养殖者在有形市场外销售食用林果和蜂蚕产品行为的监督管理,以及与林果生产、蜂蚕养殖领域食品相关产品的监督管理。组织、指导全市果树、蜂蚕、林木种苗等新品种、新技术的引进、试验、示范、推广、技术培训等工作。承担促进产业发展和经营管理相关的信息服务工作。了解产业发展情况,总结推广先进经验,研究存在的问题,提出解决办法。指导、规范和推进相关行业协会、社会中介组织的发展。组织完成果树品种审定工作。承办局(办)领导交办的其他事项。

科技处 组织拟订全市园林绿化科技发展规划。组织制订园林绿化科研、推广、标准化、科学普及和工人技术等级考评等年度计划。负责全市园林绿化科技计划管理工作,协调组织重大及各类科技项目的立项、实施、监督检查、验收及成果管理等工作。负责全市园林绿化科技成果推广、示范工作;组织各类推广示范项目和活动,指导协调园林绿化新优品种的引进、驯化和示范工作。负责园林绿化标准化管理工作。组织拟订园林绿化标准化发展规划。协调组织编制、修订园林绿化方面各类标准,协调组织相关标准的宣传、培训及推广实施。负责全市园林绿化科学普及和素质教育工作。负责园林绿化知识产权管理工作。组织协调园林绿化专利技术、植物新品种保护的申请、实施、引进、保护、转让工作，及时登记备案。协调全市园林绿化环境保护工作；协调全市开展林木转基因工程活动的申请、实施、监督检查等管理工作。负责园林绿化工人技术等级、行业技师和农民林业专业职称的申报、审核、考评工作。协调组织对外科技交流工作。指导对派出技术培训、引进国内外专家和技术项目的组织管理，负责市政府园林绿化专家顾问组的联络工作。承办局（办）领导交办的其他事项。

应急工作处　负责与市应急办和全市园林绿化系统应急工作管理部门的联络沟通。协调、指导全市森林防火、突发林木有害生物事件、沙尘暴灾害及陆生野生动物疫情应急管理日常工作。协调、指导相关部门、直属单位有关应急预案的编制、修订完善与演练工作。协助畜牧兽医主管部门做好陆生野生动物疫情监测及相关应急处置工作。承担各类应急信息的收集、整理、分析、报告及发布等工作。承担机关、中心站院及所属林场、苗圃、相关生产经营单位的安全生产工作。组织、指导各类应急和安全生产业务培训。负责应急救援队伍建设及标准规范的制定。承办局（办）领导交办的其他事项。

计财（审计）处　根据国家和市委、市政府有关方针政策拟定全市园林绿化近期建设发展规划和年度计划。根据发展规划，编制园林绿化发展重点项目、基本建设、年度生产和投资计划管理。组织园林绿化建设项目管理并监督执行。按照国家规定的建设项目审批程序和权限，负责全市园林绿化和农业综合开发项目的建设管理和招投标管理工作。执行国家各项财务规章

制度，负责局机关财务、固定资产管理，监督检查直属单位财务、固定资产管理工作。负责组织编制园林绿化局部门财务预算、核算、决算工作；负责部门预算执行监督管理工作；负责局属单位会计人员管理工作。负责监督管理局属单位国有资产，负责局属企业国有资产产权管理工作。负责年度财政预算政府采购立项及采购审批工作；负责局机关和直属单位银行账户管理。组织贯彻执行国家统计法规和制度，研究拟定园林绿化和林业统计报表制度、指标体系和计算方法；负责对林业经济发展情况进行分析、预测和监督；负责园林绿化统计工作、综合统计信息、行业和局属单位统计调查、汇总、上报，负责提供统计资料并实行统计监督、统计人员业务培训工作、岗位资格证书年检工作。负责局系统内部审计工作，制订年度内审计划，指导局属单位内部审计工作。负责对下达区县等有关部门市级以上园林绿化专项资金的审计监督；负责对内部审计人员管理、岗位资格证书年检工作。根据国家有关法律规定，负责森林资源资产化管理工作；负责国有森林资源资产评估管理；参与森林资源资产、城市绿地补偿（赔偿）政策制定。承办局（办）领导交办的其他事项。

人事处　研究提出机关及直属单位干部队伍建设规划、计划，并组织实施。负责直属单位领导班子、领导干部及机关处以下公务员的考核、任免、调配、奖惩、培训工作。负责局系统大学生分配和军队转业干部接收安置工作。负责局系统出国（境）人员政审工作。按干部管理权限负责局系统干部退休审批及离退休费调整、福利待遇调整和工资变动审批，还负责工资

基金、福利待遇的政策管理工作。负责协调直属单位养老、失业等社会保险工作，指导直属单位干部人事、劳动、工资管理和统计上报工作。负责局管干部、机关公务员人事档案管理。负责局系统人事信访工作。负责机关、直属单位机构编制管理和协会、学会社团组织管理工作。负责直属单位专业技术高、中、初级专业技术人员评定初审及评选专家的推荐，负责直属单位政工专业职务评定工作。负责专家知识分子、科技干部管理工作。负责局系统先进单位、先进个人的创建、评选、推荐、表彰、管理。负责机关和直属单位的综合治理和内保工作。承办局(办)领导交办的其他事项。

森林公安局 承担市森林防火指挥部(森林防火应急指挥部)办公室的日常工作。组织落实市森林防火指挥部决定，协调成员单位应对森林火灾事件相关工作。组织编制全市森林防火规划，指导、协调区森林防火基础设施的建设。组织全市性森林防火宣传教育与培训。组织、指导森林火灾隐患排查和整改工作。组织制订、修订、完善应急预案，指导区县和重点有林单位制订、修订应急预案；组织开展全市扑救森林火灾的应急演习、演练。负责防火期内对进入全市森林防火区进行实弹演习、爆破等活动的行政许可。负责收集分析森林防火工作信息，及时上报重要信息。负责发布蓝色和黄色森林火险预警信息；向市应急办建议发布红色和橙色森林火险预警信息。指导全市专业森林消防队伍的建设和管理工作。负责市森林防火专家顾问组的联系工作。负责市区两级森林防火通信、视频和指挥技术系统的建设、运维和管理工作；承担直属单位森林防火瞭望监测、通信指挥、扑救系统建设项目的申报和建设管理工作。组织、指导和协助局领导指挥调度扑救森林火灾。组织、指导火灾现场勘察，向市森林防火指挥部提出调查报告。负责依法查处破坏森林资源和陆生野生动物资源等方面的刑事案件。负责依法办理涉林治安处罚案件。负责依法办理盗伐、滥伐等林业行政处罚案件。依法办理涉林案件的群众来信和来访。组织开展全市森林公安系统法制宣传和执法监督。负责全市森林公安系统警籍管理、警衔管理和警务督察工作。负责全市森林公安系统宣传和教育训练工作。负责全市森林公安系统创先达标、立功授奖和民警违纪案件查处及优抚工作。协助区园林绿化主管部门管理森林公安机构、编制和副科以上干部的考核任免。组织全市森林公安系统警戒具、车辆、服装等装备和被装管理。负责森林公安局机关、直属派出所行政、后勤及财务管理。组织指导全市森林公安系统通信网络管理、计算机网络管理及办公自动化建设。承办局(办)领导交办的其他事项。

机关党委 执行党的路线方针政策，宣传执行党中央和上级党组织及本级党组织决议，发挥党组织的战斗堡垒作用和党员的先锋模范作用，支持和协助行政负责人完成本单位所担负的任务。协调组织直属基层党组织开展政治理论和业务知识的学习教育活动。负责直属基层党组织的思想政治工作、职工思想政治工作研究会的日常工作。抓好党员队伍的日常管理教育，督促党员履行义务、维护党员权利不受侵犯。培养入党积极分子，做好党员发展工作。抓好党内监督，加强党风廉政建设。领导机关共青团并帮助其开展活动。对机关党委所属基层党组织党建工作进行分类指导，搞好自身建设。负责机关及直属基层党组织精神文明建设工作。承办局(办)领导交办的其他事项。

团委 领导局(办)共青团工作，贯彻局(办)党组和团市委的指示精神和决定要求，组织全局共青团围绕首都园林绿化事业改革、发展、稳定的大局开展工作，充分发挥党的助手作用。围绕局(办)中心工作，制订局(办)共青团的各项规章制度和工作计划，指导并组织实施局(办)青年思想理论教育和具有青年特色的文体活动。负责局(办)共青团工作和青年工作的理论研究；向局(办)领导及时反映青年思想状况，参与协调处理各种与青年利益相关的工作；对青年工作中的重大问题提出建议。负责研究指导局(办)共青团的组织建设和干部队伍建设，推进局(办)团的基层组织建设。承办局(办)领导交办的其他事项。

工会 研究制订本级工会的工作计划，并组织实施。指导所属基层工会工作，并依法监督检查。组织指导基层工会以职代会为主要内容的管理和监督制度，推进厂务公开民主管理，发挥职工的主人翁作用。依法维护职工合法权益，参与劳动保护法律、法规执行的检查及重大问题的调查，调解劳动关系矛盾纠纷。组织总结、推荐、评比、表彰先进典型，做好劳模、先进工作者的培养、选拔和管理工作。组织开展直属单位工会干部及职工的培训和教育，指导基层工会开展合理化建议和劳动竞赛，组织开展文化、体育活动。组织开展送温暖活动，重点做好特困职工的帮解工作。

承办局(办)领导交办的其他事项。

离退休干部处 负责宣传贯彻上级关于离退休干部工作的方针政策和制度规定，制订具体实施办法，结合局实际组织落实离退休干部的政治待遇和生活待遇。监督检查和指导局属单位离退休干部政策的贯彻落实情况及服务工作。根据离退休干部工作实行"分级管理"的原则，协调有关部门、单位做好离退休干部的工作。负责协调局老干部活动中心(站)的工作。负责组织离退休干部参加政治学习、文件传达和重要会议及政治活动的具体组织工作。负责配合机关党委搞好离退休干部党支部建设，培训老干部党支部书记；开展对离退休干部的思想政治工作。负责指导、检查局属单位《老干部工作领导干部责任制》的落实。根据有关政策规定，负责协调站、中心组织离休干部的健康疗养、走访慰问等活动，及时向局领导反映离退休干部的意见和要求，合理解决他们存在的实际生活问题。负责组织编制离退休干部经费预算，并按规定掌握使用。负责组织离退休干部工作人员的培训工作。负责有关的信息、信访、调研、档案材料归档以及建议反馈、提案办理、史志编写等综合性工作。承办局(办)领导交办的其他事项。

驻局纪检组 督促驻在部门领导班子落实全面从严治党的主体责任，履行对驻在部门的监督责任。检查驻在部门领导班子及其成员遵守党章党规党纪、执行党的路线方针政策决议、推进党风廉政建设和反腐败斗争情况，发现重要问题及时向市纪委报告。经市纪委批准，初步核实反映驻在部门领导班子及市管干部的问题线索；参与调查驻在部门领导班子及市管干部违犯党纪的案件。负责调查驻在部门管理的领导班子及其成员和处级干部违犯党纪的案件，必要时可以直接调查科级及以下干部违犯党纪的案件。受理对驻在部门党组织和党员的检举、控告，受理驻在部门党组织和党员的申诉。对驻在部门各级领导班子履行全面从严治党主体责任不力、造成严重后果的，提出问责建议。承办市纪委交办的其他事项，负责本派驻机构干部日常管理和监督。

农村林业改革发展处 负责组织指导本市林业改革和农村林业发展工作；指导、监督集体林权制度改革方针政策的落实；

组织拟订农村林业发展、维护农民经营林业合法权益的政策措施并指导实施；指导农村林地林木承包经营、流转；监督林地承包合同纠纷仲裁。

平原绿化处 负责拟订本市城市绿化隔离地区、第二道绿化隔离地区、平原地区绿化造林和养护的管理办法、政策措施、技术规程和标准，组织编制平原地区绿化造林规划、年度计划，并监督实施；承担平原地区造林工程建设议事协调机构办事机构的具体工作。

（行政职能：杨道鹏 供稿）

园林绿化概述

2018年，是贯彻党的十九大精神第一年，也是改革开放40周年。在市委、市政府正确领导下，全系统围绕落实新版城市总规，以实施新一轮百万亩造林为重点，积极主动服务首都城市战略定位，贯彻新发展理念，推动高质量发展，持续扩大绿色生态空间，圆满完成市委、市政府和首都绿化委员会部署的各项任务。全市新增造林绿化面积17934公顷、城市绿地面积710公顷。全市森林覆盖率达到43.5%，平原地区森林覆盖率达到28.5%，森林蓄积量达到1798万立方米；城市绿化覆盖率达到48.44%，人均公共绿地面积达到16.3平方米。

新一轮百万亩造林绿化建设开局良好。全市共完成百万亩造林15667公顷，植树

1012万株。围绕落实"一屏三环五河九楔"市域绿色空间布局，会同市相关部门编制完成新一轮百万亩造林绿化建设总体规划、工程建设行动计划和2018年建设任务总体方案。在工程建设中，突出绿隔地区腾退还绿，围绕构建两道"绿色项链"，腾退土地1067公顷，拆除建筑1000余万平方米，新增绿化面积2294公顷，改造提升1834公顷，实施"一绿"13处城市公园、"二绿"7处郊野公园建设；建设大尺度森林7800公顷，恢复湿地1767公顷，新建湿地611公顷，其中在新机场、副中心、永定河、冬奥会、世园会周边及沿线重点区域完成造林3867公顷；全面启动浅山区造林绿化三年行动计划，结合整治违建大棚房，完成造林绿化5800公顷。同时，在规划设

计、地块选址、工程建设各个环节，注重山水林田湖草系统治理，推动新造林与原有林有机连接，形成千亩以上绿色板块 40 个、万亩以上大尺度森林湿地 6 处，打造绿色风景走廊 50 千米。

城市生态环境进一步优化。积极落实北京市委书记蔡奇重要指示精神，围绕建立"压茬建设、滚动发展"运行机制，会同市有关部门联合印发"留白增绿"工作指导意见，明确相关政策标准；建立拆后地块联合验收机制，加强对所有"留白增绿"地块绿化设计方案审查把关；研究制订综合利用建筑垃圾指导意见。全市共完成"留白增绿"1683 公顷，有力推动疏解整治促提升专项行动，显著扩大城市绿色生态空间。建成丰台嘉囿、石景山何家坟等城市休闲公园 28 处，新建东城新中街、西城常乐坊等近自然城市森林 20 处，建设小微绿地和口袋公园 121 处，全市公园绿地 500 米服务半径覆盖率由 77% 提高到 80%。实施公园绿地和老旧小区绿化改造 117 万平方米，完成道路绿化改造 135 万平方米，新建屋顶绿化 12 万平方米、垂直绿化 14.7 千米，完成 555 条背街小巷绿化景观提升。新建房山南水北调、通州凤港减河、马驹桥湿地等健康绿道 111 千米，总里程累计达到 821 千米，全市基本形成"三环、三翼、多廊"绿道空间布局。

京津冀生态协同发展扎实推进。北京城市副中心生态格局初步形成，配合市有关部门编制完成北京城市副中心控制性详规，完成"两带""一环"规划编制及城市绿心园林绿化概念性方案国际征集和规划设计工作。城市副中心安排的 45 个项目稳步推进，28 个续建项目已完工 6 个，完成主

体栽植 21 个，实施绿化 2527 公顷；17 个新建项目全部完成前期工作函、施工招标等手续办理，实施绿化 2520 公顷。永定河综合治理与生态修复加快推进，启动丰台北天堂森林公园、门头沟永定河滨水森林公园建设，新增造林 3334 公顷，完成森林质量提升项目 4934 公顷。持续推进京津风沙源治理、太行山绿化等国家级重点生态工程，完成人工造林 2267 公顷，封山育林 1 万公顷、森林健康经营 4.67 公顷；完成京冀生态水源保护林建设 6667 公顷，累计完成 6 万公顷。

资源保护管理全面加强。新增专业森林消防队伍 10 支，总数达到 126 支 3000 人，全市森林火情同 2017 年相比下降 71.1%，未发生重大森林火灾；大力加强林业有害生物防控，无公害防治率、种苗产地检疫率分别达到 100%，全面完成国家林草局下达的"四率"指标。制订生态红线之外平原生态林管理办法，建立常态化巡查检查通报机制；加强公园绿地精细化管理，健全以"五化"为目标的城市绿地专项考评和行业监管机制，全市注册公园和市级以上风景名胜区实现社会化共建共享共管。制订城市副中心公共绿地移交接管方案，初步建立市级统筹、区级牵头负责的运行机制。完成全市古树名木资源调查和第二次陆生野生动物资源调查，组织开展全市湿地资源调查和第一批市级湿地监测。大力推进资源保护专项检查整改工作，建立督办台账，收回林地绿地 955 公顷，恢复植被 550 多公顷；首次开展全市各类自然保护地大检查，排查问题 1174 个，完成整改 879 个，拆除违法建设 16.9 万平方米；结合"疏整促"开展公园品质提升行

动，全市公园清理整治违建 5400 余平方米。开展"飓风 1 号""春雷 2018""绿剑 2018"等系列专项行动，多措并举加大候鸟迁徙和过境保护，严厉打击乱捕滥猎和非法经营出售野生动物及其制品违法犯罪活动，确保生态安全。

重大活动推动生态文化发展。圆满完成中央领导、共和国部长和将军、全国人大和全国政协领导、国际森林日等重大植树活动的组织协调和服务保障任务。坚持线上线下相结合，启动全市"互联网 + 义务植树"试点工作。群众性义务植树活动深入开展，全市共有 404.5 万人次以各种形式参加义务植树，共植树 193.3 万株，抚育树木 1100 万株。高水平完成国庆 69 周年、烈士纪念日敬献花篮、中非论坛等重要节日、重大活动的景观环境服务保障任务。国庆期间，全市布置各类主题花坛 83 座，小型花坛小品 171 座，营造节日喜庆氛围。北京世园会"四馆一心"建设基本完成，完成园区公共绿化景观乔灌木种植，道路框架体系基本成型。北京园筹备工作全面展开，完成百果园采购 4000 余株、180 个品种大规模果树任务。成功参展郑州园博会、第八届中国月季展，喜获大奖。国家森林城市创建活动全面提速，召开全市创森工作推进会，确定各区创森时间表和路线图，平谷区荣获全市首个"国家森林城市"称号，通州、怀柔、密云、门头沟 4 个区创森总体规划顺利通过国家林草局专家评审，房山、石景山两个区完成创森备案工作。围绕全国文化中心"一城三带"建设，会同市文物局编制西山永定河文化带保护规划和五年行动计划，完成六大类 74 项重点项目征集工作；明确大运河和长城文化带涉及园林绿化的重点任务。传承园林绿化历史文脉，圆满完成《北京志·园林绿化志》编纂出版工作。深入开展"让古树活起来"、寻找北京"最美十大树王"等古树保护系列文化活动，发布古树名木认养目录，实施古树名木保护复壮 700 余株，启动丰台长辛店、海淀公主坟两处古树名木主题公园示范建设。成功举办智慧园林高峰论坛；新建首都园艺驿站 12 个，开展森林文化品牌活动 110 场，推出一批四季特色鲜明的公园文化活动，丰富市民生态文化生活。

乡村振兴和兴绿惠民全面推进。围绕落实乡村振兴战略和推进美丽乡村建设三年行动计划，在 10 个区、229 个村实施村庄绿化 310 公顷，创建首都森林城镇 6 个，首都绿色村庄 50 个。全市果品产量达 6.6 亿千克，果品收入 40.4 亿元，28 万户果农户均果品收入 1.5 万元。打造 46 块大尺度、有特色的北京花田，全市花卉种植面积达到 4667 公顷，产值 12.7 亿元，促进农民就业 1000 余户。新建规模化苗圃 347 公顷。持续开展养蜂精准帮扶工程，在密云区召开全国养蜂大会并建成全国首家蜜蜂医院，重点帮扶 335 户低收入农户发展蜂产业，1 万户农民走上致富路。新发展林下经济 2454 公顷，带动农民就业 1.43 万人。围绕保障农民利益和促进生态保护，开展退耕还林补助政策到期后的相关政策专题调研；围绕落实市委、市政府关于促进低收入农户增收的重大部署，结合实际提出"五个一批"的生态帮扶措施，新一轮百万亩造林和京津风沙源治理二期工程共吸纳 8500 多当地农民实现绿岗就业，人均增收万元以上。

园林绿化改革不断深化。围绕落实市委全面深化改革工作部署，制订局（办）今后五年深化改革工作总体方案，确定一批重点改革任务；围绕加快建立生态文明制度体系，配合市有关部门制订出台生态保护红线划定、健全生态补偿机制、生态环境损害赔偿制度改革、生态涵养区生态保护和绿色发展等重要文件，以市政府办公厅名义印发《全市湿地保护修复制度工作方案》。进一步深化集体林权制度改革，以市政府办公厅名义印发《关于完善集体林权制度，促进首都林业发展的实施意见》，启动15个新型集体林场建设试点，开展房山区新一轮全国集体林业综合改革试验示范区建设。基本完成国有林场改革任务，开展改革情况自查验收工作，全市34个国有林场全部落实公益一类属性，实现事企分开。

按照市委市政府部署，扎实推进机构改革工作，新增自然保护地管理职责，优化机关内设机构设置，明确市属公园纳入全市归口管理，城乡统筹管理体制不断完善。局属经营性事业单位转企改制扎实推进，全面开展事业单位所办企业清理规范工作。深化放管服改革，营商环境显著优化，政务服务事项由74项精简到37项，清理取消9项要求企业和社会出具的各类证明，社会投资类事项办理时限从20个工作日大幅压缩到6个工作日以内；调整行政处罚权力清单，181项行政处罚职权合并调整为144项，36项划转市城管执法局。积极推行"互联网＋政务服务"，98％的公共事务实现"一网通办"。

（园林绿化概述：袁定昌 供稿）

北京市园林绿化局（首都绿化办）机关行政机构系统表

市园林绿化局（首都绿化办）机关

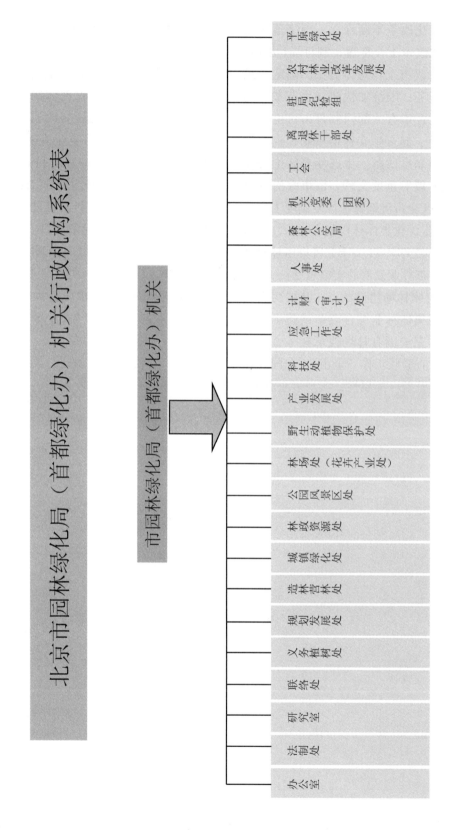

平原绿化处
农村林业改革发展处
驻局纪检组
离退休干部处
工会
机关党委（团委）
森林公安局
人事处
计财（审计）处
应急工作处
科技处
产业发展处
野生动植物保护处
林场处（花卉产业处）
公园风景区处
林政资源处
城镇绿化处
造林营林处
规划发展处
义务植树处
联络处
研究室
法制处
办公室

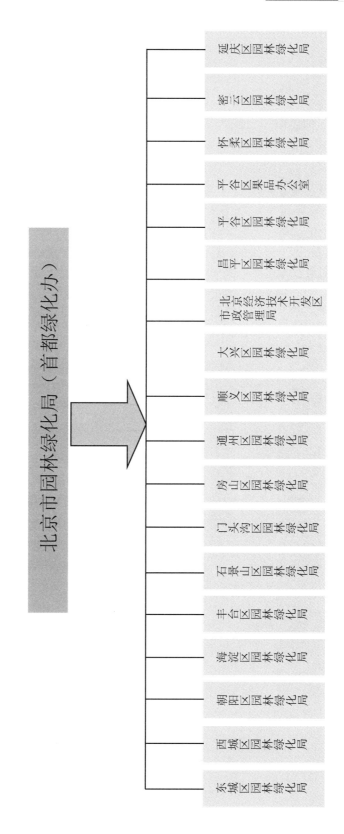

区园林绿化行政机构系统表

北京市园林绿化局（首都绿化办）

- 东城区园林绿化局
- 西城区园林绿化局
- 朝阳区园林绿化局
- 海淀区园林绿化局
- 丰台区园林绿化局
- 石景山区园林绿化局
- 门头沟区园林绿化局
- 房山区园林绿化局
- 通州区园林绿化局
- 顺义区园林绿化局
- 大兴区园林绿化局
- 北京经济技术开发区市政管理局
- 昌平区园林绿化局
- 平谷区园林绿化局
- 平谷区果品办公室
- 怀柔区园林绿化局
- 密云区园林绿化局
- 延庆区园林绿化局

北京市园林绿化局（首都绿化办）直属单位行政系统表

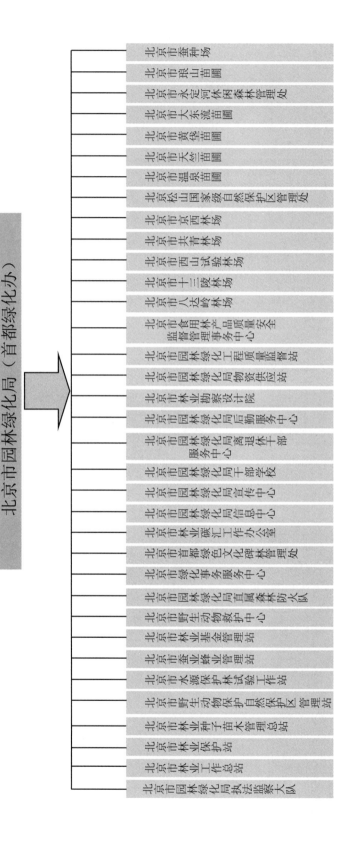

北京市园林绿化局（首都绿化办）

北京市园林绿化局（首都绿化办）

- 北京市蚕种场
- 北京市琅山苗圃
- 北京市永定河休闲森林管理处
- 北京市大东流苗圃
- 北京市黄垡苗圃
- 北京市天竺苗圃
- 北京市温泉苗圃
- 北京松山国家级自然保护区管理处
- 北京市京西林场
- 北京市共青林场
- 北京市西山试验林场
- 北京市十三陵林场
- 北京市八达岭林场
- 北京市食用林产品质量安全监督管理事务中心
- 北京市园林绿化工程质量监督站
- 北京市园林绿化局物资供应站
- 北京市林业勘察设计院
- 北京市园林绿化局后勤服务中心
- 北京市园林绿化局离退休干部服务中心
- 北京市园林绿化局干部学校
- 北京市园林绿化局宣传中心
- 北京市园林绿化局信息中心
- 北京市林业碳汇工作办公室
- 北京市首都绿色文化碑林管理处
- 北京市绿化事务服务中心
- 北京市园林绿化局直属森林防火队
- 北京市野生动物救护中心
- 北京市林业基金管理站
- 北京市蚕业蜂业管理站
- 北京市水源保护林试验工作站
- 北京市野生动物保护自然保护区管理站
- 北京市林业种子苗木管理总站
- 北京市林业保护站
- 北京市林业工作总站
- 北京市园林绿化局执法监察大队

生态环境建设

【概　况】　2018年，北京市按照既定目标持续推进造林营林各项工作。主要完成百万亩造林15666.67公顷，完成京津风沙源治理二期工程人工造林1600公顷，完成太行山绿化工程建设任务666.67公顷；完成公路河道绿化100千米；完成京冀生态水源保护林建设任务6666.67公顷；完成山区森林健康经营林木抚育任务46666.67公顷，实施彩色树种造林工程1020公顷，完成京津风沙源治理二期工程封山育林1万公顷。

（张启生）

【公路河道绿化工程】　年内，北京市完成公路河道绿化100千米。其中丰台10千米、房山40千米、怀柔20千米及密云30千米。丰台区工程建设主要集中在王佐镇羊圈头村、西庄店村等周边各条村级道路；房山区大安山乡绿化长度10千米、张坊镇绿化长度10千米、霞云岭乡绿化长度10千米、大石窝镇绿化长度4千米、史家营乡绿化长度

6千米；怀柔区喇叭沟门村至北新店村绿化长度16千米、对角沟门村至上台子村绿化长度4千米；密云区密古路（羊山至碱厂段）绿化长度11.5千米、穆九路（南穆家峪至九松山）绿化长度4.2千米、穆阁路（北穆家峪至阁老峪）绿化长度5.2千米、沙阁路（沙峪沟至阁老峪）绿化长度9.1千米。

（吴春水）

【森林健康经营林木抚育项目】　年内，北京市完成山区森林健康经营年度林木抚育任务46666.67公顷，其中示范区面积2166.67公顷、重点区森林抚育面积12800公顷、一般区森林抚育经营31700公顷。全年各区完成情况：怀柔区完成10733.33公顷，延庆区完成8933.33公顷，密云区完成8840公顷，门头沟区完成6866.67公顷，房山区完成5933.33公顷，昌平区完成2866.67公顷，平谷区完成2000公顷，顺义区完成200公顷，海淀区完成200公

顷，丰台区完成 73.34 公顷，松山自然保
护区完成 20 公顷。抚育任务按措施完成情
况为：割灌除草 4000 公顷，修枝 8666.67
公顷，松土扩堰 7333.33 公顷，定株
12666.67 公顷，间伐 8000 公顷，补植
8000 公顷，栽植各类苗木近 87 余万株，
重点作业区道路建设 26 千米。全市在靠近
前山脸地区、风景名胜区、生态旅游区和
特色民俗村等重点区域周边，以改善区域
林分结构和景观效果为主，结合简易基础
设施建设，集中连片建设林木抚育综合示
范区 16 处，面积达 133.33 公顷以上，涉
及 7 个山区县及 1 个半山区。

（张启生）

【彩色树种造林工程】　年内，北京市实施
彩色树种造林工程 1020 公顷，栽植黄栌、
元宝枫、栾树、栎类等各类彩色树种 52 余
万株。其中：丰台区 33.33 公顷，门头沟
区 120 公顷，房山区 200 公顷，顺义区
33.33 公顷，昌平区 66.67 公顷，怀柔区
200 公顷，密云区 166.67 公顷，延庆区
200 公顷。截至 2018 年年底，北京市彩色
树种分布面积 3.44 万公顷。

（吴春水）

【北京市太行山绿化工程】　年内，国家太
行山绿化工程全部安排在房山区，房山区
太行山绿化工程建设完成人工造林 666.67
公顷，栽植各类苗木 74.0 万株，累计使用
保水剂 22080 千克、生根粉 3.7 千克、地
膜 59 万平方米，建造临时蓄水池 63 座，
合计铺设供水管线 50.1 千米，建设作业道
路 9.8 千米。工程按照适地适树原则，造
林树种选择耐干旱、瘠薄造林树种，栽植
主要树种有油松、侧柏、落叶松、黄栌、

元宝枫、山杏等。通过工程实施，减少水
土流失，有效地改善当地生态环境，增加
当地群众收入。

（张启生）

【京津风沙源治理工程】　年内，北京市京
津风沙源治理二期工程完成营林造林总任
务 1.16 万公顷，其中，完成困难地造林
0.16 万公顷，封山育林 1 万公顷，涉及门
头沟、房山、昌平、平谷、怀柔、密云、
延庆 7 个区和市属京西林场。截止到 2018
年年底，营造林任务全部完成，栽植各类
苗木 146.6 万株，修建作业道 37 千米，修
建围网 31 千米，树立封育标牌 74 块。

（李子健）

【京冀生态水源保护林建设合作项目】　年
内，北京市园林绿化局与河北省林业厅组
织承德、张家口两市 7 县按计划完成
6666.67 公顷生态水源保护林栽植任务，
栽植各类苗木 800.99 余万株（承德市
363.99 万株、张家口市 437 万株），修建
作业路 54388.93 延米（承德市 33648.6 延
米、张家口市 20740.33 延米）、架设机械
围栏 29419 延米（承德市 17004 延米、张家
口市 12415 延米）、修建宣传碑 12 座（承德
市 5 座、张家口市 7 座）、树立标志牌 41
块（承德市 31 块、张家口市 10 块）、聘用
专职管护员 89 名（承德市 60 名、张家口市
29 名）。截至 2018 年年底，京冀生态水源
保护林建设合作项目 10 年来累计营造林 6
万公顷，栽植苗木 8009 万余株，修建作业
路 34.6 万延米、围栏 18.7 万延米、宣传
碑牌 446 块，安排护林员 661 人。

（杨浩）

（绿化造林：张启生 供稿）

新一轮百万亩造林绿化工程

【概　况】 北京市园林绿化局为贯彻落实《北京城市总体规划(2016年—2035年)》大幅度提高北京生态规模与质量,构建多类型、多层次、多功能、成网络的高质量绿色空间体系。2018年3月29日,市政府印发《北京市新一轮百万亩造林绿化行动计划》,到2022年全市新增森林绿地湿地面积66666.67公顷,全市森林覆盖率达到45%以上,平原地区森林覆盖率达到32%,建成区公园绿地500米服务半径覆盖率达到87%。

年内,2018年新一轮百万亩造林绿化建设任务全面完成,年度下达新增造林计划15333.34公顷,全市实际完成15666.67公顷,全市森林覆盖率达到43.5%。栽植各类乔木754万株、花灌木258余万株。

(杨浩)

【编制新一轮百万亩造林绿化建设工程总体规划】 年内,市园林绿化局会同市有关部门基于新版总体规划、生态布局、绿化现状,按照"多图合一"要求,运用系统性思维大格局、前瞻性地谋划全局,通过"规划+重点专题研究"方式,开展新一轮百万亩造林绿化用地研究,组织编制《新一轮百万亩造林绿化建设工程总体规划》,围绕"为何建、在哪建、怎样建"的核心问题,明确提出建设要求、建设范围、建设成效,指导新一轮百万亩造林绿化建设,实现上一轮与新一轮百万亩造林有机融合,带动首都

生态成果由增绿向系统提质飞跃。

(杨浩)

【核心区及中心城区绿化建设】 年内,在北京市核心区和中心城区,结合疏解整治促提升,充分利用腾退空间留白增绿,重塑城市生态环境,强化服务保障首都核心功能。建设东城新中街、西城常乐坊、小马清园等城市森林16处,建成丰台嘉囿、石景山何家坟等城市休闲公园10处,精品街区8处,小微绿地和口袋公园60处。

(杨浩)

【两条"绿色项链"建设】 年内,在朝阳区十八里店、海淀区"三山五园"、丰台区宛平永定河畔等地区,建设城市公园10处,促进一道绿隔公园成环;在朝阳区黑庄户、崔各庄地区,建设四合庄、黑桥、何里栖地3处郊野公园,为二道绿隔公园实现闭环关键节点夯实基础。

(杨浩)

【城市副中心及周边区域绿化建设】 年内,按照城市副中心总规确定的"两带、一环、一心"("两带"即东部生态绿带、西部生态绿带;"一环"即环城绿色休闲游憩环;"一心"即城市绿心)绿色空间结构,加快推进蓝绿交织的森林城市建设。在东部启动实施潮白河森林生态景观带建设,西部开展台湖万亩游憩园、东南郊湿地、

马驹桥湿地、东郊森林公园建设，新增绿化 1666.67 公顷，东、西两条绿带基本成形；加快实施"一环" 13 个公园建设，2018 年新增公园绿地 533.34 余公顷；城市绿心全面启动实施，完成启动区 20 公顷绿化建设。完成办公区、千年守望林绿化建设 98.85 公顷，在京津保中心区过渡带的马驹桥、永乐店、西集、漷县、张家湾均形成万亩以上森林湿地片区

（杨浩）

【平原新城区域绿化建设】 年内，在平原新城区域，推进大尺度森林湿地建设。采用填空造林方法，连接贯通原有林地，建设大尺度森林 4233.34 公顷，恢复湿地 1600 公顷，新建湿地 600 公顷。在大兴国际机场、北京城市副中心、北京冬季奥林匹克运动会场馆、北京世界园艺博览会场地等周边及沿线重点区域完成造林 1733.34 公顷。

（杨浩）

【生态涵养区绿化建设】 年内，在生态涵养区，推进浅山区第一道绿色屏障建设，通过浅山区台地、拆迁腾退地留白增绿，宜林荒山造林绿化，新增造林面积 5800 公顷。结合农村人居环境整治，因地制宜开展乡村片林、庭院绿化、休憩公园建设，

完成村庄绿化美化任务 280 公顷。

（杨浩）

【实施留白增绿】 年内，市园林绿化局会同市发展和改革委员会、市规划和国土资源管理委员会、市农村工作委员会、市财政局联合印发《关于做好"留白增绿"工作的指导意见》，建立地块接收机制，加快推进留白增绿工作。2018 年完成"留白增绿"建设 1381.29 公顷，超额完成市政府下达园林绿化部门的 1371.74 公顷任务。通过见缝插绿、多元增绿方式，新建明城墙遗址公园北侧绿地、常乐坊城市森林公园、嘉囿城市休闲公园、大瓦窑文化公园、何家坟精品公园等多处城市公园和小微绿地、口袋公园，极大地增强了市民获得感。

（杨浩）

【宣传报道】 年内，采取多种形式，结合新一轮百万亩造林绿化建设，开展"互联网 + 义务植树"活动等丰富多彩义务植树活动，在电视、报纸、微信等媒体上，宣传报道新一轮百万亩造林绿化建设等信息 120 余次，提高广大市民参与度，在全社会形成全民参与绿化、支持绿化建设良好局面。

（杨浩）

（新一轮百万亩造林绿化工程：杨浩 供稿）

湿地建设

【概　况】 2018 年，北京市人民政府办公厅印发《北京市湿地保护修复制度工作方案》，组织开展新一轮全市湿地资源调查。完成 16 个区外业调查及内业整理工作。加大湿地保护与修复力度，推进西城区西海、通州区马驹桥与东南郊以及延庆区野鸭湖、密云区穆家峪等湿地公园建设，恢复湿地 1767 公顷，新增湿地 611 公顷。起草完成列入湿地名录的湿地管理办法、湿地占用审批等保护管理制度初稿。开展第一批市级湿地监测工作，建立基于空间遥感监测技术湿地资源监管模式和工作机制，及时发现、制止、处置涉及侵占湿地、违规违章建设等违法行为。

据北京市湿地资源调查，北京市共有湿地 5.14 万公顷，占北京市国土面积 3.13%。北京湿地主要由天然和人工两大类 11 种类型组成，1 公顷以上湿地约 1916 块，其中天然湿地 2.38 万公顷，占湿地总面积 46.4%，主要由河流、沼泽湿地组成；人工湿地 2.76 万公顷，占湿地总面积 53.6%，主要由水库、水塘及城市景观湿地等组成。北京市湿地生物多样性较为丰富，湿地内生长植物 127 科 1017 种，占北京市植物种类 48.7%；有野生动物 89 科 393 种，占野生动物种类 75.6%，其中鸟类 58 科 276 种，占鸟类种类 72%，包括国家一级保护鸟类 6 种，国家二级保护鸟类 38 种，北京市一级保护鸟类 21 种。

（唐波）

【《湿地北京》获国家科学进步奖二等奖】 1 月 8 日，2017 年度国家科学技术奖励大会在北京举行。由北京市园林绿化局和中国林科院合作完成的科普作品《湿地北京》荣获国家科学进步奖二等奖。《湿地北京》立足弘扬生态文明，维护首都生态安全，凝练湿地科学前沿创新研究成果。该部作品通过湿地之城、湿地之用、湿地之行、湿地之恋、北京湿地之生 5 个章节，介绍北京湿地变迁、北京湿地文化与湿地科技等。提出北京湿地资源价值评价指标体系，"水文联通 + 微地形改造 + 基质恢复 + 植被恢复 + 岸坡恢复"退化湿地恢复关键技术，湿地植物多样性重建的土壤种子库技术及其应用方法以及鸟类栖息地选择研究等研究成果，为北京市湿地保护、恢复和管理提供了坚实科学依据，对北京城市副中心、京津保中心区过渡带湿地恢复与建设、湿地公园建设提供了重要指导和技术支撑作用。《湿地北京》的发布填补了中国湿地领域科普空白。

（唐波）

【"世界湿地日"主题宣传活动】 2 月 2 日，2018 年"世界湿地日"以"湿地—城镇可持续发展的未来"为宣传主题。市园林绿化局在中国林科院报告厅举行"世界湿地日"主题宣传活动。来自中国林科院、各区园林绿化局以及翠湖、野鸭湖、汉石桥、长沟等单位有关负责人约 100 人参加活动。

（唐波）

【野鸭湖湿地自然保护区总体规划编制调研】 3月7日,市园林绿化局、市环保局对延庆区野鸭湖市级湿地自然保护区总体规划编制情况进行调研。与会人员实地查看野鸭湖湿地保护与恢复现场、配套设施建设情况,听取野鸭湖湿地自然保护区管理处主要领导关于野鸭湖湿地自然保护区总体规划编制情况汇报,围绕现有规划编制中存在问题进行研讨交流。野鸭湖湿地类型多样,野生动植物资源丰富,是华北地区重要鸟类栖息地和候鸟迁徙中转站。保护好野鸭湖湿地,对于保护北京地区典型湿地生态系统、维护生物多样性、保障区域生态平衡、促进经济社会可持续发展具有重要意义。

(唐波)

【市领导赴平谷湿地公园调研】 7月9日,北京市委书记蔡奇到平谷湿地公园调研,实地察看平谷湿地公园绿色景观和生态保护工作,现场听取森林城市创建等相关情况汇报。平谷区建成"一主四副多点"("一主"即世纪广场;"四副"即湿地公园、城西公园、金三角公园、文化公园;"多点"即多个郊野公园)休闲公园体系,其中,湿地公园建设面积80公顷,建成绿地40公顷、水体20余公顷、休闲步道2.5万平方米。分为湿地保育功能区、湿地生态功能展示体验区和服务管理区3个功能区域。蔡奇指出,平谷区要根据新一版城市总规赋予"首都东部重点生态保育及区域生态治理协作区"功能定位,主动对接服务城市副中心规划建设,把平谷建成城市副中心的后花园;始终把生态环境建设放在首位,统筹山水林田湖草系统治理,在生态环境建设方面立标杆、做表率;结合新一轮百万亩造林绿化工程,大幅度扩大绿色生态空间,争创国家森林城市。

(唐波)

【市地方标准《湿地生态质量评估规范》发布】 年内,市园林绿化局组织制订北京市地方标准《湿地生态质量评估规范》发布,于4月1日起正式实施。标准从评估流程、指标选取与赋值、赋值标准、计算方法和等级划分等方面提出相应技术标准。《湿地生态质量评估规范》规范评估流程,包括评估湿地区域确定、资料收集、现场调查以及评估;建立评估指标体系,由水环境、生境质量、物种多样性、干扰压力4个方面评估内容、13个评估指标组成;提出各评估指标赋值标准;明确湿地生态质量评估分值计算方法;确定湿地生态质量等级。按照评估总得分和单类评估内容得分共同确定,分为优、良、一般、较差四类。

(唐波)

【密云区园林绿化局推进湿地建设进程】 年内,密云区园林绿化局多措并举全面推进湿地建设进程。加大湿地保护、修复与建设力度,根据《北京市湿地保护修复工作方案》,重点推进穆家峪湿地公园、白马关湿地保护小区、潮河下游湿地公园等项目建设,逐步建立以湿地公园为主体、湿地保护小区为补充的湿地生态保护体系;开展区级湿地名录公示工作,草拟完成密云区第一批区级湿地名录清单及保护范围;推动落实密云区湿地普查工作,进一步摸清区域内湿地资源数量、质量及分布等情况，更新完善湿地资源数据，建立密云区湿地管理台账；强化湿地保护及监管，建立湿地保护管理长效机制，与落实"河长制"工作及海绵城市建设紧密结合，强化湿地项目后期管护，提高监测技术水平；利用"湿地日""爱鸟周"等开展多种形式宣传教育活动，提高公众对湿地功能、效益等方面认识，形成全社会关心、支持湿地保护和建设良好社会氛围。

（唐波）

【怀柔区湿地资源调查工作完成】 年内，怀柔区园林绿化局认真贯彻落实全市湿地资源调查有关文件精神，切实开展湿地资源调查。调查工作分为一般调查和重点调查，一般调查主要以永久性河流、库塘湿地为主，占全区湿地总面积44.94%。重点调查主要涉及怀柔水库、大水峪水库、喇叭沟门保护小区、白河、琉璃庙湿地公园、汤河口湿地公园、北台上水库等，占湿地总面积55.06%。调查显示，区湿地总面积4000余公顷，比2007年增加1000余公顷，增加面积主要来源于永久性河流、季节性或间歇性河流以及库塘湿地。

（唐波）

（湿地建设：唐波 供稿）

全民义务植树

【概　况】 2018年，是首都全民义务植树运动开展37周年。全市先后有404.5万人次以多种形式参加首都义务植树，共植树193.3万株，抚育树木1100万株，认建认养林木绿地面积750.9万平方米、树木3.9万株。全市新增造林绿化面积17933.33公顷、城市绿地710公顷，森林覆盖率达到43.5%，城市绿化覆盖率达到48.44%，人均公共绿地面积达到16.3平方米。

（方芳）

【国际森林日植树纪念活动】 3月21日，全国绿化委员会、国家林业局、首都绿化委员会在北京市房山区张坊镇举办2018年"国际森林日"植树纪念活动。十多个国家和国际组织代表，全国绿化委员会成员单位、有关部门（系统）代表及各界群众共200余人，共同栽下油松、国槐、柿树、白蜡、五角枫等苗木700余株。2012年12月21日，第67届联合国大会通过决议，确定每年3月21日为"国际森林日"，号召世界各国从2013年开始举办纪念活动。2013年以来，中国连续6年在北京市举行"国际森林日"植树纪念活动。先后邀请联合国粮农组织、联合国环境规划署、世界自然保护联盟、国际竹藤组织等国际组织代表，驻华使节和首都各界代表累计1780余人参加，共计栽植苗木7100余株。2018年"国际森林日"植树纪念活动绿化地块，是北京市"互联网＋全民义务植树"试点之一。植树纪念活动结束后，首都绿化委员会为每位参加植树的国内来宾颁发全民义务植树尽责证书，为每位参加植树的国外来宾颁发国土绿化荣誉证书。

（方芳）

【共和国部长参加义务植树活动】 3月31日，中共中央直属机关、中央国家机关各部委和北京市委市政府151名部级领导干部，在朝阳区十八里店丹枫公园地块参加义务植树活动，栽植油松、银杏、国槐、玉兰等树木1200余株。据悉，由全国绿化委员会、中共中央直属机关绿化委员会、中央国家机关绿化委员会、首都绿化委员会联合举办的共和国部长义务植树活动，自2002年起连年开展，至今已经是第17次。17年来，共和国部长义务植树活动累计有部级干部2920人次参加，共栽下树木34180多株。

（方芳）

【中央军委领导参加义务植树活动】 4月1日，中共中央政治局委员、中央军委副主席许其亮、张又侠等军委领导，军委机关各部门和驻京部队各大单位领导在大兴区礼贤镇李各庄村植树点参加首都义务植树活动，共栽种白皮松、玉兰、榆叶梅等1500余株。这是中央军委领导连续第36年集体参加首都义务植树活动。

（方芳）

【党和国家领导人参加义务植树活动】 4月2日，习近平等党和国家领导人同首都群众一起来到北京市通州区张家湾镇参加义务植树活动。植树点位于北京城市副中心城市绿心范围内，紧邻大运河森林公园，面积约20公顷。习近平接连种下白皮松、

西府海棠、红瑞木、玉兰、紫叶李。植树期间，习近平同参加植树干部群众谈起造林绿化和生态环保工作。习近平指出，各级领导干部要率先垂范、身体力行，以实际行动引领带动广大干部群众像对待生命一样对待生态环境，持之以恒开展义务植树，踏踏实实抓好绿化工程，丰富义务植树尽责形式，人人出力，日积月累，让我们美丽的祖国更加美丽。前人栽树，后人乘凉，我们这一代人就是要用自己的努力造福子孙后代。这是中央领导连续第37次集体参加首都义务植树活动。

（方芳）

【全国人大常委会领导参加义务植树活动】 4月11日，全国人大常委会副委员长曹建明、张春贤、沈跃跃、艾力更·依明巴海、王东明、白玛赤林，秘书长杨振武以及全国人大常委会、全国人大专门委员部分组成人员，来到北京市丰台区北宫国家森林公园全国人大绿化基地参加义务植树活动，栽植银杏、红枫、流苏树150余棵。这是全国人大常委会领导连续第15次参加首都义务植树活动。自开展全民义务植树运动决议实施以来，全国人大机关先后在昌平、丰台等北京郊区组织开展义务植树活动。仅在北宫国家森林公园种植和养护各种树木8000余棵，绿化养护面积16.67公顷。

（方芳）

【全国政协领导参加义务植树活动】 4月13日，全国政协副主席张庆黎、刘奇葆、卢展工、王正伟、马飚、夏宝龙、杨传堂、李斌、巴特尔、汪永清、何维、高云龙以及全国政协机关工作人员约400人，来到

北京市朝阳区十八里店乡小武基公园参加义务植树活动，共栽下白皮松、油松、银杏、柿子等苗木1700余株。这是全国政协领导连续第14次参加首都义务植树活动。全国政协历来重视生态环境建设，多次组织政协委员深入调研生态环境保护等问题，为促进生态文明建设积极建言献策。全国政协机关多年来坚持组织开展春季义务植树活动，为建设美丽中国贡献力量。

（方芳）

【全市重点纪念林普查】 自全民义务植树活动开展以来，党中央、国务院高度重视首都的绿化美化建设，党和国家领导人、全国人大、全国政协领导，中央军委领导，中直机关和中央国家机关的部级领导，连续数十年参加首都义务植树劳动，形成100余处重点纪念林。为更好保护、管理重点纪念林和纪念树，充分发挥其生态文明宣传教育功能，首都绿化办开展全市重点纪念林普查工作。通过普查，较为全面地掌握重点纪念林分布和生长情况，形成《北京市重点纪念林基本情况汇编》（上、下册）和《北京市重点纪念林调查报告》，为加强重点纪念林管理和生态文明宣传教育功能提升奠定基础。

（方芳）

（全民义务植树：方芳 供稿）

林业碳汇与国际合作

【概　况】 2018年，开展山区适应气候变化技术示范、落实冬奥会理念等工作，进一步推动北京林业碳汇发展；国际智力助力北京园林绿化建设，丰富"一带一路"倡议下国际合作，增进北京市园林绿化国际合作交流；提升北京森林文化服务功能，举办森林文化活动让市民享受更多的森林文化发展成果。

（张通）

【树木医生助力北京园林绿化精细化管理】
1月22～24日，市林业碳汇工作办公室邀请在日本从事"树木医生"工作的日本专家一行来京，考察交流北京市城市树木养护管理情况。日方专家详细介绍日本在公园、行道树规划理念、园林器械使用情况及森林医生在城市树木精细化管理中的重要作用与主要内容，中日双方就树木医生职能、专业人员培训等相关内容植入到城市树木精细化管理工作中的可行性进行深入探讨。双方认为，建立城市树木医生制度是落实市政府对北京园林绿化高质量发展和精细化管理要求的重要举措，在北京具有可行性和广阔的发展前景。7月5～10日，市林业碳汇工作办公室联合北京林业大学举办为期6天的城市树木健康诊断与灾害预警技术培训会。期间，日方专家详细讲解城市树木预备诊断、外观诊断、精密诊断三级诊断指标和方法，数据记录和统计方法，危险木处置与诊疗手段。并在北京林

业大学校园内，对照北京常见树木，演示
树木健康诊断方法，对诊断指标记录和分
析中常见问题进行实地讲解。市林业碳汇
工作办公室与北京林业大学专家团队研讨
日方树木医三级诊断方法，根据北京实际，
制订北京城市树木诊断三级调查指标。7～
9月，北京林业大学组织专业技术团队对
北京核心区公园、绿地、道路进行树木健
康诊断和调查评估，共对 659 条街道、绿
地和公园进行树木调查，调查树木 54838
株，优良率 80% 以上。

（张通）

**【京津冀地区林业碳汇计量监测标准化示范
区建设项目】** 1～4 月，完成《京冀水源保
护林项目碳汇计量监测标准化示范区》和
《东郊森林公园碳汇计量监测标准化示范
区》建设规划设计、选址、固定样地布设和
外业调查工作。每个示范区设置固定监测
样地 20 个，对固定监测样地进行 GPS 定
位，埋水泥桩、样地内树木进行每木检尺、
挂树牌，调查记录树木编号、树种、树高、
胸径并建立固定监测数据档案。制作"京冀
生态水源保护林碳汇计量监测标准化示范
区"和"东郊森林公园风景游憩林碳汇计量
监测标准化示范区"介绍宣传展牌。在每个
示范区内选取 5 个典型固定监测样地，设
置具体样地布设、每木检尺等具体详细的
碳汇计量监测技术介绍宣传牌。完成"京津
冀地区林业碳汇计量监测标准化示范区建
设"项目宣传片制作。

（张通）

【山区适应气候变化技术示范项目】 3 月，
启动由北京市财政支持的山区适应气候变

化技术示范项目。示范区位于北京市十三
陵林场蟒山分场，规划设计建设方案主要
内容为完成涵盖树种结构调整、枯落物粉
碎还林、防火隔离带建设、病虫害生物防
治、鸟巢和饮水处等动物多样性保护设施
安置。完成包括树种结构调整面积 20 公
顷，收集示范区内修枝抚育枝条等剩余物
进行粉碎，还林量 80 立方米，进行林地清
理，开设森林防火线 1000 米，释放管氏肿
腿蜂 4 万头、赤眼蜂 6 万头和周氏啮小蜂
37.5 万头，在示范区内设置鸟巢 15 个、
动物饮水处 3 处等建设内容。10 月 23 日，
项目竣工验收。

（张通）

【2018 中日密云植树活动】 4 月 28 日，由
北京市人民政府外事办公室、公益财团法
人永旺环境财团、北京市园林绿化局、北
京市密云区人民政府共同主办，市林业碳
汇工作办公室具体承办的"北京密云植树活
动"在密云展开。活动当天，北京市副市长
卢彦，日本大使馆公使石月英雄，永旺环
境财团理事长、永旺株式会社名誉会长顾
问，北京市名誉市民冈田卓也，永旺中国
区董事长兼总裁羽生有希及北京市园林绿
化局、北京市密云区人民政府等相关领导，
北京日本俱乐部和中国日本商会代表、清
华大学、北京大学、第二外国语学院师生
以及来自永旺中国各集团公司员工和顾客
参与植树活动。此次活动，中日志愿者人
数超过 800 人，新植苗木 8000 棵。

（张通）

【市园林绿化应对气候变化风险评估项目】
4～5 月，经多方调研，形成研究技术方

案，方案将研究系统划分为：开展气象数据、森林资源二类调查数据、TM遥感影像数据、现地样方调查数据收集计划；开展历史气候变化对北京市园林绿化主要领域影响评估；开展未来不同气候变化情景下风险预测评估，提出适应性建议和风险管理对策。开展数据收集，利用滑动平均法对气温、降雨量等气候数据进行处理，得出变化趋势，结合分析结果，提出维护园林绿化自然生态格局、坚持近自然经营、因地制宜和分类施策、资源化利用园林绿化剩余物、推进节约型园林绿化建设、发展园林绿化低碳产业、加强野生动植物保护及自然保护区建设、加强公众教育、构建京津冀碳汇协同发展机制、计量监测园林绿化重点工程碳汇量、建设全市碳监测站点网络等对策建议。10月25日，对研究成果进行验收。经审核，该研究符合北京市园林绿化应对气候变化现实需求，对北京市园林绿化资源在气候变化情景下变化历史、现状进行科学分析，对未来园林绿化应对不同气候变化情景的风险进行系统评估，提出合理性工作建议，对北京市园林绿化应对气候变化工作开展具有指导意义。

（张通）

【落实冬奥会碳中和理念】　年内，在广泛调研、与冬奥组委多次沟通的基础上，形成《2022年冬奥会和冬残奥会碳中和任务落实方案》，确定推动北京市25334公顷平原造林增汇工程建设，开展碳汇计量监测与第三方DOE核证，由北京市园林绿化局作为项目实施主体将2018~2022年工程所产生碳汇量捐赠给北京冬奥组委，用以中

和北京冬奥会温室气体排放量工作路径。多次配合调研，协助冬奥组委完成《2022年冬奥会和冬残奥会低碳管理工作方案》及《2016—2017年度北京冬奥会低碳管理工作双年报》中涉及北京市林业碳汇中和部分内容，为低碳冬奥提供行业支撑。针对2018年度15334公顷造林工程，根据造林工程建设面积、树种数量等，研究完成2018年度冬奥碳中和造林工程碳监测工作方案，开展碳监测固定样地布设，用于工程碳汇量动态监测，为实现冬奥碳中和目标提供可靠数据支撑。

（张通）

【园林绿化国际智力资源引进项目】　年内，开展国际智力资源引进工作。从国外邀请11位树木医生、城市森林、森林疗养等方面专家来京，开展专业技术咨询及培训推广。1月22~24日，邀请在日本从事"树木医生"的工作专家来京，考察交流北京市城市树木养护管理情况，开展相关内容培训，以此推动北京市城市林木绿地精细化养护管理水平。6月4~8日，邀请澳大利亚专家来京交流城市森林建设，促进园林绿化行业人员进一步了解和掌握优质苗木培育与大都市森林经营管理国际先进理论和技术，并以"应对气候变化背景下优质苗木培育与大都市森林管理"为题，在北京开展专题技术讲座，分享澳大利亚苗木培育与大都市森林管理信息。6月14日，首届森林疗养国际研讨会在北京举行。5位国际专家应邀来京，与国内学者共同交流森林医学研究成果，探讨森林疗养优先工作领域，对北京市发展森林疗养产业建言献计。8月2~6日，在百望山国家森林

公园举办森林疗养师实操培训。邀请韩国金仁子女士分享韩国森林疗养实操案例。10月29日至11月2日，邀请英国谢菲尔德大学景观设计学院詹姆斯希契莫夫教授来京，就城市森林、国家公园建设及生态景观设计应用等内容进行讲座。

（张通）

【增彩延绿国际合作与创新技术研究项目】
年内，该项目通过招投标方式与荷兰尼德兰景观设计公司和荷兰范登博克苗圃专家团队签署黄垈苗圃国际一流育苗技术展示园设计合同。引入国际先进育苗理念和技术，完成相关设计：以定期施用有机肥和种植绿肥为核心的土壤管理、苗木绑杆技术应用、造型苗木修剪培育技术、控根大苗培育技术、苗圃生物多样性理念应用、苗圃低碳发展理念与措施、苗圃机械化水平提升、苗圃循环水利用等。

（张通）

【森林疗养产业支撑与示范项目】 年内，《森林疗养漫谈Ⅱ》和《森林疗养师培训教材——基础知识篇》相继出版发行。有中国特色的森林疗养师培训工作正在体系化和定式化。继续开发和完善在线培训系统（www. foresttherapy. cn），录制《康复医学概论》《芳香疗法概论》《园艺疗法概论》《荒野疗愈的理论与实践》等课程。为松山自然保护区、八达岭国家森林公园、西山国家森林公园、西郊林场等地开展森林疗养基地建设示范提供技术支持。启动密云史长峪自然休养村步道体系化规划设计工作，启动八达岭森林疗养馆展陈设计工作。为推动森林疗养产业化，推出森林疗养预约服务平台。平台有效整合全国各地森林疗养需求者和森林疗养师资源，为二者架设相互联系的桥梁，在互联网上形成森林疗养"大市场"。平台开通以来，已累计发布28次活动，收到370人次各类报名。

（张通）

【北京森林文化服务功能提升及森林体验教育示范项目】 年内，在通州区二号码头公园和东城区明城墙遗址公园2处森林文化示范区，完成2套、共计81块环境解说展牌设计、制作和安装工作。环境解说系统包括解说牌和树牌两类，项目采用展览解说和科普宣传形式，解说内容紧紧围绕通州运河及明城墙独特历史文化和人文要素，结合精致手绘画，展示园林绿化新兴技术和增彩延绿项目主要成果。结合"西山—永定河"文化带、"长城"文化带和"通州大运河"文化带设计3条研学路线，编制《北京文化带研究性学习活动指导手册》，研学课程路线探究以森林体验教育为切入点，创新性地串联林场和苗圃等园林绿化资源单位，以不同体验主题和学习路线，创新性开展教育与户外研学活动。项目组通过对3个文化带环境特征、资源特征等相关内容深入挖掘，结合小学校本课程，设计完成以探究性学习为目标的研学课程体系，相继开发出研学活动手册、课程教案和活动设计等多项内容。

（张通）

（林业碳汇与国际合作：张通 供稿）

北京城市副中心绿化建设

【概　况】　2018年，按照市委、市政府决策部署和市园林绿化局（首都绿化办）党组指示要求，在推进北京城市副中心园林绿化重大项目建设中，注重高起点规划、高标准落实、高质量发展，以加快推进城市绿心和行政办公区及环办公区周边区域绿化建设为重点，全面落实北京城市副中心绿色空间结构，全力提升北京城市副中心生态环境建设，推动通州区创建国家森林城市。

（张墨）

【抓好重大项目落地】　年内，北京市、通州区两级园林绿化部门安排园林绿化重点建设项目45个，包括28个续建项目和17个新建项目，总建设任务5046.67公顷，其中新增3040公顷、改造提升2006.67公顷。28个续建项目中西海子公园一期、休闲公园二期、广渠路通州段绿化景观提升等7个项目完工、21个项目完成主体栽植，实施绿化2526.67公顷。17个新建项目中城市绿心先行启动区、美丽乡村绿化建设2个项目完工、15个项目完成年度建设任务，实施绿化2520公顷。

（张墨）

【行政办公区绿化建设】　年内，市园林绿化局围绕在行政办公区及周边营造宜居宜业生态环境，开展重点绿化工程建设。完成千年城市守望林和行政办公区先行启动区园林绿化工程建设，完成绿化101公顷，其中先行启动区完成绿化65公顷、千年守望林完成绿化36公顷，为市级机关启动搬迁营造优美生态环境。完成减河公园、六环西辅路带状公园建设，加快推进宋梁路绿化景观提升工程建设。做好行政办公区外联通道绿化景观建设，完成通燕高速-芙蓉东路、六环路绿化景观带、新华大街-通胡大街工程建设，完成京哈高速、京津公路、北运河左堤路等通勤道路沿线绿化景观提升，加快推进宋梁路、璧富路-潞苑北大街-六环西辅路等多条城市副中心连接中心城区景观大道建设。

（张墨）

【"两带一环一心"重点项目建设】　年内，市园林绿化局、通州区园林绿化局围绕构建大尺度绿色空间，全力推进"两带一环一心"重点项目建设。抓好城市绿心先行启动区建设，完成习近平总书记、党和国家领导人到城市绿心植树活动。抓好环城绿色休闲游憩环建设，"一环"北部以刘庄公园、宋庄公园、潞苑北大街绿化建设为示范，南部以张家湾公园、凉水河湿地公园等重点公园建设为带动，逐步落实串联13个公园环城绿色休闲游憩环规划布局。抓好东部、西部生态绿带建设，重点推进西部生态带的台湖万亩游憩园、杨庄公园、永顺城市公园和东部生态带的潮白河森林景观带等工程建设，打造城市副中心大尺度生态屏障。

（张墨）

【通州区新一轮百万亩造林绿化建设】 年
内，通州区园林绿化局全面落实北京市委、
市政府实施新一轮百万亩造林绿化工程，
完成2018年新增造林绿化任务2900公顷。
在上一轮12866.67公顷平原造林绿化成果
和原有森林资源基础上，将建成万亩以上
森林组团10个，千亩以上森林组团约50
个，实现"林城相融、林水相伴、林田相
映"的多层次、多维度森林生态系统，创建
国家森林城市。

（张墨）

【百姓身边建绿工程】 年内，通州区园林
绿化局加快推进北京城市副中心身边建绿
工作。加快完善城市公园体系建设，完成
西海子公园一期，推进西海子公园二期、
碧水公园等城市公园建设，逐步构建级配
合理、均好分布城市公园体系。加快完成
一批口袋公园、社区公园建设，实施7处
休闲公园、3处城市森林建设，提高公园
绿地500米服务半径覆盖率。实施见缝插
绿、留白增绿建设，落实疏解整治促提升、
城市双修、城市织补等工作，实施见缝插
绿建设4处，完成1238.6公顷留白增绿
任务。

（张墨）

【北京城市副中心绿地接管】 年内，市园
林绿化局会同通州区政府有关单位和部门，
先后研究制订《北京城市副中心城镇绿地养
护管理工作意见》《北京城市副中心公共绿
地接管工作方案》。采取对接服务、前置指
导、跟进培训方式，助力通州区园林绿化
局理顺接管工作流程、畅通资金保障渠道、
完善养护管理措施。采取直接管理和间接
管理相结合的方式，明确北京城市副中心
行政办公区内公共绿地由市园林绿化局管
理，行政办公区外围、城市副中心155平
方千米范围内公共绿地由通州区园林绿化
局采取直接管理与间接管理相结合方式管
理，完成16家单位、740公顷公共绿地接
管工作。

（张墨）

【北京城市副中心行政办公区智慧园林项目
建设】 年内，市园林绿化局通过开展需求
调研、召开项目专家研讨会、编写需求大
纲，研究项目建设150多个模块涉及的关
键技术的可行性，完成智慧园林项目初步
设计，明确需求规格说明书，确定项目建
设方案，建立园林绿化数据资源目录，完
成公众服务移动端展示模型和融合通讯系
统部署工作。完成城市副中心建成区一树
一档信息采集、3D景观建模，在行政办公
区先行启动区和千年守望林部署3台智慧
园林小哨兵，智慧园林二维码树牌亮相，
实施行政办公区园林绿化服务器部署工作，
对千年守望林基础网络进行设计规划。

（张墨）

（北京城市副中心绿化建设：张墨 供稿）

绿色产业

【概　况】 2018 年，种苗站围绕服务新一轮百万亩造林绿化工程，以带领种苗产业高质量发展为目标，贯彻落实新《种子法》，扎实推进规模化苗圃建设与管理、植物种质资源保护开发利用、林木品种审定与推广、打造信息资源交流平台、林木种苗行政执法与质量监督等工作。

（王茹雯）

【种苗生产供应】 截止到 2018 年年底，北京市苗圃数量 1189 个，苗圃面积 1.62 万公顷，苗圃实际育苗面积 1.49 万公顷，总产苗量 8671 万株。全市针叶林、阔叶林、花灌木比例为 29∶44∶27。

（王茹雯）

【规模化苗圃建设】 年内，北京市完成 333.33 公顷苗圃建设任务，涉及 14 家建设单位，分布在通州、顺义、延庆、怀柔、平谷 5 个区，共栽植苗木 30.5 万株，累计投资 1.5 亿元。苗圃建设助力精准脱贫工作，带动 1 万多农民绿岗就业，其中当地劳动力 7100 余人，占比 70% 以上，涉及低收入户 38 人。

（王茹雯）

【植物种质资源保护开发利用】 年内，市园林绿化局对北京市海棠国家林木种质资源库进行监督指导与年度考核，其面积 43.3 公顷，截至 2018 年年底共保存海棠林木种质资源 109 份，其中 2018 年新增 2 份。启动"北京林木种质资源创新工程"，编制《北京林木种质资源保护利用规划》。参与国家林木种质资源共享服务平台运行服务，整合种质资源，规范运行服务，开展专题服务。

（王茹雯）

【国家重点林木良种基地管理】 年内，市园林绿化局加强对北京市国家重点林木良种基地管理工作。北京市国家重点林木良种基地有 2 个，总面积 129.8 公顷。2018 年共采集白皮松种子 40 千克，生产金叶白蜡、金复叶槭、金叶槐等穗条 7.15 万条，繁育雄株毛白杨、金叶槐、密枝红叶李、金叶白蜡等林木良种 150 余万株，新收集葛萝槭、血皮槭、梓树等彩叶树种资源 10 个品种，种植 1 万余株，保存彩叶树种种质资源 196 种。采用国际标准化育苗技术建立示范林 6.67 公顷。完成北京黄垡国家彩叶树种良种基地和北京市十三陵林场国家白皮松良种基地 2018 年作业设计评审、监督管理与年度考核。

（王茹雯）

【林木品种审定】 年内，市园林绿化局完成 2017 年度审定后续工作，对审定结果进行公告。完成《林木及观赏植物品种审定技术规范》补助资金申请工作。2018 年度新产生林木良种 8 个，其中 6 个通过审定，2 个通过认定。启动修订《北京市主要林木目录》。

（王茹雯）

【林木良种培育补助项目】 年内，市园林绿化局申请中央财政林业改革发展资金 139.74 万元，其中国家重点林木良种基地补贴 70.77 万元，国家林木种质资源库补贴 38.97 万元，林木良种苗木培育补贴 30 万元。

（王茹雯）

【加强林木种苗行政审批】 年内，市园林绿化局受理林木种子生产经营许可证申请 21 件，核发林木种子生产经营许可证 21 件，受理国家林业局林木种子生产经营许可证初审 8 件，出具初审意见 8 件，指导区种子管理机构核发林木种子生产经营许可证 415 个。21 家单位的办证情况信息通过局政务网双公示栏目实现行政许可决定书全文公示。接受工商推送企业主体信息 751 条。

（王茹雯）

【梳理权力清单】 年内，市种苗站有行政许可 6 项（有 2 项列为"零办件"事项），给付 2 项（其中主动提供服务无需申请的事项 1 项）、检查 1 项、强制 2 项、其他类 4 项（含 2 项备案、1 项登记、1 项封存）、处罚 34 项，共计 49 项。确定公共服务事项清单，完成公共服务事项网上录入。汇总种苗站行政职权目录，对涉及的 49 项权力编制权力清单和责任清单，针对每一项权力制订流程图，完成局域网公示。

（王茹雯）

【种苗随机抽查检查】 年内，市园林绿化局出动执法人员 96 人次，抽查 24 家企业。每月抽查结果通过首都园林绿化政务网进行公开，同时录入北京市行政执法服务平台。通过检查发现一起涉嫌"未按照规定建立、保存林木种子生产经营档案"案件，及时开展立案、调查，因当事人违法行为轻微并及时纠正，没有造成危害后果，做出不予行政处罚决定，实现种苗站行政处罚案件"零"突破。同时，指导各区完成行政处罚 3 件。

（王茹雯）

【与山西省大同市开展京同合作协议项目】
年内，市园林绿化局继续推进 2016 年与山西省大同市签署的《京同区域林业（园林）合作协议》，启动种苗基地温室建设工作，项目经费 800 万元，温室占地面积 8600 平方米，完成连栋温室和日光温室主体建设。

（王茹雯）

（种苗产业：王茹雯 供稿）

花卉产业

【概　况】 2018 年，全市花卉产业工作在市园林绿化局（首都绿化办）党组正确领导下，以筹办 2019 北京世界园艺博览会为契机，全力推进花卉产业各项工作顺利开展。截止到 2018 年年底，全市花卉种植面积 4666.67 公顷，产值 12.5 亿元，花卉企业 220 家，花农 1000 余家，花卉市场 15 家。随着《全市清洁空气行动计划》推进和首都功能疏解，全市花卉产业发展受到一定程度影响，花卉经营主体数量明显减少，特别是 9 月底丰台区南四环 8 个大中型花卉市场全部疏解，首都花卉经营主体、运营模式等面临新一轮调整。

（李美霞）

【迎春年宵花展】 2 月 3 日至 3 月 2 日，迎春年宵花展在北京各大花卉市场举办。年宵花市场突破常规，在调整供应花卉品种的同时，组合搭配及设计形式更加新颖，整体向个性化、多元化发展。北京本地生产的年宵花卉占据市场半壁江山，主要种类以多肉、蝴蝶兰、迷你月季、丽格海棠等小型盆栽及组合盆栽类为主，深受年轻消费群体及家庭园艺消费市场喜爱。新型生态植物组合、鲜切花、球根花卉开始崭露头角，得到越来越多认可。活动邀请天津、河北协会组织和企业参与，体现京津冀花卉产业协同发展。年宵花展期间，举办组合盆栽大赛，兰花、梅花、水仙花展等专项展览活动。

（李美霞）

【参加 2018 香港花展】 3 月 16～25 日，北京组织参加 2018 香港花展。花展中北京展区的设计主题为"花漾街景美生活"，选取北京最富生活气息的胡同文化为设计元素，以北京市花——菊花、展览主题花——大丽花为主花材，表达花卉给人们日常生活带来美好和愉悦，凸显"心花放"展会主题。北京胡同呈现的景深效果，通过花卉巧妙搭配，使整个布景立体而生动，呈现出一幅"心花放"北京胡同生活画卷。此次花展北京荣获最佳设计金奖。

（李美霞）

【第九届郁金香文化节】 4 月 1 日至 5 月 10 日，第九届郁金香文化节在北京国际鲜花港举办。文化节以"花开盛世·一带一路"为主题，根据"21 世纪海上丝绸之路"
设计理念展开，将"一带一路"互联互通精
神融合在一起，通过造型别致郁金香花海
展示出来。100 个品种、400 万株郁金香，
创造中国北方地区最早、品种最多、花期
最长、种植面积最大郁金香花展。园区组
织丰富多彩游园活动，如异国风情表演 +
巡游、萌宠互动、马术体验项目、"童心乐
淘"公益跳蚤集市、外语喜乐会等，使游客
眼饱美景，领略"一带一路"沿线国家风情
与文化。

（李美霞）

【第十届北京月季文化节】 5 月 11 日至 6
月 18 日，第十届北京月季文化节在北京 12
个展区同时举办，以"爱月季·爱生活"为
主题。活动期间共有 2000 多个月季品种、
千万株月季、50 余项花事活动服务首都市
民。为庆祝北京月季文化节开展十周年，
各展区在重点展示品种同时，结合自身优
势，主题活动突出互动性和科普性。北京
植物园、天坛公园等 5 个展区将品种展示
与科普、历史相结合，突出月季文化体验；
陶然亭公园推出"花艺展示区"等互动主题
活动；大兴区魏善庄镇联合纳波湾月季园、
世界月季主题园等本域内展区联合打造月
季小镇相关活动；园博园举办"熊猫路跑"
等活动；蔡家洼玫瑰情园继续加强情景交
融式的活动布局，开展各种 DIY 体验活动。

（李美霞）

【第四届北京百合文化节】 6 月 29 日至 7
月 31 日，第四届北京百合文化节在延庆世
葡园举办，主题是"相约延庆，盛世花
海"。此届文化节在总结往届成功经验的基

础上，对展区布局进行优化升级。室内展
区 4500 平方米，集中展示欧洲新优切花百
合品种和百合插花花艺作品，还为游客提
供插花体验等活动。室外展秉承传统文化
"天人合一"设计理念，64 个品种、70 多
万株百合，共同打造 10 万平方米靓丽缤纷
的百合花海，成为全市独具特色百合主题
公园。此外，文化节期间，主办方还推出
"赏百合、品花宴、看铁花""第三届百合
公主""百合音乐主题趴之星光影院""仲夏
夜之约"假面舞会活动、亲子嘉年华等一系
列特色主题活动。

（李美霞）

【第十届北京菊花文化节】 9 月 8 日至 11
月中旬，第十届北京菊花文化节在全市六
大菊花展区举办。本届文化节以"盛世华
菊 傲芳染秋"为主题，千余个品种、百万
盆菊花。北京国际鲜花港将户外种植精品
菊花与立体景观小品相结合，举办中秋游
园会弘扬中华传统文化；北海公园邀请日
本菊花大师并带来日本传统菊花品种为菊
展添姿添彩；天坛公园重点开展菊花文化
系列科普活动；北京植物园布置 5000 平方
米菊海展区；世界花卉大观园用菊花立体
雕塑和菊花盆景绘制各种充满诗情画意景
致；世界葡萄博览园在展示菊花品种时结
合中秋、国庆节庆举办民俗乐及其他系列
主题活动，吸引游客参观。

（李美霞）

**【2019 北京世园会北京室外展园设计施工
建设】** 2019 北京世园会北京室外展园占
地 5350 平方米。北京室外展园设计工作于
2017 年 6 月启动，设计方案以"展现人民

对美好生活的向往"为目标,将北京人园艺生活浓缩成"我家院儿"质朴主题,充分体现人与人、人与自然和谐相处的"四合院"核心景观,将人民对美好生活向往作为"造园"主旋律,让全世界从一个"小院落"看到一个"大北京"。该方案通过市政府审议,并完成世园会方案确认。5月3日,启动北京室外展园建设、监理招投标工作。7月30日,施工、监理单位进场施工,2018年年底完成总工程量的70%。

(李美霞)

【2019北京世园会北京室内展区设计方案通过审定】 世园会北京室内展区面积150平方米。设计方案以"京花京韵"为主题,通过赏花姿、闻花香、忆花事、叹花技,以地道北京风韵、京城花事,迎接四海宾客。按照世园会执委会关于在162天展期内要有3次主题换展要求,设计围绕"京花京韵"总主题,设置3个副主题,即:春有"百花献瑞",喜迎世园会开幕;夏有"花乡花田",讲述北京园艺文化;秋有"京华金秋",为祖国华诞献礼。三大主题以园艺勾勒北京文脉地图,展现北京人与园艺交织的文化历史以及科技发展。方案通过会议审定,完成世园会方案确认。截至2018年年底,完成世园会北京室内展区建设布展、活动项目预算申报及资金评审工作。

(李美霞)

【2019北京世园会北京参展展品征集预展活动】 年内,市园林绿化局联合市公园管理中心、北京花协,启动世园会北京展品征集工作,面向全市16区、市属公园及在京花卉生产、科研单位,广泛征集展品。

对参展参赛展品进行遴选,对征集展品在春、秋两季各进行预展一次。春季预展于4月28日至5月13日举行,秋季预展于9月29日至10月14日举行,两次预展共展示展品800余件,邀请花卉园艺业内专家对展品进行投票推荐,共推荐展品500余件参加世园会评比。

(李美霞)

【2019北京世园会北京展区运营推介活动】 年内,市园林绿化局组织专家团队策划2019北京世园会北京展区运营与推介活动,完成初步策划方案、项目申报及评审工作。

(李美霞)

【参加第八届中国月季展】 年内,北京市参加第八届中国月季展。此届中国月季展由中国花卉协会月季分会、德阳市人民政府和四川省林业厅联合主办,是国内最高规格的月季盛会。经北京市领导批准,市园林绿化局代表北京参加第八届中国月季展。北京室外展园占地1000平方米,取名"万寿长春园",将北京皇家园林文化和北京月季文化互相融合,在有限空间内,创造多重景观,展示北京特色月季。全园以一条小径串联9个特色景点,北京自育或特色月季品种遍布全园,营造"松竹常青画中看,春色满园九重香"意境。北京室内展区占地500平方米,集中展示北京参加评比新优月季。经专家组评选,群众评议,评委会审核,第八届中国月季展组委会授予北京市优秀组织奖、月季室外造园艺术特等奖、月季室内造景展特等奖,北京市成为唯一包揽室外造园和室内造景两项特等奖参展城市。市园林绿化局动员、组织全市 16 区及市属公园、月季生产单位参加月季专项评比，共选送评比展品 60 件，获奖 35 件，其中金奖 5 个，银奖 12 个，铜奖 18 个。

（李美霞）

【筹备 2019 年河南南阳世界月季洲际大会】 年内，市园林绿化局做好 2019 南阳世界月季洲际大会北京室内外展园建设等各项筹备工作。本届大会由世界月季联合会、中国花卉协会主办，中国花卉协会月季分会、河南省花卉协会和南阳市人民政府承办，于 2019 年 4 月 27 日至 5 月 2 日在河南省南阳市举办。按照北京市政府指示精神，市园林绿化局与市财政沟通，落实项目建设资金；组织专家团队，完成参会选址、初步设计、项目申报、评审及招标采购等北京参展各项筹备工作。

（李美霞）

【编写《北京花讯》宣传花卉文化】 年内，市园林绿化局持续组织编写《北京花卉》，每 2 周一期，全年编写 25 期，总编写 113 期。内容包括"本期花主""花事动态""美霞话市场""付丽赏花"等，从各方面介绍花卉知识，宣传花卉文化。《北京花讯》在首都园林政务网、市园林绿化局官方微博、"书香园林"微信公众号等媒体刊登转载，得到社会广泛关注。

（李美霞）

（花卉产业：李美霞 供稿）

果品产业

【概　况】 2018 年，北京市果品产业发展持续增强，全市实际建设果园完成总面积 538.86 公顷，实际新建更新果园面积保存为 444.19 公顷，实际改造果园面积 94.67 公顷。

（张林生）

【北京市樱桃春季生产现场会】 4 月 16 日，市园林绿化局在通州区金果天地果品生产基地组织全市樱桃春季生产现场会。各区果树科长、技术人员、重点果园 121 人参加现场会。邀请中国园艺学会樱桃分会会长、北京市林业果树研究院教授现场教学，讲解樱桃技术管理；结合城乡生态文明建设新要求，就果树盛花期服务市民观光休闲提出指导意见；参观金果天地庄园 5 年生密植樱桃开花现场。

（张林生）

【北京世界园艺博览会"百果园"建设】 年内，推进北京世界园艺博览会（以下简称世园会）"百果园"建设工程。百果园位于世园会园区西部，总占地面积 66667 平方米。百果园建设工程分为绿化工程、景观工程、铺装工程、给排水工程、电气工程和标识工程 6 个标段。截至 2018 年年底，完成世园会"百果园"工程建设项目主体栽植任务，栽植各种果树品种 180 个，数量 5769 株。

（张林生）

【启动第九届国际樱桃大会筹备工作】 年内，启动第九届国际樱桃大会筹备工作。国际樱桃大会是由国际园艺学会主办的全球樱桃届顶级会议，每 4 年举办一次，主要目的是交流科研成果、展示新品种新技术、宣传推介本国产品。中国获得 2021 年第九届国际樱桃大会的举办权。以北京樱桃特色产业为依托，发挥首都在科技、人才、金融、信息等生产性服务业优势，通过招商和博览会等方式，促进果品产业提质增效和可持续发展。2018 年 3 月 28 日，市园林绿化局召开专题会议，研究筹备相关事宜。通过《北京市园林绿化局 北京市农林科学院关于举办"第九届国际樱桃大会"相关事宜的请示》。

（张林生）

【果树产业与美丽乡村融合发展研究项目调研】 年内，市园林绿化局开展"果树产业与美丽乡村融合发展研究"项目调研工作。主要调查研究促进果树产业发展相关政策、果树产业和美丽乡村建设融合发展案例及模式、果树产业与都市型观光农业相结合经验和做法，形成调研报告。

（张林生）

【果树产业基金扩围方案获得北京市政府批准】 年内，市园林绿化局针对实施乡村振兴战略新要求和基金运行中面临政策瓶颈问题，结合产业发展实际需要，会同市财政局、市农投公司、六合基金研究提出拓展财政出资部分支持范围、调整基金投资方式方案，10 月 24 日，北京市副市长卢彦主持召开专题会议研究北京市果树产业发展基金扩展支持范围及调整投资方式有关事宜。《北京市园林绿化局关于北京市果树产业发展基金扩展支持范围及调整投资方式的请示》经市政府批复同意。

（张林生）

【持续开展果园化肥农药减量化工作】 年内，市园林绿化局举办化肥减量技术培训 1 次，培训 177 人；印发《北京市园林绿化局关于进一步加强果园生态环境保护工作的通知》。

（张林生）

【北京市果园栽植保存情况检查验收】 年内，北京思瑞维科技发展公司受北京市园林绿化局委托，10～11 月，对全市 6 个区新建、更新和改造果园的栽植、保存情况进行检查验收。2018 年，全市实际建设果园完成总面积 538.86 公顷，比统计数总面积增加 0.33 公顷，实际完成率 100.1%。实际新建更新果园面积保存为 444.19 公顷，比上报新建更新面积 446.53 公顷减少 2.33 公顷；实际改造果园面积 94.67 公顷，比统计数改造果园面积 92 公顷增加 2.67 公顷。全市果园主栽树种平均成活率 92.1%，高于国家规定合格率（85%）7 个百分点。总体检查验收结果为合格。同时，对各个果园资金投入、果园认证、果园机械、基础设施等情况进行调查登记，对 164 个果园实施 GPS 定位、拍摄照片。

（张林生）

【果树基金投资高效节水果园工作】 年内，北京市果树基金召开四次投资决策委员会会议，审议并通过 7 个果园项目和 1 个产业链项目，全部以股权形式进行投资。截止到 2018 年年底，完成交割 5 个果园项目和 1 个产业链项目，投资总额 11228 万元。支持高效节水果园面积 103.73 公顷。在项目分布上，顺义区 4 个、怀柔区 1 个。在经营主体类型分布上，企业 4 个，家庭农场 1 个。2018 年进一步扩大支持范围后，果树基金投资北京牵手果蔬饮品股份有限公司产业链项目，以股权形式投资 1 亿元。北农果品子基金 2018 年召开五次投资决策委员会会议，审议通过北农果品投资制度和 2 个果品产业链项目，总投资金额 3925 万元。

（张林生）

【推进"密植果园保险"项目试点工作】 年内，持续推进"密植果园保险"项目试点工作。2017 年 8 月，《北京市密植果园金融综合解决方案》被农业部批准确定为"金融支农服务创新试点"项目。其中"密植果园保险"是此综合解决方案重要内容之一，由华农财产保险股份有限公司具体执行。项目规定，符合密植要求的园主可投保果园树体及果品。保费中 80% 为项目及中央财政出资，果农个人承担 20%；与普通政策保险相比费率不变情况下，保额翻倍，并免去区财政负担 40%。2018 年，市园林绿化局组织各区业务主管部门及部分乡镇管理干部、密植果园种植户分片培训，再由华农保险公司落实。截至 2018 年，完成对通州、怀柔、密云、昌平、房山、大兴、平谷、顺义、延庆 9 个区集中培训。2018 年华农保险公司共承保北京"密植果园保险"126 户次，891.03 公顷，总保费 1003 万元，总保额 12361.83 万元。

（张林生）

【果品信息宣传】 年内，市园林绿化局注重宣传打造京果品牌，推广京郊果品。截止到 2018 年，从大数据管理系统中筛选、整理出通过安全认证樱桃采摘园、小果类采摘园明细表，经各区果树主管部门复核，最终确定通过无公害认证或绿色食品认证或有机认证 2 公顷以上樱桃园 94 个，蓝莓、桑葚、杏、李、树莓等小果类采摘园 22 个，在市园林绿化局官网上发布。局宣传中心利用这些信息编发微博 8 条。搜集整理全市有认养条件果园 57 个。在市园林绿化局机关"书香园林"微信公众号开设"京果小辑"专栏，发布果树相关文章 5 期，并附朗读音频，阅读次数 3622。

（张林生）

（果品产业：张林生 供稿）

蜂 产 业

【概　况】　2018 年，北京市蜜蜂饲养量 26.5 万群，与 2017 年同比提高 1%，蜂蜜产量 235.1 万千克，蜂王浆产量 5.16 万千克，蜂花粉产量 2.03 万千克，蜂蜡产量 14.55 万千克，因遭受旱涝灾害影响，蜂蜜产量比 2017 年减少 65%，蜂王浆产量比 2017 年减少 16%，蜂花粉产量比 2017 年减产 22%，蜂蜡产量比 2017 年减少 27%。全市有蜂业专业合作组织 77 个，有蜂业产业基地 61 个，有养蜂户 1 万户，养蜂万元户超过 2500 户，售蜂收入 318.56 万元，蜂授粉收入 1073.1 万元，养蜂总产值 1.64 亿元，蜂产品加工产值超过 12 亿元，出口创汇超过 1800 万美元。

（梁崇波）

【抗灾保蜂】　年内，旱涝灾害相继发生，特别是 7 月中旬密云区遭遇历史罕见特大暴雨，受损蜂群 6085 群。灾害发生后，北京市各区及时组织，积极应对。加大产业扶持保障力度，积极争取设立抗旱保蜂救济金；拓宽养蜂致富渠道，实现产业功能拓展；加强蜂群饲养管理，确保蜂群健康平稳发展；组织蜂农积极开展自救，将灾害损失降到最低程度。

（梁崇波）

【养蜂精准扶贫】　年内，北京市继续实施养蜂精准扶贫工程，编制《北京市蜂产业精准扶低行动计划（2018—2020）》。重点帮扶昌平、密云、平谷、房山、延庆 335 户低收入农户从事养蜂行业，免费购置蜂群

3000 群，购置新蜂箱、蜂胶采集器、摇蜜机等蜂机具 1 万件。帮助 335 户低收入农户饲养蜜蜂 9629 群，生产各类蜂产品 18 万千克，实现产值 480 万元。

（梁崇波）

【制定蜂产业精准扶贫国家标准】　年内，由北京市蚕蜂站主持制定的国家标准《蜂产业项目运营管理规范》（GB/Z 35035—2018）5 月份正式发布。该标准包含标准化养蜂扶贫项目的基本立项条件、带贫（扶贫）模式、成本效益评估、技术帮扶措施、帮扶项目管理、标准体系构建与实施等内容。标准发布会在 CCTV1《新闻联播》节目中播出。

（梁崇波）

【蜜蜂授粉】　年内，北京市继续启动"京津冀现代化蜂授粉服务区建设工程"，为北京及周边省市提供授粉技术支持和服务，大力推广蜜蜂为梨树授粉和蜜蜂为西瓜授粉技术应用。4 月 8 日，北京市蜜蜂为梨树授粉现场会在大兴区魏善庄镇召开；5 月 28 日，蜜蜂授粉西瓜品鉴会在大兴区庞各庄镇召开。组织 10 支蜜蜂授粉专业队，授粉面积 43333.33 余公顷，作物平均增产超过 10%，总增产值 4 亿元。

（梁崇波）

【国家蜂产业技术体系北京试验站建设】
年内，北京市完善北京地区西方蜜蜂标准化健康高效养殖技术，建设蜜蜂健康高效

养殖技术基地 1 个，研发养蜂转运装备和机具 2 个。在昌平、门头沟、密云、平谷等区开展北京地区蜜蜂病虫害流行病学调查和蜂药、农药使用情况调查。试验新型中药及生物制剂，推广 500 群。继续在 12 个蜜蜂病虫害监测点，为蜜蜂白垩病和蜂螨风险评估技术平台、农药对蜜蜂健康影响风险评估平台提供监测数据。

（梁崇波）

【自流蜜生产基地建设】 年内，在北京市门头沟区、平谷区、昌平区建成 4 个自流蜜生产基地，示范蜂群 1000 群，通过配套自流蜜生产技术，使基地蜂蜜产量提高 20%，降低蜂农劳动强度 80%，实现规模化、集约化养蜂。8 月 7～8 日在平谷区召开现场会推广应用，2018 年年底应用规模达 5000 群。

（梁崇波）

【智能化蜂箱开发研制】 年内，北京市蚕蜂站主持开发研制智能化蜂箱。该蜂箱在朗式蜂箱结构基础上，采用生态木材质，调整箱体连接、保温、通风、除菌、防螨、推拉巢门、饲喂和转运等装置结构，增加传感器和自动化控制装置空间和接口。截至 2018 年年底完成设计并制作样品 200 套，在全国 40 多个蜂场开展试用。

（梁崇波）

【蜜蜂文化旅游休闲】 年内，北京市各类蜂业文化观光园和活动累计接待参观人数 12 余万，实现经济效益 3000 万元。

（梁崇波）

【首届世界蜜蜂日庆祝活动】 5 月 20 日，北京市启动首届"世界蜜蜂日"系列庆祝活动，在密云蜜蜂大世界、冯家峪中蜂自然保护区、中国蜜蜂博物馆、春之谷国际蜜蜂教育基地设 4 个分会场，并参加中国蜂产品协会在朝阳公园举办的"感恩蜜蜂 与爱同行"主题庆祝活动。向广大市民传播蜜蜂文化，弘扬蜜蜂精神，普及和推广蜂产品健康消费理念。同时，在"2018 中国蜂产业品牌盛典"上，北京市蜂业公司荣获 2018 中国蜂产品行业影响力十大品牌和中国蜂胶行业领军品牌两项殊荣。

（梁崇波）

【市森林蜜蜂特色小镇项目获批】 8 月，北京市申报国家林业和草原局首批国家森林特色小镇——北京市森林蜜蜂特色小镇项目获批，准于 2019 年 1 月起建设实施。北京市森林蜜蜂特色小镇将建在密云区白龙潭镇，以太师屯镇白龙潭林场森林资源为特色，以蜜蜂为重点元素，以促进周边农户增收为根本目的，打造集蜜蜂产业、生态和休闲观光农业于一体的森林特色蜜蜂小镇，以促进乡村振兴。

（梁崇波）

【全国养蜂大会】 11 月，北京市蚕蜂站举办"21 世纪第三届全国蜂业科技与蜂产业发展大会暨首届北京密云蜂业发展高峰论坛"，800 余人参加会议。大会以"发展蜜蜂产业，共筑生态家园"为主题，交流报告 127 篇，展示科技创新成果 106 项，收集高质量科技论文 116 篇。对近年来中国蜂业在科技成果、产业发展经验、蜂产品营销品牌战略、中华蜜蜂保护利用、养蜂与精准扶贫等领域取得成果进行交流，探讨蜂产业发展未来。期间，举办第二届中国蜂业大奖赛，吸引上百家蜂业企业、数百种产品参赛。

（梁崇波）

（蜂产业：梁崇波 供稿）

林下经济

【概　况】　2018 年，北京市林下经济建设围绕"生态美、百姓富"和美丽乡村建设，以林下景观花卉、林下中草药种植、林下特色精品杂粮、食用菌及林下康养休闲旅游为重点模式，实现生产面积 1.19 万公顷。其中，新建面积 0.25 万公顷，累存面积 0.94 万公顷，实现收益 1.61 亿元人民币，带动 1 万余农户就业，吸引一批专业性强、组织化程度高的合作组织、企业参与，逐步形成一批特色鲜明林下经济示范基地，实现第一产业、第二产业和第三产业有机融合。

（李子健）

【林下经济服务基层活动】　年内，市水源站协调北京市农学院林下经济有关专家赴延庆区旧县镇白河堡村指导调研林下经济，对白河堡村平原造林地林药种植品种适应性进行现场调查，同延庆区、白河堡村有关负责人具体商量适宜品种。赴密云区西田各庄镇康华远景公司，与负责人商讨西田各庄镇林下种植中草药及仿野生种植前期有关工作。对延庆区四海镇楼梁村林地茶菊种植地块、海子口村林下中药种植苍术、玉竹种植、栎树蘑种植地块进行调研。帮助昌平区农户联系蒲公英等中药材收购工作，为农民做好林下经济产业销路服务保障工作。

（李子健）

【市林下经济现场观摩交流会】　年内，市水源站举办全市林下经济现场参观交流会。与会人员参观北京八达岭森林公园体验中心和延庆四季花海的菊花生产基地以及产品深加工情况。结合现场，有关专家介绍国内外林下经济发展案例及北京适合发展林下经济模式，全市 12 个区园林绿化局分管林下经济有关人员和重点示范基地、企业以及专业合作社负责人 40 余名代表参加此次活动。

（李子健）

【林下经济调查研究】　年内，市园林绿化局围绕乡村振兴和实现林业现代化，进一步明确全市林下经济功能定位、空间布局、产业类型等基本问题，探索、梳理现阶段北京市支持发展、限制发展、禁止发展的产业类型目录，既探索林业多重综合效益，又守住红线和底线，通过发展林下经济促进森林生态效益提升，为城乡人民提供更加丰富优质生态产品。

（梁龙跃）

（林下经济：李子健 供稿）

资源安全

野生动植物保护及自然保护区建设与管理

【概　况】　2018 年，按照市园林绿化局（首都绿化办）统一部署，组织开展春季、秋冬季候鸟等野生动物保护工作，严厉打击乱捕滥猎和非法经营鸟类等野生动物及其制品违法犯罪活动。立案侦查刑事案件 14 起，破获案件 15 起，抓获犯罪嫌疑人 19 人，查获解救各类野生动物 1082 只。做好海关执法罚没野生动植物制品处置工作，代国家林业和草原局接收象牙等野生动物及其制品 80987 件，净重 12832.81 千克；接收由市园林绿化局接收处置的野生动物植物制品 3200 余件，根据专家鉴定意见对野生动植物制品按照销毁、再利用等用途分类封装。首次开展全市各类自然保护地大检查，初步摸清各类自然保护地的底数和管理薄弱环节。核查疑似问题点位 1174 个，整改完成 779 个问题。

截止到 2018 年年底，全市建立 17 个园林绿化系统自然保护区，总面积 13.14 万公顷，约占全市国土面积 8%。分为森林生态系统、湿地生态系统和野生生物类型三种类型。其中，国家级 2 个，市级 8 个、区级 7 个。使北京市 90% 以上国家和地区重点野生动植物及栖息地得到有效保护。其中，森林生态系统和野生生物类型自然保护区主要以松山、百花山自然保护区为代表，湿地类型自然保护区则以野鸭湖、汉石桥自然保护区为代表。

根据《北京植物志》和《北京植物检索表》（1962 年、1964 年、1975 年、1980 年及修订版）统计，北京地区有维管束植物 169 科 898 属 2088 种。其中，属于国家二级重点保护野生植物有 3 种，包括：椴树科椴树属的紫椴、芸香科黄檗属的黄檗及野大豆。北京地区野生动物（脊椎动物）区系属于蒙新区东部草原、长白山地、松辽平原区系成分，具有古北界向东洋界过渡特征。据统计，北京陆生脊椎动物分布有 89 科 460 余种，按照《北京脊椎动物检索表》（1991 年），两栖类 5 科 10 种，爬行类

8 科 23 种，鸟类 58 科 375 种，兽类 18 科 53 种。其中，国家重点保护野生动物 61 种。国家一级重点保护的有金钱豹、褐马鸡、黑鹳、白鹤、金雕等 10 种，国家二级重点保护的有斑羚、灰鹤、白枕鹤、大天鹅、鹰隼类、雕鸮类等 51 种。列入北京市重点保护野生动物 222 种。市一级重点保护的野生动物 15 目 26 科 48 种，包括貉、狼、赤狐、豹猫、花面狸、大白鹭、鸿雁、燕鸻、蓝翡翠、黄腹山雀、王锦蛇、金线蛙等；市二级重点保护的野生动物 17 目 44 科 174 种，包括有水麝鼩、喜马拉雅水麝鼩、黑龙江刺猬、东方蝙蝠、黑斑蛙等。

（唐波）

【世界野生动植物日宣传活动】　3 月 1 日，北京市在房山区十渡镇举办"2018 年世界野生动植物日"宣传活动。本次活动以"关爱身边的野生动物——依法保护野生动物，确保候鸟安全过京"为主题。北京市野生动物救护中心现场放归救护康复的 1 只国家一级保护野生动物黑鹳，2 只国家二级保护野生动物红隼。设立咨询台和宣传板，向游人发放宣传折页，接受野生动植物保护咨询，向社会公众宣传野生动植物在维护生态平衡、提升首都环境质量方面的重要作用，提高社会各界关注保护野生动植物的意识。

（唐波）

【第 36 届"爱鸟周"宣传活动】　4 月 8 日，北京市第三十六届"爱鸟周"宣传活动启动仪式在北京密云区不老屯镇成功举办。活动由市园林绿化局（首都绿化办）、密云区人民政府和北京野生动物保护协会共同主办。活动现场举行密云区野生动物救护站授牌仪式，向市民代表赠送野生动物宣传海报。北京市野生动物救护中心在现场放归救护康复的 3 只国家二级重点保护动物——2 只猎隼和 1 只大鵟。4 月 9 日，昌平区园林绿化局在滨河森林公园开展系列宣传活动，发放宣传材料 5000 余份，接受咨询 100 余人次；石景山园林绿化局在北京国际雕塑公园开展以"保护鸟类资源，守护绿水青山"为主题的"爱鸟周"系列宣传活动；5 月 3 日，北京松山国家级自然保护区管理处与松山森林旅游区联合开展"爱鸟周"暨"保护野生动物宣传月"科普宣教活动，共计 120 人参加。

（唐波）

【全市自然保护地大检查工作】　6～9 月，北京市组织开展自然保护地大检查工作，取得阶段性成果。检查涵盖全市自然保护区、风景名胜区、森林公园、湿地公园、地质公园和自然遗产六大类自然保护地共 79 个，总面积约 45 万公顷（含交叉重叠面积），约占本市国土面积 27%。检查共核查疑似问题点位 1174 个，其中，下发遥感监测疑似问题点位 1110 个，自查点位 64 个。已整改完成 779 个问题，其余 332 个问题仍在全力推进整改，整改完成率 66.4%。其中，海淀区、共青林场和松山国家级自然保护销号率 100%。期间，园林绿化部门下达限期整改通知书 5 份，立案调查 24 件，向有关部门移交违法线索 6 件，行政罚款 84.6 万元，拆除违法建设 16.9 万平方米。由市园林绿化局、市规划国土委、市环保局和市农业局组成市级联合检查组，分四批次分别进驻 11 个区，实现联合检查全覆盖。检查组采取听取汇报、查看台账、实地踏查相结合方式，深入100余个问题点位，对检查整改情况进行督促指导。向属地区政府反馈检查意见11次，向40余名相关干部提出工作建议，问询20余个部门和单位，问询60余人，检查台账等资料200余份。

（唐波）

【首批丁香叶忍冬幼苗回归松山自然保护区】 7月13日，首批53株丁香叶忍冬幼苗从北京林业大学相关实验室回归到北京松山国家级自然保护区。丁香叶忍冬为华北特有濒危植物，种群自身更新困难，濒临灭绝，被列为北京市Ⅱ级重点保护野生植物。据调查，仅在北京延庆松山、怀柔区发现少量丁香叶忍冬存活，生长于海拔1000米左右多石山坡上，亟待开展保护研究与实践。

（唐波）

【全市自然保护地大检查工作部署会】 7月18日，市政府组织召开北京自然保护地大检查工作部署会，启动全市自然保护地大检查工作。国家林业局驻北京森林资源监督办事处、市园林绿化局、市规划国土委、市环保局、市农业局、市公园管理中心有关领导，相关的11个区政府、区园林绿化局领导，部分区农业局领导以及区国土分局领导参加会议。市园林绿化局、市规划国土委、市环保局、市农业局联合印发《北京市自然保护地大检查工作方案》，明确此次检查共涉及六大类79个自然保护地。

（唐波）

【北京自然保护地大检查工作培训会】 7月31日，市园林绿化局组织自然保护地大检查工作培训会。海淀区等11个相关区园林绿化局、房山区农委等6个相关部门、松山国家级自然保护区等5个直属单位及局相关处室，共85人参加会议。培训结合相关案例，重点对工作流程、检查标准、时间节点、报表填写等大检查工作方案有关内容进行详细说明；从技术操作层面对图斑判读、交叉重叠等多种具体情况处理方式进行讲解。

（唐波）

【打击乱捕滥猎非法经营候鸟违法犯罪活动电视电话会议】 10月12日，北京市园林绿化局召开乱捕滥猎和非法经营候鸟违法犯罪活动电视电话会议。市园林绿化局野生动植物保护处传达国家林业和草原局打击乱捕滥猎和非法经营候鸟违法犯罪活动电视电话会议精神，部署全市开展打击乱捕滥猎和非法经营候鸟违法犯罪活动专项督导安排；市森林公安局通报全市"绿剑行动"开展情况；房山、延庆区园林绿化局介绍候鸟等野生动物保护工作开展情况；市园林绿化局相关领导提出明确要求。

（唐波）

【怀柔区园林绿化局开展野生动物保护法宣传活动】 11月16日，怀柔区园林绿化局在滨湖公园开展野生动物保护法宣传活动。发放《北京常见野生鸟类》《鸟类救护应急处理》《北京一级、二级保护野生动物》《野生动物保护法》等宣传材料2000余份，环保袋200余个，并现场解答市民提出的野生动物相关法律法规问题。

（唐波）

【怀柔区园林绿化局做好野生动植物保护工作】　年内，怀柔区园林绿化局多措并举加强野生动植物保护工作。成立怀柔区野生动植物与自然保护区管理中心，救助灰林鸮、雕鸮、猕猴等野生动物 17 只。完成 2017 年度北京市重点保护陆生野生动物损害农作物补偿工作，补偿涉及 7 个镇乡、615 起，损害面积 34.32 公顷。严格执行信息报告制度，前移监测关口，每天进行野生动物疫源疫病监测审核。在"爱鸟周""野生动物保护宣传月"等主题活动期间，向 14 个镇乡印发宣传横幅 56 条，长期运用机关户外宣传屏幕播放野生动植物保护知识。

（唐波）

【房山区发现震旦鸦雀】　年内，在房山区北京牛口峪市级陆生野生动物疫源疫病监测站，发现号称"鸟中大熊猫"的震旦鸦雀在此地出现。震旦鸦雀，这种鸟为中国独有，是一种成年后体形长约 18 厘米的中型鸦雀，生活空间仅限于芦苇荡中，且数量过于稀少，是全球性濒危鸟种，列入国际鸟类红皮书，被称为"鸟中大熊猫"。

（唐波）

【检查督导大兴区打击乱捕滥猎非法经营候鸟违法犯罪工作】　年内，市园林绿化局检查组到大兴区检查、督导开展打击乱捕滥猎和非法经营候鸟违法犯罪工作开展情况。大兴区 9 月 1 日开始专项行动，先后出动民警 243 人次，巡逻车辆 109 车次，拆除粘网 12 张，巡护平原造林地块、荒地等野生动物活动较多区域 95 处，有效保护全区野生动物资源安全。

（唐波）

【严厉打击犀牛和虎及其制品非法贸易专项行动视频会议】　年内，市园林绿化局召开全市电视电话会议，全面部署严厉打击犀牛和虎及其制品非法贸易专项行动，重点打击非法猎捕、杀害犀牛和虎，走私、非法收购、运输、出售犀牛和虎及其制品，非法加工、经营、利用犀牛角、虎骨、虎皮等制品犯罪活动。市园林绿化局主管领导，森林公安局、野生动植物保护处、执法监察大队、野保站、救护中心、宣传中心、信息中心主要负责人，各区园林绿化局、市直属林场主管领导及森林公安、保护部门、宣传部门主要负责人参加会议。

（唐波）

【《城市绿地鸟类多样性及栖息地质量评价技术规程》通过审查】　年内，北京市质量技术监督局召开《城市绿地鸟类多样性及栖息地质量评价技术规程》地方标准审查会。来自中国动物学会、中国林业科学研究院、中科院建筑设计研究院有限公司、北京林业大学、首都师范大学、房山区园林绿化局、北京松山国家级自然保护区等单位专家参加会议。该标准结合北京实际，依据国家和北京市相关标准，集成多年来科研成果，制订出适合北京平原区、浅山区和延庆平原的各类城乡绿地鸟类多样性及栖息地质量评价技术规程。该规程规定包括评价区域确定、评价区域鸟类栖息地类型确定、数据收集和评价在内评价流程；按照城乡绿地、旱地、水田三种类型，分设一、二级指标及其权重；提供遥感数据提取、田野调查两类指标数据获取方法；提出鸟类多样性、陆域栖息地质量、水域栖息地质量、旱地栖息地质量、水田栖息地质量 5 项指标计算和赋值；以及评价总分计算和等级划分等技术内容。该标准还给出北京市平原区、浅山区和延庆平原 426 种鸟类名录，103 种保护及受胁鸟类名录，117 种木本食源植物名录，以及 8 种食源作物名录。

（唐波）

（野生动植物保护：唐波 供稿）

古树名木保护

【概　况】　2018 年，市园林绿化局围绕古树名木保护与历史文化传承，开展古树名木调查、挂牌工作，推进古树名木精细化、精准化管理，开展古树名木保护复壮，完成市委院内两株古树保护复壮工程，启动丰台区长辛店镇和海淀区公主坟 2 处古树名木主题公园示范建设，搜集、整理完成 200 余株知名古树名木历史文化信息。汇编《北京古树名木》，收录 62 株千年古树和 60 株知名古树名木历史文化信息及图片资料。组织北京"最美十大树王"推选活动和评选结果发布仪式。在《人民日报·生态周刊》组织出版 4 期专栏——"让古树名木活起来"；在《绿化与生活》杂志，开设"让古树名木活起来"专栏，出版 10 期。发布 2018 年古树名木认养目录，提供可供认养古树 27 处 745 株，涉及侧柏、桧柏、国槐、银杏等 8 个树种，认养古树 21 株。

截止到 2018 年年底，北京市古树名木共计 4 万余株，其中一级古树 6000 余株，名木 1000 余株。北京市古树名木共有 31 科 45 属 65 种，主要为侧柏、桧柏、国槐、油松、枣树和银杏。

（唐波）

【北京古树名木书画展】　9 月 22 日，北京古树名木书画展在百望山森林公园开幕。书画展由北京生态文化协会主办，首都绿色文化碑林管理处承办。展览共展出书画作品 93 幅，分《古树春秋》《古都记忆》《乡土情怀》三部分，从不同层次和角度展示北京浓厚的古树文化。

（唐波）

【北京最美十大树王发布仪式】　12 月 19 日，市园林绿化局、市公园管理中心在天坛公园共同举办"最美十大树王"发布仪式。活动以"传承古树文化　彰显古都风韵"为主题，旨在弘扬和传承古树名木历史文化，发挥古树名木在展示古都风貌、体现古都特色、传承历史文化等方面的作用，讲好北京古树名木故事。国家林业和草原局生态保护修复司、市园林绿化局、市公园管理中心相关负责人、各区园林绿化局负责同志以及游园市民共 200 余人参加活动。活动自 2018 年 4 月开始，在全市范围内组织开展寻找北京"最美十大树王"活动。经过申报材料形式审查、两次专家推选、公众线上线下投票、结果公示等推选环节，最终 10 株古树从 69 株候选古树中脱颖而出。仪式现场发布"最美十大树王"推选结果，天坛公园桧柏"九龙柏"、密云区新城子镇新城子村侧柏"九搂十八杈"、海淀区苏家坨镇车耳营村古油松、东城区东花市街道花市枣苑社区酸枣王、北海公园画舫斋古柯亭院内国槐"唐槐"、西城区宋庆龄故居西府海棠、门头沟区戒台寺白皮松"九龙松"、门头沟区潭柘寺银杏"帝王树"、颐和园邀月门东侧古玉兰、延庆区千家店镇千家店村榆树王 10 株古树获得"最美十大树王"称号。

（唐波）

【北京古树换新版"身份证"】 年内，市园林绿化部门为北京古树换新版"身份证"。此活动从 2017 年开始对全市每个村、每个街道和每个单位每一株树木进行地毯式调查。调查活动首次实现 GPS 定位全覆盖，为全市 4 万多株古树名木换发新"身份证"。使北京古树名木都有一份新"简历"，除树高、胸围、冠幅等"三围"信息外，还有具体位置、树种、权属、特点、树龄、古树等级、立地条件、生长势、生长环境、现存状态、古树历史、管护单位及管护人等内容。

（唐波）

【北京 5 棵古树荣登"中国最美古树"榜】
年内，在全国绿化委员会办公室、中国林学会联合组织"中国最美古树"遴选活动中，共有 95 株古树获得"中国最美古树"称号。北京市有 5 株古树上榜。分别是"全国十大最美古银杏"之一，位于门头沟区潭柘寺，树龄 1300 年，胸围 9.29 米，平均冠幅 18 米，树高 24 米，清乾隆皇帝御封此树为"帝王树"。"中国最美白皮松"位于

门头沟区戒台寺，树龄 1300 年，胸围 6.5 米，平均冠幅 23 米，树高 18 米，为戒台寺十大名松之首。"中国最美板栗树"位于怀柔区，树龄 700 年，胸围 5.18 米，平均冠幅 14 米，树高 9 米，粗大树干落地支撑后分为三株长成，可同时站上 4 人。"中国最美酸枣树"位于东城区花市枣苑。树龄 800 年，胸围 2.3 米，平均冠幅 11 米，树高 15 米，树龄 800 年，为北京市一级保护古树，人称"活化石"。"中国最美槲树"位于怀柔区玄云寺，树龄 400 年，胸围 3.77 米，平均冠幅 19 米，树高 15.7 米，是全市唯一一株古槲树，为北京市一级保护古树。

（唐波）

【古树名木保护管理技术培训班】 年内，市园林绿化局举办全市古树名木保护管理技术培训班。培训班邀请北京市园林科学研究院、北京市林业工作总站、北京市林业勘察设计院等单位 6 名专家授课。此次培训从古树名木保护管理法规政策、城市古树名木养护和复壮技术、古树防雷电保护技术、古树名木资源普查、古树名木有害生物防治、古树名木基因保存技术研究 6 个方面进行全面、系统讲解。其中，培训结合古树名木资源普查工作情况和标牌更换等工作情况与大家进行深入交流，解决各区古树名木资源普查中遇到实际问题。16 个区园林绿化局、市公园管理中心及其所属 11 个市属公园、市文物局所属 9 个文保单位、市属林场以及故宫、潭柘寺、十三陵特区等古树集中分布区域等 57 家单位共 100 余名管理及技术人员参加培训。

（唐波）

（古树名木保护：唐波 供稿）

绿化资源监测与规划设计

【概　况】　2018年，北京市林业勘察设计院（以下简称市林勘院）开展北京市湿地资源调查、北京市2017年度林地变更调查、基于高分遥感技术动态监测年度绿化资源变化、全国古树名木资源普查北京地区调查后期工作。完成北京市"十三五"时期园林绿化发展规划中期评估、大兴区"十三五"时期园林绿化发展规划中期评估两个规划评估工作。

（韦艳葵）

【北京市湿地资源调查】　年内，市林勘院开展北京市湿地资源调查工作。完成全市湿地资源图斑区划工作，编制《北京市湿地资源调查技术操作细则》，在延庆区开展全市湿地资源普查动员及技术培训工作，在延庆野鸭湖湿地自然保护区进行野外调查实习工作。各区完成湿地资源普查野外调查、全面质量检查、野外调查数据收集汇总和数据入库。12月底完成全市湿地资源调查数据处理及报告编写工作。

（韦艳葵）

【北京市2017年度林地变更调查】　年内，市林勘院开展北京市2017年度林地变更调查。按照《国家林业局森林资源管理司关于做好林地年度变更调查工作的函》和《2018年林政资源管理工作要点》要求，在2016年度林地保护利用规划林地范围核实调整及林地变更调查工作基础上，针对2017年度林地变化情况，组织各区收集、处理和分析林业经营管理资料，进行林地变化地块判定分析，开展林地利用状况（地类）变化地块落实与核实调查，将林地和森林数量落到空间上，准确把控林地范围和界线，形成资源变化数据库，并编写全市林地变更报告。

（韦艳葵）

【基于高分遥感技术动态监测年度绿化资源变化】　年内，市林勘院继续开展基于高分遥感技术动态监测年度绿化资源变化工作，采用遥感技术为主，地面核查为辅方式，利用"北京2号"高分辨率卫星遥感影像，经过正射校正、波段融合、影像增强、镶嵌拼接处理后，开展两期（基于5月和10月影像）判读勾绘森林资源变化图斑，重点监测林地减少的图斑，包括建设项目占用征收林地引起林地减少的图斑、乔木林地采伐引起森林减少的图斑、自然灾害引起森林减少的图斑、违法破坏森林资源造成森林或林地减少的图斑、其他原因引起森林或林地减少的图斑，以及林地增加的图斑，现地核实变化图斑有无采伐手续和具体边界，确认是否在全市林地保护利用规划林地范围内，编写《北京市林地遥感动态监测结果报告（2018）》。

（韦艳葵）

【全国古树名木资源普查北京地区调查】
年内，市林勘院在2017年完成全市16个区古树名木野外调查工作基础上，对古树名木调查数据收集汇总、分析处理以及数据入库等工作，持续完善古树名木普查数据录入系统，形成完整古树名木管理信息系统。根据调查数据完成古树名木树牌设计制作以及全市古树名木挂牌工作。同时，形成全国古树名木资源普查北京地区调查报告。

（韦艳葵）

【北京市"十三五"时期园林绿化发展规划中期评估】　年内，市林勘院开展北京市"十三五"时期园林绿化发展规划中期评估。根据《北京市发展和改革委员会关于印发北京市国民经济和社会发展第十三个五年规划中期评估工作方案的通知》精神，研究制订评估工作方案。中期评估立足和规划修编相结合，评估工作坚持系统全面和突出重点相结合、定量分析和定性分析相结合、立足当前与谋划长远相结合、政府主导与多方参与相结合，主要评估新发展理念贯彻落实情况、发展目标实现情况、园林绿化四大系统落实情况、规划重点任务推进情况、规划实施存在问题，提出相应政策建议及后期规划实施建议。

（韦艳葵）

（绿化资源监测与规划设计：韦艳葵 供稿）

林政资源管理

【概　况】　2018年，林政资源工作紧紧围绕首都经济社会发展大局和市园林绿化局（首都绿化办）中心工作，坚持基础管理和监督执法两手抓，严格执行制度，将制度优势转化为治理效能，强化森林资源管理和监督，扎实推动巡查、督查、审计资源问题整改。各项工作任务圆满完成，推进北京市森林资源管理由"以管为主"向"管治并重"转变，森林资源管理政策得到有效落实，森林资源总量稳步增加，全市森林资源安全得到保障。

（邢晓静）

【森林资源动态监测】　年内，市园林绿化局编制完成《北京市第九次园林绿化资源调查方案》，报送市统计局并获批。同时印发《北京市园林绿化局关于做好第九次全市园林绿化资源调查准备工作的通知》，对调查前期准备工作做出安排，对调查范围和内容、调查时间阶段、准备工作内容及要求予以明确。

（邢晓静）

【林地保护管理】　年内，市园林绿化局完成2017年全市林地变更调查任务。全市充分运用遥感现代化技术手段，采取影像数据与林地现状相结合，处理、审查变化图斑38178个，数据坐标系已转成CGCS2000国家大地坐标系，进一步完善林地"一张图"，提高林地变化边界与影像吻合度以及属性因子准确性，数据成果质量较好，有利于全面掌握林地变化状况，确保林地保护利用规划科学执行。落实林地"一张图"管理，严格执行林地保护利用规划等级管理规定和管理措施，实现用规控地、以图管地。严格审核，对符合要求的冬奥会等国家重大工程项目，及时办理林地保护等级调级手续，实现依规划审查执法。

（邢晓静）

【林权管理】 年内，市园林绿化局参与和配合国土部门开展林权权籍调查方案制订、国有林场不动产首次登记试点工作。

（邢晓静）

【森林资源定（限）额管理】 年内，市园林绿化局着眼年度定额优先保障基础建设、民生工程等公益类占用林地项目，严格控制经营开发类占用林地项目，全市林地占用许可没有突破林地定额现象，支持首都社会经济建设。依据分项限额落实林业生产采伐指标，采伐限额优先安排森林质量提升等工程所需采伐指标和森林经营采伐任务，没有超采伐限额发放采伐许可证行为。

（邢晓静）

【森林经营方案编制】 年内，按照国家林业和草原局总体工作部署，市园林绿化局印发《北京市森林经营方案（2021—2030年）编制工作方案》，并成立森林经营方案编制领导工作小组，对编制指导思想、基本原则、编制主体和方法任务、工作阶段、保障措施等予以明确，推进森林经营方案编制工作。

（邢晓静）

【森林督查】 年内，市园林绿化局完成国家级森林督查北京督查任务，全市共接到国家下发图斑3734个（2017年），累计参加督查4125人次，完成16个区"一县一报"自查任务报告工作。本次森林督查是国家林草局首次建立森林督查制度，全国统一判读、下发变化图斑，各县自查、省级复查、国家级抽查三级督查体系，创新监督机制，加大督查力度，实现北京市各区全覆盖。根据2018年两期卫星遥感影像，市园林绿化局组织林业调查技术队伍，对变化图斑进行判读，与资源图进行对比分析，排查出增加、减少图斑，并对全市变化图斑进行现地核查，开展合法性审查、督查，编制完成2018年度全市林地遥感动态监测结果报告，对问题图斑通报督查。

（邢晓静）

【森林资源目标责任制】 年内，市园林绿化局将保护发展森林资源目标责任制建立和执行情况纳入《北京市森林督查年度实施方案》，并作为一项重要督查任务。目标责任制市级检查工作，检查范围为除东城、西城和石景山区外13个区。检查结果是，优秀3个区（密云、怀柔、昌平），良好8个区（朝阳、海淀、丰台、门头沟、房山、通州、顺义、大兴），合格2个区（延庆、平谷）。

（邢晓静）

【园林绿化资源保护专项检查】 年内，市园林绿化局印发《北京市园林绿化局关于加强园林绿化资源保护专项检查问题查处整改工作的通知》。分片分区落实整改，建立信息定期反馈制度，及时掌握工作进展，全市园林绿化资源保护专项检查问题查处整改工作成效明显。全市收回林地绿地955公顷。

（邢晓静）

【林政资源执法】 年内，市园林绿化局及时督办2017年北京专员办督办北京市未办结非法占用林地案件，同时对2018年上级转来、领导批示信访举报件建立督办案件台账，督查销号制度。完成2017年度《国家林业局关于全国林地管理和林木采伐管理情况检查的通报》《北京市森林资源管理情况的监督通报》两个通报问题整改任务。

督促整改2017年林地管理和采伐限额管理情况检查中存在的问题，制订整改方案，按区督办，逐一销账。完成2018年林地林木管理情况检查，编写相关成果报告，对执法检查中发现的问题进行通报，整改落实。配合开展殡葬领域突出问题专项整治工作，印发《北京市园林绿化局关于落实〈北京市殡葬领域突出问题专项整治行动方案〉有关工作的通知》。配合开展全市土地督查、环保督查工作。

（邢晓静）

（林政资源管理：邢晓静 供稿）

林木有害生物防治

【概　况】 2018年，完成林业有害生物防治面积43.94万公顷次，其中人工地面防控面积31.07万公顷次；组织开展飞机防治1287架次，预防控制面积12.87万公顷次，无公害防治率100%；果树有害生物发生面积15.82万公顷次，防治面积24.31万公顷次；林业有害生物发生面积2.91万公顷，测报准确率94.6%；实施种苗产地检疫面积1.2万公顷，种苗产地检疫率100%；成灾面积40公顷，成灾率0.024‰。测报准确率、无公害防治率分别比国家下达指标任务提高4.6%、13%，成灾率比国家下达指标任务降低1.076‰；美国白蛾发生面积667公顷，未发生严重美国白蛾灾害。

（周在豹）

【飞机防治林业有害生物】 4月8日，北京市飞机防治林业有害生物工作在大兴区开始作业，分春、夏、秋3个作业阶段，到9月23日结束，历时168天。在11个区飞防1200架次，预防除治面积12万公顷次。

（周在豹）

【苹果蠹蛾防控】 7月26日，北京市林业保护站和北京林业有害生物防控协会联合组织"平谷区苹果蠹蛾识别与防治技术专项培训"，请有关专家就苹果蠹蛾检疫、监测和防治技术进行专题培训，与北京市植物保护站签署"北京市果树检疫性有害生物联合防控工作协议"，制订《北京市防控苹果蠹蛾技术方案》，部署全市农业、林业植物检疫对接工作。

（周在豹）

【林业有害生物防控】 年内，北京市利用空中无人机监测和地面生态公益林管护员巡查相结合的方式，开展松材线虫病疫情春季及秋季普查工作；完成 19 架次无人机监测松材线虫病飞行任务，监测面积 1.71 万公顷。与北京市植物保护站签署"北京市果树检疫性有害生物联合防控工作协议"，制订《北京市防控苹果蠹蛾技术方案》，部署全市农业、林业植物检疫对接工作。开展 2018 年北京市林业有害生物防治检疫工作检查，重点对美国白蛾、松材线虫病、红脂大小蠹、苹果蠹蛾等检疫性、危险性林业有害生物防控工作进行专项调查、检查和督查。

（周在豹）

【京津冀林业有害生物协同防控】 年内，召开京津冀协同发展林业有害生物联防联治工作会议 7 次，京津座谈会 1 次，片区联防联治工作会议 8 次，完成《2018 年京冀林业有害生物防控区域合作项目》。4 月 24～25 日，京津冀三省市联合考察松材线虫病发生防治情况；6 月 11 日，召开松材线虫病防治方案论证会；7 月 5～9 日，组织三省市相关技术人员赴南京林业大学参加"京津冀松材线虫病监测鉴定技术培训班"。5 月 23～25 日，京津冀三省市签订《京津冀协同发展林业植物检疫追溯系统合作协议》，在北京 5 个区，河北 4 个区，天津 2 个区开展京津冀林业植物检疫追溯系统试运行工作。9 月 21 日，京津冀三省市在天津市西青区联合开展京津冀协同发展

2018 年林业有害生物灾害应急防控演练活动。7 月 18 日，北京市林业保护站支援塞罕坝喷烟机 30 台，药剂 1000 千克；无偿支援河北省环北京周边保定市秋季飞防作业 42 架次。

（周在豹）

【新一轮百万亩造林绿化林业有害生物防控】 年内，北京市成立新一轮百万亩造林检疫工作领导小组和新一轮百万亩造林检疫工作推进小组。印发《北京市新一轮百万亩造林绿化工程林业植物检疫工作实施方案》。在北京市重点工程、重点区苗木上悬挂 RFID 标签，实现调运植物全程追溯。印发《关于开展严查〈植物检疫证书〉工作的通知》，严查无证调运及使用假证调运等违规行为。联合市园林绿化局造林营林处、市林业种子苗木管理总站，对北京市 13 个区造林工程用苗质量和苗圃生产经营情况进行检查。举办 8 期执法和技术培训班，制作印发检疫工作宣传实用手册 3000 本。

（周在豹）

【北京城市副中心林业有害生物防控】 年内，市林业保护站在北京城市副中心大力推广绿色防控，悬挂白蜡窄吉丁黏虫板 4.1 万个、国槐叶柄小蛾诱捕器 2500 套和诱芯 7500 个，布置沟框象捕获网 1900 个、白蜡窄吉丁捕获网 4600 个。与市园林绿化局城镇绿化处、通州区林保站联系、交流，商讨对接事项和联系人员，支援美国白蛾、国槐小卷蛾监测诱捕设备。建立"副中心病虫防控对接交流群"微信群，实现实时无缝对接。

（周在豹）

【林业有害生物绿色防控试点】 年内，市林业保护站在北京 7 个公园、城市副中心行政办公区内以及延庆蔡家河平原造林地、怀柔区雁栖湖 APEC 会址周边等处开展林业有害生物绿色防控试点工作。完成释放白蛾周氏啮小蜂 10 亿头，赤眼蜂 5 亿头，异色瓢虫卵 360 万粒，管氏肿腿蜂 340 万头，白蜡窄吉丁肿腿蜂 200 万头；悬挂黏虫色板 2 万张，白蜡窄吉丁黏虫板 12 万个，国槐叶柄小蛾诱捕器 2 万套；布施沟眶象捕获网 1.2 万个，白蜡窄吉丁捕获网 1.2 万个，悬挂人工鸟巢 210 个，塑料胶带 5500 卷。在重点地区、试点公园安装高效智能捕虫器 17 台，用于诱捕具有趋光性林业有害生物和蚊虫。委托各区林保站对绿色防控进行实时监管；委托第三方对天敌昆虫释放后定殖、防治效果进行调查和综合评估。

（周在豹）

【林业有害生物防控协会】 年内，开展北京林业有害生物防控协会志愿者标识征集活动，征集稿件 157 篇；开展"三进"活动 45 次，科普摄影展 3 次，专家巡诊 13 次。大力发展志愿者队伍，搭建林业有害生物防控志愿者平台，建立延庆志愿者区级分队，讨论在延庆区试点开展各项志愿者工作。协会召开两次常务理事扩大会议，增选 2 名监事会监事，审议批准 1 家常务理事单位会员申请，协会单位会员 136 家。制订《林业有害生物防治员职业资格证管理办法》和 2018 年度林业有害生物防治员职业资格培训计划。草拟《新产品新技术评定管理办法（试行）》，向会员、专家征集新产品、新技术及专利，共收集到专利项目 4 个，新技术 1 项，新产品 26 个。

（周在豹）

（林木有害生物防治：周在豹 供稿）

森林火灾防控

【概　况】 2018 年度森林防火期，北京市共发生森林火情 11 起，形成一般森林火灾 1 起，未发生较大以上森林火灾和人员伤亡事故。年内，市委、市政府领导高度重视森林防火工作，北京市副市长卢彦 5 次深入基层调研检查、2 次来到市森林防火指挥中心现场指挥调度各区森林防火工作，国家森防指 3 次派驻暗访组，市森防办、市园林绿化局领导班子 7 次召集会议，开展 20 余次督导检查。起草《京津冀联合处置森林火灾应急预案》，与相关单位联合印发《北京市森林防火三年行动计划（2018—2020 年）》。市森防办及各区逐级修订完成森林火灾应急预案，形成覆盖全面、上下衔接的森林火灾应急预案体系。全市专业森林消防队新增 13 支，总数 139 支 3486 人。针对大风、高温等极端高火险天气，发布高火险橙色预警 4 次 11 天，春节、"两会"、清明和"五一"等关键时段，开展联合巡逻检查行动，出动森林公安民警 6278 人次，生态林管护员、护林员 215.4 万人次，制止各类野外用火行为 4190 起。

强化重点工作落实，深入开展森林防火隐患大排查大清理大整治专项行动和挂账隐患"回头看"核查工作，发现整改火险隐患568处。

（刘丽）

【市领导检查"五一"期间森林防火】 4月30日，北京市副市长卢彦到市森林防火指挥中心，调度检查全市森林防火工作，通过视频会议系统调度检查13个区及市直属森林防火队各项工作，要求：严格落实各项措施，护林员、巡查队、瞭望监测员、应急值守人员要全部在岗在位，各司其职；严格落实责任，对农事活动中燎地边儿、进山入林野炊烧烤等行为要严格控制，防止引发森林火灾；要加强专业森林消防队伍演练，强化专业队伍以水灭火技战术训练，提高扑火战斗力。

（刘丽）

【京津冀联合开展森林火灾应急处置演练】 9月26日，北京市携同天津市蓟州区、河北省三河市等地森防办联合组织开展森林火灾应急处置演练。现场出动指挥车、运兵车、装备车等30余辆，直升机1架，10支专业队伍210名森林消防队员，演练火情侦查报告、启动应急预案、应急响应、火场调度指挥、常规灭火战术、远程输水以水灭火战术、协同灭火作业、火场清理以及气象、医疗、交通等多部门联动保障等内容。通过此次应急演练，进一步提高三地森林防火组织指挥和协同作战能力。

（朱保来）

【森林防灭火工作电视电话会议】 10月17日，2019年度森林防灭火工作电视电话会议在市政府召开。市森林防火指挥部成员单位及各区政府主管领导参加此次会议。会议通报各区2018年森林防火考核情况，总结2018年度全市森林防火工作，重点部署2019年度全市森林防灭火工作，副市长卢彦提出三点要求：进一步提高政治站位，切实增强森林防灭火工作的紧迫感和责任感；进一步采取过硬措施，不断提高森林防灭火工作水平；进一步加强组织领导，全面落实森林防灭火各项责任。

（刘丽）

【森林防火宣传月】 11月是北京市森林防火宣传月，全市森林防火机构联合新闻媒体、教育、气象等部门，以"保护绿水青山，森林防火当先"为主题开展森林防火宣传活动，向广大市民集中宣传森林防灭火知识。宣传月期间，发放宣传材料、宣传品约22.8万份（个），出动宣传教育人员1万余人，宣传车262车次，悬挂横幅3981条，宣传展板670块，设立固定宣传点45处，开展森林防火知识讲座16场，组织森林防火应急演练9场，发送森林防火信息13.4万条，受教育群众30万余人。

（申佳鑫）

【冬奥赛区森林防火检查】 年内，北京市森防办对冬奥赛区和松山国家级自然保护区森林防火工作开展三次检查。重点检查冬奥赛区施工现场扑火物资储备、扑火方案制订、应急队伍、通讯设备、可燃物清理、宣传等情况。检查组强调，冬奥赛区和松山国家级自然保护区森林防火工作事关重大活动顺利举行和首都安全稳定，任务艰巨，责任重大，各单位要全力落实好各项措施，做好重点部位、重点区域、重点因素火险隐患排查工作，确保隐患治理无盲区。

（申佳鑫）

（森林火灾防控：刘丽 供稿）

公安执法

【概　况】　2018年，北京市森林公安机关抓好森林防火、森林公安执法、森林公安队伍建设等各项工作。全年接报和发现警情1786起，立案共686起（刑事案件70起，林业行政案件616起）。按案别分，盗伐案件41起，滥伐案件126起，毁林案件159起，擅自改变林地用途案件172起，野生动物案件75起，其他案件113起；破获刑事案件57起，其中重大案件7起，特大案件4起。抓获犯罪嫌疑人120人，行政处罚878人次。加大对破坏森林和野生动植物资源违法犯罪打击力度，开展5次专项打击行动，成功破获"6·29滥伐林木案""8·22非法出售珍贵、濒危野生动物制品案"等影响较大案件。加强禁毒工作，开展"全民禁毒宣传月"活动。做好信访接待和矛盾纠纷化解工作，接待群众来访和电话询问50余次，转办接警及信访件4起。印发《深化首都森林公安改革的指导意见》，推进改革方案落实，协调落实人民警察两项津贴（补贴）问题。编订北京市涉林刑事案例汇编教材（初稿）。开展两法衔接工作，审核对接"两法衔接"案件52起128次，发现问题135个。启用森林公安基层基础业务综合管理平台，录入各类基础信息18万余条；刑侦大队、法制科及全市45家办案单位全部启用森林公安执法办案平台，制定印发《执法办案平台应用规范（试行）》。落实民主集中制和"三重一大"制度，开好专题民主生活会，收集汇总各类意见建议25条。荣立国家林业和草原局森林公安局个人一等功1人，个人二等功4人，集体二等功2个。

（刘丽）

【打击破坏野生动物资源违法犯罪专项行动】　3月6日至5月底，北京市森林公安局在全市范围内开展打击破坏野生动物资源违法犯罪专项行动。期间，出动警力4112人次，车辆1989车次，发放宣传材料3.2万份，办理刑事案件21起，行政案件137起，救助野生动物2514头（只），打击处理违法犯罪人员136人（次），单位13个，涉案价值190.03万元。

（李智）

【"绿剑2018"专项行动】　9月1日至12月10日，北京市森林公安局开展"绿剑2018"专项行动，重点打击非法占用林地、乱砍滥伐、乱捕滥猎、非法贩卖珍贵濒危野生动植物等违法犯罪行为。期间，出动警力7192人次，出动车辆3568车次，巡护自然保护地、野生动物活动区域1179处，清理野生动物驯养繁殖、加工经营场所46处，清理非法征占用林地项目23个，清理木材加工、存储、运输场所14个；查处林政案件52起，行政处罚46人；立案侦查刑事案件43起，抓获犯罪嫌疑人45人，查获解救各类野生动物2048只，涉案林木433.57立方米，涉案价值33930元。

（李智）

【打击珍稀动物及制品非法贸易专项行动】　11月20日至12月底，北京市森林公安局开展打击犀牛和虎及其制品非法贸易专项行动，重点打击非法猎捕、杀害犀牛和虎，非法加工经营、走私、收购、运输、出售犀牛和虎及其制品等犯罪活动。期间，出动警力2360人次，车辆1416车次，清理野生动物驯养繁殖场所30处、野生动物加工经营场所17处，检查野生动物活动区域802处；破获刑事案件10起，抓获犯罪嫌疑人17人，查获解救各类野生动物108只，涉案价值3.6万元，无涉及犀牛和虎及其制品的案件。

（李智）

【落实象牙禁贸令】　年内，北京市森林公安局严格落实国家"象牙禁贸令"。自1月1日起，国家全面禁止商业性加工和销售象牙活动，北京市森林公安局多次对全市原合法加工销售象牙场所进行检查，截止到3月月底，查获非法出售、收购珍贵、濒危野生动物制品系列案件，立案4起，刑事拘留6人，1人被检察机关批准逮捕。

涉案象牙制品1184件、盔犀鸟制品2件，涉案价值4万余元。

（白俊丽）

【森林公安队伍建设】　年内，北京市森林公安局开展民警干部在线学习工作，做好新警培训、司晋督培训和年度专项培训，组织开展公安业务培训班2期175人次，射击训练及考核培训1期96人次。开展"加强纪律教育、整治突出问题、严守纪律底线、树立警营新风"创建活动、"为官不为""为官乱为"问题专项治理、党建"灯下黑"问题专项整治、巡视督查专项检查审计问题整改情况"回头看"等。加强涉警负面舆情核查处置，核查涉及北京市森林公安机关舆情7起，均及时作出调查、处理，未发现舆情所反馈的相关情况。

（姚忠哲）

【森林公安宣传】　年内，北京市森林公安局开展普法宣传教育266次，发放宣传材料3.28万份，刊发各类新闻媒体报道共292篇（条），其中中央级报刊2篇、省级报刊12篇，各级广播类16条，电视类140条，网络微信报道122条，依托《中国绿色时报》《北京日报》《法制晚报》、北京交通广播、北京电视台北京新闻、法治进行时等媒体对打击非法猎捕杀害野生动物犯罪进行专题报道。

（张曦眈）

【案例要举】

破获非法占用农用地案　2017年8月9日，北京市森林公安局接北京市十三陵林场举报，经查，2009～2014年，张某某

（男，1967 年 7 月出生，北京市人）未经林业主管部门批准，擅自雇佣他人砍伐其认养的位于北京十三陵林场内林木 2426 株，并在这一林地上修建仓库、别墅、鱼池、道路等建筑物 1.14 公顷，经鉴定，以上林地破坏程度均达到严重毁坏。张某某涉嫌非法占用农用地罪和滥伐林木罪，于 2017 年 9 月 29 日被刑事拘留。此案于 2018 年 3 月移送检察机关审查起诉。

（刘丽）

破获非法收购珍贵濒危野生动物制品案 1 月 15 日，北京市森林公安局民警在侦办一起出售象牙制品案件时，获得线索，经查，商某某（女，1984 年 11 月出生，河北省唐山市人）未经野生动物主管部门批准，通过微信从郭某某（另案处理）处购买 1 只象牙手镯，并实际让人从北京市石景山区京西珠宝城处以快递方式发货给商某某。经鉴定，涉案象牙制品重 114.4 克，价值人民币 4766.7 元。2 月 2 日，商某某被刑事拘留。8 月 29 日，商某某涉嫌非法收购珍贵、濒危野生动物制品罪，被判处拘役五个月，缓刑六个月，并处罚金人民币 2000 元。

（刘丽）

破获滥伐林木案 6 月 29 日，北京市森林公安局接到举报，经审查，2016 年 8 月，犯罪嫌疑人刘某某（男，1970 年 8 月出生，北京市人）未按照林木采伐许可证相关规定，指使秦某某（男，1977 年 12 月出生，河北省张家口市人）雇佣王某某（男，1977 年 7 月出生，河北省邯郸市人），超批示砍伐北京市昌平区沙河镇七里渠北村一排干（小地名）内集体所有的杨树 263 株，经鉴定，折合立木蓄积 176.24 立方米。刘某某、秦某某、王某某涉嫌滥伐林木罪被依法逮捕。于 2018 年 11 月移送检察机关审查起诉。

（刘丽）

破获非法狩猎案 10 月 16 日（禁猎期），北京市森林公安局接到举报，立即出警，发现张某某（男，1968 年 9 月出生，北京市人）携带粘网 2 张在北京市朝阳区滨河路北小河旁（禁猎区）猎捕野生鸟类 15 只（其中黄腰柳莺 8 只、树鹨 1 只、黄喉鹀 1 只、大山雀 3 只、小鸦 2 只）。经鉴定，以上 15 只猎获鸟类均为国家"三有"保护野生动物。张某某涉嫌非法狩猎罪。案件于 2018 年 11 月移送检察机关审查起诉。

（刘丽）

（公安执法：刘丽 供稿）

安全生产与应急管理

【**概　况**】 2018 年，按照市委、市政府和市安委会工作部署，加强组织领导，强化安全生产基层基础工作，完成重大活动期间安全保障、行业系统安全生产管理、灾害预防和突发事件应对等各项工作，确保全行业安全生产工作平稳有序。

（郭杨）

【安全生产检查督导】 年内,市园林绿化局按照市委、市政府和市安委会相关要求,开展一系列安全生产检查督导工作,确保全国"两会"、中非合作论坛等重大活动期间安全稳定。4~5月,全市园林绿化系统开展安全隐患大排查大清理大整治挂账隐患"回头看"核查工作,出动检查人员108人次,完成对174项上账隐患核查工作。8~9月,全系统完成中非合作论坛社会面火灾防控工作,出动检查组86个,检查单位220家,排查整改隐患136处,教育培训人员681人,确保全系统消防安全形势稳定。9~12月,开展城市安全隐患治理三年行动,排查挂账隐患15项,未挂账隐患17项,全部隐患完成整改销账。

(郭杨)

【确保汛期安全】 年内,市园林绿化局加强汛期安全生产管理工作,印发应对强降雨汛情预警通知7次,加强汛期和主汛期应急值守通知12次,确保全市园林绿化成果和城区交通运行畅通。汛期强降雨极端天气造成倒伏树木3820株、折枝断枝4104株、倒树压车33辆、倒树压房35间、树压电线10处。全市园林绿化系统应急抢险专业队伍176支5028人和403台抢险车辆值守备勤。

(郭杨)

【防汛防火应急演练】 年内,市园林绿化局指导全市园林绿化系统健全应急预案体系,规范处置程序、应急队伍和应急物资保障措施,落实年度应急演练计划。7月31日,在永定河休闲森林公园文化广场举办年度防汛应急演练,局属林场、苗圃干部职工100余人参加演练,演练项目包括游客疏散、倒伏树木清理、河堤封堵抢险、积水清理、伤员救护等。8月31日,在永定河休闲森林公园举办年度防火应急演练,局属林场、苗圃干部职工100余人参加演练,演练项目包括火灾报警、紧急疏散逃生、灭火抢险、余火清除、伤员救援、撤离火场等。11月8日,联合金隅物业在环球贸易中心开展消防安全宣传体验活动。11月9日,在西办公区开展用电、用火、电动自行车、森林防火等安全知识宣传。

(郭杨)

【安全宣传活动】 年内,市园林绿化局结合"防灾减灾日"和安全生产月活动,精心安排,开展安全生产宣传教育活动。各区园林绿化局、各生产经营单位以不同形式开展宣传教育和咨询活动,宣传"以人为本、安全发展"理念,制作宣传展板100余块、悬挂横幅120余条、张贴主题宣传画400余张、发放宣传品2万余份。

(郭杨)

【安全生产教育培训】 年内,市园林绿化局结合年度工作任务,开展安全生产教育培训工作。9月19~21日,在首都绿色文化碑林管理处举办2018年应急管理和安全生产业务培训。培训邀请市消防局、市安监局、市劳保所专家进行授课,各区园林绿化局、局直属林场苗圃主管领导及科室负责人参加培训。

(郭杨)

【安全生产标准化建设】 年内,市园林绿化局继续在全市园林绿化系统推行安全生产标准化工作。11 家市属公园，2 家局属林场苗圃，51 家园林绿化施工企业在内的 64 家单位完成标准化二级达标创建工作，

11 家市属公园通过安全生产标准化核查。

（郭杨）

（安全生产和应急管理：郭杨 供稿）

农村林业改革发展

【概况】 2018 年，北京集体林业改革发展工作认真落实国务院办公厅《关于完善集体林权制度的意见》，围绕实施乡村振兴战略和促进集体林业改革发展，在完善全市集体林权制度和相关政策、创新探索集体林业发展体制、进一步加强基础工作等方面取得长足进展。

（梁龙跃）

【编制印发《关于完善集体林权制度促进首都林业发展的实施意见》】 年内，北京市园林绿化局会同市政府各相关部门，在充分调查研究、全面准确把握国家政策要求的基础上，认真贯彻习近平总书记关于集体林权制度改革重要批示和福建全国林改会议部署，起草《关于完善集体林权制度促进首都林业发展的实施意见》。在征求 13 个区政府、17 家市集体林权制度改革领导小组成员单位意见后，先后通过市集体林权制度改革领导小组会、第 175 次市政府常务会议、市委全面深化改革领导小组第七次会议审议，于 2018 年 5 月 11 日以市政府办公厅名义印发《北京市人民政府办公厅关于完善集体林权制度促进首都林业发展的实施意见》（以下简称《实施意见》）。《实施意见》紧密结合北京实际，提出符合

北京情况的促进集体林高质量发展、集体林分类经营管理、引导集体林适度规模经营、探索集体林场建设、完善集体林配套服务设施等政策，对今后北京市集体林业发展将具有重要指导作用。

（梁龙跃）

【落实《关于完善集体林权制度促进首都林业发展的实施意见》】 年内，为全面落实《北京市人民政府办公厅关于完善集体林权制度促进首都林业发展的实施意见》，北京市园林绿化局制订《关于落实〈关于完善集体林权制度促进首都林业发展的实施意见〉工作方案》，对贯彻落实《实施意见》主要任务、工作安排、具体要求进行细化，于 2018 年 6 月 15 日以集体林权制度改革领导小组办公室名义印发，并开展系列工作指导推动区级实施方案编制。

（梁龙跃）

【探索新型集体林场试点】 年内，着眼落实《关于完善集体林权制度促进首都林业发展的实施意见》中"重点探索在平原地区、浅山地区发展集体林场"部署，2018 年 6 月 5 日北京市园林绿化局制订并印发《北京市新型集体林场试点方案》，指导各区园林

绿化局按照相关规定选取试点对象，积极开展新型集体林场试点建设，探索集体林业经营与管理体制机制。经各区园林绿化局申报，北京市园林绿化局确认，全市确定在门头沟、房山、通州、顺义、大兴、昌平、平谷、怀柔、密云、延庆10个区23个乡（镇）开展15个新型集体林场试点工作。截止到2018年年底，各试点单位进入建设方案编制阶段。

（梁龙跃）

【新一轮全国集体林业综合改革试验示范区建设】 年内，根据国家林业和草原局《关于申报集体林业综合改革试验示范区试验任务的通知》要求，经综合评价、分析，房山区被确定为全国集体林业综合改革试验示范区，围绕实施乡村振兴战略，着力解决集体林业发展面临新问题，为全面深化改革积累经验，为完善相关体制机制和政策法规提供依据。目的是，通过集体林业综合改革试验区建设，着力解决房山区集体林业改革过程中培育新型林业经营主体、创新森林经营管理制度、推动一、二、三产业融合创新集体林业发展模式等方面存在的问题，改善集体林地经营与管理方式，促进农民增收，为北京市乃至全国深化集体林权制度改革探索路子、积累经验。林地范围，区域范围内集体林地，包括商品林和生态林。主要任务，利用3年时间，针对培育新型林业经营主体、创新森林经营管理制度、推动一、二、三产业融合创新集体林业发展模式试验内容的重点环节开展探索、创新和示范，探索出一批可复制、可推广的经验和制度。

（梁龙跃）

【配套服务设施建设规范调查研究】 年内，市园林绿化局与市规划国土委等相关部门共同开展集体林业基础设施建设标准规范研究，开展相关服务配套设施建设基本情况摸底调查、查找存在问题、研究制定相关建设规范。

（梁龙跃）

【北京市集体林权管理台账档案数据更新】 年内，市园林绿化局在2017年林改管理台账及档案规范化建设基础上，开展北京市集体林权管理台账档案数据更新完善，进一步梳理集体林改基础数据，初步建立全市集体林权管理信息系统，提高林改工作精细化管理水平，为开展与相关部门的数据共享与交换奠定基础。

（梁龙跃）

【集体林地承包经营纠纷调处考评】 年内，按照《国家林业和草原局关于印发〈2018年集体林地承包经营纠纷调处考评工作实施方案〉的通知》要求，北京市园林绿化局认真组织、部署安排，圆满完成考评工作，被国家林业和草原局考核评为"满分"。

（梁龙跃）

（农村林业改革发展：梁龙跃 供稿）

行政审批

【概　况】 2018年，市园林绿化局进一步加强审批政务服务意识，规范窗口行为，健全各项管理制度，强化队伍建设，提高履职能力，圆满完成年度为企业、群众办事"一站式"窗口服务和相关改革工作。全年在市政务服务中心办理涉及固定资产投资类行政许可1397项，其中工程建设涉及城市绿地树木审批1017项（审批区级审核上报砍伐申请766项），批准改变绿地使用性质和用途114项，审批避让保护古树措施4项，审核批准使用林地136项，直接为林业生产服务59项，审核审批采伐（移植）林木67项。办理非固定资产投资类许可共2820件，其中林保类审批1927项，野保类审批811项，种苗管理类审批62项，批准防火期进入防火区进行爆破7件，森林损失鉴定机构认定13项。

（侯智）

【工程建设审批制度改革】 年内，市园林绿化局按照国务院和市政府关于推进工程建设项目审批制度改革试点各项要求，先后开展综合窗口改革、事项精简、一网通办等系列减审批、优服务举措。完成71个审批服务事项审核要点、常见问题梳理，为综合窗口人员开展上岗培训工作。11～12月，按照市政府部署审批服务事项压减50%工作要求，市园林绿化局将市级实施的74项审批服务事项精简至37项。在此基础上，按政务服务"一网、一门、一次"改革要求，除一项未进驻事项外，均开通

互联网申报服务功能，事项网上可办率98%。

（侯智）

【促进优化北京市营商环境】 年内，为推进北京市优化营商环境工作，市园林绿化局针对世界银行营商环境评价中涉及园林绿化行政审批"办理施工许可"和"电力接入"指标，采取具体举措：积极参与部门协同联动，与市规划国土委等9部门共同研究制订《关于进一步优化营商环境深化建设项目行政审批流程改革的意见》，与市城市管理委等7部门研究制订《关于北京市进一步优化电、水、气、热接入营商环境的意见（试行）》，与交通委路政局就营商环境"接入电力"工程涉及占掘路审批和占用绿地移伐树审批建立部门间工作协同机制，提高行政服务效率；配合市政务服务办就"施工许可办理"及"水电气热接入"工程涉及园林绿化资源网上审批进行流程梳理，尽快实现优化营商环境项目在市政务大厅实现"一窗、一网、一次"办理。制订精准行政服务措施，研究出台《关于进一步优化营商环境精简行政审批要件提高审批效率的通知》，优化审批权限配置，实行权限下放；调整许可审查方式，审批时间由12天减至6天；推行采用承诺制，简化降低申报门槛。开展专题培训，市园林绿化局认真组织本级政务服务人员（包括窗口人员）及区园林绿化局审批主要负责人员加强专题业务培训，确保认识上到位、执行无偏

差、贯彻到实处。同时，要求各区园林绿化局对涉及营商环境服务人员开展全员培训，进一步规范下属绿地管护单位行为，在遇有申报单位咨询时，应积极配合、充分沟通，指导其组卷上报；明确办理时限，切实提高办事效率。加大舆论引导宣传，市园林绿化局利用"首都园林绿化政务网"门户网站醒目位置及时公布现有相关政策文件，方便网民及时查阅咨询。同时，印制专门服务营商环境事项"办事指南""办理流程""办理说明"等推送至进驻大厅六家专业企业窗口，方便营商环境项目进行水、电、气、热等工程报装时就能了解相关行政许可办理要求，便于园林绿化部门第一时间跟进服务。

（侯智）

【立足资源保护依法开展审批】　年内，按照北京市"四个服务"总体要求，在工程建设涉绿审批方面，为中央单位和驻京部队提供快捷、高效优质服务，全力保障国家及北京市重大项目重点工程建设。通过项目前期会商、联审联办等工作方式加强方案前期研究，重点工程做到点对点服务，较好保障2022年冬奥会、广渠路东延、南苑机场搬迁、新机场高速公路等一系列重点工程顺利开展。同时，尝试对重点工程采取即来即办、容缺审批等方式，充分灵活运用控制性工程、设计方案变更等政策，促进工程建设依法高效审批。同时，在审批工作中坚持进一步加强资源保护。在大力支持工程建设同时，加大绿化资源保护力度，如在城市交通综合整治中，密切联系市交通等部门，通过会商疏堵方案，兼顾疏解交通与绿化资源保护配合，开展成府路步行系统改造、莲石东路潮汐车道改造等多个交通疏堵项目审批。

（侯智）

（行政审批：侯智 供稿）

城市绿化美化

【概　况】　2018年，北京市城市园林绿化紧密围绕新版北京城市总体规划，突出以人民为中心、绿色惠民工作思路，全面实施公园绿地建设，不断拓展绿色生态空间，努力提升精细化管理水平，提升城市绿化发展水平。

截至2018年年底，北京市完成新增城市绿地面积1013公顷，改造绿地117.3公顷。建设小微绿地121处，屋顶绿化12.3万平方米、垂直绿化14.7千米。

（曹睿）

【北京城市副中心园林绿化建设】　年内，市园林绿化局完成北京城市副中心年度绿化建设任务，新增城市绿地281公顷。其中行政办公区千年城市守望林和先行启动区公园绿地101公顷，城市绿心先行启动区公园绿地20公顷，北京城市副中心155平方千米内2017年休闲公园二期、宋梁路等13个续建项目以及2018年张家湾公园一期等5个新建项目绿化160公顷。

（曹睿）

【中非合作论坛绿化环境保障】　年内，按照"高标准、有亮点、重特色、可持续"思路，本着隆重、热烈和勤俭办会原则，实施重点区域绿化景观提升工程。全市摆放大型主题花坛25座、小型花坛花堆小品300余处、组合容器400组、花柱102根、花箱1.2万个，地栽花卉1000万株，使用花卉100余个品种。其中，在天安门广场两侧绿地摆放嵌有中非论坛LOGO花柱12根、花球18个，布置3800平方米花带。在长安街东单、西单、国家会议中心、钓鱼台国宾馆、机场专机楼、四元桥布置10处立体花坛。在二、三、四环等重点道路沿线绿地开展环境整治，以栽植地栽花卉为主，摆放立体花坛、容器花卉、花堆为辅，增加花卉布置，形成缤纷多彩的景观带。

（刘功斌）

【天安门广场花卉环境布置】 "十一"国庆节期间，北京市各区结合实际，采取多种形式开展花卉布置，摆放主体花坛83座、小型花坛花堆小品171座、容器花钵10700组、花箱8100个、地栽花卉100.9万株（盆）。在天安门广场中心布置"祝福祖国"巨型花篮，长安街沿线建国门至复兴门布置"展现新时代、为人民谋幸福"主题花坛10座，长安街及其延长线布置地栽花卉200万株（盆）、容器花卉100组。

（刘功斌）

【完成第十二届中国（南宁）国际园林博览会北京园建设】 年内，市园林绿化局持续推进并完成第十二届中国（南宁）国际园林博览会北京园建设任务。南宁园博会于2018年12月6日开幕，北京市代表团一行9人由市园林绿化局局长邓乃平带队参加开幕式。南宁园博会北京园于2月进场施工，设计上以"广群芳园·邕熙盛景"为主题，通过展示京城园林形象，展现皇家园艺特色，表达传统山水精神，体现"生态文明、和谐宜居"时代主题。

（代元军）

【第十一届中国（郑州）国际园林博览会北京园获奖】 第十一届中国（郑州）国际园林博览会于2017年9月29日开幕，历时8个月，于2018年5月31日闭幕。经专家评审，北京园获得5项大奖（室外展园综合奖、室外展园创新奖、室外展园设计奖、优质工程奖、植物配置奖）和一项优秀奖（建筑小品奖）。北京园占地面积5206平方米，以"仁智山水 安乐生活"为主题，与园区主景轩辕阁、主展馆呈掎角之势，是核心区三大控制性景观点之一。北京园以其大气恢弘设计、巧妙精湛施工工艺和亲切宜人花溪花海布置，诠释北京源远流长、博大精深的历史文化。

（代元军）

【城市公园绿地建设】 年内，北京市完成新建公园绿地710公顷，改造公园绿地100公顷（不含城市副中心）。建成丰台嘉囿、石景山何家坟、顺义中晟馨园等休闲公园28处478公顷，其中为民办实事休闲公园10处；建成东城新中街、西城常乐坊等城市森林20处168公顷；建成东四块玉西侧绿地、双紫园社区、马连洼中央党校等口袋公园及小微绿地121处64公顷，其中为民办实事口袋公园及小微绿地50处；完成海淀园外园三期、门头沟绿海运动公园等公园绿地改造项目13处100公顷。

（曹睿）

【健康绿道建设】 年内，北京市以连通型和滨水型绿道为重点，加快实施市、区和社区级三级绿道建设，串联绿色生态空间，健康绿道网络不断延伸扩展。全市建成健康绿道111千米。其中，房山南水北调绿道57千米，通州重要通道生态游憩带绿道（一期）30千米，朝阳常营半马绿道20千米，海淀永丰绿道4千米。

（曹睿）

【道路绿化景观提升】 年内，市园林绿化局通过更新、复壮、补植冠大荫浓大树，增加观叶、观花等彩叶树，建设林荫大道、彩叶大道，推进城市绿网建设。通过树池连通及主辅隔离带增绿，改善植物生长条件，提升道路景观效果。完成长安街西延、地铁 16 号线沿线道路绿地改造提升绿化面积 134.8 公顷。

（曹睿）

【居住区绿化美化】 年内，北京市完成密云橡树湾、昌平南口经济适用房小区等 10 个新建居住区绿化建设，新增绿化面积 22.2 公顷，完成顺义马坡一区、延庆温泉西里等 16 个老旧小区绿化改造，改造面积

17.3 公顷。

（曹睿）

【立体绿化建设】 年内，北京市完成朝阳区北京八十中白家庄校区、通州区春蕾幼儿园等屋顶绿化 12.3 公顷，石景山区六合园社区、通州区通燕高速等垂直绿化 14.7 千米。

（曹睿）

（城市园林绿化建设与管理：曹睿 供稿）

园林绿化市场管理

【概　况】 2018 年，全市园林绿化市场管理围绕落实新版城市总规，积极主动服务首都城市战略定位。贯彻落实《北京市建设工程质量条例》《北京市绿化工程质量监督实施办法》《北京市绿化工程招标投标管理办法》《城市园林绿化企业资质管理办法》，认真履行企业管理、招投标监管、质量监督、安全生产标准化评审 4 项职能，不断优化营商环境，依法创新监管模式，保障园林绿化市场健康有序发展。

（李优美）

【园林绿化企业管理】 年内，市园林绿化工程质量监督站坚持服务宗旨，不断优化营商环境，充分利用网络平台，丰富服务手段，简化办事手续，取消不必要证明材料，降低外埠企业进京门槛，最大限度减少对绿化市场微观经济活动的干预。完成 217 家企业 1380 个业绩项目资料核验工

作，770 个项目负责人信息核验工作，45 家外埠企业信息核验工作，42 家新成立企业信息采集工作。为企业开具介绍信、诚信证明等 96 份，对 42 家弄虚作假企业负责人进行约谈，累计对 157 家违法违规企业进行重大税收违法案件信息联合惩戒信息采集。

（李优美）

【园林绿化工程招投标监督管理】 年内，市园林绿化工程质量监督站受理新入场招标项目 563 宗，其中公开招标项目 545 宗（施工项目 349 宗，监理项目 85 宗，设计项目 106 宗，养护项目 4 宗，材料设备项目 1 宗）；邀请招标项目 18 宗（施工项目 13 宗，设计项目 5 宗）。受理 366 宗施工类项目（含养护、材料设备），招标项目投资额累计约 123.83 亿元，建设面积约 16136.40 万平方米。据统计，全年项目量

和投资额与2017年相比都增长60%。完成资格预审文件、招标文件审核量约827余项；其中：资格预审文件备案212项，资格预审文件补遗备案11项，招标文件备案547项，招标文件补遗备案57项。"对园林绿化工程施工合同的备案"282件。补选应急专家、现场调整专家44人次，针对甲方提出评审异议，组织专家复议16次，修正专家初次评审中出现的错误。严格执行项目经理动态管理制度，新锁定项目经理372人次，办理解锁142人次，在库历年锁定项目经理599人。

（李优美）

【质量监督管理】 年内，市园林绿化工程质量监督站对北京城市副中心行政办公区园林绿化工程、世界园艺博览会园区绿化景观工程、冬奥会及冬残奥会延庆赛区绿化及生态修复工程、天安门广场及长安街沿线花卉布置工程等重点项目进行质量监督检查，对平谷城区绿道建设工程、平谷城北湿地公园、密云白河城市森林公园、通州区京榆旧线绿化景观提升工程等工程进行质量监督检查。受理145个施工标段、12个非国有资金项目完成登记工作；监督检查255次，发出《整改通知书》48份；复检48次；47个施工标段进行竣工验收同步监督。

（李优美）

【安全生产标准化达标】 年内，市园林绿化工程质量监督站安全生产标准化工作组受理安全生产标准化评审申请企业45家，实地复核通过企业42家。截止到2018年年底，总计达标68家。颁发证书和牌匾68家。

（李优美）

（园林绿化市场管理：李优美 供稿）

城镇绿地管理

【概　况】 2018年，城镇绿地养护管理工作坚持新发展理念，以《2018年城镇绿地精细化管理工作意见》为指导，以"蓝天保卫战"行动为牵引，着眼"五化"工作目标（数字化、标准化、专业化、常态化、法制化），采取"实地查、平台督、活动促"方式，持续跟进检查督导，有效推进城镇绿地管理工作落实，确保各项保障任务圆满完成。

（王万兵）

【城镇绿地数字化管理】 年内，市园林绿化局按照城镇绿地不同类别，督导各区更新完善公共绿地、附属绿地"两本"管理数据台账，完成核心区行道树管理数据台账建设试点工作，为实现城镇绿地数字化管理目标奠定基础。

（王万兵）

【标准化管理体系】 年内，市园林绿化局在系统梳理现行城镇绿地管理工作标准规范基础上，督导各区采取专家培训、现场辅导、宣讲解读等形式，抓好现行标准规范宣传普及，不断强化各级各类管理主体标准化意识，自觉对标依规抓好城镇绿地管理工作。研究完善城镇绿地管理新章程、新规范，印发《北京市园林绿地林地建植与养护技术指导书》《关于加强城镇绿地野草管理的通知》《关于规范裸露树池治理工作的意见》，完成《北京市城镇绿地养护管理预算定额》编制，启动《北京市城镇绿地养护管理规程》《北京市城镇绿地养护管理监理规范》编制工作。

（王万兵）

【园林绿化业务培训】 年内，市园林绿化局、各区园林绿化局组织精细化管理工作、养护管理工作、修剪技能、养护知识等各类培训 40 余次，授训人员 1000 余人，进一步提高养护管理人员能力和水平。

（王万兵）

【城镇绿地常态化管理】 年内，市园林绿化局采取"实地查、平台督、活动促"方式，持续常态跟进检查督导，促进城镇绿地管理工作落实。先后组织检查 15 次，公共、附属绿地检查覆盖率分别为 70% 和 30%。借助城镇园林绿化动态管理考评系统平台，通报日常巡查问题 1200 件，整改 900 件、处理中 300 件，问题办结率 75%。通过"金剪子"比赛、行道树（花灌木）修剪样板路（示范点）评选活动，评选出金剪子 10 名、银剪子 20 名、铜剪子 30 名，遴选出市级层面修剪样板路 7 条、示范点 5 个，以此强化一线作业人员精品意识。

（王万兵）

【北京城市副中心绿地接管】 年内，市园林绿化局依据《市领导调研专题会议纪要〔2017〕19 号》文件精神，研究制订《北京城市副中心城镇绿地养护定额投资标准》《北京城市副中心城镇绿地养护管理工作意见》《北京城市副中心公共绿地接管工作方案》。采取直接管理和间接管理相结合的方式，完成涉及 13 家单位、740.11 公顷公共绿地接管工作，加大规范化养护管理工作力度，促进北京城市副中心绿地整体养护水平提升。

（王万兵）

2018 年城镇绿地养护管理工作年度检查考评成绩汇总表

区分单位	日常检查成绩	季度检查成绩	专项检查成绩	综合成绩
东城区	10	77.4	10	97.4
西城区	10	77.48	10	97.48
朝阳区	7.08	76.6	10	93.68
海淀区	10	76.3	10	96.3
丰台区	10	76.34	10	96.34
石景山区	8.05	75.8	10	93.85
门头沟区	1.18	74.72	10	85.9
房山区	7.89	76.18	10	94.07
通州区	8.62	75.2	10	93.82
顺义区	1.78	74.38	10	86.16
大兴区	5.5	73.9	10	89.4
昌平区	8	75.24	10	93.24
平谷区	7.91	74.74	10	92.65
怀柔区	10	76.08	10	96.08
密云区	6.58	73.02	10	89.6
延庆区	7.23	75.22	10	92.45
备注	综合成绩采取百分制，其中：日常检查占 10%、季度检查占 80%、专项检查占 10%。			

2018 年城镇绿地质量等级评定核定结果（1）

单位	绿地名称	面积（m²）	性质	绿地等级
东城区	南北花市大街	7900	公共绿地	特级
	都市馨园休闲广场及周边道路	6207	公共绿地	
	大通滨河公园	66898	公园绿地	
	西革新里城市休闲公园	18915	公园绿地	
	安贞桥西侧绿地	5202	街边绿地	
	龙潭东路（光明桥至左安门桥）	4855	公共绿地	一级
西城区	车公庄南街	4595	公共绿地	特级
	西绒线胡同 26 号院	4500	居住区绿地	
朝阳区	金桐东路	2765.00	公共绿地	特级
	金桐西路	2395.63	公共绿地	
	二环路	7811.00	公共绿地	
	朝外大街（东、西段含百脑汇）	8081.32	公共绿地	
	青年北路	13655.77	公共绿地	
	绿化一队—温榆河大道 6 标段	126888.13	公共绿地	
	温榆河七标	170297.08	公共绿地	
	青青家园—林趣园	26297.67	公共绿地	
	利星行	13840.85	公共绿地	
	望京科技园区代征绿地	56851.31	公共绿地	
	五环绿化带	35152.21	公共绿地	
	河荫路	48247.00	公共绿地	
	科技公园绿化带	18325.00	公共绿地	
	望京北路	25742.54	公共绿地	
	望京西路	1069.99	公共绿地	
	京承高速（城铁）	90599.31	公共绿地	

2018 年城镇绿地质量等级评定核定结果（2）

单位	绿地名称	面积（m²）	性质	绿地等级
朝阳区	北京会议中心北门	7799.66	公共绿地	特级
	北京会议中心东门路含新新家园北口绿地（元大都）	30915.48	公共绿地	
	北五环路（元大都顾家庄桥区）	54383.85	公共绿地	
	顾家庄桥区（日坛）	21582.00	公共绿地	
	京顺路	137293.91	公共绿地	
	北五环（一队）	324547.95	公共绿地	
	大黄庄苗圃—堡头小区及周边道路改造＋堡头公园	11814.12	公共绿地	
	双井九龙花园绿化	7713.26	公共绿地	
	沿海赛洛城	23890.24	公共绿地	
	金台路	49427.00	公共绿地	
	广渠门外大街	40416.00	公共绿地	
	广渠路	14383.00	公共绿地	
	万米绿化广场	27227.52	公共绿地	
	西坝河河岸	22032.00	公共绿地	
	育慧南路（含文学馆东侧）	15000.30	公共绿地	
	文学馆路（原芍药居路）	6228.06	公共绿地	
	小关奥林匹克文化广场	6891.00	公共绿地	
	大屯路	16910.36	公共绿地	
	清林路（含北苑路西红军营南）原洼里三街	21363.63	公共绿地	
	奥林东路	30456.00	公共绿地	
	科荟东路	5600.00	公共绿地	
	中医路	4791.78	公共绿地	
	星火西路（星火路）	45389.03	公共绿地	
	京包铁路沿线	16436.00	公共绿地	
	朝阳新城路（含 3 号路）	30965.32	公共绿地	

2018 年城镇绿地质量等级评定核定结果（3）

单位	绿地名称	面积（m²）	性质	绿地等级
朝阳区	上河嘉园	33346.97	公共绿地	特级
	菩提园	26547.37	公共绿地	
	堡头路(堡头南路)	33176.75	公共绿地	
	紫南环路绿地	28148.38	公共绿地	
	翠城公园	29509.80	公共绿地	
	广顺北大街	10215.98	公共绿地	
	酒仙桥路	28783.00	公共绿地	
	曙光园	1738.03	公共绿地	
	太阳宫北街	11145.00	公共绿地	
	民族大道（含民族园路）	4810.85	公共绿地	
	家乐福门前代征绿地	2231.24	公共绿地	
	尚家楼路	2492.13	公共绿地	
	洼里路南侧	1676.00	公共绿地	
	广顺园	20412.56	公共绿地	
	天泽路	6118.00	公共绿地	
	老姚家园路（原六里屯东路）	1156.83	公共绿地	一级
	呼家楼北街	4640.00	公共绿地	
	延静里西街	8440.00	公共绿地	
	东中街	3008.00	公共绿地	
	吉庆里北街	419.00	公共绿地	
	吉士口东路(吉庆路)	2225.00	公共绿地	
	朝外北街（含1245工体南路）	1870.52	公共绿地	
	朝外市场街	2843.00	公共绿地	
	朝外市场街西侧	853.02	公共绿地	
	朝外南街	1982.00	公共绿地	
	神路街（含原神路街绿地）	4844.66	公共绿地	
	芳草地西街北口	64.68	公共绿地	

2018 年城镇绿地质量等级评定核定结果（4）

单位	绿地名称	面积（m²）	性质	绿地等级
朝阳区	天力街	3614.14	公共绿地	一级
	垂杨柳中街	6095.00	公共绿地	
	垂杨柳南街	8780.00	公共绿地	
	劲松中街	2429.63	公共绿地	
	劲松南路	9745.00	公共绿地	
	广和东街	2079.00	公共绿地	
	潘家园东路	8700.00	公共绿地	
	潘家园路	15600.00	公共绿地	
	华威路	9300.00	公共绿地	
	双龙路	6300.00	公共绿地	
	北杨庄路	3080.00	公共绿地	
	松榆西里小区	5034.00	公共绿地	
	武圣路（含原武圣路绿化）	14304.40	公共绿地	
	八棵杨南街（劲松办事处门前路绿化）	2236.00	公共绿地	
	百子湾南二路绿地（含a、b）	4009.00	公共绿地	
	东恒时代南侧绿地	3921.48	公共绿地	
	爱这城南侧绿地	2936.67	公共绿地	
	青年汇南侧绿地	12472.73	公共绿地	
	华纺易城代征绿地	6007.16	公共绿地	
	外交部绿地	2223.36	公共绿地	
	儿童公园	30564.52	公共绿地	
	姚家园7号院外绿地	1315.78	公共绿地	
	原乡政府东侧及门前绿地	7555.41	公共绿地	
	东风乡政府周边	4063.74	公共绿地	
	石佛营路(星火路)	15788.81	公共绿地	
	石佛营东路	7453.00	公共绿地	
	六里屯路	2535.00	公共绿地	

2018 年城镇绿地质量等级评定核定结果（5）

单位	绿地名称	面积（m²）	性质	绿地等级
朝阳区	园星路	5940.00	公共绿地	一级
	十里堡路	7240.00	公共绿地	
	广渠路桥区	135008.78	公共绿地	
	常营北路	2890.38	公共绿地	
	建材院东路	2330.99	公共绿地	
	东十里堡路	5579.71	公共绿地	
	常营南路	10555.86	公共绿地	
	辛庄一路	1645.09	公共绿地	
	常和路	1221.41	公共绿地	
	常和路代征绿地	1004.90	公共绿地	
	定福庄西路	1771.20	公共绿地	
	高安屯填埋场绿化	559168.38	公共绿地	
	辛庄路	2075.59	公共绿地	
	管庄北二里	6137.31	公共绿地	
	新增（五河十路）	81044.00	公共绿地	
	兴隆西街	5064.00	公共绿地	
	兴隆街	5028.60	公共绿地	
	珠江绿洲	67414.46	公共绿地	
	广渠路与东四环交叉口西北小公园	3551.28	公共绿地	
	京沪高速	87855.75	公共绿地	
	吕营大街	15808.58	公共绿地	
	成寿寺路	8590.75	公共绿地	
	金堡路	2111.23	公共绿地	
	堡头周边	14308.56	公共绿地	
	厚金路（堡头中路）	5401.27	公共绿地	
	世纪华侨城	26361.09	公共绿地	
	堡头小公园	3251.00	公共绿地	

2018 年城镇绿地质量等级评定核定结果（6）

单位	绿地名称	面积（m²）	性质	绿地等级
朝阳区	德云广场	7098.38	公共绿地	一级
	化工桥绿地	72386.00	公共绿地	
	日坛西路	4294.72	公共绿地	
	望京一区活动场绿地	813.52	公共绿地	
	望京西园一区绿地	95.95	公共绿地	
	远洋万和公馆示范区	1216.62	公共绿地	
	北纬40度（十友园）	25997.54	公共绿地	
	北苑四号路	1912.00	公共绿地	
	北苑二号路	2259.00	公共绿地	
	朝来路	124.53	公共绿地	
	来广营华茂绿线	63892.85	公共绿地	
	世华博郡西侧代征绿地	8132.09	公共绿地	
	北苑路北延	7887.04	公共绿地	
	远洋万和城中心路	1216.62	公共绿地	
	香江北路延长线	9099.04	公共绿地	
	清真寺广场	3943.65	公共绿地	
	康营文化广场	13313.52	公共绿地	
	14区广场	1196.50	公共绿地	
	绿化三队—温榆河大道3标段	100675.13	公共绿地	
	双珑原著小区	21748.88	公共绿地	
	五元桥区	4457.19	公共绿地	
	东滨河路	7514.85	公共绿地	
	人大提案（草场地）	30383.06	公共绿地	
	酒仙桥丽都一号广场	7225.87	公共绿地	
	金隅国际南三角地	4078.38	公共绿地	
	望京新城K6代征绿地	7311.89	公共绿地	
	南湖北路	8501.45	公共绿地	

2018 年城镇绿地质量等级评定核定结果（7）

单位	绿地名称	面积（m²）	性质	绿地等级
朝阳区	河荫东路	9106.03	公共绿地	
	慧谷阳光北侧	1782.85	公共绿地	
	北小河绿化带东段	20071.00	公共绿地	
	利泽西二路北延	5813.00	公共绿地	
	利泽西二路	1269.81	公共绿地	
	溪阳西路	19963.96	公共绿地	
	溪阳中街	22031.00	公共绿地	
	广泽路	18112.27	公共绿地	
	丽泽中路	353.00	公共绿地	
	利泽中一路	6269.53	公共绿地	
	利泽西路	18174.83	公共绿地	
	利泽西街西延	1427.33	公共绿地	
	河阴西路南延	570.21	公共绿地	
	湖光北街	8052.20	公共绿地	
	宏泰西街	9354.87	公共绿地	一级
	利泽中二路	9480.00	公共绿地	
	宏昌路	7300.00	公共绿地	
	南湖西路	1442.62	公共绿地	
	姜庄路（湖光中街立交桥西侧绿地）	3007.32	公共绿地	
	来广营北湖渠村拆迁区域绿化	9716.41	公共绿地	
	辛店路（红领巾）	18093.79	公共绿地	
	京顺路榆悦湾段（团结湖）	24100.00	公共绿地	
	北辰西南沿	3746.00	公共绿地	
	北沙滩	2953.00	公共绿地	
	林萃西路	5736.00	公共绿地	
	奥林匹克花园代征绿地	4045.30	公共绿地	

2018 年城镇绿地质量等级评定核定结果（8）

单位	绿地名称	面积（m²）	性质	绿地等级
朝阳区	景悦家园绿地	10547.54	公共绿地	
	1872 住宅小区	8300.32	公共绿地	
	和谐雅园北侧路	1105.85	公共绿地	
	团结湖南路	1362.00	公共绿地	
	团结湖南二条	600.00	公共绿地	
	团结湖中路	4998.53	公共绿地	
	团结湖北五条	1153.00	公共绿地	
	团结湖北路	3849.00	公共绿地	
	河南大厦北路绿地	1058.00	公共绿地	
	松榆东里小路绿化	843.00	公共绿地	
	长楹天街	12405.14	公共绿地	
	朝阳北路#3—#6 块地	9680.39	公共绿地	
	东大门	5945.92	公共绿地	
	京沈高速	140254.59	公共绿地	
	望京西园一区六角亭绿地	2709.98	公共绿地	一级
	南湖中园一区中心花园	6030.38	公共绿地	
	来广营中关村电子城	24807.99	公共绿地	
	来广营西路	23677.86	公共绿地	
	北苑东路	48823.25	公共绿地	
	黄康路	15692.72	公共绿地	
	南湖北街	3295.00	公共绿地	
	南湖南路	14915.04	公共绿地	
	营盘沟路中街绿地	5505.68	公共绿地	
	百子湾一号休闲公园	19883.08	公共绿地	
	金泰大厦	2056.86	公共绿地	
	金岛花园绿地	6471.54	公共绿地	
	西坝河路（含新增）	4732.86	公共绿地	

2018 年城镇绿地质量等级评定核定结果（9）

单位	绿地名称	面积（m²）	性质	绿地等级
朝阳区	七圣路	17630.00	公共绿地	一级
	坝河中街	4722.00	公共绿地	
	小关派出所	1072.00	公共绿地	
	慧新北里社区绿化	2292.00	公共绿地	
	育惠西路	3015.00	公共绿地	
	联大西路	4022.38	公共绿地	
	育慧北路（世纪村中街）	6388.00	公共绿地	
	嘉铭苑南北路	3281.21	公共绿地	
	嘉铭苑东西路	4357.46	公共绿地	
	冶金厂西路	3565.00	公共绿地	
	融华世家东侧路	2564.53	公共绿地	
	慧忠北里路	900.00	公共绿地	
	华汇中街	3408.64	公共绿地	
	拥军路	15111.00	公共绿地	
	西坡子路	2418.00	公共绿地	
	绿色家园社区路	3944.06	公共绿地	
	龙祥北侧绿地（含世贸奥林）	50655.15	公共绿地	
	变电站西侧片林	16071.36	公共绿地	
	华亭西街	3804.00	公共绿地	
	黄寺大街	4202.00	公共绿地	
	外馆斜街	6312.90	公共绿地	
	京承高速三环桥区	138650.50	公共绿地	
	花家地南街	5091.82	公共绿地	
	望花路	6307.00	公共绿地	
	爽秋路绿化	1475.00	公共绿地	
	阜荣街	9774.00	公共绿地	
	阜安东路	34070.84	公共绿地	

2018 年城镇绿地质量等级评定核定结果（10）

单位	绿地名称	面积（m²）	性质	绿地等级
朝阳区	阜安西路	13215.79	公共绿地	一级
	四区商业街西侧绿地	210.65	公共绿地	
	芳园南路（芳园里路两侧绿化及绿地、赵家村路两侧绿化）	4250.00	公共绿地	
	酒仙桥中路	5600.00	公共绿地	
	彩虹路	11552.00	公共绿地	
	驼房营路（驼房营大街绿化、三区路、粮库路）	12022.16	公共绿地	
	东风南路	11785.00	公共绿地	
	东润枫景西路	3530.71	公共绿地	
	东润枫景北路	2192.14	公共绿地	
	东润枫景中路	3208.60	公共绿地	
	北豆各庄路	9894.34	公共绿地	
	苇子坑路	2478.85	公共绿地	
	辛庄南一路	4713.51	公共绿地	
	东风中心路两侧	22141.00	公共绿地	
	姚家园北路（含北二街139）	3751.00	公共绿地	
	姚家园小区西里中街	1635.00	公共绿地	
	姚家园北一路	5253.00	公共绿地	
	姚家园北二路	3309.00	公共绿地	
	姚家园小区2G组团	2445.57	公共绿地	
	姚家园东里中街	751.12	公共绿地	
	麦子店街	7009.42	公共绿地	
	左家庄东街	10167.79	公共绿地	
	长青腾小区	8477.74	公共绿地	
	常青藤小区路	3159.34	公共绿地	
	东坝大街	24022.36	公共绿地	
	双桥东路	3477.26	公共绿地	
	新悦小区	9759.36	公共绿地	

2018 年城镇绿地质量等级评定核定结果（11）

单位	绿地名称	面积（m²）	性质	绿地等级
朝阳区	广渠路（五环外）	73535.87	公共绿地	一级
	广渠桥桥区	136583.09	公共绿地	
	方家村广渠路绿地	10710.98	公共绿地	
	南北主路	8625.88	公共绿地	
	通惠苑	2062.31	公共绿地	
	高碑店路	18720.00	公共绿地	
	南新园东路	2028.01	公共绿地	
	西燕路	568.75	公共绿地	
	金蝉南路（含金蝉南路绿地）	7347.00	公共绿地	
	金蝉路（含邱庄北路绿地）	40457.00	公共绿地	
	官悦代征绿地	6423.43	公共绿地	
	健康大道东段	2065.52	公共绿地	
	翠城馨园健康大道前绿地	4410.06	公共绿地	
	京顺路	147886.31	公共绿地	
	酒仙桥东路（含北段绿地）	15894.00	公共绿地	
	驼房营路（含丁香园）	75695.33	公共绿地	
	酒仙桥南路（含京旅辅路）	11191.00	公共绿地	
	温榆河大道	32533.15	公共绿地	
	金盏桥	3505.87	公共绿地	
	绿化二队—温榆河大道2、4标段	86672.80	公共绿地	
	亮马桥路	13216.00	公共绿地	
	朝阳公园路（含西侧绿地）	16422.91	公共绿地	
	新源南街	8603.00	公共绿地	
	东坝中路	62345.50	公共绿地	
	北花园苗圃—温榆河大道5标段	159291.88	公共绿地	
	水郡长安代征绿地	19025.20	公共绿地	
	堡头土山	82000.70	公共绿地	

2018 年城镇绿地质量等级评定核定结果（12）

单位	绿地名称	面积（m²）	性质	绿地等级
海淀区	海淀街道万泉河沿线	2400	公共绿地	特级
	永泰社区公园	5891.52	公共绿地	
	永泰中路绿地	5514.28	公共绿地	
	万寿路街道北太平路绿地	5200	公共绿地	一级
	万寿路绿地	3900	公共绿地	
	奥林西路	3600	公共绿地	
	五街坊社区	8369	居住区绿地	
	六街坊社区	10716	居住区绿地	
	八街坊社区	9836	居住区绿地	
	万寿山后街	2831.47	公共绿地	
	永泰庄北路绿地	11329	公共绿地	
	永泰庄东路绿地	5014.38	公共绿地	
	永泰庄路绿地	2074.47	公共绿地	
	永泰庄西路	2936.36	公共绿地	
	旗胜家园路绿地	1335.38	公共绿地	
	越秀路绿地	14233.4	公共绿地	
	五机床路北侧绿地	1990.57	公共绿地	
	建材城北路	5801.6	公共绿地	
丰台区	华章大厦前绿地	2971	公共绿地	特级
	丽泽城市休闲公园	16480	公共绿地	
	同健园代征地	3108.05	公共绿地	
	青秀城代征地	14212.63	公共绿地	
	诺德中心绿地	5612	公共绿地	

2018 年城镇绿地质量等级评定核定结果（13）

单位	绿地名称	面积（m²）	性质	绿地等级
丰台区	榴乡路	24325	公共绿地	一级
	宛平苑绿地	10527.8	公共绿地	
	北宫南路	73203	公共绿地	
	正阳桥西侧绿地	5536	公共绿地	
	芳菲路	7435	公共绿地	
	首经贸北路	5102	公共绿地	
	彩虹家园	7152	公共绿地	
	育芳园城市休闲森林公园	16718	公共绿地	
	万寿路南延	158935	公共绿地	
石景山区	北京乐康物业管理有限责任公司西山汇B区	5538	单位绿地	特级
	苹果园廉租房绿地、通景大厦东侧绿地	11437	公共绿地	
	苹果园南路西段	3300	公共绿地	
	陆军总部	44000	公共绿地	一级
	保险产业园南侧	58500	公共绿地	
	保险产业园中心	36517	公共绿地	
	苹果园地铁周边环境整治工程	56965	公共绿地	
	北京师范大学附属中学京西分校	18527	单位绿地	
	阜石路新增绿地（队部西侧、当代前、篮球馆）	52743.5	公共绿地	
	北京市黄庄职业高中	14701.95	单位绿地	
通州区	玉桥西路	3072	公共绿地	特级
	杨庄路杨庄北街	6421	公共绿地	
	怡乐中路	26185	公共绿地	

2018 年城镇绿地质量等级评定核定结果（14）

单位	绿地名称	面积（m²）	性质	绿地等级
通州区	梨园北街	16274	公共绿地	特级
	临河里路	7850	公共绿地	
	通香路	100297	公共绿地	
	芙蓉路及休闲健身广场	39217.57	公共绿地	
	玉带路	19552.8	公共绿地	
	故城路	12377	公共绿地	
	乔庄北街	5759	公共绿地	
	东郊森林公园树木园精品区	371885.26	公共绿地	
	东郊森林公园湿地园精品区	351684.25	公共绿地	
	东郊森林公园两园连接线（已完成面积）	55170.8	公共绿地	
	2015 年代征绿地建设绿地	146488	公共绿地	
	六环西侧路—增彩延绿科技创新工程示范区	48000	公共绿地	一级
	万盛中三街	5140	公共绿地	
	净水园小区东侧	5707.6	公共绿地	
大兴区	旭辉御府	24200	居住区绿地	特级
	保利春天里	56000	居住区绿地	一级
	大兴区大龙河滨河公园景观	47000	公共绿地	
房山区	阎村代征公园	19647.88	公共绿地	特级
	圣水嘉铭代绿地	5196.7	公共绿地	
	圣水大街	6222	公共绿地	
	长虹路	142054.93	公共绿地	
	昊店锅炉房(2017 年接)	14232	公共绿地	
	2015 年房山新城 20 万平方米代征绿地项目（一）二标段(4 号地 A、B、C)	40758	公共绿地	

2018 年城镇绿地质量等级评定核定结果（15）

单位	绿地名称	面积（m²）	性质	绿地等级
房山区	行宫东路	5663.55	公共绿地	一级
	卓秀北街	7715.82	公共绿地	
	苏庄中路	4134	公共绿地	
	2016 年房山新城 5 万平方米代征绿地、1 万平方米小微绿地项目（一）二标段 2 号地	2609	公共绿地	
	2016 年房山新城 5 万平方米代征绿地、1 万平方米小微绿地项目（一）二标段 3 号地	5208	公共绿地	
	2016 年房山新城 5 万平方米代征绿地、1 万平方米小微绿地项目（一）二标段 6 号地	20249.97	公共绿地	
	顾八路 1 号地	9564.7	公共绿地	
	周口店代征绿地	10701.4	公共绿地	
门头沟区	京门铁路广场公园	8220	公共绿地	特级
	新桥三角地	3600	公共绿地	一级
	黑山大街	3428	公共绿地	
	中门寺大街	5369	公共绿地	
	消防队前道路绿地	2060	公共绿地	
	双峪路路树	2160	公共绿地	
	门头沟新区绿色廊道绿地一标	131900	公共绿地	
	门头沟新区绿色廊道绿地二标	192700	公共绿地	
	门头沟新区绿色廊道绿地三标	118100	公共绿地	
	门头沟新区绿色廊道绿地四标	103900	公共绿地	
	福幼公园	11000	公共绿地	

2018 年城镇绿地质量等级评定核定结果（16）

单位	绿地名称	面积（m²）	性质	绿地等级
顺义区	物流园顺畅大道文化广场	16586	公共绿地	一级
	物流园六街	8836.25	公共绿地	
	北京顺义奥林匹克水上公园	540000	公共绿地	
昌平区	北京未来科学城滨水公园（养护 3 标段）	300000	单位绿地	特级
	北京未来科学城滨水公园（养护 4 标段）	253152	单位绿地	
	北京未来科学城滨水公园（养护 5 标段）	119540	单位绿地	
	北京未来科学城滨水公园（养护 12、13 标段）	84785	单位绿地	
	北京未来科学城滨水公园养护 7 标段	56557	单位绿地	
	北京未来科学城滨河大道绿地未来科学城北区道路	26537	单位绿地	
	北京未来科学城路北段绿地未来科学城北区道路	30313	单位绿地	
	北京未来科学城英才北三街绿地未来科学城北区道路	21600	单位绿地	
	回龙观旧村项目周边绿地	42871	公共绿地	一级
	双拥路 2018 年新增绿地	1800	公共绿地	
	超前路（超前路 2018 年新增绿地）	1158	公共绿地	
	振兴路（振兴路 2018 年新增绿地）	2500	公共绿地	
	白浮泉路南侧绿地（白浮泉路 2018 年新增绿地）	1518	公共绿地	
	昌平公园南侧绿地（昌平公园南侧 2018 年新增绿地）	735	公共绿地	
	北邵洼地铁站	13351	公共绿地	
	金科廊桥水岸南侧绿地	58400	公共绿地	

2018 年城镇绿地质量等级评定核定结果（17）

单位	绿地名称	面积（m²）	性质	绿地等级
昌平区	巩华城回迁楼周边绿地	38659	公共绿地	一级
	回龙观朗观社区周边绿地	31868	公共绿地	
	北京风景周边绿地（北京风景周边 2018 年新增绿地）	8687	公共绿地	
	南邵大桥西侧绿地（南环路东延 2018 年新增绿地）	510	公共绿地	
	南丰路两侧绿地（南丰路 2018 年新增绿地）	1000	公共绿地	
	回龙观东大街道路	15320	公共绿地	
	龙锦一街	4480	公共绿地	
	龙锦二街	3102	公共绿地	
	龙锦三街	3238	公共绿地	
	黄平路	9645	公共绿地	
	霍营西路	8545	公共绿地	
	霍营东路	10992	公共绿地	
	林萃路	83367	公共绿地	
	四场路	17931	公共绿地	
	北环路东延道路	8053	公共绿地	
	回昌东路	37634	公共绿地	
	回南北路	25144	公共绿地	
	南环北路	3880	公共绿地	
	朱辛庄路	6212	公共绿地	
平谷区	平发街	40000	公共绿地	一级
怀柔区	西起点	35749.38	公共绿地	特级
	南环路	175182.18	公共绿地	
	京加路	28124	公共绿地	
	红楼梦古都文化园	172560.539	公共绿地	一级
	范崎路大桥铁路桥北	17057	公共绿地	
	林场绿地	57334.55	公共绿地	

2018 年城镇绿地质量等级评定核定结果（18）

单位	绿地名称	面积（m²）	性质	绿地等级
怀柔区	林场西	4724.19	公共绿地	一级
	西山栈道一期工程两侧绿地	6000	公共绿地	
	西山栈道二期工程两侧绿地	6000	公共绿地	
	北科建移交地块	84548.68	公共绿地	
金都公司	公主坟绿地	60165	公共绿地	特级
	公主坟桥	19351	公共绿地	
	阜成路	42609	公共绿地	
	复兴路	49241	公共绿地	
	复兴门外大街	34720	公共绿地	
	建国门绿地	14880	公共绿地	
	国贸桥	10079	公共绿地	
	125 厂绿地	31795	公共绿地	
	天竺收费站绿地	30500	公共绿地	

2018 年城镇绿地质量等级复核结果

单位	特级绿地			单位	一级绿地		
	分值	达标率	名次		分值	达标率	名次
西城区	95.2	100%	1	西城区	88.5	100%	1
东城区	94.9	100%	2	东城区	88.2	100%	2
朝阳区	94.6	100%	3	朝阳区	88.0	100%	3
丰台区	94.3	100%	4	怀柔区	87.8	100%	4
海淀区	93.8	100%	5	房山区	87.4	100%	5
怀柔区	93.7	100%	6	通州区	87.0	100%	6
房山区	93.5	100%	7	丰台区	86.4	100%	7
石景山区	93.3	100%	8	延庆区	86.3	100%	8
延庆区	93.0	100%	9	平谷区	85.8	100%	9
门头沟区	92.8	100%	10	海淀区	85.5	100%	10
昌平区	92.5	100%	11	门头沟区	85.4	100%	11
通州区	92.3	100%	12	昌平区	85.1	100%	12
平谷区	92.1	100%	13	石景山区	84.3	100%	13
顺义区	92.0	100%	14	顺义区	83.3	100%	14
大兴区	91.8	83.3%	15	大兴区	83.2	100%	15
密云区	85	25%	16	密云区	81.6	100%	16

2018 年城镇绿地质量等级降级通知单

单位	绿地名称	面积(m²)	性质	原绿地等级	复核分值	现绿地等级
大兴区	清源西路	24269	公共绿地	特级	88.0	一级
密云区	阳光绿地	6386		特级	85.8	一级
	玉兰绿地	4000		特级	86.5	一级
	车站路绿地	3513		特级	84.3	一级

（王万兵）

（城镇绿地管理：王万兵 供稿）

公园风景名胜区

【概　况】 2018年，北京市公园风景区认真贯彻落实首都园林绿化工作会议精神，狠抓公园风景区管理，重点加强基础工作，严格规范工作标准，大力推广公众服务品牌，各项工作扎实有效，稳步推进。截止到2018年年底，全市公园688个，其中城市注册公园363家，总面积13830公顷，森林公园31家，湿地公园9家。历史名园25个，精品公园114个。全年公园风景区开展文化各类活动300余项，接待游客2.9亿人次。

（马蕴）

【提升公园品质专项行动】 年内，在北京市各类公园（城市公园、郊野公园、湿地公园、森林公园等）中，开展"保护绿色资源，提升公园品质"专项行动，主要内容是公园违章建筑整治行动、公园补植增绿行动、公园卫生死角清理行动、公园服务规范行动、公园安全隐患排查行动、公园完善设施行动等。截至2018年9月底，整治

黄土露天1307606平方米，补植树木93004株，补植花草813509平方米；清理卫生死角4189处；完成新增厕所9座；补设科普园地83处；整治违章停车场154240平方米，整治违规开发12处，整治超审批占用绿地1200平方米等。

（马蕴）

【公园志愿服务】 年内，市园林绿化局和市公园绿地协会联合发起并成立"绿色使者志愿服务总队"，组织志愿者在全市免费公园开展认建认养、捡拾园内废弃物、协助疏导游人、劝阻违规行为、义务讲解导游、公园内群众自发活动组织协调、为公园管理运营献计献策等志愿者服务活动，塑造环境优美、秩序优良、服务优质的公园良好形象。截至2018年年底，北京市绿色使者志愿服务总队发展队员641人，分为东部、南部、西部、北部和门头沟5个支队，队员们在奥林匹克森林公园、红领巾公园、

万芳亭公园、老山休闲公园、梨园主题公园、东单公园、莲花池公园等全市30多个免费公园，举行环保志愿服务活动185余次，参与志愿者2097人次，累计志愿工时6820小时。

（马蕴）

【野生地被人工化管理】 年内，市园林绿化局印发《关于加强野生地被人工化管理的通知》。5月11日，在奥林匹克森林公园召开全市补植增绿行动现场会，市园林绿化局、各区园林绿化局、各区公园管理中心有关负责同志，以及全市重点公园负责同志参加会议。期间，参观奥林匹克森林公园野生地被人工化管理情况，蒙草集团北京分公司介绍北京地区野生地被植物资源情况，解读《北京市绿地林地地被群落建植与管护指导书》，市天坛公园介绍野生地被植物30多年利用情况及管理经验。

（马蕴）

【发布智慧公园建设指导书】 年内，运用"互联网＋"思维和物联网、大数据云计算、移动互联网、信息智能终端等新一代信息技术，对服务、管理、养护过程进行数字化表达、智能化控制和管理，实现与游人互感、互知、互动。推进北京市公园智慧化建设工作，提升公园管理及服务水平。

（马蕴）

【发布特色公园创建指导书】 年内，市园林绿化局结合北京公园规划设计、建设管理实际，制订特色公园创建指导书，通过深挖公园文化内涵，打造公园品牌文化活动，指导公园办出特色，提高品质，让老

百姓进得去，留得住，有得看。

（马蕴）

【公园风景区资源动态监管】 年内，市园林绿化局利用卫星遥感监测，对公园风景区边界、陆地、水体、绿化等变化情况进行监测。截至10月底基本完成全市公园、风景名胜区空间数据，2017年，2018年两期卫星遥感数据图斑比对及分析报告。

（马蕴）

【公园风景区行业培训】 年内，市园林绿化局举办公园风景区外语标识及外语接待工作培训，组织各区园林绿化局主管领导及公园园长参加。组织各区风景区管理人员培训，从风景区法规解读、规划指导、先进经验交流等方面培训，提升风景区管理人员管护理念和水平。全年组织4场培训，培训约400人次。

（马蕴）

【公园风景区公众服务品牌建设】 年内，市园林绿化局加强"北京公园和风景名胜区"官方网站、微博和微信等公众服务平台建设，对官方网站、微博、微信同步进行改版升级，使三个子平台在整体形象上更为统一，在功能设置上更为科学，更好地为塑造品牌形象服务。截止到10月中旬，发布微博900余条，微信984条，微博阅读量180万人次，"美丽北京，魅力园林""这周去哪儿玩"两个微博话题阅读量320万人次，参与讨论人数12000余人，推出8项线上活动，累计阅读量180万人次，参与讨论人数9000余人。

（马蕴）

【森林文化活动】 年内，举办第六届森林文化节，从 3 月底至 10 月底在各森林公园开展。全市共有 27 家森林公园举办 70 余项 400 余次活动，形成北京市森林公园建设的特色品牌。

（马卓）

【培育特色森林景观】 年内，各森林公园利用森林抚育、低效林改造等林业建设项目，以森林景观化为目标，大面积补植补造春花树种或彩叶树种，改造提升森林景观质量，打造特色鲜明、富有影响力的森林景观 10 余处。西山国家森林公园重点打造山桃山杏美景。八达岭国家森林公园依托古长城，大面积补植黄栌树，创造"红叶辉映古长城"景观。妙峰山森林公园种植 333.33 余公顷世界闻名的高山玫瑰。喇叭沟门国家森林公园保护并改造千亩白桦林。北宫森林公园从国内外引进 39 个牡丹精品品种。

（马卓）

【节假日服务保障】 年内，市园林绿化局对全市公园风景区节日服务保障工作进行全面安排和部署，鼓励园区积极开展群众性文化娱乐活动，禁止举办纯商业活动，在首都之窗北京网，首都园林绿化政务网，北京公园风景名胜区官方网站、微博、微信等信息平台进行活动发布；节日期间，启动假日管理服务保障机制，加强检查与监督，及时发布公园风景区活动及游人接待情况，满足游客游园信息需求。为缓解香山红叶观赏期游客过度集中压力，全市公园风景区推出东城区地坛公园、朝阳区奥林匹克森林公园、海淀区西山国家森林公园、丰台区园博园、石景山区八大处公园、延庆区八达岭国家森林公园等 21 个京城赏叶好去处供广大市民游客游览选择。

（马蕴）

（公园行业管理：马蕴 马卓 供稿）

风景名胜区行业管理

【概况】 截至 2018 年年底，北京市共有风景名胜区 27 处，其中国家级风景名胜区 2 处，市级风景名胜区 8 处，区级风景名胜区 17 处，总面积约 2200 多平方千米，占北京市总面积 13.1%。27 处风景名胜区围绕在北京东北、西北、西南，呈扇形分布在怀柔、密云、顺义、平谷、延庆、昌平、门头沟、海淀、丰台、房山 10 个区，形成良好的生态屏障。

（马蕴）

【编制《北京市风景名胜区体系规划》专项规划】 年内，市园林绿化局为落实《北京市城市总体规划（2016 年—2035 年）》及《北京城市总体规划实施工作方案（2017 年—2020 年）》有关要求，开展《北京市风景名胜区体系规划》专项规划研究和编制工作，并完成大纲，此规划纳入北京市园林绿化系统规划中。

（马蕴）

【制订《八达岭——十三陵风景名胜区详细规划》】 年内，市园林绿化局完成《八达岭——十三陵风景名胜区详细规划》（延庆部分）区和市级审查并报送住建部，依据住建部审查意见进行修改完善，报送至国家林业和草原局。于9月初获得国家林业和草原局批复。

（马蕴）

【编制《承德避暑山庄外八庙国家级风景名胜区古北口长城景区详细规划》】 年内，市园林绿化局在对承德避暑山庄外八庙国家级风景名胜区总体规划中北京部分核对审查的基础上，启动《承德避暑山庄外八庙国家级风景名胜区古北口长城景区详细规划》编制工作。截至10月底完成初期基础资料收集和调研。

（马蕴）

【风景名胜区执法检查】 年内，市园林绿化局收集整理2017年全市风景名胜区执法检查通报反馈整改方案，进行督促整改，在机构设置、规划编制、查处违建违章等方面取得一定成效。将2018年度风景名胜区执法检查工作纳入全市自然保护地大检查工作内容，完成自然保护地大检查和检查报告中关于风景名胜区的相关内容。

（马蕴）

（风景名胜区行业管理：马蕴 供稿）

场圃与林业站

【概　况】　截止 2018 年年底，全市共有国有林场 34 个，分布在 11 个区，其中中央单位所属 2 个、市园林绿化局直属 6 个、水务局直属 1 个、区属 25 个。国有林场总面积 95 万亩，有林地面积 69 万亩，森林覆盖率 72.6%，森林活立木蓄积量 220 万立方米，占全市森林总活立木蓄积量的 12%；国有林场经营管理的森林公园 14 个，占全市森林公园的 45%。

（马卓）

【编制国有林场建设发展规划】　年内，市园林绿化局组织编制《北京市国有林场发展规划（2018 年—2025 年）》《北京市国有林场三年行动计划（2018 年—2020 年）》和《北京市国有林场基础设施建设规划（2018 年—2035 年）》。经市政府批准并印发。

（马卓）

【制订国有林场管理考核办法】　年内，市园林绿化局着眼推进国有林场改革，制订

《北京市国有林场管理暂行办法》《北京市国有林场年度绩效考核办法（试行）》。待审定批准后印发实施。

（马卓）

【琅山苗圃改革】　年初，市园林绿化局报请市政府同意，明确琅山苗圃转企改制后整建制划转石景山区政府改革方向。3 月，市园林绿化局与石景山区政府签订《合作框架协议》，明确转企改制及划转有关事项。4 月，市园林绿化局与石景山区政府联合印发琅山苗圃转企改制及划转工作方案。6～8 月，市园林绿化局组织编制琅山苗圃改革实施方案，明确改革路线图和时间表。

（马卓）

【国有林场森林资源管理】　年内，市园林绿化局根据国有林场改革有关政策，修编印发《国有林场森林管护项目管理办法》。

（马卓）

【局属场圃监管】 年内，市园林绿化局为加大局属场圃监管力度，规范场圃林业生产，促进场圃健康发展，制订印发《直属场圃拉练检查办法（试行）》。

（马卓）

【局属场圃园林绿化资源保护专项整改】 截止到2018年年底，局属场圃共完成整改任务92项，直接为林业生产服务的工程设施手续31项，涉林面积54.56公顷；完成非法侵占林地整改任务61项，收回林地面积15.27公顷。11月26日，市园林绿化局召开警示教育大会后，各单位积极推进整改任务，完成两项林业生产服务设施补办工作（八达岭林场森林公园森林体验及其相关基础设施、十三陵林场管护设施）。

（马卓）

（场圃建设：马卓 供稿）

基层林业站建设

【概　况】 2018年，按照国家林业和草原局要求，北京市在基层林业站开展本底调查工作，摸清全市基层林业工作站体系建设和管理现状；举办基层林业站新入职人员、站长能力测试等系列培训，提高基层林业站人员业务素质和工作能力；启动标准化林业站建设，提升基层林业站建设水平；参加全国基层林业站知识竞赛，取得个人成绩冠军、亚军，团体第一名好成绩。

（于青）

【基层林业站本底调查】 年内，国家林业和草原局开展"第二次全国林业工作站本底调查"工作。除东城、西城、石景山、朝阳4个区外，其他12个区列为调查对象。经调查，北京市12个远郊区设有区级林业站机构。设立乡镇林业站163个，管理167个乡镇资源。由编制部门批复，独立设立林业站的有112个，农服中心加挂林业站牌子的有50个，跨乡镇设站的有1个。其中，延庆和大兴2个区的29个站，属于区园林绿化局派出机构。门头沟、昌平、怀柔和平谷4个区有53个站，属于区园林绿化局和乡镇政府双重管理。丰台、海淀、房山、通州、顺义和密云6个区有81个站，作为乡镇政府部门机构，由乡镇管理，区园林绿化局对其进行业务指导。平谷有跨行政区域管理的片站1个。人员构成：乡镇林业站核定编制数852人，1年以上长期职工938人，全市在岗职工1021人。其中，838人经费渠道是财政拨款，183人是林业经费和自收自支。50岁及以下人员757人，占在岗职工总数74%；51岁以上占26%。大专及以上学历810人，占在岗职工总数的79%，中专学历73人，占在岗职工总数的7%，乡镇林业站人员中专以上学历86%。全市乡镇林业站有高级职称25人，受聘10人；中级职称70人，受聘32人；初级职称71人。有职称人数166人，占总人数16.2%，受聘人员占总人数 4%。

（付兴）

【标准化林业站建设】 年内，2016 年度 4
个区 6 个乡镇林业站标准化建设项目通过
国家林业和草原局林业工作站管理总站核
查；市林业工作总站完成对 2017 年度 7 个
区 9 个乡镇林业站国家级标准化林业站建
设项目验收工作；完成 2019 年 4 个区 7 个
乡镇站标准化林业站建设申报工作；2018
年度 5 个区 9 个标准化林业站完成建设
任务。

（付兴）

【业务培训班】 年内，市林业工作总站围
绕林业业务工作开展系列培训。4 月 9～12
日，市林业工作总站与首都绿化委员会办
公室联合举办 2 期北京市美丽乡村绿化美
化工作培训，142 名乡镇林业站站长和 71
个美丽乡村试点村负责人参训；7 月 2～3
日，为完成全国第二次林业站本底调查及

标准化林业站建设任务，组织 44 名基层林
业站技术骨干进行本底调查数据采集系统
及标准化林业站建设相关知识培训；11 月
13～15 日，与北京市林业干部学校联合举
办乡镇林业站信息员培训班，培训 154 名
乡镇林业站信息员；11 月 28～30 日，开
展乡镇林业站站长能力测试培训，5 个区
100 名乡镇林业站站长参加培训。

（赵秀琴）

【全国林业站知识竞赛】 年内，市林业工
作总站从海淀区、怀柔区、大兴区、丰台
区选拔 4 名乡镇林业站人员代表北京市参
加国家林业和草原局林业工作站管理总站
举办的"固本强站 兴林筑梦"全国基层林业
站林业知识竞赛活动，取得个人成绩冠、
亚军，团体第一名好成绩，受到国家林业
和草原局表彰和奖励。

（赵秀琴）

（基层林业站建设：于青 供稿）

法制 规划 科技

【概　况】　2018 年，在市园林绿化局（首都绿化办）党组和主管局领导正确领导下，园林绿化法治建设紧紧围绕局（办）党组中心工作，持续推动园林绿化依法行政工作上台阶，推进深化改革工作，不断加强法制宣传工作力度，深入细致组织协调复议应诉工作，有效推进园林绿化法制建设水平，圆满完成全年工作任务。

（蔡剑）

【野生动物保护立法调研】　年内，市园林绿化局召开《北京市实施〈中华人民共和国野生动物保护法〉办法》立法调研座谈会，主要调研非国家重点保护野生动物分级分类管理、经营利用，行政处罚和行政强制，栖息地保护理念、规划、建设、日常管理，野生动物致害补偿制度和补偿保险制度，与市场监管部门（工商、食药监）共同查处违法出售、购买、利用野生动物及其制品，通过发布广告等机制和禁止食用野生动物等制度措施，与公安、检验检疫、邮政（寄递）、宗教（放生）等部门工作衔接机制等内容。协助调研组赴福建实地调研，获得第一手立法材料。协助组织立法研讨会，邀请市人大农村办、市政府法制办提前介入立法调研工作，商请市政府法制办以《北京市实施〈中华人民共和国野生动物保护法〉办法》立法后评估报告为依据、以立法后评估工作实践为基础，用立法后评估报告替代立项论证报告，简化立法程序。

（蔡剑）

【市人大常委会农村办调研】　年内，按照市人大常委会农村办调研专项部署，收集整理立法有关材料，形成园林绿化法治建设和监督有关工作情况材料。市人大农村办领导一行到市园林绿化局调研，听取市园林绿化局领导专题汇报，为立法工作指明方向。

（蔡剑）

【六部涉农地方性法规立法后评估】 年
内，市园林绿化局印发《北京市园林绿化局
关于开展园林绿化地方性法规全面评估暨
促进乡村振兴立法调研工作实施方案》，委
托北京林业大学林业法治研究中心进行第
三方评估。针对《北京市实施〈中华人民共
和国野生动物保护法〉办法》《北京市古树
名木保护管理条例》《北京市森林资源保护
管理条例》《北京市公园条例》《北京市绿化
条例》《北京市湿地保护条例》特点，开展
调查研究。采取政策研究、法律梳理、实
地调研、座谈调研、专家论证、比较研究、
案例分析、文献研究、统计分析、问卷调
查、书面和网络征求意见等形式，听取行
政管理、技术支撑、监督执法等工作机构、
行业协会、科研院所、企业以及代表、基
层干部群众意见。形成《办法》评估总报告
和分报告，经市园林绿化局党组会审议后
报送市人大农村办。

（蔡剑）

【地方性法规清理】 年内，市园林绿化局
按照《市人大常委会涉及生态文明建设和环
境保护法规清理第二阶段工作方案》要求，
开展全市园林绿化行业地方性法规自查和
清理工作。对《北京市实施〈中华人民共和
国野生动物保护法〉办法》和《北京市森林
资源保护管理条例》两部地方性法规涉及的
7个条款内容提出清理修改意见。完成产
权保护专项清理和生态环境保护专项清理
工作。

（蔡剑）

【行政规范性文件清理】 年内，市园林绿
化局印发《北京市园林绿化局关于开展

2018年行政规范性文件专项清理工作的通
知》，明确清理范围和任务分工，对涉及
2006年3月市园林绿化局成立以前现行有
效16件行政规范性文件进行全面清理。清
理工作任务经相关部门主管局领导和部门
负责人签字确认，统一制发新行政规范性
文件予以替代，确保文件体系无真空，工
作衔接无断点。

（蔡剑）

【文件合法性审核管理】 年内，市园林绿
化局完成《平原生态林保护管理办法（试
行）》《北京市新一轮百万亩造林绿化工程
项目设计方案管理办法（试行）》法制审核
工作。完成《北京市非物质文化遗产条例
（草案送审稿）》《北京市小型食品业生产经
营规定》《北京市园林绿化资源保护专项检
查问题的处理意见》《关于做好新一轮百万
亩造林绿化有关工作的意见》《2019年园林
绿化改革工作要点》等119件（次）有关部
门法律法规规章及市园林绿化局系统规范
性文件草案征求意见工作，提出各类意见、
建议近150条。

（蔡剑）

【行政执法绩效考核】 年内，市园林绿化
局行政执法绩效考核任务为市、区园林绿
化局作出的行政处罚案件达到人均1件、
进行的执法检查达到人均30件。统筹市、
区园林绿化局增加3项执法检查事项，新
增14项执法检查事项。7月中旬，市园林
绿化局召集市、区园林绿化局有关部门召
开上半年行政执法绩效考核任务完成情况
通报会并部署下半年工作任务；9月初，
组织全市会议，对各单位完成情况进行通

报。市园林绿化局赴朝阳、海淀、怀柔、密云、平谷、昌平、门头沟、延庆等区检查任务完成情况，针对各区工作实际提出指导意见。

（蔡剑）

【生态环境损害赔偿制度改革】 年内，成立市园林绿化局（首都绿化办）生态环境损害赔偿改革工作领导小组，研究解决生态环境损害赔偿改革工作中遇到的问题和难点。市园林绿化局组织法制处、计财处、森林公安局、执法监察大队、林勘院等相关部门召开专题座谈会，研究生态环境损害赔偿制度改革范围、标准、体系构架、鉴定机构、立案启动条件等问题。起草《园林绿化生态环境损害赔偿制度改革工作实施方案（试行）》初稿。协调市环保局、市司法局，推动有条件的森林资源损失鉴定机构申请生态环境损害司法鉴定资格，成为生态环境损害鉴定评估专业机构，将现有园林绿化领域专家纳入生态环境损害鉴定评审专家库，形成鉴定评估合力，实现资源共享。

（蔡剑）

【司法系统协同配合机制建设】 8月30日，市园林绿化局与市检察院共同签署印发《关于协同推进园林绿化资源保护工作机制的意见》，以公益诉讼、"两法衔接"为切入点，明确双方应重点建立的联席会议、工作协作、工作通报、民事公益诉讼环境修复赔偿机制、信息共享、两法衔接协助、执法实践、联合培训以及普法宣传9项工作机制。

（蔡剑）

【执法专项行动】 3月15日，市园林绿化局起草《北京市园林绿化局关于开展"规范园林绿化执法行为 提升园林绿化执法能力"专项行动实施方案》。专项行动中，梳理出2015～2017年全市园林绿化系统共发生行政复议案件18起，其中市园林绿化局作为复议机关审理区园林绿化局具体行政行为案件13起，纠错率17%；市、区园林绿化局作为被行政复议人参加行政复议案件5起，维持率80%；行政诉讼案件99起，案件胜诉率91%。5月30日，以市园林绿化局名义向国家林业和草原局上报北京市园林绿化系统此次专项行动自查报告。

（蔡剑）

【行政执法责任制考核】 年内，市园林绿化局通过部门自查和局考核小组集中评议方式，对局内21个执法部门2017年落实行政执法责任情况进行评议考核，最终评出15个优秀、4个良、2个合格，针对考核中发现的问题进行总结、分析，与考核结果一并在市园林绿化局内通报。

（蔡剑）

【城市园林绿化行政处罚职权划转】 年内，市园林绿化局组织局内有关部门对划转36项城市园林绿化行政处罚职权涉及目录、配套制度、资源档案以及案卷等材料进行全面梳理与汇总，制作划转工作交接清单，于2月12日在市城管执法局完成交接。期间，指导各区园林绿化局完成与各区城管部门交接工作。

（蔡剑）

【行政处罚权力清单动态调整】 年内，市园林绿化局对全市园林绿化系统涉及行政处罚权力清单进行全面调整，原 175 项行政处罚职权经过删除、合并、新增后变为 144 项。按要求更新北京市行政执法信息服务平台权力清单模块内容，在首都之窗、首都园林绿化政务网公布 2018 版行政处罚权力清单。

（蔡剑）

【行政处罚案监督指导】 年内，市园林绿化局对局执法监察大队 2018 年处理的 16 件行政处罚案件所形成的行政处罚案卷在主体、事实、证据、依据、程序等方面进行合法性审核，提出各类合法性审核意见 50 余条；对市种苗站组织各区种苗站制作模拟案卷进行评查，配合市种苗站对各区种苗站开展行政执法工作指导；办理区园林绿化局行政处罚案件延期申请 23 份。8 月中旬，市园林绿化局组织市、区园林绿化执法主体开展行政处罚案卷评查，对 2017 年 7 月 1 日至 2018 年 6 月 30 日期间全市各级园林绿化执法主体办结一般行政处罚案件进行评查。

（蔡剑）

【行政复议应诉】 年内，市园林绿化局收到行政复议申请 5 件，经过审理，驳回行政复议申请 3 件，撤销区园林绿化局具体行政行为 1 件，不予受理行政复议申请 1 件；市园林绿化局作为行政复议被申请人参加行政复议案件 5 件，审结案件 3 起，其余 2 起案件，市园林绿化局按要求准备答复书等材料并送交上级行政复议机关。

（蔡剑）

【行政诉讼案件】 年内，市园林绿化局办理行政诉讼案件 13 起（包括一、二审案件），其中 7 起经过法院开庭审理，市园林绿化局全部胜诉。其余 6 起法院未开庭，待开庭后依法应诉。开庭审理 7 起案件中，有 2 起案件由市园林绿化局主管领导出庭进行应诉。

（蔡剑）

【普法宣传教育】 年内，市园林绿化局编辑《北京园林绿化信息法治专刊》35 期；与市园林绿化局工会共同筹办首都园林绿化干部职工法治文艺汇演；在市园林绿化局机关一楼大厅摆放 18 块法治宣传展板，以图文并茂形式宣传《宪法》《监察法》《北京市机动车停车条例》等法律法规，提升广大机关人员法律素养和依法行政能力。

（蔡剑）

【法律服务】 年内，市园林绿化局组织法律顾问开展法律服务 47 件，其中发送律师函 1 件、行政应诉 13 件及其他法律事务 33 件；刊发法律服务刊物 17 期；开展法律顾问接待日 10 次。积极开展合同合法性审核工作，组织法律顾问审核合同 181 份，提出合法性审查意见 500 余条。

（蔡剑）

（政策法规：蔡剑 供稿）

【概　况】　2018 年，北京市园林绿化规划发展工作坚持以习近平总书记对北京系列讲话精神和中央关于落实北京城市总体规划、加强首都绿化美化重要指示为指导，按照北京市委、市政府决策部署和市园林绿化局（首都绿化办）党组指示要求，在推进新版城市总体规划落实、新一轮百万亩造林工程建设、"留白增绿"、城市副中心园林绿化建设、加快城市绿心规划建设和推进全国文化中心建设等全市中心工作中，坚持首善标准，强化规划引领，主动担当作为，完善政策标准，建立工作机制，统筹协调推进，圆满完成工作任务。

（张墨）

【落实北京城市总体规划（2016 年—2035 年）】　年内，市园林绿化局按照北京市委和市政府办公厅印发《北京城市总体规划实施工作方案》，针对所承担涉及林地、绿地、湿地等 18 项专项规划和会同相关部门共同完成的 13 项规划编制任务，制订《北京市园林绿化局落实北京城市总体规划工作方案（2018—2020 年）》，对规划编制任务明确责任处室和单位、任务内容和完成期限。2018 年年底按照工作方案要求完成 12 项专项规划编制任务。

（张墨）

【配合做好各区分区规划】　年内，市园林绿化局配合市规划自然资源委和市规划院做好 16 个区分区规划，编制完成并印发分区规划园林绿化编制技术要点，深化细化工作目标、编制程序和时限要求，对规划图纸、报表和文本提出具体要求。多次召开 16 个区绿化部门工作座谈会和推进会，听取各单位规划研究编制工作汇报，专题研究解决工作进展中重点、难点问题，建立整体推动工作模式，通过工作群，即时发布各区经验做法和工作动态。指导各区园林绿化部门与规划部门做好基础底图对接，做好指标和空间对接，各区完成园林绿化规划研究技术成果，与各区规划部门形成充分对接和融合。

（张墨）

【市园林绿化系统规划（2016 年—2035 年）编制】　年内，市园林绿化局会同市规划院启动全市园林绿化系统规划编制，规划编制过程中，强化与新版总规中提出市域绿色空间结构、游憩体系等园林绿化内容紧密衔接。加强与 16 个区总体规划紧密衔接，形成互动，确保落地，完成系统规划初步成果。

（张墨）

【编制新一轮百万亩造林绿化建设工程总体规划】　年内，市园林绿化局贯彻市委市政府关于开展新一轮百万亩造林工程建设要求，把做好总体规划作为工程建设实施重要环节，编制完成新一轮百万亩造林绿化建设工程总体规划。派专人参加市政府组建的工作专班，与市规划自然资源委对接，提出用地需求、落实空间和地块。规划按照"多规合一"总体要求，坚持生态优先、规划统筹、多规合一、创新发展原则，结合城市"冷岛效应"、生物交错带等生态理论及生物多样性保护与修复等专题，研究布局生态格局，提升新一轮百万亩造林生态效能。规划确定构建"一屏、三环、五带、九楔、多廊、多片区"森林布局结构，明确项目定位、建设范围、实施效果，按照 2018～2022 年 5 年规划期，力争 4 年完成主体，5 年扫尾时间节点要求，合理安排年度任务。

（张墨）

【"留白增绿"绿化建设】　年内，市园林绿化局完成"疏解整治促提升"中"留白增绿"专项绿化建设任务，实施"增绿"任务 1371 公顷，任务涉及 16 个区。建立联席会议、工作专班、技术对接、联合验收、方案审查 5 项工作机制；会同市发展改革委、市规划自然资源委、市财政局、市农委等部门出台关于做好"留白增绿"工作指导文件 2 份；建立专项台账，实行专项管理，研究制定"留白增绿"绿化建设相关政策，明确市级补助标准、项目立项审批程序和任务实施进度等内容；结合工作推进，适时指导各区完成"留白增绿"任务。

（张墨）

【西山永定河文化带保护建设工程】　年内，市园林绿化局围绕推进全国文化中心建设，完成西山永定河文化带建设专项工作小组牵头任务。编制《西山永定河文化带保护建设规划》，完成西山永定河文化带保护建设 5 年行动计划，制订西山永定河文

化带保护建设各年度折子工程，完成西山永定河文化带六大类 74 项重点项目征集，梳理、报送西山永定河文化带保护建设项目库。开展大运河文化景观规划专题研究，为大运河文化带保护建设发展规划编制提供重要支撑，推进以西海子公园二期建设、李贽墓迁移为重点的 2018 年大运河文化带工程建设。

（张墨）

【"两带""一环"规划研究】　年内，市园林绿化局围绕推进北京城市副中心控制性详细规划落地，完成"两带"（东部生态绿带、西部生态绿带）"一环"（环城绿色休闲游憩环）规划研究，形成相应成果。东部生态绿带坚持"山水林田湖草生命共同体"发展理念，构筑林水田共融大尺度森林生态绿带。西部生态绿带强调绿色隔离和公园共享区域空间特点，构筑穿越城市自然风景绿带。环城绿色休闲游憩环突出绿色本底、彰文塑景、休闲服务理念，构筑承接市民美好生活环城公园绿链。

（张墨）

【城市绿心园林绿化国际征集】　年内，市园林绿化局会同北投集团开展城市绿心园林绿化概念性规划设计国际方案征集活动，活动吸引 6 个国家和地区的 16 个机构和团队报名参加。经过资格预审，6 个机构和团队参与设计，最终评出 3 个优胜方案，在 3 个优胜方案基础上，结合其他方案优点，完成城市绿心园林绿化概念性规划设计方案（国际征集整合稿）。8 月 26 日，市委书记蔡奇听取专题汇报，对城市绿心园林绿化概念性规划设计国际方案征集和方

案整合给予充分肯定。9月11日，市园林绿化局将修改完善方案报送市政府，获得批准。方案形成代表国际先进理念六大共识，形成以"东方绿星"为绿心名称，以"千年惠林"为规划愿景，以"开放共享的市民活力中心、多元体验的生活风尚中心、科学有序的生态治理示范、永续生长的生态城市森林、东方智慧的特色文化名片"为设计目标，打造将"万亩城市森林、百万乔冠树木、百种乡土植物、24节气林窗、四季景观大道"融为一体的城市森林。

（张墨）

【编制路县故城遗址公园绿化方案】 年内，市园林绿化局联合市文物局推进路县故城遗址公园设计方案编制工作。多次召开由市规划、发改、财政等部门参加的专题会议，现场勘察和研究推进，完成项目设计方案编制工作。项目分为两期建设，一期为城墙外保护区域和核心区城墙部分（约58.4公顷），二期为除城墙外核心区域（约29.5公顷）。完成一期设计、施工招投标等工作。

（张墨）

【园林绿化规划设计方案审查】 年内，市园林绿化局按照"做好四个服务"要求，指导和帮助设计单位优化绿地比例和布局，做好建设工程园林绿化专业审核，审核项目28项，提供专业咨询百余次。依据《公园设计规范》等相关技术标准，组织专家对全市规模较大公共绿地设计方案逐一审查，召开公共绿地设计方案审查专家会21次，涉及88项公共绿地设计方案。

（张墨）

【制订"留白增绿"绿化工程建设中综合利用建筑垃圾的指导意见】 年内，市园林绿化局按照市政府疏解整治促提升专项行动工作要求，制订《关于在"留白增绿"绿化工程建设中综合利用建筑垃圾的指导意见》，明确建筑垃圾定义、建筑垃圾综合利用要符合相关规范和技术标准等要求，提出建筑垃圾综合利用要遵循量力而行、安全和经济、分类使用、因地制宜四大原则，为有效利用和吸纳建筑垃圾，推进"留白增绿"绿化工程建设发挥重要作用。

（张墨）

（规划发展：张墨 供稿）

【概　况】　2018年，北京市园林绿化科技工作以建设"四个中心"战略定位为指导，围绕全市园林绿化建设中心任务，聚力科技创新，突出重点专项，开展科研攻关，促进成果转化，完善标准规范，普及科学文化，有力支撑北京市生态环境建设。

（孙鲁杰）

【园林绿化科学普及活动】　4月22日，市园林绿化局以"绿色科技　多彩生活"为主题的园林绿化科学普及系列活动启动仪式，在北京西山国家森林公园举办。沿途设置5处宣传互动展览展示区，利用展板、折页、志愿者讲解等多种方式，宣传北京园林绿化各项知识。宣传内容涉及杨柳飞絮治理、园林绿化废弃物资源化利用等新优技术成果、北京园林绿化增彩延绿科技创新示范区特色及新优增彩延绿植物介绍、北京森林疗养与自然体验教育行动、北京新一轮百万亩造林工程等。

（孙鲁杰）

【林地绿地裸露土地生态治理】　4月27日，市园林绿化局组织召开北京市林地绿地裸露土地治理工作现场会，组织全市园林绿化系统相关人员参观林地绿地裸露土地治理现场，解读《北京绿地林地建设地被植物选择与养护技术指导书》主要内容，对全市林地绿地裸露土地治理工作进行部署；6月25日，印发《北京市园林绿化局关于加强园林绿化裸露地生态治理工作的意

见》，提出"坚持因地制宜、实施分类管理""重视乡土植被、加强科学利用""加强地被应用、优选适宜种类"和"废弃物再利用，形成良好覆盖"四项原则；编制《园林地被建植与管理技术规程》地方标准和《园林绿化裸露地生态治理技术导则》。据统计，年内，北京市开展城市绿地裸露地生态治理600余万平方米，其中，新建植400余万平方米，补植补建200余万平方米，开展平原林地裸露地生态治理866.67公顷。

（孙鲁杰）

【园林绿化土壤污染防治】　6月8日，印发《北京市园林绿化土壤污染防治工作实施方案》，明确各阶段土壤污染防治工作重点和主要内容。编制印发《2018年度北京市园林绿化土壤污染防治工作任务分工表》，确保年度土壤污染防治工作责任明确、任务落实到人。与市生态环境局等有关部门密切配合，协助完成农用地土壤污染状况详查中580个果园点位详查工作。探索建立园林绿化用地土壤环境质量监测网络，按照各类型园林绿化用地全覆盖原则，确定26个常规监测站，完成监测站点位布设图。印发《关于进一步加强果园生态环境保护工作的通知》，指导果园化肥减量，推广有机肥替代化肥相关技术；制订北京市林业有害生物防治农药减量行动方案，运用精准测报、精准防治、绿色防控为主的综合防治策略有序开展农药减量工作，使化

学农药单位面积施用量减少10%。制订果园农药包装、农膜等农业废弃物回收利用试点方案，在房山区先行试点，回收农药废弃包装物1200千克。探索处理达标后的污泥在园林绿化中应用试点工作，在大兴、房山、怀柔、昌平4个区建成示范区446.67公顷，对施用污泥后林地土壤环境质量状况进行持续监测。加强食用林产品安全生产监管力度，探索建立果园土壤、有机肥、果品重金属含量协同监测机制，以苹果为例在昌平区9个试点果园进行果园土壤、有机肥、果品重金属含量协同监测。

（孙鲁杰）

【增彩延绿科技创新工程】 年内，市园林绿化局持续推进北京园林绿化增彩延绿科技创新工程。继续推动科学研究，完成东城区、西城区5.5万株乔木健康情况调查和数据采集，参考国内外先进树木管理技术，初步提出符合北京城市树木医疗诊断体系；初步完成2015～2018年增彩延绿示范区内新优植物品种生长情况调查工作；邀请来自日本、英国的专家完成苗木经营管理和园林植物管护技术培训交流3次，培训人数300人。建设完成国际标准化苗木经营管理示范基地1处，培育24个新优彩叶品种共计2.5万余株，成活率达90%以上；确定定向培育行道树、造型树等标准化管理技术方案10套，示范种植面积13.33公顷；建立引进植物品种病虫害监测档案；采用园林废弃物覆盖保水和林下生态循环等综合技术措施，保障苗木高效用水，节水50%以上。加强增彩延绿科技创新示范区建设，完成东城区新中街示范区、海淀区西山国家森林公园示范区、房

山青龙湖森林公园示范区、丰台区莲花池城市森林公园4处示范区，其中浅山区域示范区2处，面积约63.33公顷，建设城市重点区域示范区2处，面积约4万平方米，示范栽植白皮松（菌根）、七叶树、流苏、车梁木、楸树、"丽红"元宝枫、涝峪苔草等新优植物50余种，累计栽植新优乔灌木2万余株，新优地被50万余株，示范区内采用园林绿化废弃物、生物活性肥和生物菌肥等进行土壤改良，展示集雨节水技术。

（孙鲁杰）

【科学研究】 年内，启动实施北京市2018年重大科技计划"生态廊道生物多样性保护与提升关键技术研究与示范""基于植被种群选育优化的城市生态系统功能提升"科技项目。通过对北京地区城市生态廊道植物景观、鸟类栖息地营建技术、人工草地构建技术和常用园林植物花粉、飞絮以及行道树落花落果污染情况进行研究，提出适宜北京地区生物多样性保护型城市生态廊道的营建技术体系和常用园林植物生态效益评价指标体系，以提升北京城市生态廊道生态服务价值，建设人与自然和谐高质量城市生态型景观。

（孙鲁杰）

【推广科技成果】 年内，市园林绿化局组织实施科技成果推广14项，建设园林绿化废弃物资源化处理示范点3处，完成200公顷平原造林区园林绿化废弃物收集；建立兼顾景观游憩、水土保持和防护固沙多功能经营技术示范林100公顷；完成林地绿地节水示范13.33公顷；建立春尺蠖无公害防控技术示范区40公顷；建设北京

城区国槐、白蜡与油松行道树修剪标准化示范区 2 处；完成京冀生态水源保护林碳计量示范区和东郊森林公园造林项目碳计量示范区建设。

（孙鲁杰）

【通州区智慧园林体系构建及资源服务平台建设】 年内，市园林绿化局制定智慧园林建设标准，完成《智慧园林国内外建设情况研究报告》。编制林业行业标准《智慧园林建设规范》。制定"游园指数"规范，建立一套包括三级架构、31 个具体指标的"游园指数"评价指标体系。建设智慧园林资源服务平台，完成智慧园林资源服务平台需求分析和架构设计。

（孙鲁杰）

【通州区生态绿化城市建设关键技术集成研究】 年内，接续加强北京通州区生态绿化城市建设关键技术集成研究。初步编写完成《北京城市副中心绿地建设土壤改良技术指南》等 6 项技术指南。完成城市副中心绿地 130 个土壤样品的测试工作。完成边坡绿化技术集成研究，对现有成熟的边坡绿化技术进行集成研究，提出不同类型的设计方案、结构做法、支护方式方法等构建技术。进行"基于保育式生物防治的蜜粉源植物群落构建技术"试验样地建设。

（孙鲁杰）

【园林绿化土壤环境质量调查评估】 年内，完成园林绿化用地土壤环境质量调查评估与监测专项技术研究，将有关技术内容整理汇总，完成《北京市园林绿化土壤环境质量调查评价实施方案》《北京市园林绿化土壤环境质量监测网络建设方案》。以果园、城镇道路绿地、公园等与居民生活密切相关的园林绿化用地为重点，开展土壤环境质量调查评估工作。以昌平区为试点，完成全区 131 平方千米果园土壤环境质量调查评价；完成五环内 400 个城镇道路绿地点位和 200 个公园绿地点位土壤环境质量调查评估工作，初步掌握昌平区果园及城市建成区绿地土壤环境质量状况。

（孙鲁杰）

【园林绿化从业人员业务培训】 年内，市园林绿化局协调组织北京市园林绿化土壤污染防治专题培训会、北京市基层林业站土壤污染防治政策技术培训会、北京市园林绿化施工企业土壤污染防治政策技术培训会等专题技术培训会，由生态环境、园林绿化、农业方面的专家进行土壤污染防治相关政策文件解读和农药化肥减量、土壤质量提升、园林绿化用地土壤环境质量调查监测等相关专题技术讲座，发放《北京市园林绿化土壤污染防治工作文件选编》《北京市园林绿化土壤污染防治工作实施方案》等有关文件 3000 册。来自全市各级园林绿化管理部门、果园苗圃、公园、基层林业站及园林绿化企业的管理人员、专业技术人员参加培训。

（孙鲁杰）

【市园林绿化行业标准地方标准制定修订】 年内，市园林绿化局组织制定修订各类园林绿化标准 28 项。其中新立项北京市地方标准《城市森林营建技术导则》《浅山区造林技术规程》等 15 项，延续各类标准（行业标准、地方标准）13 项。重点组织编制国家标准《裸露坡面植被恢复技术规范》，林业行业标准《经济林嫁接方法总则》《森林植物与凋落物测定第 2 部分：全量元素》，北京市地方标准《园林绿化土壤质量提升技术规程》《森林体验教育基地评定导则》《城市绿地鸟类多样性及栖息地质量评价技术规程》《腾退空间园林绿化建设规范》等，逐步完善北京市园林绿化标准体系，有力地支撑以新一轮百万亩造林、美丽乡村绿化美化工程为重点大尺度绿色生态空间构建中心工作，为首都园林绿化工作高质量发展提供技术支撑。

（孙鲁杰）

【园林绿化地方标准应用推广】 年内，注重推广《集雨型绿地工程设计规范》标准，市园林绿化局多次在相关的培训会、交流会上进行宣传、推介，详细解读海绵城市建设中绿地设计基本要求、总体设计、雨水系统设计、雨水设施设计等相关内容。各相关设计、建设单位按照本标准指导绿地设计，将海绵城市设计落到实处，充分发挥北京市绿地对雨水入渗、滞蓄、储存、调节、净化作用。该标准在北京城市副中心海绵城市专项规划与绿地设计中得到广泛应用。加大《自然保护区建设和管理规范》标准应用，先后在北京市云蒙山、云峰山、雾灵山、蒲洼、四座楼等自然保护区启动的新一期总体规划工作中得到推广应用。抓好《森林固碳增汇经营技术规程》标准实施，向市园林绿化局系统各处室、站院、林场苗圃、区园林绿化局、基层林业站相关技术人员以培训、发放标准文本和制作发放宣传折页形式，使技术标准得到良好推广，累计培训人数 100 余人次。

（孙鲁杰）

【强化园林绿化示范引领】 年内，按照国家标准化管理委员会有关要求，对北京市承担的国家第 9 批农业综合标准化示范区（①国家圃林一体化绿色生产标准化示范区；②国家果品矮化砧密植标准化示范区）进行重点指导，并督促承担单位严格按照国家示范区建设标准，抓好各个环节的落实；协调相关部门抓好标准化示范企业和基地的建设工作，积极引导企业参与标准化示范基地建设工作，形成一批生产管理标准化、市场竞争力较强的林业企业。北京京彩燕园园林科技有限公司（2018 年度）被评为国家林业标准化示范企业。

（孙鲁杰）

【园林绿化标准化宣传培训】 年内，组织园林绿化标准化宣传培训 990 人次，印刷《城镇绿地养护管理规范》《集雨型绿地工程设计规范》等 47 项标准共 9.4 万册单行本供全市行业人员使用。

（孙鲁杰）

【园林绿化科学普宣教活动】 年内，开展"森林与人"系列活动 100 余场，包括森林欢乐颂、森林大篷车、"悦"读森林等；开展靓丽阳台系列活动 20 余场，内容包括"园艺装扮家庭""科技培养人才"等系列活动；同时，还开展杨柳飞絮宣传活动以及园林绿化科普教育基地系列活动。首次在通州区 3 家规范化苗圃开展园林绿化科普体验课程。各园林绿化科普教育基地充分利用资源特色，开展系列科普宣传活动 70 余项 150 余场。

（孙鲁杰）
（科学技术：孙鲁杰 供稿）

调研　信息　宣传

【发展新型集体林场的调查与思考】　市园林绿化局局长、首都绿化办主任邓乃平完成"关于发展新型集体林场的调查与思考"的调研，并编写出调研报告。调研报告提出，第一，回顾全市集体林业的基本情况。指出集体林业发展成效：集体林业是构建首都绿色生态屏障的坚实基础，是推动农村绿色发展的有力支撑，是促进农民绿岗就业和生态增收的重要渠道。集体林业发展存在的突出问题：集体林业资源变资产难，集体林业绿色产业发展难，精细化养护管理难。第二，强调发展新型集体林场的意义。发展新型集体林场是推动生态文明建设的重要组成部分；是首都率先实现全面小康，推动乡村振兴的重要内容；是首都园林绿化实现高质量发展的重要途径。第三，新型集体林场的内涵和类型。从新型集体林场的内涵看，发展新型集体林场的背景"新"，发展新型集体林场的目标"新"，发展新型集体林场的形式"新"。从新型集体林场的类型看，有生态管护型集体林场，有多功能开发型集体林场，有委托国有林场代管型。第四，发展新型集体林场的对策建议。要明确新型集体林场的发展思路，要建立新型集体林场的运行机制，要建立新型集体林场经营监督机制，要建立新型集体林场政策支持机制，完善新型集体林场的保障机制。

（袁定昌）

【对基层党组织书记如何履好职的几点思考】　市园林绿化局副局长高士武完成"对基层党组织书记如何履好职的几点思考"的调研，并编写出调研报告。调研报告提出，第一，指出当前基层党组织书记在履职上存在的主要问题。对抓好党建是最大政绩的思想认识还不到位，主体责任压力传导还不到位，抓党建工作的力度还不到位。第二，强调基层党组织书记如何履好职尽好责。要不断加强自身学习；要切实落实好党建各项规章制度，主要是严格落实理论学习中心组学习制度，"三重一大"制度，双重组织生活制度，谈心谈话制度，全程记实制度；要始终坚持问题导向；要坚持按党的原则抓党建。第三，要注重处理好三个关系。处理好思想上重视与行动上落实的关系，处理好党建工作与业务工作的关系，处理好严管与厚爱的关系。

（袁定昌）

【野生动植物保护执法工作研究】　市园林绿化局副局长戴明超完成"野生动植物保护执法工作研究"的调研，并编写出调研报告。调研报告提出，第一，介绍了野生动植物执法工作现状。主要围绕机构设置情况和野生动植物保护执法总体情况两个方面进行总体介绍。第二，多措并举，野生动植物执法工作取得明显成效。积极组织开展执法专项行动，强化部门沟通协作，及时处置各类舆情，强化队伍基础建设，执法规范化稳步推进。第三，指出制约野生动植物保护执法的主要问题。配套法规政策不够健全，体制机制不够完善，执法力量明显不足，执法能力建设有待强化，本地司法鉴定机构缺乏。第四，强调改革创新，建立健全野生动植物保护执法长效机制。建立健全配套法规制度，强化属地管理层层压实责任，建立健全执法协调和督查机制，推进执法队伍正规化建设，强化执法能力建设，谋划推动设立野生动植物及其制品司法鉴定机构。

（袁定昌）

【新一轮百万亩造林绿化建设工程总体规划工作研究】　市园林绿化局副局长高大伟完成"新一轮百万亩造林绿化建设工程总体规划工作研究"的调研，并编写出调研报告。调研报告指出，第一，新一轮百万亩造林绿化总体规划的必要性。着重从总体规划背景、园林绿化生态建设基本情况以及存在问题三个方面进行阐述。第二，新一轮百万亩造林绿化总体规划的主要内容。围绕规划范围，总体规划思路，规划原则，明确规划目标，提出空间结构，锁定重点造林绿化区域，确定各区建绿指标，布局规划及落地策略八个方面进行分析。第三，新一轮百万亩造林绿化建设有关建议。要明确建设原则；要统筹分类建设要求及指导，注重从生态涵养主导型、景观游憩主导型、森林湿地复合型、生态廊道型四个方面统筹推进。

（袁定昌）

【在生态保护红线制度下加强园林绿化资源保护管理的对策研究】　市园林绿化局副局长朱国城完成"在生态保护红线制度下加强园林绿化资源保护管理的对策研究"的调研，并编写出调研报告。调研报告提出，第一，介绍了北京市划定生态保护红线基本情况。主要从生态保护红线的概念，北京市生态保护红线划定结果，生态保护红线内森林资源现状三个方面进行总体介绍。第二，指出生态保护红线中资源管理面临的问题。主要是森林资源类型多，难以统一管理；现行政策标准不一，不适应红线管理要求；缺乏有效管控机制；园林绿化资源管理形势严峻。第三，严格坚守林业生态红线的对策。要划定林业生态红线，要实现统筹管理和分级相结合管理模式，要建立健全生态红线的监测管理平台，要建立生态保护红线法律保障、考核、责任追究制度，要建立生态补偿制度和激励机制，要加大林业执法监督力度。

（袁定昌）

【附属绿地养护管理现状分析及对策研究】
市园林绿化局党组成员、首都绿化办副主任廉国钊完成"附属绿地养护管理现状分析及对策研究"的调研，并编写出调研报告。调研报告提出，第一，附属绿地养护管理基本情况。主要围绕居住区绿地和社会单位绿地两个方面进行总体介绍。第二，附属绿地养护管理存在的主要问题。主要存在管理体制不够顺畅，养护资金不够到位，末端管理不够专业，绿地侵占比较棘手，共管意识不够强化五个方面的问题。第三，加强附属绿地养护管理现状的对策建议。要完善管理体制，强化政府职能作用；要积极探索创新，不断完善管理机制；要加大协调执法力度，探索行之有效的保护模式；要加强源头管控，打牢附属绿地绿化基础；要加大服务指导力度，提升附属绿地养护管理技术力量；要加大宣传力度，提升群众爱绿护绿意识。

（袁定昌）

【巩固退耕还林成果的对策建议】 市园林绿化局副局长蔡宝军完成"关于进一步巩固退耕还林成果的对策建议"的调研，并编写出调研报告。调研报告提出，第一，退耕还林工程基本情况。主要从北京市退耕还林工程建设情况，退耕还林补助政策，北京市新一轮退耕还林工作有关情况，退耕还林工程取得的成效四个方面进行介绍。第二，退耕还林调研情况。围绕退耕还林地的保存情况，土地权属及经营情况，退耕还林补助资金兑现情况三个方面进行调研。第三，目前退耕还林存在的主要问题。主要是比较效益落差大，退耕农民增收渠道少，退耕成果后续管护困难。第四，巩固退耕还林成果的对策建议。充分认识巩固退耕还林成果的重要意义；巩固退耕还林成果的基本原则；巩固退耕还林成果的政策建议，要建立退耕土地流转机制，要建立退耕生态林养护管理补偿机制，要建立退耕还林地管护考核机制，对于过熟杨树林地，由区统一规划，优先安排采伐指标，进行更新改造。

（袁定昌）

（调查研究：袁定昌 供稿）

信息化建设

【概　况】 2018 年，北京市园林绿化局信息化建设坚持业务需求驱动，聚焦智慧引领，推动大数据应用与研究数据资源共建共享，持续推进"互联网＋助力全民义务植树"，开展智慧园林项目建设，提升政府网站公共服务水平，努力开创全市园林绿化信息化发展新局面。

（赵丽君）

【大数据应用研究】　年内，市园林绿化局（首都绿化办）编制《北京市园林绿化局大数据工作方案》《北京市园林绿化局大数据和云计算工作计划》，精心构建大数据资源体系；利用大数据分析等新一代信息化技术，助力首都园林绿化精细化管理，创新北京市园林绿化服务新模式。开展北京市城区"绿视率"分析研究，为全市"留白增绿""见缝插绿"进一步扩大绿色生态空间提供科学依据，推动精准化"建绿、管绿"；通过人工智能图像识别技术，分析处理"花伴侣"大数据，透视判别全市花卉分布和结构情况，为调整花卉分布结构提供依据，助力北京花卉产业发展。

（赵丽君）

【园林绿化数据资源汇聚共享】　年内，市园林绿化局（首都绿化办）按照《北京大数据行动计划》工作要求，不断加强共享开放数据规范化管理，推进园林绿化大数据应用，丰富拓展园林绿化数据资源，提高园林绿化大数据服务水平及能力。建立北京市园林绿化局大数据行动计划工作体系，整理完善本市注册公园、观光采摘园、屋顶绿地等资源数据，完成园林绿化社会数据需求交流及反馈，对涉及市园林绿化局48类资源数据进行核实、确认，将数据汇聚目录和清单报送北京市大数据办公室。

（赵丽君）

【网上审批工作】　年内，市园林绿化局（首都绿化办）积极推行"互联网＋政务服务"，开展互联网服务和网上审批数据共享工作。研究推进市区两级分级审批园林绿化业务全市统筹，打破信息孤岛，推广并

联审批、在线办理、一网通办等服务形式，实现98%公共服务事项一网通办。

（赵丽君）

【"互联网＋首都全民义务植树"】　年内，市园林绿化局（首都绿化办）通过"首都智慧园林"微信号推广应用，实现义务植树尽责证登记、打印以及尽责证统计、查询等功能，"互联网＋首都全民义务植树"进一步拓宽首都全民义务植树尽责渠道，提升全民义务植树活动管理服务现代化水平。

（赵丽君）

【城市副中心智慧园林项目建设】　年内，市园林绿化局（首都绿化办）完成千年守望林基础网络规划和副中心行政办公区园林绿化网络服务器部署工作；部署智慧园林"小哨兵"（智慧园林传感器），实时监测园区内光照强度、PM2.5浓度、PM10浓度和土壤温湿度等各项生态环境指标，实现智慧园林工地扬尘自动监测与管理。

（赵丽君）

【市园林绿化局（首都绿化办）政府网站建设】　年内，市园林绿化局（首都绿化办）按照北京市政府办公厅有关要求，加强政府网站规范管理。增加全市统一规范市园林绿化局网站 yllhj. beijing. gov. cn 子域名指向，开通政府网站无障碍浏览功能，规范、调整园林绿化系统信息报送、审核、发布工作流程，印发《北京市园林绿化局加强政府网站建设管理实施方案》；按照全国林业信息化工作领导小组办公室要求，认真开展本市园林绿化行业中国林业网子网站自查、整改工作，全市园林绿化系统保

留 12 个子网站，关停 18 个子网站。

（赵丽君）

【二维码标识标牌应用】 年内，北京市 4 万余株古树名木实现二维码"身份证"，市民通过手机"扫一扫"可获知树高、树径、种植年代等基本信息，还可了解部分古树历史故事；700 余个智慧园林二维码树牌亮相千年守望林，为公众提供获取园林绿化知识、参与义务植树尽责、增加园林乐趣新平台。截至 2018 年年底，全市推广应用二维码树牌 8 万多个，二维码树牌成为园林部门与游客互动的桥梁纽带。

（赵丽君）

【制订印发《北京市智慧公园建设指导书》】 年内，市园林绿化局（首都绿化办）印发《北京市智慧公园建设指导书》，提出运用

"互联网＋"思维和新一代信息技术，对服务、管理、养护过程进行智能化控制和管理，实现与游人互感、互知、互动。指导书明确智慧公园在基础设施建设、智慧服务、智慧保护、智慧管理、智慧养护五个方面具体要求。

（赵丽君）

【园林绿化资源动态监管系统项目建设】 年内，市园林绿化局（首都绿化办）持续推进园林绿化资源动态监管系统项目建设。8 月 16 日，经过一年多试运行，园林绿化资源动态监管系统在百望草堂召开项目终验会，经过与会专家评审，项目通过最终验收，并报市发改委决算审核。

（赵丽君）

（信息化建设：赵丽君 供稿）

新闻宣传

【概　况】 2018 年，北京园林绿化宣传工作以落实首都城市战略定位、建设国际一流和谐宜居之都为目标，围绕局（办）中心工作，召开主题新闻发布会 12 次，组织媒体采访 100 余次，完成局办工作拍摄近 100 次。在新闻媒体刊发、转发绿化美化宣传稿件 2000 余篇（幅、条），发布政务微博 4800 余条，覆盖面 1.2 亿余人次，粉丝数 16 万余人。

（马蕴）

【义务植树宣传】 3 ～ 4 月，北京市园林绿化宣传中心围绕中央领导、全国人大常委会领导、全国政协领导、中央军委、共和国部长、国际森林日、国际友人等重大义务植树活动组织媒体开展宣传报道工作，发稿 100 余篇。随着义务植树活动广泛深入开展，中直机关各义务植树基地工作重心由"以栽为主"向"以管为主、造管并举"转变。4 月 1 日，首都全民义务植树日，协调邀请《人民日报》《北京日报》、北京电视台等媒体开展专题宣传。

（马蕴）

【园林绿化专题宣传】　7月29日,《新闻联播》在"在习近平新时代中国特色社会主义思想指引下——新时代新作为新篇章"中播报"北京:森林进城天蓝水清　生态环境持续向好",宣传首都园林绿化发展新理念,打造近自然生态环境,增加生物多样性,统筹山水林田湖草治理。10月底,与北京市委宣传部合作开展"新一轮百万亩造林绿化工程"专题宣传活动,邀请《人民日报》、中央电视台、新华社、《北京日报》等中央及在京媒体,多角度宣传新一轮百万亩造林绿化工程建设基本情况、工程特色和2018年工作进展等,在传统媒体重要时段和版面发稿41篇,在相关新媒体平台推送稿件10余篇。召开两场让古树名木"活起来"主题新闻发布会,邀请新华社、北京电视台、北京日报社等30余家媒体,发稿60余篇。在《绿化与生活》杂志开设6期《让古树名木"活"起来》专栏,通过"绿化与生活"微信公众号,微博号等融媒体平台开展线上线下宣传。《人民日报》6月30日和7月14日生态周刊分别报道《让古树名木活起来》和《苍翠古柏见证生态文明》。与北京电视台合作,在《这里是北京》栏目开设3期北京古树名木专题,讲述古树故事。及时在30余家媒体发布《北京推出21片赏红景区》新闻,为市民提供市区和郊区欣赏红叶地点及最佳时间。截止到11月8日,北京金秋"赏红""红叶""银杏"等相关信息在全网发布2126条,总阅读量3800万,约覆盖4.6亿人次。

（马蕴）

【园林绿化舆论热点宣传】　年内,针对杨柳飞絮问题,北京市园林绿化宣传中心联合市园林绿化局科技处、林业站等职能部门组织人民日报社、中国绿色时报社、北京日报社等20多家媒体,以新闻发布会形式开展专题宣传,从杨柳树对北京生态建设贡献、飞絮本身是自然规律、市园林绿化局将通过各种措施降低其对市民影响等多个角度正面引导舆论,发稿40余篇。针对"北京飞机撒药治白蛾、不能晒被子"谣言,及时启动舆情应急机制,经市委宣传部统筹协调,在黄金48小时内作出口径回应和实际处置,在报纸、广播、电视台、网络等各种媒体发布新闻,掌握舆论主动权。

（马蕴）

【园林绿化网络宣传】　年内,市园林绿化局政务微博"@首都园林绿化"以回应百姓关注,展示园林绿化成果为重点,设置生动、平易近人的宣传栏目,传播全市园林绿化中心工作信息。早晚安、动态、乐游园、园林之美、园林小课堂、节庆资讯等常规栏目营造全天候宜居北京氛围。重点宣传义务植树、城市副中心建设、疏解整治促提升、京津冀生态建设、国庆节及十九大景观环境服务保障、首都生态文明宣传教育、公园及风景区重大节庆文化活动、花卉及果树产业资讯推广、科普知识传播等内容。"@首都园林绿化"政务微博平台举办线上线下活动15次,直接参与人次700余人,包括生态文化讲堂、摄影比赛、义务植树、森林疗养、博物露营、野外观鸟、果园采摘、月季文化节、菊花文化节等。

（马蕴）

（新闻宣传:马蕴 供稿）

党群组织

【概　况】　2018年，市园林绿化局（首都绿化办）直属机关党委在市园林绿化局（首都绿化办）党组坚强领导下，坚持以习近平新时代中国特色社会主义思想为指导，全面贯彻党的十九大精神，深入落实市委十二届三次、四次全会精神，坚持围绕中心、服务大局，聚焦全面从严治党总要求，按照市园林绿化局（首都绿化办）党组2018年全面从严治党工作要点安排，认真抓好党员学习教育，凝聚思想共识；注重抓好党支部规范化建设这条主线，不断加强基层党组织全面建设；重视加强党风廉政建设，营造良好政治生态。

（乔妮）

【党员经常性学习教育】　年内，市园林绿化局（首都绿化办）直属机关党委以"两学一做"学习教育常态化制度化为主要抓手，指导各级党组织开展形式多样的学习教育活动，运用网络、标语、宣传屏等形式传播党的十九大精神，宣传首都园林绿化建设成果，激发广大干部职工投身首都生态文明建设正能量。认真抓好党员干部日常学习教育，举办基层党组织书记专题培训班2期，市园林绿化局（首都绿化办）党组成员、副局长兼机关党委书记高士武围绕如何抓好党支部规范化建设和如何提高党组织书记履职能力，对基层党组织书记进行专题辅导。连续举办4期科级及以下党员教育培训班，机关和局属中心（站、院）科级及以下党员270多人参加，进一步增强党员党性观念和理论素养。指导基层党组织围绕《党支部年度学习活动安排表》，组织党员学习习近平新时代中国特色社会主义思想。"七一"前后，集中开展一系列"纪念建党97周年"主题党日活动，营造浓厚学习教育氛围。

（乔妮）

【基层党组织建设】　年内，市园林绿化局

(首都绿化办)直属机关党委协助市园林绿化局党组召开全面从严治党工作会议和思想政治工作会议。稳步推进党支部规范化建设工作，召开市园林绿化局（首都绿化办）党支部规范化建设工作部署会，对党支部规范化建设工作进行安排部署和培训动员。为每一个基层党组织确立至少 1 名专兼职党务工作人员，组织"党员 E 先锋"管理平台操作培训。深入直属单位调研指导党支部规范化建设工作，稳步推进党支部规范化建设。采取专题培训、以会代训等多种形式，组织为期 4 天基层党组织书记轮训。以"如何当好党支部书记"为主题，召开基层党建工作座谈会。抓好党组织和在职党员"双报到"工作。截止到 2018 年年底，包括市园林绿化局机关在内的 36 家单位全部完成党组织报到工作。市园林绿化局（首都绿化办）系统在职党员为所在社区（村）作出承诺 404 条、提出建议 120 条、参与社区活动 2014 人次、为民办实事 75 件。指导基层党组织开展处级以上党员领导干部民主生活会、组织生活会和民主评议党员工作。指导温泉苗圃等 3 个基层党支部完成换届选举工作，指导联络处等 3 个机关处室成立党支部，指导新成立京西林场党委和纪委完成选举工作。元旦、春节期间，帮扶慰问困难党员 23 人。

（乔妮）

【党员干部队伍管理】 年内，市园林绿化局（首都绿化办）直属机关党委严把党员发展关，协调市园林绿化局（首都绿化办）系统 12 名党员发展对象和 15 名新发展党员参加市直机关工委 2018 年党员发展对象和新党员培训班。全年新发展党员 10 名。及时做好党员信息数据日常输入、增减和维护工作，确保党员信息系统准确完善。聚焦行业政商关系可能存在问题，制定《市园林绿化局（首都绿化办）构建亲清政商关系二十个严禁》，进一步规范党员干部与企业及其负责人交往行为。

（乔妮）

【党风廉政建设】 年内，市园林绿化局（首都绿化办）直属机关党委深入落实党风廉政建设责任全程记实制度，督促指导各级党员领导干部签订个性化党风廉政建设责任书，指导基层党组织建立党风廉政建设责任制记实台账。不断加强党风廉政宣传教育，通过"三会一课"、主题活动、专题培训等形式，组织党员干部学习十九届中央纪委二次全会和十二届市纪委三次全会等一系列会议精神。观看《警钟长鸣》系列警示教育片和《北京市正风肃纪教育片选集》，开展宪法、监察法集中学习宣传活动，增强拒腐防变自觉性和坚定性。注重聚焦"四风"问题，紧盯首都重大生态工程建设、环境保护等重点领域，抓住元旦、春节、"五一"等时间节点，加强监督检查和提醒预防，为党员干部在思想上划出红线、行动上明确界限。持续开展"为官不为""为官乱为"、群众身边不正之风和腐败问题专项整治。聚焦机关党建薄弱环节，开展机关党建"灯下黑"专项整治行动。由局领导带队，组成 11 个检查组对 34 个基层党组织民主生活会和 22 个基层党组织组织生活会、民主评议党员情况进行检查考核。

（乔妮）

-177-

【团员青年工作】 年内，北京市园林绿化局(首都绿化办)团委及时组织局系统各基层团干部深入学习习近平总书记视察北京重要讲话精神和团十八大主要内容。邀请中央团校教务部主管陈鹏飞为团干部和青年骨干作"深入学习习总书记重要讲话精神和团十八大精神，推进新时代青年工作"主题报告。开展"青年大学习"主题活动。开展两期团干部和青年骨干集中培训，邀请专家围绕京津冀协同发展、马克思主义在当代中国的发展等主题进行专题教学。组织团员青年参观中国改革开放四十周年成就展。贯彻习近平总书记生态文明思想，

围绕园林绿化中心工作，建立"新一轮百万亩""学习园地"等栏目，大力宣传首都园林绿化建设成果。继续深耕"书香园林"微信公众号品牌，全年发表原创作品300余篇，组织开展书香园林大讲堂8期，围绕读书创作活动主题，发表读书会会员读书心得40余篇，组织午间沙龙16场。鼓励青年干部立足园林绿化、放眼京华大地、共建美丽中国，青年干部参与创作、播音、编辑比例80%以上。

(乔妮)

(党组织建设：乔妮 供稿)

干部队伍建设

【概　况】 2018年，在北京市委、市政府正确领导下，市园林绿化局(首都绿化办)党组坚持以邓小平理论和"三个代表"重要思想为指导，深入学习实践科学发展观，认真贯彻落实习近平新时代中国特色社会主义思想和党的十九大精神，落实习近平总书记重要讲话精神，贯彻全国、全市组织工作会议精神，坚持新时代党的组织工作路线，围绕落实新版城市总规、京津冀协同发展、冬奥会筹办、北京城市副中心建设等大事，坚持事业为上、服务大局、务实创新，突出抓好局机构改革、高素质干部队伍建设、激发调动干部积极性等重点工作，圆满完成任务。

(王新珺)

【干部教育培训】 年内，举办两期优秀年轻科级干部培训班，一期人事干部和新入职人员培训班。按照市委组织部《关于开展学习习近平新时代中国特色社会主义思想专题读书活动的通知》要求，于7月中下旬在全局范围内组织全体处级干部开展为期3天的专题读书活动。在市委组织部指导下，对北京城市副中心突出园林绿化建设的新理念新技术，构建"蓝绿交织、清新明亮、水城共融、多组团集约紧凑发展"的生态城市布局现场教学点进行完善提升，并通过市委组织部验收。指导西山无名英雄纪念广场管理处加强对4位主要无名英雄二维码和微信公众号建设，创办《光影中的忠魂》期刊。教育基地接待参观团体250余个，游客30余万人，中央党校、市委党校、

局优秀年轻干部培训现场教学课44次。

（王超群）

【组织建设】 年内，市园林绿化局制订《关于建设新时代高素质园林绿化干部队伍的实施意见》《局（办）发现储备和培养选拔优秀年轻干部实施方案》。统筹干部"选育管用"各环节，进一步完善年轻干部发现储备、培养锻炼、选拔使用和管理监督的全链条机制。引进市委组织部干部管理信息系统，建立局属单位科级干部管理信息系统，及时全面掌握科级干部信息，加强对科级干部队伍的综合分析，提高干部队伍管理水平。对35个局属单位全面调研，与主要领导进行个别谈话，听取推荐优秀年轻干部意见，建立市园林绿化局（首都绿化办）优秀年轻干部人才名单。严格执行《干部任用条例》等规定，注重考察政治素质、工作实绩，在机构改革前，共调整处级干部3人，其中平职交流1人、提拔2人，进一步优化干部队伍结构。加强干部选派挂职和实践锻炼，制订《局（办）优秀年轻干部实践锻炼暂行办法》，先后选派2名干部参加"京郊人才行"、1名"博士服务团"成员、1名驻村第一书记、4名参与北京城市副中心绿心建设、借调人员筹备70年大庆，进一步开阔视野，锤炼作风，增长才干。

（王新珺）

【人才选拔引进】 年内，市园林绿化局通过北京市公务员统一招录平台，为参公单位招录2人，为各区森林公安处或所属派出所招录4人。严格公开招聘程序，由各招聘单位分别负责组织面试，为局属事业单位招聘43名工作人员。按照全市统一部署，接收6名军转干部。

（陈朋）

【干部管理】 年内，市园林绿化局完成35个局属单位领导班子及132名处级干部、30名新提拔科级干部述职测评工作。对年度考核测评分值较低的两个单位开展谈话考察，并责令其中一个单位召开专题民主生活会，查摆相关问题，敦促整改落实。召开干部报告个人有关事项工作部署会，组织全局241名处级干部进行集中填报。抽查核实29人个人有关事项报告，对如实报告的21人，予以归档；对填报不规范的3人、漏报情形较轻的3人进行批评教育，要求本人及时规范填报或补报；对漏报较重的2人，按要求进行组织诫勉。对部分社团不与业务主管处室沟通擅自开展相关工作情况进行通报，并建立年检工作联审联查制度，增强业务主管处室（单位）和党建管理部门的监督职责。完成相关人员因私出国（境）备案调整工作，对全局所有涉密人员进行因私出国（境）备案。按照市委组织部关于全市离退休局级干部和在职处级干部持有因私出国（境）证件及因私出国（境）情况专项查核工作安排，对核查出的6名退休局级干部出入境情况与备案情况不一致情况，逐一发出提醒函，有效规范局级干部因私出国（境）工作。

（王新珺）

【机构改革】 年内，根据中央和市委关于机构改革相关精神和《北京市机构改革实施方案》，高质量完成市园林绿化局机构改革各项工作。本轮改革后，市园林绿化局仍

为市政府直属机构，正局级；划出和划入
增加职责分别为 2 项，内设机构相应新增
3 个，调整或更名 8 个；编制从 155 名增至
159 名，净增 4 个，增加 1 名总工程师。

（陈朋）

【行政审批制度改革】　年内，市园林绿化
局重点抓好"权力瘦身""清单梳理""证明
清理""审批流程优化""事中事后监管""优
化营商环境"等方面工作，政务服务事项由
74 个减少到 37 个，减少 50%；清理取消

证明 17 项，达 94%；清理取消中介服务事
项 3 个，达 100%。结合机构改革，将行政
审批制度改革及审批工作整合，设立行政
审批处，政务服务事项进驻市政府政务中
心达 96%，网上办理率达 98.6%，投资项
目审批效率提高 70%。精简各类事项申请
材料 50 余项。以制度建设为抓手，建立社
会服务首问负责、工作衔接、信息共享等
制度，健全行政审批制度改革工作机制。

（王超群）

（干部队伍建设：杨道鹏 供稿）

工会组织

【概　况】　2018 年，北京市园林绿化局
（首都绿化办）工会紧紧围绕维护广大职工
群众利益主线，着力提高干部职工政治素
质、业务素质和健康素质，服从服务首都
园林绿化发展大局，以建设和谐工会、温
馨工会、有为工会为目标，不断深化改革，
完善机制，创新思路，强化措施，狠抓落
实，为广大职工办实事、办好事，团结动
员广大职工努力工作，恪尽职守，全力打
好百万亩造林等园林绿化攻坚战，为推进
首都园林绿化事业科学发展提供保障。

（宋家强）

【送温暖活动】　年内，北京市园林绿化局
（首都绿化办）工会按照北京市园林绿化局
（首都绿化办）党组工作部署，深入一线基
层走访慰问蚕蜂站、八达岭林场、松山自
然保护区管理处、密云区森林消防大队、

琅山苗圃和直属森林防火队，看望慰问劳
模 37 名、困难职工 6 名、一线职工 215
名，让一线职工、困难群众感受党的关怀
和工会组织温暖。

（宋家强）

【庆"三八"国际妇女节活动】　3 月 12 日，
"三八"国际妇女节期间，北京市园林绿化
局（首都绿化办）工会、北京二商集团工
会、北京市园林绿化企业工会联合会联合
举办"争做奋斗女性，创造幸福生活"女职
工素质提升培训班系列主题活动。基层工
会女干部、先进妇女和女职工代表 200 多
人参加活动。活动现场，为 2017 年北京市
三八红旗奖章获得者北京市种子苗木管理
总站站长姜英淑、北京市园林绿化局林场
处主任科员付丽、北京市大东流苗圃党政
办主任张林玉、北京市西山试验林场高级

工程师金莹杉、北京二商集团王宗秀5名个人和首都绿色文化碑林管理处游客服务科、北京市林业碳汇工作办公室两个三八红旗集体，颁发奖章和奖牌。同时，举行法律、健康顾问聘任仪式，北京市园林绿化局工会主席侯雅芹向中医界知名专家张立教授和严权律师分别颁发职工健康顾问和法律顾问聘书。

（宋家强）

【全市树木修剪技能竞赛】 4月11日，北京市园林绿化局在房山区长阳镇举办全市树木修剪技能竞赛活动启动仪式。来自全市16个区和5个有林单位21支参赛代表队在稻田村平原造林地块内大显身手，激烈角逐"金剪子"绿色工匠荣誉称号。启动仪式上，北京市园林绿化局副局长高士武明确提出"大国复兴筑绿梦，首善之区利标杆"目标，全力打造北京园林绿化行业高素质技能人才方阵，锻造绿色工匠，努力培育"绿色精英""绿色导师""绿色使者"。2018年全市树木修剪技能竞赛分平原生态林和城镇绿化树木修剪两个专业组，共计评选出20名"金剪子"，40名"银剪子"和60名"铜剪子"。东城区园林绿化局等10个单位获得优秀组织奖。房山区园林绿化局、通州区园林绿化局获得突出贡献奖。本次比赛吸引社会各界400余人观摩学习。

（宋家强）

【庆"五一"慰问文艺演出】 4月26日，北京市职工文学艺术促进会、北京市园林绿化局（首都绿化办）工会，联合承办市总工会以"劳动光荣——全面打赢新一轮百万亩绿化造林行动攻坚战"为主题的庆"五一"慰问一线职工文艺演出，向奋战在通州区台湖万亩游憩公园绿化施工现场职工奉献一场精彩文艺节目，并送上著名书法家作品以及防护用品、文化用品等，把党组织关怀送给北京城市副中心新一轮百万亩绿化造林施工现场100多名一线工人。

（宋家强）

【"园林好声音"职工演讲比赛】 5月3日，北京市园林绿化局举办"园林好声音"职工演讲比赛。比赛是贯彻落实《北京市总工会关于开展首都职工"劳动光荣"主题演讲比赛的通知》要求，进一步推动习近平新时代中国特色社会主义思想进单位、进科室，结合"敬业八小时，做好今日事——八小时约定主题教育实践活动"的一项具体举措。来自北京市园林绿化系统的参赛选手们，充分展现园林绿化行业职工精神风貌和首都生态文明建设丰硕成果。

（宋家强）

【医疗义诊活动】 5月20日，北京市园林绿化局（首都绿化办）工会邀请北京大学第一医院15名医务工作者和知名中医专家，赴北京市共青林场、北京市野生动物救护中心，开展"白衣天使与森林卫士携手、健康身心与绿色发展相伴"主题义诊活动，大东流苗圃、天竺苗圃、东方园林、天房绿茵、顺鑫绿洲等企事业单位党政领导、职工及家属150余人享受到优质医疗健康服务。

（宋家强）

【工会干部培训】 7月12~13日，北京市园林绿化局（首都绿化办）工会举办工会干部培训班，旨在全面提高首都园林绿化系统工会干部综合业务素质、工作水平，不断适应新形势工会工作发展需要，北京市园林绿化局（首都绿化办）工会基层工会主席、工会财务人员、通讯员、优秀青年团员和工会联合会常委、会员单位共计140多人参加培训。12月5～6日，北京市园林绿化行业举行工会干部培训班，旨在提升广大工会干部专业技能，展示工会发展新成效、新亮点和新形象，园林绿化行业工会干部80余人参加培训。

（宋家强）

【第四届职工足球赛】 9月21日，北京市园林绿化局第四届职工足球赛在北京市共青林场开赛。本次比赛由北京市园林绿化局（首都绿化办）工会主办，小组赛由北京市共青林场承办，决赛由北京市八达岭林场承办，来自全局系统13个单位150多名职工组成8个代表队参加小组赛。市园林绿化局（首都绿化办）党组成员、副局长高士武出席启动仪式。

（宋家强）

【向北京市温暖基金会捐赠仪式】 10月18

日，北京市园林绿化行业在北京职工服务中心举行向北京市温暖基金会捐赠仪式。北京市园林绿化局（首都绿化办）工会主席将北京市园林绿化局（首都绿化办）工会、北京市园林绿化企业工会联合会所属企业、5000多名职工捐赠的40多万元捐赠给北京市暖心基金会北京市园林绿化行业暖心专项基金。

（宋家强）

【市园林绿化行业工资集体协商签约仪式】
10月18日，举行北京市园林绿化行业工资集体协商签约仪式。在北京市园林绿化企业工会联合会百余家企业100余名代表见证下，北京市园林绿化局（首都绿化办）工会主席、北京市园林绿化企业工会联合会主席、北京市服务工会兼职副主席侯雅芹，市园林绿化行业协会会长分别作为职工方和企业方首席代表，在《北京市园林绿化行业2018年工资专项集体合同》上签字，使北京市园林绿化行业广大职工劳动报酬获得新保障。

（宋家强）

（工会组织：宋家强 供稿）

社会团体

【概　况】 2018年，市园林绿化局有社会组织13个。分别为北京花卉协会、北京市果树产业协会、北京园林学会、北京林学会、北京市盆景艺术研究会、北京果树学会、北京生态文化协会、北京屋顶绿化协会、北京野生动物保护协会、北京林业有害生物防控协会、北京绿化基金会、中华民族园管理处、北京酒庄葡萄酒发展促进会。北京市园林绿化行业协会、北京市风景名胜区协会、北京林业工程建设协会、北京插花协会4家行业协会与市园林绿化局脱钩，北京沙产业协会注销。

（陈朋）

【北京林学会】 北京林学会于1955年由北京地区林业科学技术工作者自愿发起成立，1962年正式更名为北京林学会，1987年3月经北京市民政局核准注册登记，学会致力于推动首都林业的发展。截至2018年年底，个人会员3068个，团体会员17个。2018年，学会举办或参与大型学术研讨3场，涉及城市森林、森林疗养、绿色木材、区域协同等内容，累计参会代表800余人次。学会继续扎实推动各项国际、国内项目实施工作，逐步打造并完善学会在都市饮用水源地保护、林业碳汇、低碳林业社区改造等领域的品牌形象。举办各类技术培训研讨，500余人参加，引进技术专家80余人，累计辐射受益上千人；开展各类森林文化、森林体验等活动150余场次，受众近2万人次；开展党建学习、活动等累计12次；荣获北京市民政局"5A级社会组织团体""北京市先进社会组织"、中国林学会2018年年度优秀学会；市科协"信息工作先进集体"光荣称号；森林音乐会项目荣获中国林学会颁布的"第七届梁希科普活动奖"；海培计划项目活动获得海淀区颁发的"支持地方教育特殊贡献奖"。来自北京电视台、《中国绿色时报》等各大媒体、网站报道40余篇，转载百余次。

（陈朋）

【北京园林学会】 北京园林学会于1992年

8月获准成立，是北京地区园林科技工作者的学术性群众团体，是发展北京园林科学科技事业的重要社会力量，现有团体会员78家。2018年，围绕首都园林绿化中心工作，搭建交流平台，举办"新时代北京园林绿化高质量建设与发展"学术论坛，多位专家学者及600余名一线专业技术人员开展交流研讨。以行业发展需求为导向，加强国际、国内学术交流合作，邀请美国、新加坡以及国内知名专家举办《宿根花卉新品种及其应用》《城市森林建植研究——日本宫胁法调研》等多场专题报告会。以专业考察促进发展成果转化，组织会员参观中国国际花卉园艺博览会和2018年花木公司春季新优植物品种展示会，赴广阳谷城市森林、槐房水厂湿地公园、万寿公园等地实地参观学习城市森林建设、拆违还绿、精细管护先进经验。开展落实高质量发展要求规划建设以及城镇绿地精细化管护系列培训，提升从业人员专业技术水平。围绕"靓丽阳台"主题，开展科普宣传活动30余次，受益群众3000余人，群众满意度100%。充分利用学会资源优势，围绕承接政府转移职能，开展专家库建设，组织专家到世园会、北京城市副中心等重点建设项目现场，提供技术服务。受东城、西城园林绿化局委托，完成核心区国庆花坛方案征集评审工作。编辑出版《2017年学术论文集》2000册、《2009—2016年优秀园林设计作品集》1000册、会刊《北京园林》杂志1万册。

（陈朋）

【北京屋顶绿化协会】 北京屋顶绿化协会于2006年3月12日获准成立，是建设生态环保节约型、宜居靓丽绿色城市的崭新领域，涉及城市规划设计、建筑结构、建筑防水、农业、林业、园艺、环保、市政管理等诸多相关专业学科。2018年，北京屋顶绿化协会为政府提供专业服务，配合市区园林绿化局开展工作。组织专家对东城区、西城区、朝阳区、通州区、密云区等区屋顶绿化设计方案进行评审、验收。协助各区完善工程技术流程、摸底调查，研究屋顶绿化选址、方案论证等。截止到2018年年底，全市完成屋顶绿化12.45万平方米。编辑出版《种植屋面疑难问题解答》。携手京津冀生态景观及立体绿化产业技术创新联盟在北京、天津、石家庄举办立体绿化与海绵城市建设、绿色建筑与生态空间融合与创新、绿色宜居生态城镇规划建设学术研讨会。举办主题为"乐享生活，用新理念、新技术，打造靓丽阳台"展示活动。配合市园林绿化局老干部处拍摄反映改革开放四十周年园林绿化的纪录片，展示屋顶绿化发展历程。配合央视财经频道录制两期《新消费生活：城里人的种菜梦》。加强协会网站建设，继续出版协会会刊《建筑绿化》，推广建筑绿化理念、促进建筑绿化技术和应用的交流与发展。积极建言献策，及时解答市民对屋顶绿化关心的问题。

（陈朋）

【北京果树学会】　北京果树学会最早成立于1956年，1981年重新登记注册，由北京果树科技工作者自愿联合发起成立。学会主要开展果树学术交流及教学活动，举办各种形式的专业培训，接受有关科学技术政策和问题咨询，开展国际科技交流。

现有会员198名，理事29名，常务理事10名。学会紧紧围绕郊区果树产业发展，组织专家、技术人员广泛开展果树管理技术研究、培训推广、专题调研、学术交流等，是政府密切联系群众的桥梁和纽带。2018年，学会积极响应北京市园林绿化局的号召，全力为世园会百果园建设发挥技术支撑作用，在建设过程中多次派出果树专家前往延庆开展调研和监测工作，形成的《2019北京世园会百果园建设项目研究咨询报告》为百果园建设提供理论和试验依据。为科普宣传提供相关素材，以科技力量为世园会百果园建设保驾护航。召开"杏栽培技术与产业交流会"，将全国杏产业科技工作者召集在一起，分享成果、交流经验、探讨难点、共谋发展，对促进杏产业体系产学研紧密结合，推动杏产业可持续发展发挥积极作用。结合承担的三项市科协"农民致富科技服务套餐配送工程"，通过现场指导、技术咨询和培训等方式，为郊区及京津冀地区果农提供服务。开展活动25次，其中培训讲座9次，培训人员597人次；推广科技成果十余项。指导果农、企业生产，为果业发展提供技术支撑。

（陈朋）

【北京野生动物保护协会】　北京野生动物保护协会于1986年12月获准成立，由野生动物保护管理工作者，科研教育、经营利用、宣传工作者，愿为保护野生动物资源作出贡献的单位和个人自愿组成。2018年4月8日，在密云区不老屯镇举办以"保护鸟类资源，守护绿水青山"为主题的第36届"爱鸟周"启动仪式。启动仪式上推出为"鸟类安个家"——悬挂人工鸟巢活动，现场为密云区野生动物救护站授牌，向市民代表赠送野生动物保护宣传海报。全市各区开展丰富多彩的宣传活动，"爱鸟周"活动期间，发放宣传折页、粘贴画、文具、海报、宣传袋等各类宣传资料6万余份，悬挂宣传横幅1500余条。与北京市野生动物救护中心联合开展"第六届中小学生保护知识论坛"，推进野生动物保护进校园，到海淀实验小学等50余所学校进行野生动物保护宣讲，5000余名师生听取讲座。举办"关爱野生动植物、营造美丽家园——2018爱绿一起自然笔记"征集活动，活动收到作品3000余件，最终通过网络投票及专家打分相结合的方式评选出获奖作品。加强"十佳生态旅游观鸟地"建设，与飞羽合作开展观鸟活动，为十佳生态旅游观鸟地完善观鸟设施。开展北京雨燕调查研究，初步掌握北京城市雨燕分布和种群繁殖情况，为北京雨燕保护积累基础资料。

（陈朋）

【北京盆景艺术研究会】 北京市盆景艺术研究会于1992年6月30日获准成立，由北京盆景艺术专家学者、盆景艺术爱好者和赏石收藏鉴赏家及收藏爱好者自愿联合发起成立，致力于推动首都盆景赏石传统文化的发展。截至2018年年底，研究会共有个人会员80余人，团体会员6个。2018年6月，研究会与北京市总工会在北京市劳动人民文化宫共同举办为期6天的盆景艺术培训班，研究会派出6名盆景专家进行授课，共有46名学员参加。在文化学术交流方面，研究会积极参加全国性盆景艺术论坛，邀请国际盆景大师梁悦美到北京参加交流活动。着眼2019年北京世园会国

际盆景竞赛活动，研究会从2018年下半年开始进行层层选拔，在中山公园举办"迎国庆 盆景精品选拔展"。此外，研究会与北京电视台和《中国花卉报》等新闻媒体进行合作，拍摄3期盆景赏石科普节目，有4名会员参与拍摄北京电视台《我是园艺师》系列专题报道。

（陈朋）

【北京生态文化协会】 北京生态文化协会于2013年6月注册成立。协会由北京地区从事生态文化建设、经营、管理、研究的企事业单位、科研院所、大专院校、新闻单位、出版单位以及关心和有志于推动首都生态事业发展的社会各界人士组成，主要开展生态领域的政策宣传、专业培训、专题调研、对外交流、咨询服务、组织考察、承办委托、编辑专业刊物。2018年，协会协助首都绿化委员会办公室开展"2018爱绿一起"主题系列宣教活动150余场。全市建成延庆夏都公园园艺驿站、北京鲜花港园艺驿站等园艺驿站33家，通过园艺驿站向市民传授园艺技能、培育爱绿护绿意识。连续4年参与举办"森林音乐会""北京森林文化节""园林绿化科学普及系列活动"为一体的大型综合活动组织筹办工作，向市民传播森林文化理念，展示最新园林绿化成果。做好北京地区"全国生态文化村"候选村庄检查、核实、申报工作。2018年北京市昌平区十三陵镇康陵村、房山区周口店镇黄山店村、怀柔区喇叭沟门满族乡对角沟门村被评为全国生态文化村，并被授予奖牌。2018年微信公众号"首都生态文明宣传教育"发布爱绿一起、全市生态文明建设等文章千余篇。加强协会基础建

设工作，依规对会员进行重新梳理和确认，2018 年协会有个人会员 171 人，单位会员 22 家。

（陈朋）

【北京绿化基金会】　北京绿化基金会于 1996 年获准成立，协会依靠募集资金开展绿化活动，是社会性的公募基金会。基金会主要接受政府资助和热心绿化事业的国内外团体和个人捐助资金，通过基金的运作，组织绿化工程项目，治理、保护首都及围边区域的林木绿地资源；开展社会宣传、交流合作、技术开发，推动首都绿化事业发展。2018 年，在首都绿化委员会办公室义务植树处指导下，召开 2018 年绿地树木认种认养工作座谈会，同市园林绿化局、北京林学会合作，举办北京第六届森林音乐会，在朝阳区望和公园开展植树日宣传活动，同经济观察报社，举办 BCA 中国汽车人绿色公益植树绿化活动，在柒 - 拾壹北京公司便利店，开展"喝咖啡献爱心捐资助绿公益活动"。协助共青林场、八达岭林场、京西林场、六合庄林场，组织策划 5 场秋季义务植树尽责劳动，有近千人参与树木涂白、挂鸟巢、挂树牌、修水渠、做树盘活动。各新闻媒体刊发、播发、转发报道文章 480 余篇。制作"互联网 + 全民义务植树"义务尽责扫码捐款宣传页 8450 张、易拉宝 9 个、首都全民义务植树尽责证书 2516 张、国土绿化荣誉证书 400 张。

（陈朋）

【北京林业有害生物防控协会】　协会成立于 2016 年 12 月，协会成员主要是以行业内优秀企业为主的企事业单位会员、以在

京科研院校研究人员为主的专家委员会和以北京市热心群众为主的志愿者队伍三股力量。协会通过开展科研、培训、科普宣传、技术交流、评估检查、资质认证、争创先进等多种形式活动，加强会员管理，协助市、区两级园林绿化部门规范本行业管理，推进北京林业保护事业发展。2018 年，协会按照章程及年度工作计划，加强监测测报，完善测报考核管理体系；推进第三方监理，完成飞防验收工作；应用先进科技产品，全面推进农药减量工作；开展天敌昆虫综合评估，大力推广绿色防控试点；开展主题专家巡诊，持续打造特色专业智库；推进科技科普培训，完成林业有害生物技术培训 13 期，培训人次近千人；开展职业资格技能培训，完成林业有害生物防治员职业资格培训取证工作，共 70 人取得林业有害生物防治员初级和中级资格证；加强内部沟通和外部联系，积极探索合作新模式；搭建志愿者平台，打造协会品牌效应。开展"绿色知识进学校、绿色文化进社区、绿色技术进企业""大讲堂"等科普宣讲活动，开展"三进"活动 60 次，科普摄影展 5 次，累计参与 1800 人次；调研林业有害生物防控现状，探索"双减"新模式；促进农药规范经营，开展"双新"推广工作。

（陈朋）

【北京花卉协会】　北京花卉协会于 1987 年 6 月成立，主要由花卉及相关主管行政部门，企、事业单位，科研院校，社团及个人组成。协会主要工作是制订行业标准，建立行业自律机制，推广花卉生产新技术，开展国内外交流合作，维护行业利益。

2018 年，完成 2018 年香港花卉展览及第二十届中国国际花卉展参展工作，"北京馆"获 2018 香港花展最佳设计金奖。坚持打造首都品牌花事活动，促进花卉产业发展。以"花开盛世·一带一路"为主题，举办第九届北京郁金香文化节，接待游客 17.9 万人次。以"爱月季·爱生活"为主题，举行第十届北京月季文化节，展出月季(含玫瑰)8500 余个品种，约 203 万株，展出面积 117 万平方米；累计接待游客 195 万人次。成功举办第四届北京百合文化节和第十届菊花文化节。协助市园林绿化局花卉产业处做好 2019 年世园会筹备工作。开展 2019 世园会北京室内展馆花卉展品征集工作。与北京中宏天国际会展有限公司联合，在 2018 第六届北京农业嘉年华展览会上搭建北京新优花卉品种展示宣传平台，展示 9 家科研院所及花卉企业育种研发成果，包含月季、菊花、百合、萱草、一串红共 64 个花卉新优品种。与市园林绿化局联合开展国内外花卉新优品种培育、应用技术、展览展示以及产业发展趋势等知识讲座，200 余人参加。

(陈朋)

【北京果树产业协会】　北京果树产业协会于 2002 年 9 月成立，是一个跨地区、跨部门、跨所有制群众团体。协会主要发挥行业自律、协调、服务、维权功能，维护行业、会员合法权益，促进全市果品市场繁荣和果树产业发展。2018 年，按照社团组织管理要求和协会章程，做好日常管理工作，组织和服务果树产业协会会员队伍。协会现有会员 100 个，其中团体会员 50 个、个人会员 50 个。定期召开理事会会议，不定期召开协会工作会议，组织协会工作人员或会员参与民政部、财政部、税务等部门组织的各类培训班。建立健全《民主决策制度》《重大事项报告制度》等 9 项管理制度。利用首都各大媒体向广大市民宣传推荐京郊优质果品和优秀观光采摘园，在不同阶段、不同果品、不同地区组织实施一系列特色文化节庆活动，满足广大消费者需求。"北京百万市民观光果园采摘游"等生态文化活动，成为展示果树产业蓬勃发展的靓丽名片。为会员搭建果品"农超对接"销售平台，充分发挥政府、果农和市场之间的桥梁与纽带作用，积极开拓果品市场，带领果农增收致富。

(陈朋)

【北京中华民族园公园管理处】　北京中华民族园 1992 年经北京市政府批准建立，1994 年 6 月北园建成并对外开放，1996 年纳入北京市公园行业管理，2001 年 9 月 29 日南园建成对外开放，是以市园林绿化局为业务主管部门的民办非企业单位，坐落在北京市亚运村西南，占地 28.2 公顷。中华民族园是京城第一座大型民族文化基地，旨在展示民族文化传统，增强国民爱我中华的民族意识，促进青少年对民族文化的认知。2018 年，中华民族园工作重点是：民族建筑、基础设施的维修改造；北园区网络覆盖工程；利用植物多样化打造生态园林景观效果；"中小学生社会大课堂"开展实践少数民族非物质文化遗产项目课程。2018 年，园内实有乔木 4033 株，灌木 9026 株，月季类 2072 株，攀援类 5926 株，竹子 130170 株。种植水生植物 7 种 120 盆，多年生草花 33 种，1.32 万株，一、二年生草花 19 种，1.63 万株、绿篱 3000 株、340 平方米，草坪 2.25 万平方米。种植粮食作物 11 种，2800 平方米，种植经济作物 30 种，2.2 万株。移栽植物 174 株，其中乔木 53 株、灌木 95 株、月季 40 株、攀援植物 26 株；伐除病死树 64 株，其中乔木 60 株、灌木 4 株。维修民族建筑工程 7 项，分别为白族民居建筑维修及彩绘工程，珞巴族民居维修工程，俄罗斯族民居维修工程，京族民居维修工程，普米族民居维修工程，汉族胶东海草房维修工程，维吾尔族民居维修工程，维修总面积 5006 平方米。

（陈朋）

【北京酒庄葡萄酒发展促进会】 北京酒庄葡萄酒发展促进会于 2018 年，由中国葡萄酒杂志社有限公司、北京市房山区葡萄种植及葡萄酒产业促进中心、北京市房山区酒庄葡萄酒协会等单位共同发起，旨在推动北京及周边酒庄葡萄酒的生产、流通、销售、推广、科技水平不断提高以及与国际交往不断扩大，为北京酒庄葡萄酒发展作贡献。促进会于 2018 年 12 月 28 日举行第一次会员大会。首批会员包括单位会员 28 个、个人会员 119 人。在单位会员中包括酒庄 21 家，占北京市及周边葡萄酒庄总数约 2/3，涵盖北京房山、延庆、密云、顺义、通州，以及怀来地区的重点、具有代表性的葡萄酒生产单位。同时，单位会员还包含贸易流通、科技服务、媒体推广单位，在北京葡萄酒行业销售、科技、推广、管理领域中发挥重要作用。个人会员包括葡萄酒种植酿造、教育、科研、销售、投资、传媒推广、品质管理等各个领域，集中北京酒庄葡萄酒体系中各个环节代表性、权威性人士，为实现促进会目标与宗旨提供人员保障。

（陈朋）

（社会团体：陈朋 供稿）

离退休干部服务

【概　况】 2018 年，市园林绿化局离退休干部服务工作坚持以党的十九大精神和习近平新时代中国特色社会主义思想为指导，以全国老干部工作会议精神和北京市老干部工作会议精神为依据，严格落实《北京市离退休干部工作领导责任制》，围绕中心、服务大局，不断加强离退休干部政治建设、思想建设和党支部建设，努力抓好政治和生活两项待遇落实，积极开展丰富多彩文体活动，引导离退休干部积极发挥正能量，实现让市园林绿化局党组放心、让老干部满意的目标。

（李占斌）

【组织建设】 年内，市园林绿化局按照"组织覆盖、班子健全、制度完善、活动经常"要求，按"B＋T＋X"体系，全面落实党支部规范化建设，坚持"三会一课"、组织生活会、主题党日等制度，推进"两学一做"教育常态化、制度化。加强对离退休干部党员教育、管理和监督，关心爱护家庭困难老党员，组织共产党员献爱心活动，提高各支部凝聚力和战斗力。

（李占斌）

【政治理论学习】　年内，市园林绿化局依托离退休干部服务中心这个阵地，坚持每月集中学习、举办学习班、日常阅读、收看电视、集中听汇报、部分人员座谈、发放资料、送学上门、播放光盘、应用新媒体等形式组织离退休干部学习党的十九大精神、习近平新时代中国特色社会主义思想、新《党章》，学习全国老干部工作会议精神和市老干部工作会议精神，使广大离退休干部进一步增强"四个自信"、树牢"四个意识"、坚持"两个维护"。

（李占斌）

【通报工作情况】　元旦至春节期间，市园林绿化局（首都绿化办）党组书记、局长邓乃平向参加迎新春团拜会局级离退休干部汇报2017年主要工作、取得的主要成绩以及2018年重点工作。5月份，市园林绿化局领导向局机关离退休干部汇报新一轮百万亩造林绿化行动计划。

（李占斌）

【做好日常服务】　年内，市园林绿化局每季度组织局级老干部集体阅读有关文件，为老干部阅览室订阅《人民日报》《参考消息》《中国老年报》《北京日报》《求是》等30种报纸杂志。"七一"前和春节前对全系统离休、局职等老党员、老干部走访慰问；对常年不能参加活动和生病住院老干部以及离休干部遗属、家庭困难者进行走访慰问；组织局机关离退休干部年度体检。

（李占斌）

【文化娱乐活动】　春节前，举办局机关离退休干部迎新春联欢活动；组织老同志庆祝"三八"妇女节活动；组织春季健身趣味运动会；6月组织南海子公园"夕阳健步走、喜看京郊美环境"活动；9月，组织局机关离退休干部参观考察永定河生态廊道绿化工程；参观北京植物园兰花展、农业嘉年华、奥林匹克森林公园、新机场绿化建设等。离退休干部服务中心开办合唱、绘画、电脑、手工编织等兴趣学习班。

（李占斌）

【服务队伍教育培训】　年内，市园林绿化局举办两次局系统老干部工作人员培训与经验交流会，提高工作人员服务水平。

（李占斌）

（离退休干部服务：李占斌 供稿）

直属单位

【概　况】　2011年1月12日，经北京市机构编制委员会办公室京编办行〔2011〕5号批复，北京市林政稽查大队名称变更为北京市园林绿化局执法监察大队（以下简称执法监察大队），隶属北京市园林绿化局。大队行政执法专项编制21人，机构设置为三科一室，即林政稽查科、野保稽查科、综合稽查科和办公室。主要负责：具体实施有关法律、法规规定，应由园林绿化主管部门承担的执法监督职责，以及相关大案、要案和跨区域案件的查处工作；指导和协调区县相关的执法监督工作。

　　2018年，执法监察大队依法严格履行园林绿化资源保护行政执法职能，全面开展园林绿化资源保护执法专项行动。执法监察大队共受理破坏园林绿化资源违法行为各类案件及线索161件，其中林木、林地类案件47件，野生动物保护类案件114件，均已办结。　　　　　（朱小娜）

【园林绿化行政执法岗位培训】　6月13～14日，执法监察大队在延庆区对全市执法人员进行"全市园林绿化行政执法人员依法行政培训班第一期"法制培训；9月12～14日，在门头沟龙泉宾馆对全市执法人员进行"全市园林绿化行政执法人员依法行政培训班第二期"法制培训；10月24～26日，在门头沟龙泉宾馆对全市园林绿化和工商行政执法人员开展野生动物保护执法业务培训。培训重在提升各区执法岗位人员素质，推动园林工商之间执法沟通协调机制建立。

（朱小娜）

【禁猎期野生动物保护专项巡查】　年内，执法监察大队编制年度禁猎专项执法检查方案，对琅山、东坝郊野公园、东小口森林公园等重点郊野公园，以及华声天桥民俗文化城、分钟寺桥南辅路、紫竹桥新官园花鸟鱼虫市场等重点区域场所进行巡查检查,严厉打击涉及国家保护野生动物违法行为。

(朱小娜)

【参与国家林业和草原局"绿剑2018"专项打击行动】 年内,市园林绿化局按照国家林业和草原局森林公安局统一部署,制订"绿剑2018"专项打击行动方案,在全市范围开展为期100天的专项打击行动。按照市园林绿化局统一部署,执法监察大队参与对大兴区、房山区、密云区、延庆区进行专项督导。

(朱小娜)

【完成对2017年国家林业局驻北京专员办督办案件线索的查督办工作】 年内,执法监察大队对2017年以来原国家林业局驻北京专员办督办的43件案件线索进行全程跟进督办,所有案件查办信息均按时反馈至上级相关部门。

(朱小娜)

【规范园林绿化执法行为自查活动】 年内,执法监察大队按照原国家林业局和北京市园林绿化局关于开展"规范园林绿化执法行为提升园林绿化执法能力"专项行动实施方案有关要求,认真开展自查活动。于5月初向市园林绿化局法制部门报送"丰台区石榴庄公园行政诉讼案和朝阳区儿童主题公园公益行政诉讼案"有关情况自查报告。

(朱小娜)

【园林绿化资源保护执法宣传】 年内,执

法监察大队参与3月1日在房山区六渡举办的"2018年世界野生动植物日"宣传活动,4月8日在密云区不老屯镇和5月10日在门头沟区大台街道举办的北京市第36届"爱鸟周"宣传活动。活动现场,大队队员通过现场宣讲与交流、发放宣传材料等形式,向前来参加活动的市民进行野生动物保护法制宣传教育。开展执法宣传教育进学校、进社区、进公园"三进"工作。与西城区园林绿化局和北京小学红山分校共同举办以"关爱野生动物从我做起"为主题的校园法治讲堂,向参加活动师生发放宣传品,鼓励大家自觉遵守法律法规,与野生动物和谐相处;在朝阳区奥林匹克森林公园开展关爱野生动物、保护生态环境、与快乐健身融合野保宣传活动,现场发放宣传折页等宣传品1500余份,提高全民野生动物资源保护意识;大队全体党员干部向"双报到"社区居民开展野生动物保护法治宣传、法律法规咨询活动。

(朱小娜)

【完成与北京市城市管理综合行政执法局相关职权移交事项】 年内,根据《北京市人民政府关于进一步相对集中城市管理领域部分行政处罚权的决定》决定,为进一步提升行政执法效能,提高城市管理和公共服务水平,执法监察大队配合市园林绿化局法制、人事部门,按时完成涉及《北京市绿化条例》等三部地方性法规规定的行政处罚权移交工作,共完成36项行政处罚权划转。按照要求完成向城管移交"大兴区高米店公园违法占地案件"案卷材料工作。

(朱小娜)

【全市林业行政案件统计分析】 年内，执法监察大队完成 2018 年度全市林业行政案件统计分析工作，根据国家林业和草原局关于做好林业行政案件统计分析工作要求和部署，将收集数据进行全面剖析，撰写并报送统计分析报告。

(朱小娜)

【党组织建设】 年内，执法监察大队坚持以学习贯彻习近平新时代中国特色社会主义思想和党的十九大精神为主要内容，突出抓好领导干部中心组理论学习，把个人自学、理论串讲、参观见学、课题调研等实践活动落到实处。期间，处级干部轮流讲党课 4 次，学习研讨 2 次，组织党员干部参观"砥砺奋进的 5 年"大型成就展和"护航新时代 4·15 全民国家安全教育"主题党日活动，分批观看《厉害了，我的国》等正能量影片。严密组织民主生活会和组织生活会，认真开展批评和自我批评，找准个人和领导班子存在的突出问题，制订问题整改方案。落实基层党组织和党员"双报到"活动要求，指定专人参加所在社区协调委员会，组织十余名党员参与社区党建活动，提出为民服务和政策宣讲建议 2 条。

(朱小娜)

【领导班子成员】

队长、党支部书记　孔令水
调 研 员　　　　吴纪伟
副 队 长　　　　王国义
副调研员　　　　谷伟学　王怀民
　　　　　　　　王 刚
　　　　　　　　滕玉军(2018 年 9 月任)

(朱小娜)

(北京市园林绿化局执法监察大队：
朱小娜 供稿)

北京市林业工作总站

【概　况】 北京市林业工作总站(以下简称市林业站)系北京市园林绿化局所属参公事业单位。全站设有工程科、资源管护科、经营利用科、科技科、科技推广科、生物质能源科、林业站管理科、政策研究科、规划建设科、办公室。现有在岗职工 53 人，其中专业技术人员 33 名，正高级工程师 2 名，高级工程师 14 名，中级工程师 15 名，助理工程师 2 名。主要职能是负责全市造林重点工程的养护管理、林业技术推广、从业人员培训工作，包括平原生态林养护管理、绿色通道管护、播草盖沙工程等工作；负责全市乡镇林业站建设管理、人员培训等工作。

2018 年，市林业站围绕加强平原造林新增林木资源养护管理，精细管绿，惠民兴绿，全面推进林木资源管护科学化规范化，促进各项养护措施落实，年度任务圆满完成。

(于青)

【平原生态林养护监管】 年内，北京市平原生态林养护总面积 65980 公顷。对全市 13 个区年度养护实施方案进行审核，指导督促各区修订完善并依据实施方案开展养护管理。完成春季养护管理大检查，抽查平原造林地块 283 个，面积 3486.67 公顷；抽查绿化隔离地区、"五河十路"绿色通道、生态林地块 85 个，面积 740 公顷。结合春季检查问题整改，以防洪排涝、草荒治理、林木修剪、护林防火、有害生物防治等养护措施落实为重点，开展全市平原生态林夏季、秋冬季林木养护巡查。

（于青）

【平原生态林养护综合示范区建设】 年内，市林业站持续推进平原生态林养护综合示范区建设，区分郊野森林公园型、近自然生态型、困难立地型，选定市级示范区 4 个，总面积 193.13 公顷；区级综合示范区 11 个，总面积 783.27 公顷。市级示范区建设完成 80% 以上，栽植各类地被植物 127050.6 平方米，施肥面积 150.67 公顷，修整作业道路 3836 米、铺设园路 1511 米、修建广场 1318 米。区级示范区完成基础养护措施，修缮作业道路 18807 延米，补植各类树木 7501 株，栽植地被植物 120648 平方米。

（于青）

【园林绿化养护创新】 年内，市林业站探索平原造林多功能经营，开展"北京平原人工林多功能经营技术推广与示范"项目；推进园林废弃物资源化利用，完成《北京市园林绿化局关于加快园林绿化废弃物科学处置的意见》；实施"北京市园林绿化废弃物

资源化利用技术示范与推广"项目，在通州区建设园林绿化废弃物资源化处理示范点 4 处，推广示范粉碎物产品、堆肥产品、覆盖物产品 3 种废弃物处理技术模式；推进"污泥与园林绿化剩余物协同利用关键技术研发与示范"项目，开展混合堆肥产品应用示范区维护和监测工作；推动城市污泥、餐厨垃圾肥料在平原生态林中的应用，选定餐厨垃圾肥料施用试验点 4 个，试验面积 209.88 公顷。编制《平原生态林整形修剪技术规范》。完成全市平原生态林主要立地类型土壤取样分析，指导各区平原生态林土壤肥水管理。

（于青）

【林业科技推广】 年内，市林业站着眼服务全市重点工程组织林业科技推广。重点进行生物多样性、肥水一体化、节约型园林等先进技术试验示范。开展生物多样性、俄罗斯乔状沙棘示范区建设；在怀柔区开展微喷节水灌溉示范区建设 14.67 公顷。开展杨柳飞絮治理工程，出台《北京市园林绿化局关于认真做好 2018 年杨柳飞絮治理工作的通知》；朝阳区完成治理杨柳树雌株 10011 株；怀柔区完成治理杨柳树雌株 1592 株，栽植吸附飞絮地被 20 公顷。在结对共建村平谷大华山镇梯子峪村实施"资源节约型绿色村庄景观提升建设"项目，开展山地果园节水工程配套辅助设施建设、古核桃树保护利用、村庄绿化景观综合改造提升工作。

（于青）

【林业技能培训】 年内，市林业站对北京市 11 个区 60 名新入职人员进行专业和基

本技能培训；对全市6个区80名乡镇林业站站长进行业务培训及能力测试。针对平原造林林木整形修剪、有害生物防治、养护机械化及养护监管等问题组织培训，举办平原生态林专家型管护人才培训2期，林业有害生物防治技术培训2期，林木养护管理专项培训、全市新型集体林场试点专项培训各1期，7000余人参加培训。

（于青）

【京蒙对口帮扶】 年内，市林业站与内蒙古自治区林业工作总站协同完成"京蒙对口帮扶"内蒙古林业科技扶贫培训，内蒙古自治区国家扶贫开发工作重点是旗县基层林业科技推广技术人员，共计50人参加培训。

（于青）

【党建工作】 年内，市林业站党支部按照市园林绿化局（首都绿化办）党组部署，结合单位实际抓好党建工作，召开支委会16次，党员大会13次，组织领导班子中心组学习12次，党小组学习24次，签订三级个性化责任书13份。开展纪念建党97周年主题党日活动，以"军强国安"为主题讲党课；组织干部职工参观爱国主义教育基地白乙化烈士纪念馆；组织"七一"党员献爱心活动捐款1480元；为职工购置政治理论学习书籍9册。落实中央八项规定精神，定期开展"回头看"；抓好全面从严治党检查反馈问题整改落实工作；深化"为官不为""为官乱为"问题专项治理工作。严格执行"三会一课"制度，加强组织生活管理，提高组织生活质量。

（于青）

【单位荣誉】 年内，市林业站荣获2018年首都环境保护先进集体；三北防护林体系建设工程先进集体。

（于青）

【领导班子成员】

站　　长	杜建军
党支部书记	张继伟
副站长	王连军　秦永胜
	李荣桓
副调研员	张小龙　徐记山

（于青）

（北京市林业工作总站：于青 供稿）

北京市林业保护站

【概　况】 北京市林业保护站（以下简称市林保站）系北京市园林绿化局所属事业单位，现有在岗职工31名，其中专业技术人员25名，正高级工程师1名，高级工程师13名，工程师8名，助理工程师3名。全站设办公室、测报科、检疫科、防治科和科技管理科。

2018年，以林业监测巡查和检疫执法

为主线，以服务林业供给侧结构性改革为导向，紧紧围绕京津冀林业有害生物协同防控、北京城市副中心绿化建设、新一轮百万亩造林工程等中心工作，加大生态系统保护力度，加大检查督导力度，狠抓责任落实，切实推进美国白蛾等林业有害生物防控工作智能化、信息化、社会化、自动化水平，进一步提高整体防控成效，做到精准测报，科学防控。

（周在豹）

【林业有害生物发生趋势会商会】 1月9日，市林保站召开2018年北京市林业有害生物发生趋势会商会，回顾总结2017年林业有害生物发生情况，分析2018年林业有害生物发生趋势、防治重点及应对措施。12月4日，召开2019年北京市林业有害生物发生趋势会商会，大兴、昌平、怀柔、延庆4个区林保站作为典型代表介绍2018年林业有害生物发生情况及2019年林业有害生物发生趋势预测情况，市林保站系统总结2018年北京市林业有害生物发生情况及特点，结合2018年冬季及2019年春季气候预测，研讨分析2019年林业有害生物发生趋势、防治重点及应对措施。

（周在豹）

【测报APP应用技术培训】 2月9日，市林保站举办林业有害生物测报APP应用技术培训班。该培训围绕2017年测报工作总结及2018年工作计划展开，软件开发公司人员对林业有害生物测报APP应用技术进行系统讲解与现场展示。会后，新版林业有害生物测报APP正式进入试运行阶段。

（周在豹）

【白蜡窄吉丁防治现场会】 4月12日，北京市林业工作总站、北京市林业保护站和北京林业有害生物防控协会联合在通州区东郊森林公园召开全市白蜡窄吉丁防治现场会。现场演示药剂喷雾、悬挂黄绿色板、围捕获网、粉碎疫木等重要防治技术措施，通州区林保站介绍防控白蜡窄吉丁经验做法，市园林绿化局领导到会讲话并提出明确要求。

（周在豹）

【松材线虫病疫情普查部署会】 4月20日，市林保站召开松材线虫病疫情普查工作部署会。会议对全市松材线虫病疫情普查工作进行部署，由北京出入境检验检疫局专家围绕"松材线虫检疫鉴定技术"内容进行讲解，重点讲解松材线虫背景知识、口岸截获与国内外发生情况、监测和普查、疫木检测、防治技术等内容。

（周在豹）

【常发性林业有害生物监测巡查技术培训班】 5月15～16日，北京市林业保护站联合北京市林业工作总站、北京林业有害生物防控协会举办常发性林业有害生物监测巡查技术培训班。主要讲授近年来林业监测预报工作新形势，探索测报工作新模式。

（周在豹）

【监测测报点项目业务委托总结会】 7月30日，市林保站召开2018年上半年市级监测测报点项目业务委托总结会。9家承接业务委托服务公司依次围绕项目基本概况、项目组织与实施、项目完成情况、有害生

物发生概况、存在问题与建议等内容，汇
报2018年市级监测测报点项目实施情况。
并集中对下半年监测测报工作进行部署。

（周在豹）

【应急防控演练】 9月21日，京津冀三省
市森防主管部门在天津市西青区联合举办
京津冀协同发展2018年林业有害生物灾害
应急防控演练活动。演练立足京津冀协同
发展大背景，突出"部门联动、区域联动、
一体救援"理念，着力构建京津冀林业有害
生物防控长效体系。演练内容包含林业有
害生物灾害发现和先期处置、天津市林业
有害生物灾害应急预案、京津冀毗邻地区
联动工作方案启动和执行、京津冀林业有
害生物应急防控队伍协同防控作业、地面
防控设备（高射程喷雾机、喷烟机）应急处
置。展示无人机以及林业有害生物防控药
械、药剂等。演练出动高射程喷雾机、喷
烟机等专用药械车8辆，无人机3架，来
自北京市、河北省、天津市西青区、武清
区、宝坻区、静海区的8支应急防控队伍
参加演练。

（周在豹）

**【农药管理条例解读暨林业有害生物防治技
术培训班】** 10月25～26日，市林保站、
北京市林业工作站、北京林业有害生物防
控协会联合举办2018年农药管理条例解读
暨林业有害生物防治技术培训班，培训围
绕新修订《农药管理条例》和本市有害生物
防控工作新形势，分别讲解"药剂药械使用
与管理""北京常见林木病害识别及应对策
略"等内容，介绍平谷区栎粉舟蛾防控工
作、常发性林业有害生物识别与防治等情

况。同时，还邀请多家社会化防治公司交
流汇报综合防治工作经验。

（周在豹）

【林木病虫害无公害生物防治技术培训班】
11月6～9日，市林保站举办林木病虫害
无公害生物防治技术培训班。主要围绕"生
物防治林木病虫害促进我国生态文明建设"
"生物防治的理论与实践""国外农林害虫
生物防治研究进展""昆虫病原微生物在防
治林木病虫害中的应用""松材线虫病无公
害防治技术""林木害虫生物防治的效果评
价技术和方法""上海园林病虫害绿色防控
技术应用探索与实践""北京市林业有害生
物绿色防控技术概述""浅谈利用天敌控制
林果及园林植物害虫技术""以天敌昆虫为
主林木蛀干害虫无公害控制技术"等内容进
行讲解。

（周在豹）

【外来有害生物发生形势与监测预报培训】
11月7～8日，北京市林业保护站联合北
京市林业工作总站、北京林业有害生物防
控协会举办外来有害生物发生形势与监测
预报培训班。培训围绕"外来有害生物发生
形势与监测预报"主题，了解外来林业有害
生物发生防控形势和监测预报工作重要性，
总结交流监测预报工作经验。

（周在豹）

【市园林绿化局领导调研】 12月7日，北
京市林业有害生物防治协会会长、市园林
绿化局副局长蔡宝军到部分防治协会会员
单位调研。听取各企业单位发展过程、生
产经营状况和发展规划汇报，了解企业发

展中遇到的问题和诉求，实地查看企业生产基地情况，提出有关要求。

（周在豹）

【春尺蠖围环防治技术培训会】 12月20日，市林保站在顺义区共青林场新城滨河森林公园召开春尺蠖围环防治技术现场培训会。会上围绕春尺蠖围环防治基本原理、技术要点、围环和灭杀处理时间、围环树种和区域要求等内容进行现场讲解及演示；要求把草履蚧和春尺蠖围环防治结合起来，早谋划、早准备，尽快行动起来，落实人员和物资；要依据以往发生情况和越冬基数调查等监测预报信息，合理确定围环作业地块，合理开展围环作业。

（周在豹）

【林业植物检疫】 年内，北京市持续推行社会购买服务，聘请社会化专业服务公司参与检疫追溯与监管工作。做好审批、监管与放管服工作，组织《北京市林业植物检疫办法》解读培训，完成权责清单和自由裁量权修订工作；举办新版《植物检疫证书》使用培训班。传达国家林业和草原局生态保护修复司领导在全国林业植物检疫培训班上的讲话精神；学习新修订《松材线虫病防治技术方案》和《松材线虫病疫区和疫木管理办法》。

（周在豹）

【林业有害生物防治宣传活动】 年内，市林保站与国家林业和草原局造林绿化管理司、海淀区园林绿化局等单位联合组织开展"行动起来，减轻身边的灾害风险"林业有害生物防治宣传活动；建立北京林业有害生物防控协会微信公众号，与《绿化与生活》杂志建立长期业务联系，拓展《中国绿色时报》《中国花卉报》等媒体宣传报道。《绿化与生活》、首都园林绿化公众号对无人机监测、精准飞防、京津冀协同发展2018年林业植物检疫检查联合行动等进行宣传报道11次，其中无人机监测新闻被中国新闻社登载；印发各种宣传材料103万份，编发《林保情况》25期；举办科技科普培训、研讨会和现场会18次；开展北京林业有害生物防控协会志愿者logo标识征集活动，征集稿件157篇；开展"三进"活动45次，科普摄影展3次，专家巡诊13次；发展志愿者队伍，搭建林业有害生物防控志愿者平台，建立延庆志愿者区级分队，讨论在延庆区试点开展各项志愿者工作；制订《林业有害生物防治员职业资格证管理办法》；草拟《新产品新技术评定管理办法（试行）》。

（周在豹）

【领导班子成员】

站 长	朱绍文
党支部书记	关 玲（女）
调研员	闫国增
副站长	陈凤旺 薛 洋
总工程师	王 合
副调研员	肖海军

（周在豹）

（北京市林业保护站：周在豹 供稿）

北京市林业种子苗木管理总站

【概　况】　北京市林业种子苗木管理总站（以下简称市种苗站）1989 年正式成立，是具有独立法人资格的全额拨款事业单位，主要负责全市林木种苗执法管理、行业管理、工程管理等。内设机构为一室四科，即办公室、综合科、种苗科、质量检验科（质检站）、推广科。编制 26 人。2018 年 12 月在编 25 人，均为大专以上学历。其中硕士 11 人，博士 2 人。有专业技术人员 16 人，其中工程技术人员 15 人。工程技术人员中教授级高级工程师 1 人，高级工程师 5 人，工程师 9 人。会计师 1 人。

（王茹雯）

【规模化苗圃管理】　年内，北京市完成 2017 年度 74 家苗圃检查验收工作，检查面积 0.49 万公顷。探索苗圃多元化发展，助力美丽乡村建设，开展苗圃科普试点，培育龙头企业 1 家。

（王茹雯）

【搭平台促发展】　年内，市种苗站以打造信息资源交流平台、促进行业整体发展为目标，组织、参加北京市 2018 年新一轮百万亩造林绿化工程苗木供需交流会、第三届中国（北京）园林园艺苗木花卉博览会、2018 中国·合肥苗木花卉交易大会及第五届京津冀蒙林木种苗交易会大型行业展会 4 次。围绕 2019 北京世园会、2022 京张冬奥会、新一轮百万亩造林、雄安新区、京津冀一体化等一系列重点工程，全面展示北京市林木种苗业发展水平，搭建起供需双方交流和对接的桥梁。

（王茹雯）

【林木种苗质量抽查】　年内，北京市级苗木质量监管小组检查 16 个区、50 个地块的 151 个苗批、39 个施工单位。苗批初检合格率 95%，复检合格率 100%，苗木"两证一签"拥有率、合格率分别为 100% 和 76%，初步统计北京本地苗木使用量超过 70%。

（王茹雯）

【宣传新《种子法》】　年内，市种苗站组织制作新《种子法》微视频宣传片和以苗木质量新要求为宣传内容的《北京市园林绿化局关于加强新一轮百万亩造林绿化工程苗木质量管理的通知》动画宣传片。印刷发放生产经营日志 2300 本、标签 5 万张、40 号文配套文本 3 万余份。组织全市种苗管理机构和部分企业参加林木种苗行政执法年法规知识竞赛，提高执法人员用法执法能力。

（王茹雯）

【宣传规模化苗圃】　年内，市种苗站参与组织多场规模化苗圃大型宣传活动，主要通过"三台"（中央电视台、北京电视台、通州区电视台）、"一杂志"（《绿化与生活》）、"多报"（《人民日报》《中国花卉报》《中国绿色时报》《北京日报》《劳动午报》等）、"多媒体"（微博、微信、新闻客户端、网络直播)等媒介开展宣传。其中，中央电视台七套播放"美丽乡村中国行——怀柔规模化苗圃助力美丽乡村"，央视网络直播"四月赏海棠——植物达人带你闻香识花草"、北京电视台"北京全力打造城市森林生态系统"，报道胖龙国家海棠林木种质资源库；《北京日报》刊登"新造百万亩林，九成苗本地可供"，国家种苗网报道"北京今年将新增造林绿化23万亩，以乡土植物为主"，首都园林绿化微信公众号"新一轮百万亩造林北京苗木自给率已达九成"，参加全国林木种苗行政执法年活动系列访谈等，以此提升北京市规模化苗圃乃至整个林木种苗行业社会影响力。

(王茹雯)

【"北京浅山区造林绿化树种筛选及应用示范"课题研究】　年内，市种苗站开展"北京浅山区造林绿化树种筛选及应用示范"课题研究。该课题实施期为2018～2019年，申报财政科技经费290万元，在服务于北京市新一轮百万亩造林绿化工程的基础上，以构建完善北京浅山区多物种生态系统为宗旨，筛选适宜此类环境、耐贫瘠、耐干旱、适应性强、观赏性好的树种，研究解决部分树种繁育技术难题，研发集成适宜浅山区生长树种的繁殖技术，在浅山区选择示范基地开展试验示范。该项目于9月获立项批准并展开实施。

(王茹雯)

【业务培训】　年内，市种苗站开展苗木质量检查、林木品种审定、林木种苗技术、苗木修剪、原冠苗培育和容器苗生产管理技术、北京林木种苗产业发展等培训13次，累计培训人员1359人。质量检查培训以新一轮百万亩造林种苗要求为核心，解读《北京市园林绿化局关于加强新一轮百万亩造林绿化工程的苗木质量管理的通知》，讲解首都造林绿化用苗新理念、新政策、种苗管理技术、《中华人民共和国种子法》及其配套法规等内容。

(王茹雯)

【领导班子成员】
党支部书记、站长　姜英淑(女)
副站长　　　　　　贺毅
副调研员　　　　　张运忠

(王茹雯)

(北京市林业种子苗木管理总站：王茹雯 供稿)

北京市野生动物保护自然保护区管理站

【概　况】　北京市野生动物保护自然保护区管理站(以下简称市野保站)系北京市园林绿化局所属事业单位。下设办公室、业务科。现有职工6人，其中高级工程师1人、工程师2人。

2018年，开展野生动物保护宣传，进一步简政放权，优化营商环境，推行网上办理，整合审批事项，建立野生动物繁育利用管理数据库等工作。

（张月英）

【野生动物保护宣传】　年内，市野保站参加"爱鸟周""野生动物保护宣传月""湿地日"等野保宣传活动，发放宣传材料7万份。印刷《野生动物保护法》、野生动物粘贴画、野生动物扑克、野保宣传折页、野保宣传画、野保宣传布袋、野保宣传卡袋等野保宣传材料，进行全市野保宣传。

（张月英）

【行政许可】　年内，市野保站办理行政许可决定593件，受国家林业局委托事项180件，办理各种函件53件。按照"双公示"程序在网站进行行政许可信息公示。

（张月英）

【陆生野生动物危害补偿】　年内，北京市6个区申报野生动物造成的财产损失，发放补偿款350万元。

（张月英）

【优化审批流程】　年内，市野保站为优化营商环境，将原行政审批公共服务事项由7项整合为4项，简化申请材料10类；对受理和审核环节，各缩短1个工作日；缩短现场核查及专家论证时限，将原时限45个工作日缩短为30个工作日；建立审批签字授权制度，审批岗位负责人因出差、休假等原因不在单位，无法在规定时限内签字审批时，可授权他人审批签字。

（张月英）

【制订审批事项办理工作规范】　年内，市野保站为落实市委、市政府关于优化北京市营商环境，推进"一网、一门、一次"改革重要部署，协助政务服务大厅综合窗口建立，市野保站以"标准清、看得懂、可操作"为标准，梳理、明确窗口收件人员需掌握要件审查要点，录入"北京市政务服务事项管理系统"。对每个事项办理过程中经常遇到的问题汇总，构建知识库，编制针对窗口收件人员《业务培训手册》。

（张月英）

【野生动物繁育利用管理数据库】　年内，市野保站开展"野生动物繁育利用管理规范化研究"项目，该项目结合全国第二次陆生野生动物资源调查成果，构建野生动物繁育利用数据化资料库。完成北京市人工繁育利用统计分析报告主要部分，对北京市野生动物人工繁育种类、数量分布、行业基本情况以及典型物种情况进行统计分析。

（张月英）

【修订《北京市实施〈中华人民共和国野生动物保护法〉办法》】　年内，按照《北京市实施〈中华人民共和国野生动物保护法〉办法》立法调研计划，市野保站联合相关单位人员和专家组成调研组，于6月和11月赴福建省和上海市围绕野生动物保护管理、野生动物栖息地保护、野生动物造成损失及补偿、野生动物保护执法等内容调研。同时，就《实施办法》相关修改问题与相关部门研讨。

（张月英）

【起草制订行政许可事项委托下放管理办法规范性文件】　年内，市野保站起草并制订《行政许可事项委托下放管理办法》，并刻制"委托行政许可章"；起草《北京市重点保护陆生野生动物〈人工繁育许可证〉核发办法（试行）》，完成征求意见环节。

（张月英）

【野生动物补偿管理系统平台建设】　年内，市野保站整合自2009年以来各区野生动物造成损害的动物种类、受损地点、受损农作物及家禽家畜种类、数量等数据，利用信息手段和统计技术，构建野生动物补偿管理平台。平台从野生动物冲突角度获取野生动物种群数量变化与扩散范围相关数据信息，与野外资源调查紧密结合，形成野生动物种类及数量基础数据，为建立更加科学合理的野生动物保护管理政策提供依据。

（张月英）

【完成"全国第二次陆生野生动物资源调查海河平原调查"】　年内，市野保站围绕"全国第二次陆生野生动物资源调查海河平原调查"项目，调查8个样区，获得海河平原陆生脊椎动物物种种类、种群数量、分布特征、栖息地特征、受威胁状况和保护状况等基础数据。完成76条样线调查工作，10月22~25日国家林业与草原局委派项目验收组对此项目验收检查，获得通过。

（张月英）

【完成海关罚没野生动植物制品移交工作】　年内，根据国家林业和草原局与海关总署相关文件要求，市园林绿化局负责就地接收北京海关移交的执法查没象牙等野生植物及其制品，由市野保站负责具体接收工作。8月13~31日，在北京海关私货仓库按照《海关执法查没象牙等野生动植物及其制品移交接收实施方案》确定工作程序，完成象牙等野生动物制品移交、接收工作。此次代为接收象牙等野生动物及其制品80987件，净重12832.81千克；由市园林绿化局接收处置野生动物制品3200余件，根据专家鉴定意见对野生动植物制品按照销毁、再利用等用途进行分类封装，共计19箱。

（张月英）

【领导班子成员】
党支部书记　　付瑞海
副　站　长　　张月英

（张月英）
（北京市野生动物保护自然保护区管理站：
张月英 供稿）

北京市水源保护林试验工作站
（北京市园林绿化局防沙治沙办公室）

【概　况】　北京市水源保护林试验工作站（北京市园林绿化局防沙治沙办公室）（以下简称市水源站）系北京市园林绿化局所属事业单位，2011年4月经北京市人力资源和社会保障局批准，市水源站列入参照《中华人民共和国公务员法》管理范围。2018年，所属科室分别为综合科、工程科、监测科、科技科、产业科、应急科。人员编制26人，现有工作人员23人，其中站长（主任）1人，副站长（副主任）1人，副调研员1人；技术人员20人，包括高级职称10人、中级职称6人，其中博士4人、硕士7人。

2018年，市水源站主要完成北京市京津风沙源治理二期工程2018年造营林任务、退耕还林政策兑现及工程质量管理、推动林下经济发展、对重点生态工程建设成效开展监测和市级年度验收工作等。

（李子健）

【退耕还林后续政策调研】　年内，市水源站开展退耕还林后续政策调研。北京市退耕还林工程于2000～2004年实施建设，完成退耕地造林3.69万公顷。国家补助政策将于2019年全部到期，为切实巩固建设成果，确保农民利益，市水源站组织开展全市退耕还林基本情况和后续政策调研工作，在摸清全市退耕还林现状情况和底数基础上，全面总结北京市退耕还林工作，找准制约退耕还林成果巩固主要问题和结症，为研究退耕还林退出机制、补偿机制等后续政策打下基础。

（李子健）

【京津风沙源治理质量管理】　年内，北京市京津风沙源治理二期工程造营林坚持科学设计，广泛使用乡土树种，注重植物合理配置；实行科学管理、科学调度、科学施工；严把设计、种苗、施工、检查验收"四关"。据统计，全市共组织施工队67个、施工人员2267人。组织资深林业专家对工程的实施方案、作业设计进行评审，对营造林方法、模式、目标等技术内容提出优化建议。确保作业设计贴合实际、科学合理。

（李子健）

【京津风沙源治理工程管理】　年内，北京市京津风沙源治理二期工程造营林坚持管理工作创新，从科学管控中提高质量和效益。每月初组织召开全市监理工作会，对全市京津风沙源治理二期工程林业、水利、农业、生态移民项目实施情况进行全面了解，及时掌握各区工程进展和存在问题，加强各方沟通协调，解决存在的问题和难点。通过监理有形之手，为质量、进度管理提供抓手，为实行科学管理，科学调度提供保障。市区工程管理和技术人员深入工程现场，及时发现解决实际问题；严格施工管理制度，强化质量意识。每道工序完成后，需经监理人员验收合格，方可进行下一道工序；工程管理实行日志制度，技术人员详细记录施工过程、质量等情况，并存档备案；加强安全上岗教育，确保施工安全。

（李子健）

【实施绿色工程】 年内，北京市京津风沙源治理二期林业工程实施中注重植物合理配置，广泛使用营养杯苗和黄栌、元宝枫、栎树、桑树等乡土树种；实施绿岗就业、推动扶贫脱低，工程建设优先雇佣当地农民。据统计，全市施工人员中当地农民占比84.5%，更多农民实现在家门口就业。

（李子健）

【市防沙治沙成果宣传】 年内，市水源站结合纪念第24个"6·17世界防治荒漠化与干旱日"活动，协调《北京日报》《中国绿色时报》等多家媒体登载文章，宣传近年来北京市防沙治沙工作成果。举办全市林下经济现场参观交流会。组织参观北京八达岭森林公园体验中心和延庆四季花海菊花生产基地以及产品深加工情况，全市12个区园林绿化局分管林下经济有关人员以及重点示范基地、企业和专业合作社负责人40余名代表参加。参加主题为"行动起来，减轻身边的灾害风险"，第十个"5·12防灾减灾日"大型宣传活动，制作主题宣传展板8块，向市民发放《沙尘暴灾害预防常识》200本、《2017北京市防沙治沙工作年报》100本、环保袋200个，现场解答市民咨询问题。

（李子健）

【党组织建设】 年内，市水源站党支部积极开展全面从严治党工作，落实主体责任与监督责任，严格执行"三重一大"制度。召开支部会议16次，领导班子成员带头讲党课2次。每个月组织全体党员学习一次，集中学习新《党章》、新版《中国共产党纪律处分条例》等。每两个月编辑出版一次《防沙治沙咨询》；为每个党员购买《之江新语》《中国历史政治得失》《袁腾飞讲历史》等学习参考书目；"七一"前后，组织全体党员赴西山无名英雄纪念广场开展主题党日活动。

（李子健）

【领导班子成员情况】

站长（主任）　　胡　俊
副站长（副主任）　续　源
副调研员　　　　翁月明

（李子健）
（北京市水源保护林试验工作站：
李子健 供稿）

北京市蚕业蜂业管理站

【概　况】　北京市蚕业蜂业管理站（以下简称市蚕蜂站）系市园林绿化局所属事业单位。下设办公室、技术开发服务部、生产管理科3个科室。现有在岗职工8人，其中农业推广研究员1人、高级工程师2人、中级职称5人。主要负责全市蜂业资源管理、蜂业生产标准化管理和安全蜂产品生产标准化示范区建设、蜂业产业基地建设、蜂产品质量监督、蜂业科研与技术推广、蜂业科普培训与宣传、蚕蜂品种审核管理等工作。

北京市蜜蜂饲养量26.5万群，蜂蜜产量235.1万千克，蜂王浆产量5.16万千克，蜂花粉产量2.03万千克，蜂蜡产量14.55万千克。全市有蜂业专业合作组织77个，有蜂业产业基地61个，有养蜂户1万户，养蜂总产值1.64亿元，蜂产品加工产值超过12亿元，出口创汇超过1800万美元。

（梁崇波）

【各区出台产业扶持保障措施】　年内，各区纷纷将蜂产业列为本区年度重点产业发展项目和重点发展工程，从精准扶贫、基地建设、蜜蜂授粉、组织发展、蜜蜂养殖等方面加大产业扶持力度。昌平区加大蜂产业扶持力度，对符合政策的新增蜂群和蜜蜂授粉给予资金补助；密云区连续13年出台产业扶持政策，专项扶持山区村队农户发展养蜂，新发展蜜蜂2.4万群；平谷

区制订《平谷区2018年蜂产业奖励扶持政策实施方案》，启动千户养蜂精准扶贫项目，大力扶持蜂产业发展；延庆区制订《北京市延庆区支持低收入村户林业产业发展实施细则》，将蜂产业列入精准扶贫工作范畴，该政策自2017年起将连续实施3年，目前已新增2000群蜂群，惠及低收入农户71户；大兴区出台《2018年大兴区蜂产业规模化生产奖励政策》，重点加大蜜蜂授粉、无公害蜂产品生产和新发展蜂群扶持力度。房山区大力扶持蜂产业发展，重点支持低收入村和低收入户发展养蜂生产。

（梁崇波）

【蜂业科研推广】　年内，北京市蚕蜂站完成国家蜂产业技术体系北京综合试验站工作，连续11年在全国考核中名列前茅。大力推广蜜蜂健康高效养殖技术，图文巢蜜、自流蜜、富硒蜜生产技术及蜂产品溯源管理技术。成功研制新型智能化蜂箱，在全国养蜂大会上荣获金奖。市蚕蜂站申报专利7项，其中，2项国家级专利获批，2项国际专利待审查。截至2018年年底，市蚕蜂站有各类专利40项，蜂业产业基地61个，其中有2个荆条蜂蜜生态原产地，3个国家级安全蜂产品生产标准化示范区建设，示范蜂群10万群。

（梁崇波）

【双随机检查】　年内，北京市蚕蜂站继续

开展"双随机"检查和行政执法检查。主持编制《北京市蜂业生产质量安全检查报告》和《北京市养蜂场日志》，建立双随机检查对象库和执法人员库，开展双随机检查12次，蜂业生产质量安全行政执法检查100次，出动执法人员200人次，为全市蜂业生产质量安全保驾护航。

（梁崇波）

【养蜂技术培训】 年内，北京市蚕蜂站开展蜂业科技推广与培训工作，组织各类培训班25期，聘请蜂业专家52人次，培训蜂农和蜂业主管人员4000多人次。

（梁崇波）

【领导班子成员】
　　党支部书记、站长　　刘进祖
　　副站长　　　　　　　汪平凯
　　（北京市蚕业蜂业管理站：梁崇波 供稿）

北京市林业基金管理站

【概　况】 北京市林业基金管理站（以下简称基金站）系园林绿化局所属全额拨款事业单位。下设贷款科、稽查科、财务科和办公室。在职职工13人，退休5人。

　　2018年，基金站完成林业项目贷款财政补贴项目，全面推进森林保险工作，重点加强站党支部建设，落实党风廉政建设责任制。完成市园林绿化局属7个单位会计核算服务及其他任务。

（崔晓舟）

【林业项目贷款财政补贴】 年内，基金站完成本年度贷款计划任务。优先扶持保障首都生态建设规模化苗圃；促进产业结构调整，开创新型技术经济林种植；重点支持信誉好、示范带动作用强的加工类项目；继续支持农户个人从事小额林业贷款项目，解决农户生产资金不足问题。完成近666.67公顷平原规模化苗圃建设项目，提高大规格苗木自给率，增加平原地区绿化总量和生态景观。农户完成133.34公顷经济林种植（含林下经济）项目，包含樱桃、苹果等种植。完成多种经营项目6个，主要有板栗收购，林下养殖鸡、水貂等；林下种植1333.34公顷万寿菊等。年初基金站对2017年林业贷款项目进行审核，完成中央和市级财政贴息补贴申报工作。

（崔晓舟）

【森林保险】 年内，基金站完善森林保险实施方案，新增生态公益林投保面积11760公顷，生态公益林总投保面积77万公顷。3月份，市园林绿化局与人保财险北京市分公司签订统保协议，16个参保单位分别与人保财险支公司签署北京市森林综合险（生态公益林专用）保险单。截至3月底，完成生态公益林保单签署工作。

（崔晓舟）

【党组织建设】 年内，基金站持续加强站党支部建设。1月初召开党员大会进行基金站党支部换届选举工作；2月初召开2017年领导班子民主生活会，开展民主评议党员工作。继续开展"两学一做"学习教育，利用主题党日活动集中学习，每月组织全体人员学习党的十九大精神、习近平总书记系列重要讲话精神，结合具体工作开展研讨。加强政策调研和业务培训，提升工作管理水平。

（崔晓舟）

【落实党风廉政建设责任制】 年内，基金站与市园林绿化局主管领导、基金站班子成员、科室负责人签订《党风廉政建设责任书》。组织科级干部按要求如实报告个人有关事项。领导班子成员认真落实"一岗双责"，严格执行党的政治纪律、组织纪律、财经纪律等各项纪律，带头落实中央八项规定精神。重点围绕林业贷款项目、森林保险、财务管理等工作开展重点工作完成情况

监督检查，突出对2017年林业贷款项目建设情况检查，对林业贷款真实性和林业贷款项目建设及贴息补贴使用管理情况进行重点核查，确保财政资金使用安全性和效益性。

（崔晓舟）

【会计核算服务】 年内，基金站注重发挥人才优势，安排专业技术人员负责执法监察大队、食用林产品安全中心、林干校、林业培训学校、北京市园林绿化职业技能鉴定所、物资站、北京园林学会7个单位会计核算和财务管理工作。财务人员定期与服务单位沟通情况，积极与各单位协调配合，做好财务核算等工作。

（崔晓舟）

【领导班子成员】

站　　　长　　马彦杰
党支部书记　　马彦杰（兼）
副 站 长　　李 军（女）
（北京市林业基金管理站：崔晓舟 供稿）

北京市野生动物救护中心

【概　况】 北京市野生动物救护中心（以下简称救护中心）系园林绿化局所属事业单位，内设一室四科，行政办公室、综合保障科、饲养繁育科、救护体系建设与管理科、疫源疫病监测科，现有在职职工23人。承担全市受伤、受困和罚没野生动物的收容、救护、放归等工作。

2018年，救护中心继续加强野生动物

救护体系和疫源疫病监测体系建设，本着科学救护、科学饲养、科学放归的原则，紧紧围绕野生动物救护体系和野生动物疫源疫病监测体系建设开展各项工作，突出野生动物救护、饲养繁育和疫病监测工作，完成野生动物救护繁育和疫病监测各项任务。

（田恒玖）

【野生动物救护】　年内，救护中心接收市民救护野生动物559起，接收案件罚没野生动物82起。接收市民救护和市场罚没各类野生动物206种，2853只（条）。其中，直接救护野生动物122种，617只（条），接收市场罚没野生动物85种，2236只（条）。救护鸟类160种，2199只；哺乳类18种，64只；两栖类1种，2只；爬行类27种，60只（条）。其中，国家Ⅰ级保护野生动物6种，14只；国家Ⅱ级保护野生动物57种，241只。放归各类野生动物1762只，救治成功率68.9%，放归成功率61.7%。移交其他部门野生动物2次，为缓解小型兽类笼舍和隔离笼舍饲养压力向北京动物园移交狞猫2只，向北京水生野生动植物救护中心移交大鲵3条。截止到2018年年底，在救护中心饲养康复动物160种，784只（条）。其中鸟类80种，503只；两栖爬行类62种，226只；哺乳类18种，55只。

（田恒玖）

【珍稀野生动物繁育】　年内，救护中心繁育国家Ⅱ级保护动物8只，其中鸳鸯4只、草原雕1只、白枕鹤1只、白鹇2只，国家Ⅲ级保护动物缅甸陆龟2只。

（田恒玖）

【野生动物诊断治疗】　年内，救护中心直接救护动物617只（头），救治无效死亡动物192只（头），治疗康复后继续饲养及成功放归野外222只（头）。其中严重消瘦动物48例，紧急救治动物26例，手术治疗动物35例，应激42例，眼伤12例，外伤83例，骨折50例，肺炎158例，心律不齐98例，心衰83例，肠炎27例。进行死亡动物剖检60例，制作病理触片1098份，采集组织样品49份，寄生虫样本32份，制作寄生虫压片47张。进行粪便检查30次，其中检出吸虫卵3例，线虫卵5例，绦虫卵2例，鞭虫卵1例；血液检查66次，血涂片27张，制作FTA卡样品12份。

（田恒玖）

【日常监测】　年内，北京市各监测站监测到野生鸟类279.31万只，未发生重大野生动物疫情。签订《2018年北京市重要野生动物疫病主动监测和预警项目委托协议》，对全市国家级和市级监测站以及相关驯养繁殖场进行野生动物样品采集与检测，对有需要的养殖企业开展相关技术支持与服务。构建野生动物疫源疫病本底数据库，建立野生动物疫源疫病风险分析模型，评估北京地区主要野生动物疫病发生风险和流行形势。采集肛拭子、咽拭子、血清、粪便、组织等样品2000余份。为全市国家级和市级野生动物疫源疫病监测站配备监测应急物资。为全市43个国家级、市级监测站配发智图智能手持北斗终端、单筒望远镜、双筒望远镜、自行车、户外装备等监测物资。赴天津、河北开展京津冀野生动物疫源疫病监测调研和主动预警试采样工作，《京津冀野生动物资源监测平台》进入试运行阶段。

（田恒玖）

【野生动物保护宣传】　年内，救护中心举办4次"爱绿一起"系列宣传活动。协助首都绿化委员会办公室举办"关爱野生动植物、营造美丽家园——2018爱绿一起自然笔记"征集活动，收到作品 3000 余件。开展为野生动物筑巢活动，在全市挂鸟巢 1000 余个。与和平里第四小学合作建立网络视频观鸟平台。与宣武青少年科技馆合作开展第六届北京市中小学生野生动物保护知识论坛系列活动。选派宣教人员走入中小学校园等地开展野生动物保护知识讲堂，先后在海淀实验小学等 50 余家中小学进行讲座，听课师生 5000 余人。树立野生动物保护宣传品牌，推进十佳生态旅游观鸟地建设，组织开展野生动物保护宣传进学校、进社区活动。推进雨燕科学调查工作，摸清北京城区雨燕分布情况和种群繁殖情况。通过微信公众号向社会宣传野生动物保护知识，截止到 11 月 21 日，发文 47 篇，累计阅读 122214 次，阅读人数 81680 人，关注公众号人数 20208 人，媒体报道 20 余次。

（田恒玖）

【对外交流学习】 年内，救护中心园区内接待参观、交流、实习等各类来访 30 余次，700 余人。其中包括中小学参观活动 6 次，大学教学实习 1 次，交流参观团 13 次，开放日参观活动 10 次。救护中心人员赴鄂尔多斯、香港嘉道理农场、北京猛禽救助中心、拉萨进行野生动物救护技术培训交流，到青海和福建参加野生动物救护和疫源疫病监测交流和培训。救护中心人员指导北京野鸭湖湿地公园救护站建设工作，接待北京野鸭湖湿地公园和广西野生动物救护中心工作人员进行救护技术学习和交流。

（田恒玖）

【领导班子成员】
主任、党支部书记　杜连海
副主任　　　　胡　严　纪建伟
（北京市野生动物救护中心：田恒玖 供稿）

北京市园林绿化局直属森林防火队
（北京市航空护林站）

【概　况】 北京市园林绿化局直属森林防火队（北京市航空护林站）（以下简称森林防火队）主要承担北京市森林灭火专业技能培训和航空护林协调、保障工作，参与森林火灾扑救；承担北京市及国家森林防火物资的储备管理和收发，以及森林防火通信系统维护、管理和相关培训工作。有编制的正式管理人员 25 名，森林消防队员 60 名，内设办公室、作训（航护）科、物资科和财务科。灭火作战主要装备有高压灭火水泵、高压细水雾灭火机、风力灭火机等轻型灭火机具以及直升机吊桶、直升机索降器材、移动通讯指挥系统等。

2018年，森林防火队完成北京市航空护林站和北京市国家森林防火物资储备库项目。完成应急出警、航空巡护、物资收发等工作。

（翟东）

【新航空护林站项目建设】 年内，森林防火队继续推进北京市航空护林站和北京市国家森林防火物资储备库项目，完成项目竣工验收、资料收集整理归档和财务决算。经过一年试运行，各个项目运转正常。为建设全市森林防火"示范基地""教育培训基地""研究基地"，实现京津冀森林防火一体化目标迈出重要步伐。

（翟东）

【应急出警】 年内，森林防火队参加清明节期间全市航空护林巡护、"5·12"防灾减灾宣传、迎接外单位人员来队参观器材展示和使用等任务。2017～2018年度防火期内顺利完成"3·31"昌平区阳坊靶场、"4·3"延庆区四海镇黑汉岭村、"5·6"十三陵林场苗圃地森林火灾扑救任务。

（翟东）

【防火物资管控】 年内，森林防火队完成库区货架采购安装、照明设备改造提升、监控设备安装及环氧地坪漆铺设等施工任务，提高仓储容量，改善仓储环境。库存物资主要分为防护装备、灭火机具和电子通讯三大类，国家库全年进出库物资46批次、19754台（件、套），其中进库物资35批次、16170台（件、套），出库物资11批次、3584台（件、套）。结存物资25410台（件、套）。完成国家库89种25410台（件、套）物资清点、整理、上架工作。北京库全年进出库物资14批次、10056台（件、套），其中进库物资4批次、684台（件、套），出库物资10批次、9372台（件、套），结存物资20543台（件、套）。协助市森林公安局完成森林防火宣传品、防火应急食品及禁毒宣传品储备发放工作。

（翟东）

【党员干部学习教育】 年内，森林防火队建立"党支部每月与每半年、党小组每周与每半年总结讲评"常态化学习教育制度。以学习落实党的十九大精神为主线，深入学习党章、党规和上级有关文件精神，每月政治理论学习除规定学习内容外，还从《前线》《求是》《支部生活》刊物上各选一篇优秀文章进行学习。坚持党支部书记带头讲党课，班子成员、科长轮流领学辅导党的理论知识。以随机教育和经常性警示教育为载体，把党风廉政建设贯穿到班子建设、组织建设、干部队伍建设全过程、全方位。严格落实党风廉政建设各项工作，明确主要负责人和领导班子成员责任清单，制订《2018年党风廉政建设工作计划》，修改完善并层层签订《党风廉政建设责任书》。结合召开干部职工大会，宣传学习上级关于党风廉政建设和反腐败工作要求，强化领导干部和职工廉洁从政、反腐倡廉思想意识。

（翟东）

【精神文明建设】 年内，森林防火队定期开展交心、谈心活动，广泛听取群众意见，尊重干部职工重大事务知情权、参与权、选择权和监督权，营造干部职工有话方便说、有意见随时提的民主氛围。关心干部职工工作及生活，及时看望退休干部及生病职工，组织干部职工和退休干部进行身体健康检查，认真解决干部职工工作难题，着力改善工作条件，创造安全、整洁、优美的工作环境。抓好干部职工业余文化生活，鼓励干部职工在职学习，坚持每天开放图书室、健身室，做到集合站队有歌声、双休节假有活动、重大节日有晚会。

（翟东）

【领导班子成员】

队长（站长）、党支部书记　张克军

副队长（副站长）　　　　　向　群

副队长（副站长）　　　　　许　斌

（翟东）

（北京市园林绿化局直属森林防火队：
翟东 供稿）

北京市绿化事务服务中心

【概　况】　北京市绿化事务服务中心（以下简称绿服中心），系首都绿化委员会办公室直属正处级"公益一类"事业单位，编制10人，现有干部10人，其中处级干部2人。主要职责：提供花卉相关服务，促进花卉发展；开展绿化科技推广、技术咨询和业务培训，为重点工程提供服务；受国家林业和草原局委派，组织实施首都重点绿化工程，为党中央、国务院提供绿化工程服务。

2018年，绿服中心实施首都重点绿化工程，为在京中央单位和部队提供绿化服务保障工作以及完成首都义务植树等重大活动保障工作。

（冀耀君）

【绿化美化】　年内，绿服中心加强绿地养护管理，完成33.15万平方米草坪养护工作。更新、移栽或修剪各类针叶树、阔叶树以及花灌木等苗木。根据"森林＋"理念，调整原有林地结构，使现有林木布局更加合理，起移100多株华山松、白皮松以及雪松等古树和大树。完成花坛花境用花、外事用花以及宿根花卉用花等花卉保障工作，树木修剪伐除工作以及上级领导机关要求的其他施工任务。

（冀耀君）

【生物防治】　年内，绿服中心注重用生态办法解决生态问题，持续投放瓢虫卵、管氏肿腿蜂以及周氏啮小蜂寄生虫，在放置梨食心虫的诱捕器内放诱捕液，在树上悬挂信息素、黄蓝色诱捕板等，实现生物防治代替化学防治。

（冀耀君）

【土壤改良】　年内，绿服中心立足保护施工区域内现有生态系统，减少汽柴油对土壤环境的污染，更新原有剪草机、割草机、绿篱机、高枝剪以及吹风机等园林机械设备，使用锂电池清洁能源。大量采用生物活菌菌肥从而增加必要的微量元素含量，提高土壤肥力。

（冀耀君）

【北京医院绿化工程】 年内，绿服中心完成北京医院北院区室内绿化改造工程。与北京医院、北林科技设计院以及国家林业和草原局反复沟通，为院区绿化改造提供专业施工建议，对设计方案提出施工合理化建议。克服工程时效性强以及材料进场把关严等困难，在规定时限内完成施工。本着高度负责态度，对花材起运等环节进行监督，同时派技术骨干到施工现场，协助指导具体工作。

（冀耀君）

【国家林业和草原局办公大院绿化改造】年内，绿服中心完成国家林业和草原局办公大院绿化改造工程。严密组织招投标工作，保证工程顺利开展。组织队伍移栽多棵几十年树龄的雪松，使林木密度过高、品种不合理现状得到改善。完成院内部分主路路基管道更新铺设。

（冀耀君）

【平乐园保障房项目特选苗木保障】 年内，绿服中心结合设计方案，派专人到现场与施工及设计方沟通苗木栽植方案。着眼苗木成活及景观效果，及时调整苗木种类及规格。多次前往一线挑选合适树种，甄选北美海棠、元宝枫等7个树种、27棵特选苗木。

（冀耀君）

【领导班子成员】

主任、党支部书记　张　军
副主任　　　　　　刘　忠（女）

（冀耀君）

（北京市绿化事务服务中心：冀耀君 供稿）

首都绿色文化碑林管理处

【概　况】 首都绿色文化碑林管理处（以下简称碑林管理处）位于北京市海淀区黑山扈北口19号，面积244.6公顷，主峰海拔210米，森林覆盖率95%，建有特色景观——"绿色文化碑林"，镶嵌宣传绿化、生态、环保及爱国主题碑刻1000余个。市园林绿化局直属正处级全额拨款事业单位。设办公室、园容绿化科、计财（审计）科、游客服务科、后勤保卫科、资产管理科、文化管理科、森林体验科8个科室。现编制51人，在职29人，其中处级领导编制职数一正三副，实有一正一副。高级工程师1人、中级工程师2人、初级工程师5人、高级技术工3人。博士1人，研究生3人，本科、专科22人。

2018年，碑林管理处坚持以人民为中

心的思想，以党建引领业务建设，全面加强生态建设、文化建设、基础设施建设、安全生产、旅游服务接待、宣传推广等工作，首次承担北京园林绿化文史资料收集利用工作。为宣传"绿水青山就是金山银山"理念建设留金园，刻书法名家作品碑100块。举办系列文化活动和科普教育活动，吸引参观者40余万人次。截止到11月底，接待游客223.1万人次，与2017年同期相比增长10.3%。

（何慧敏）

【贾冠华师生书法作品展】 1月27日至2月21日，碑林管理处在东门艺园举办"弘扬生态文明，建设美丽中国——贾冠华师生书法作品展"，此活动是海淀区春节期间开展"我们的中国梦"——文化进万家活动之一。展出中国书法家协会会员贾冠华及其学生书法作品70幅，接待参观者2.1万人次。

（何慧敏）

【三江源国家公园摄影展】 3月31日，碑林管理处承办的"中国生态之窗——三江源国家公园摄影展"在东门艺园举行开幕式。展览由三江源国家公园主办，北京大画幅摄影俱乐部协办，展出摄影师赵大督拍摄的三江源国家公园自然生态风光摄影作品70幅，向公众宣传保护环境和野生动物的重要性。市园林绿化局、三江源国家公园管理局、可可西里国家级自然保护区管理局、中国摄影家协会相关领导以及摄影界有关人士出席开幕式，展览截止到4月23日，接待参观者2.5万人次。

（何慧敏）

【森林"悦"读体验活动】 4月14日至10月30日，碑林管理处每周日上午在北区举办第六届森林"悦"读体验活动，开展森林阅读24场、森林手工12场、森林大课堂6场，接待孩子及家长1400余人，在专业老师带领下，培养孩子们观察鸟巢，寻找蜜源植物，学习有害生物防治等知识。

（何慧敏）

【仁者乐山书画展】 4月27日，碑林管理处和中国书画家联谊会联合举办"仁者乐山书画展"，在东门艺园举行开幕式，展出中国书画家联谊会常务理事郑仁龙创作的古代经典山水诗词和名篇，中国书画家联谊会驻会副主席舒乃仁创作的中国山水画及诗句作品70幅。展览将两位作者名字中的"仁"和中国优秀传统文化及生态文明思想相结合，向公众宣传生态文明理念。北京交通台主持人顾峰主持开幕式，中国书画家联谊会主席、徐悲鸿纪念馆馆长、徐悲鸿艺术研究院院长徐庆平，中国书画家联谊会执行主席、党组织书记王子忠等致辞，著名女歌唱家向雯奇为开幕式助兴演唱。世界孔子宗亲会会长孔德墉及夫人，市园林绿化局有关领导，中华诗词学会副会长、著名诗人李文朝将军，著名男低音歌唱家马子跃将军，著名男高音歌唱家、国家一级演员蓝剑，著名艺术家、导演尹建平等60余人出席开幕式。《北京日报》《北京晚报》《北京晨报》《北京青年报》、央视文化大视野、腾讯网、新浪网等媒体光临现场宣传报道。展览截止到5月27日，接待参观者2.6万人次。

（何慧敏）

【铁路公安美丽中国书画展】 6月18日至7月18日，碑林管理处承办的"逐梦新时代——铁路公安美丽中国书画展"在东门艺园开展。展览由铁路公安文联和北京生态文化协会主办，展出20位来自铁路公安文联兼中国美协会员及中国书协会员书画家创作的国画、书法及篆刻类作品40余件，接待参观者3.1万人次。

（何慧敏）

【秋季百望山彩叶风光摄影展】 8月18日至9月16日，碑林管理处在东门艺园举办"踏破千山寻红叶，尽染京郊百望山摄影展"，展出摄影家赵大督拍摄的秋季百望山彩叶风光图片77幅，接待参观者5.1万人次。

（何慧敏）

【北京古树名木书画展】 9月22日，碑林管理处承办的"古树秘语，名木魅影——北京古树名木书画展"在东门艺园开展。展览由北京生态文化协会主办，分古树春秋、古都记忆、乡土情怀3个系列，展出反映北京古树文化书画作品93幅。展览截止到12月底，接待参观者6万余人次。

（何慧敏）

【佘太君与杨家将历史文化故事展】 8月12日，碑林管理处在北区百望讲堂举办"民族忠魂，薪火相传——佘太君与杨家将历史文化故事展"。采取线上线下展览模式，以历史文化故事为纽带，以宋朝工笔长卷表现方式，分百望山溯源、望儿山传说、历史考证、杨家将故事演绎、精神的传承五部分，挖掘望儿山（百望山）历史文化，考证佘太君庙真实来历，探寻人文精神历代传承，培养广大市民爱家爱国、勇于担当、甘于奉献的高尚情操。展览截止到12月底，接待参观者19.2万人次。

（何慧敏）

【启动北京园林绿化文史资料收集利用工作】 11月15日，市园林绿化局印发《北京市园林绿化局关于加强园林绿化文史资源收集利用工作的通知》，确定碑林管理处承担此项工作。在局研究室具体指导下，制订相关工作实施方案，资料收集、资料分类、库房管理、移交制度、捐赠办法等制度（试行）10项。接收局义务植树处移交资料一批。

（何慧敏）

【建设留金园】 年内，碑林管理处在近邻老一辈革命家纪念碑林处，实施弘扬生态文明，建设美丽中国文化碑墙建设，修建护坡碑墙长约100米，选取中国书法家协会理事级别以上书法名家作品刻碑100块，作品以保护生态环境，弘扬生态文明为主题，由作者自创诗句或选取古诗词创作而成。沿护坡墙种植乔灌草相结合的绿化带一道，铺设生态型透水道路约140平方米，安装休憩座椅和说明牌示，请专家命名为"留金园"，寓意留住绿水青山就是留住金山银山，为碑林增添一处景观。

（何慧敏）

【修缮佘太君庙】 年内，碑林管理处对山顶佘太君庙进行修缮，面积300平方米，更换东西厢房瓦和椽板，对门窗及梁柱进行油漆、彩绘翻新。请书法家重新创作后更换原破旧楹联。请中央美院专家对正殿供奉的佘太君、杨六郎和杨八姐三尊雕塑进行修复和粉刷。对正殿和东西配房墙面进行设计，制作整张环保型国画丝绸绢布壁画，展示历史上有关佘太君和杨六郎家族代表性人物生平简介，以及望儿山周边地图、地志等内容。

（何慧敏）

【雨洪利用数据监测系统建设】 年内，碑林管理处实施雨洪利用数据监测系统建设，在不同方位安装降雨监测设备 5 套，蓄水塘（池）水位监测点 9 个，土壤水分监测点 2 个，构建数据自动采集、自动传输、自动处理和显示系统。完成 3 处雨量、2 处蓄水池水位和 2 处主要林分 4 层土壤含水率的在线监测及管理等工作。监测到 23 场降雨，其中 7 月 16 日，在 3 处监测点测出平均降雨量 198.70 毫米。其中，海拔最高的望京楼监测点雨量最大，为 218.00 毫米；海拔最低的枫林碑岭监测点雨量最小，为 163.80 毫米。

（何慧敏）

【雨水收集利用建设】 年内，碑林管理处加强海绵公园建设，采取多种方法收集、蓄积和利用雨水。结合地形地势，在友谊亭东侧修建蓄水池一座，可蓄水量 2700 立方米。在东门停车场北侧修建蓄水窖一个，可蓄水量 90 立方米。在沟洼处客土建蓄水塘坝 50 个，在平缓地段挖滞水坑 50 个。为减少雨水外流和促进低洼地区积水下渗情况，打回灌试验井 4 眼。对一处废弃水塔进行修缮，加装输水管线，用于蓄积雨水。收集雨水主要用于森林防火、林木灌溉、给鸟类及野生动物提供饮用水，以减少水土流失。

（何慧敏）

【生态修复】 年内，碑林管理处采取多种方式加强生态修复，实施抚育剩余物粉碎处理 5000 立方米，还林处理；设置一处落叶堆腐处理点，对 5.46 公顷内枯枝落叶实施堆腐处理；利用抚育粉碎剩余物覆盖裸露和半裸露土地 0.1 公顷；建荆条树盘和石块干砌树盘 150 个。

（何慧敏）

【森林健康经营】 年内，碑林管理处实施森林健康经营，栽植常绿乔木 877 株，落叶乔木 270 株，花灌木 1938 株，竹子 474 根，花草地被 2.64 万株。其中，栽植柿子、核桃等食源树种，给鸟类及松鼠等小型动物提供食物，栽植秋日梦幻、秋火焰等彩叶树，白皮松等常绿树，崂峪苔草、丹麦草等节水抗旱花草，护坡上栽植迎春，护坡下栽植扶芳藤，打造乔灌草相结合、立体式绿化景观，栽植乔灌木 1312 株，节水抗旱花草 2.5 万株。利用冬季树木休眠期，适地适树开展冬季植树，沿前山大路及北区栽植小白皮松、七叶树、山杏、流苏、紫藤、贴梗海棠树 368 株。开展抚育采伐面积 2.56 公顷，采伐 1371 株，其中濒死林木 695 株，枯死林木 295 株，干扰林木 335 株，被压林木 46 株。

（何慧敏）

【全民义务植树活动】 年内，植树节期间，碑林管理处接待新浪微博党委、704 所 200 余人及市民个人义务植树，栽植白皮松和油松 320 株。

（何慧敏）

【制作书籍】 年内，碑林管理处利用自身资源加强文化挖掘利用，设计制作《弘扬生态文明，建设美丽中国书法作品》《古树秘语，名木魅影——北京古树名木书画作品》选集，《黑山扈战斗纪念》《望儿山佘太君与杨家将历史文化故事》书籍，各 1000 册。

（何慧敏）

【绿色文化碑林维护】 年内，碑林管理处对绿色文化碑林一期工程碑刻进行养护，采取碑面除尘、打专业蜡油等方法，修复揽枫亭、文化碑墙、望绿亭、枫岭碑林碑刻 211 块。

（何慧敏）

【基础设施维护】 年内，碑林管理处实施基础设施维护，修补护坡和上山小路 27 处，其中对部分道路实施改造，增加局部透水性，改造枫岭沿线小路长 76 米；改造前山大路铺设碎石路肩 970 平方米，拆除艺术碑墙处的硬化路面，铺设透水砖 15 平方米；填补平整坑洼路面 54 平方米，铺设透水砖 24 平方米。实施东门停车场改造，开辟残疾人专用停车位 4 个。实施北区停车场改造，铺设透水砖和草坪砖 717.6 平方米，补植乔木 8 株。对天摩沟木栈道及附属平台进行刷桐油养护，面积 2067 平方米，进行钢结构养护 16500 千克。完善牌示建设，安装 3M 反光网膜材质各类服务牌示 104 块。在山顶新建竹木平台 42 平方米，利用间伐木和荆条修复山顶休憩廊道。修整革命家手迹碑墙处排水沟 13 米，在排水口处增加雨水篦子。为保证原攀岩处下方蓄水池安全，改造输水管线 300 余米。开展边坡治理，修补、垒砌护坡 453.37 立方米。

（何慧敏）

【安全工作】 年内，碑林管理处召开安全生产会议 17 次，开展安全生产教育培训 317 人次。签订安全生产、消防安全和交通安全责任书 24 份。打防火隔离带 10.4 公顷。

（何慧敏）

【病虫害防治】 年内，碑林管理处采取生物防治和物理防治相结合方式开展病虫害防治，在不同季节进行不同虫情普查，加强人工捕捉和捕虫网等防治方法，杜绝使用环境有害高毒农药。悬挂三类诱捕器 204 个，设置黑光灯监测点 3 个，黄色黏虫板 1600 张，在侧柏林地释放管氏肿腿蜂 40 万头，摆放侧柏诱木 500 根，病虫害防治面积 502.24 公顷。

（何慧敏）

【旅游服务接待】 年内，碑林管理处持续搞好旅游接待工作。截止到 11 月底，接待游客 223.1 万人次，同 2017 年相比增长 10.3%，其中接待团体 391 个，提供讲解服务 33 次。开设微信购票服务功能。百望草堂完成会议接待 160 余次。

（何慧敏）

【党建工作】 年内，碑林管理处召开支委会 25 次，支部党员大会 6 次，组织党员干部集中学习教育 12 次。组织参观"伟大的变革——庆祝改革开放40周年大型展览"、北京园林博物馆、北京世园会建设现场。收看"新时代新担当新作为"电视访谈节目。创新基层党建工作新模式，碑林党支部与新浪微博党委签订结对共建协议，合作开展"以微博之力，让百望山更美"义务植树活动，瞻仰黑山扈战斗纪念园、重温入党誓词及参观留金园等主题教育共建活动，开展主题党日活动12次。组织参加市园林绿化局（首都绿化办）党组"不忘初心，牢记使命"演讲比赛，获优秀组织奖和个人三等奖。参加局属场圃"讲场圃故事、展职工风采"演讲比赛，获团体一等奖和个人二、三等奖。签订党风廉政建设责任书27份。21名党员干部积极参加党员献爱心捐款活动，捐款1750元。

（何慧敏）

【宣传工作】　年内，碑林管理处采取多种形式加强宣传工作，通过"北京市海淀百望山森林公园"和"首都绿色文化碑林"两个微信公众号推送文章88篇，其中公园微信号推送红叶节信息，单月点击量达1万余次，网友精彩留言2000余条。以各项活动为载体，通过北京电视台、《北京青年报》、交通广播电台等媒体宣传报道10次。

结合园区生态环境及景观面貌改善，设计制作百望山森林公园宣传彩页1000份。将宣传与文创结合，设计印有中国书协副主席刘洪彪创作的"落红不是无情物，化作春泥更护花"书法，制作宣传绿色环保理念的可再生手提纸袋700个。《绿化与生活》杂志2018年第11期，刊登"抓住西山永定河文化带发展的大好机遇——百望山森林公园打造'红叶节'品牌""百望山森林公园：'能呼吸、会喝水'的绿色海绵公园"两篇采访文章。

（何慧敏）

【获得荣誉】　年内，百望山森林公园被首都精神文明建设委员会评选为"首都文明风景旅游区"；百望山森林公园被北京市旅游发展委员会评选为"北京红色旅游（爱国主义教育）景区"；北京市妇联和市总工会授予百望山森林公园"三八红旗奖"。

（何慧敏）

【领导班子成员】
主任、党支部书记　高　源
副主任　　　　　　王文学（女）

（何慧敏）

（首都绿色文化碑林管理处：何慧敏　供稿）

北京市林业碳汇工作办公室
（北京市园林绿化国际合作项目管理办公室）

【**概　况**】　北京市林业碳汇工作办公室（以下简称碳汇办）（北京市园林绿化国际合作项目管理办公室）是北京市园林绿化局直属正处级全额拨款事业单位。内设综合管理科、林业碳汇管理科、国际合作科，编制15人。主要职责为参与研究北京市林业碳汇政策措施和相关标准制定；承担林业碳汇项目组织实施工作；宣传推广林业碳汇理念；运行管理北京碳汇基金；负责全市园林绿化合作项目信息收集、评估、立项、申报及日常管理工作；开展全市园林绿化技术引进和对外交流与合作。

2018年，碳汇办以推动林业应对气候变化工作，加强园林绿化国际合作，丰富森林文化内涵为重点，加快北京市园林绿化转型升级、提质增效和国际化进程，提升森林服务功能，推动京津冀协同发展、首都生态文明建设和北京城市副中心建设。全年共执行8个项目，主办第七届北京森林论坛，主办林业碳汇、外事人才、自然解说员、森林疗养等培训、研讨会11次，受众将近1000人；举办森林文化活动110场，受众2万余人次。

（张通）

【**林业碳汇**】　年内，林业碳汇在参与冬奥会碳中和、园林绿化应对气候变化、碳交易市场推进、增汇减排技术标准推广以及园林绿化应对气候变化公众宣传等方面均取得阶段性进展：制订《2022年冬奥会碳中和方案（草案）》，对25333.34公顷平原造林碳中和任务进行系统规划；协助冬奥组委完成《北京2022年冬奥会和冬残会低碳管理工作方案》中碳中和部分调研与内容制订，确定推进25333.34公顷平原地区造林工程并开展碳汇计量监测工作路径，着力支撑2022年冬奥会碳中和目标实现。以林地绿地类型、生态功能定位等为切入点，就不同气候风险对生态环境影响现状与未来趋势进行评估，为全市园林绿化应对气候变化工作进一步精准化发展提供理论依据与技术支撑。对东郊森林公园风景游憩林建设工程和53333.34公顷京冀生态水源保护林工程（2011～2017年度）进行实地踏查，收集、整理基础数据材料，完成基线调查报告和计量监测标准化示范区规划设计编制工作，对2011～2017年实施53333.34公顷京冀生态水源保护林工程进行碳计量工作，形成《京冀生态水源保护林工程（2011～2017年）碳计量报告》。加强同冬奥组委、河北省张家口林业部门沟通协调，审核京冀生态水源保护林建设项目碳汇量，开展项目碳汇量志愿交易可行性分析，推进京冀一体化林业碳汇交易体系完善。开展山区森林适应气候变化技术模式示范，启动河北丰宁京冀生态水源保护林碳汇造林计量监测标准化示范区、通州东郊森林公园碳汇造林计量监测标准化示范区、十三陵林场蟒山分场山区适应气候变化技术综合示范区各 20 公顷。

（张通）

【城市树木精细化修剪示范区建设】 年内，碳汇办完成通州区新华大街国槐行道树修剪标准化示范区、通州区内环路机动车与非机动车隔离带白蜡行道树修剪标准化示范区、三里河路（钓鱼台国宾馆东侧）油松行道树修剪标准化示范区全部修剪工作。完成行道树修剪教学视频素材和脚本准备工作，建设北京城区行道树修剪标准化示范区建设共 4 处，总长度 3200 米，形成《北京城区行道树修剪技术指南》。

（张通）

【国际合作】 年内，协调邀请欧洲森林研究所瑞克博士等 10 位专家来京，就新一轮百万亩造林等重点内容开展咨询培训。邀请澳大利亚西悉尼大学塞班斯蒂安教授来京交流优质苗木培育与大都市森林管理技术，为北京增彩延绿工程提出宝贵建议；依托北京森林疗养国际研讨会，邀请多国专家来京，共商森林疗养未来发展之路。

（张通）

【外事交流】 年内，按照园林绿化建设发展要求和外事工作计划，完成 9 个涉及参加培训、国际会议、园林绿化项目交流、科技交流出访任务 13 人次。

（张通）

【建设森林体验教育示范区】 年内，积极

探索北京城市副中心二号码头公园和东城区明城墙遗址公园历史文化价值，挖掘运河、明城墙文化底蕴，结合推广园林绿化新成果、新理念、新技术，采用展览解说科普宣传形式，设计安装科普解说系统，建设 2 处森林体验教育示范区。完成示范区工作团队组建、实地踏查、选址，示范区科普解说系统材质、内容、版面、空间布置等设计工作和施工安装等示范区建设，提升公园森林文化服务功能。

（张通）

【编写森林文化地方标准】 年内，碳汇办组织编写《森林体验教育基地评定导则》和《园林绿化科普解说展牌设置规范》2 项北京市地方标准。其中，《森林体验教育基地评定导则》规定森林体验教育基地评定条件、评定程序、年报制度和复合制度；《园林绿化科普解说展牌设置规范》规定北京园林绿化科普展牌设置基本原则、展牌分类、设计与选址、安装管理等内容，为森林文化提供技术支撑。

（张通）

【森林疗养师培训】 年内，完成第三届森林疗养师理论培训，邀请清华大学、浙江省医院知名专家录制完成 6 门森林疗养课程。完善远程培训系统，起草《森林疗养师职业资格标准》。与陕西省林业厅合作，设立西北片区森林疗养师实操培训中心。

（张通）

【行道树修剪技术培训】 年内，碳汇办开展北土城东路、京通快速路辅路和通胡路示范区行道树修剪技术指导。按照林业科

学技术推广项目"北京城区行道树修剪标准化示范区建设"进度安排，开展行道树修剪技术培训 3 次，累计培训人数 300 余人。

（张通）

【森林文化活动】 年内，整合升级森林文化品牌活动，开展森林音乐会、"悦"读森林、森林大篷车等森林文化品牌活动 150 次，近 2 万名公众参与。开展园艺疗法课程 24 次，服务特殊儿童近 500 人次；结合 3 个文化带建设，完成 12 个森林文化课程体系模块研发。

（张通）

【大调研活动】 年内，碳汇办结合园林绿化发展需求，开展林下野生植被发展对策大调研工作，提出精细化管护提升地被植物生态价值、健全乡土地被植物种植资源、收集筛选繁育体系等对策，形成高质量调研成果。

（张通）

【领导班子成员】

主　任	周彩贤（女）
党支部书记	周彩贤（女、兼）
副主任	马　红（女）

（张通）

（北京市林业碳汇工作办公室：张通 供稿）

北京市园林绿化局信息中心

【概　况】 北京市园林绿化局信息中心（以下简称局信息中心）系市园林绿化局直属全额拨款正处级工资规范管理事业单位，编制 13 人，内设综合科、建设科、运维科。2018 年实有在职职工 13 人，其中研究生以上学历 6 人，本科学历 7 人；具备高级职称资格 3 人。退休 1 人。

2018 年，北京市园林绿化局信息中心坚持以习近平新时代中国特色社会主义思想为指引，按照第五届全国林业信息化工作会议要求，学习和弘扬塞罕坝"绿色发展"精神，坚持业务需求驱动，聚焦智慧引领，推动共建共享。深化大数据应用与研究，助力园林绿化科学决策；健全机制，推进全市数据资源汇聚共享；推进网上审批工作，优化营商环境；推进北京城市副

中心行政办公区智慧园林项目建设；加强政府网站园林绿化建设和宣传，提升公共服务水平。

（赵丽君）

【检查督导】 9 月 13 日，国家林草局信息办领导到市园林绿化局督导本市信息化示范建设。听取市园林绿化局关于全市林业信息化示范建设开展情况汇报，到智慧苗圃示范点大东流苗圃、黄垡苗圃听取情况汇报，进行现场检查督导。

（赵丽君）

【第三届北京智慧园林高峰论坛】 10 月 13 日，北京市园林绿化局、中国风景园林学会、北京林业大学联合举办第三届北京智

慧园林高峰论坛。论坛以大数据、人工智能及物联网技术在园林绿化行业应用为主题开展学术研讨和交流，为提升城市宜居环境和首都生态承载能力，创新驱动园林绿化发展献计献策。

（赵丽君）

【政府网站园林绿化信息运行】 年内，市园林绿化局(首都绿化办)在政府网站制作并发布"'绿满京华四十年——纪念北京市园林绿化改革开放40周年'征文活动""传承古树文化 彰显古都风韵——'最美十大树王'"等8个新专题；更新维护"北京花讯""北京森林防火""首都全民义务植树网"等26个专题信息。围绕学习贯彻党的十九大精神和园林绿化核心业务、重点工作等加强网站宣传。截止到11月14日，2018年度网站累计更新信息3300条，综合信息平台累计更新信息近8600条；加强政府信息公开工作管理系统维护，做好行政许可和行政处罚等信用信息"双公示"工作。截止到11月14日，政府信息公开1100余条，发布行政许可结果公示788条；优化权责清单查询功能。重新发布行政处罚126项以及最新北京市园林绿化局行政处罚职权运行通用责任清单和行政处罚流程图。

（赵丽君）

【优化网上办公系统功能】 年内，市园林绿化局(首都绿化办)增加新版网上办公系统移动端协同办公，启动数字签章，提高办公效率，保障业务流转过程安全合法；开发公园风景区APP，丰富现有公园风景区三级工作平台工作方式，满足市级、区级和公园三级用户行业管理和交流需求；完成局内网门户(综合信息平台)改版升级，实现用户身份统一管理，主要业务系统在平台首页集中展示和单点登录，以及热点信息、信息刊物统一展现，提高系统易用性和便捷性；升级北京市园林绿化局视频会议系统，由电脑端升级到电脑、移动端，增加视频会议系统接收方式和分会场，做到本市园林绿化系统全覆盖。

（赵丽君）

【网络信息安全】 年内，市园林绿化局(首都绿化办)认真落实《北京市贯彻"十三五"国家网络安全规划的实施意见》通知精神，按照国家林草局信息办、市经信局、市网信办、市公安局等要求，加强网络安全管理，认真开展网络安全自查整改，以查促改、以查促管，完成全国两会、"中非论坛"、国庆节等重要节点期间网络安全。印发北京市园林绿化局网络安全和信息化工作方案，加快推进北京市园林绿化局网络安全和信息化工作。重点开展北京市园林绿化局统一认证系统升级改造、重要信息系统等级保护备案、信息化系统迁移市级政务云、安全漏洞扫描等工作，确保网络系统安全运行。

（赵丽君）

【获得荣誉】 北京市园林绿化局(首都绿化委员会办公室)网站被评为"省级十佳网站"；"智慧城市大数据分析应用"荣获林业信息化全面推进十周年优秀案例。胡永荣获国家林业局信息化管理办公室颁发的"林业信息化全面推进十周年先进个人"；霍玥荣获国家林业局信息化管理办公室颁发的"林业信息化全面推进十周年优秀信息员""2018年中国林业网优秀信息员"。

（赵丽君）

【领导班子成员】

主任、党支部书记　　胡　永

副主任　　　　　　　赵丽君（女）
副调研员　　　　　　李　立（女）

（赵丽君）

（北京市园林绿化局信息中心：
赵丽君 供稿）

北京市园林绿化宣传中心

【概　况】　北京市园林绿化宣传中心（以下简称宣传中心）是北京市园林绿化局（首都绿化办）所属规范性事业单位。主要负责全市园林绿化宣传规划的组织、指导、策划、实施以及宣传工作的规划。下设新闻科、宣传科、网络科和综合办公室4个部门。宣传中心共有编制17人，现有工作人员16人。

2018年，北京市园林绿化宣传工作围绕北京市园林绿化局（首都绿化办）中心工作，召开主题新闻发布会14次，组织各种宣传活动180次。在新闻媒体刊发、转发绿化美化宣传稿件2000余篇（幅、条），新浪微博"@首都园林绿化"发布微博1674余条，覆盖面1.2亿余人次。北京市园林绿化局微信公众号"首都园林绿化"发布原创文章496条。拍摄制作2018年首都绿化美化建设成就巡礼展示片，全面展示首都园林绿化年度工作成就。

（马蕴）

【通讯员业务培训】　11月13～14日，宣传中心举办全市园林绿化系统通讯员业务培训。北京市园林绿化局（首都绿化办）各处室、局属各单位、各区园林绿化局142名宣传工作主管领导和通讯员参加培训。培训邀请北京林业大学、光明网、北京日报社、清博大数据等行业领头单位专家，重点围绕《新时代的林业政务舆情管理》《对基层通讯员写作的思考》《大数据时代的新媒体运营》《传播策划推广》四个方面进行讲解。

（马蕴）

【党建工作】　年内，宣传中心深入贯彻全面从严治党各项要求，牢固树立"四个意识"，做到"三个一""四个决不允许"，在思想上、政治上、行动上与党中央保持高度一致。班子成员坚持理论中心组学习制度，强化思想理论武装。宣传中心党支部按照市直机关统一学习教育安排，持续推进全体党员"两学一做"学习教育。同时积极开展党小组学习活动，将《中国家规》指定为必学书籍。通过学习中国家规，深刻认识到家风影响党风、党风改变民风，从优秀传统中汲取规矩意识。

（马蕴）

【绿化与生活编辑部改制】 年内，为贯彻落实全国文化体制改革工作会议精神，按照北京市非时政类报刊出版单位体制改革统一部署，绿化与生活编辑部完成转企改制工作，成立由北京市园林绿化局主管、北京市园林绿化宣传中心与北京市花木有限公司联合主办的《绿化与生活》杂志社有限公司。

《绿化与生活》杂志实现全面改版。

（马蕴）

【领导班子成员】

  主 任   吴志勇

  副 主 任   胡 淼

  副调研员   郑蓉城

（北京市园林绿化宣传中心：马蕴 供稿）

北京市园林绿化局干部学校

【概　况】 北京市园林绿化局干部学校（以下简称干部学校）系北京市园林绿化局（首都绿化办）所属事业单位。主要职责是按照市园林绿化局（首都绿化办）部署开展党员干部职工教育培训工作。干部学校内设干部培训部、职业技能培训部、办公室和密云教育培训基地。编制 11 人。2018年实有在编在职人员 9 人。

  2018 年，干部学校配合市园林绿化局（首都绿化办）人事处、机关党委、造林营林处、市林业工作总站等部门开展系列专题教育培训工作。举办各类培训班 16 批次，培训学员 1900 余人次，其中 474 名在册干部完成北京市干教网在线学习任务。

（佟永宏）

【基层党支部规范化建设培训班】 3 月 15日，干部学校配合市园林绿化局（首都绿化办）机关党委在北京歌华开元大酒店举办市园林绿化局（首都绿化办）系统党支部规范化建设培训班。市园林绿化局（首都绿化

办）直属各党委、总支、支部书记，机关处室主要负责人，党委、总支下属党支部书记，以及各党委、总支、支部、机关处室专兼职党务工作人员 200 余人参加培训。有关领导就"一规一表一册一网"党支部规范化建设进行解读。

（佟永宏）

【处级干部学习习近平新时代中国特色社会主义思想专题读书活动】 7 月 11～13 日、7 月 18～20 日，干部学校配合市园林绿化局（首都绿化办）人事处在干部学校计算机教室举办两期处级干部学习习近平新时代中国特色社会主义思想专题读书活动。市园林绿化局（首都绿化办）西院各单位 56 名处级干部参加集体自学读书活动。学习内容为《习近平谈治国理政》第一卷和第二卷。同期在机关、林场和苗圃等场所举办相同读书学习活动。

（佟永宏）

【工会干部培训班】 7月12日，干部学校配合市园林绿化局（首都绿化办）工会、共青团团委在密云基地举办2018年度工会干部培训班。培训班以提高北京市园林绿化局系统工会干部工作水平为目标，组织市园林绿化局（首都绿化办）基层工会主席和工会通讯员、工会财务人员共113人参加培训。培训课程包括学习贯彻落实党的十九大精神，学习贯彻中央、市委党的群团工作会议精神，以及新时代视角下首都生态文化建设讲座、朗诵技巧、工会财务管理、厂务公开工作、新时代园林绿化建设高质量建设与发展研究等内容。

（佟永宏）

【人事干部能力素质提升培训班】 7月23～24日，干部学校配合市园林绿化局（首都绿化办）人事处在密云基地举办人事干部能力素质提升培训班。市园林绿化局（首都绿化办）所属各单位分管人事工作领导、人事科长和具体工作人员90余人参加培训。培训课程包括人事工作相关政策规定、工作落实具体要求、心理调适等内容。

（佟永宏）

【新招录（招聘）人员入职培训班】 9月17～19日，干部学校配合人事处在密云基地举办新招录（招聘）人员入职培训班。目的是使新招录（招聘）人员了解市园林绿化局（首都绿化办）总体概况、业务职能及相关政策，初步掌握岗位履职基本知识和能力，尽快融入工作。2017年和2018年新入职人员88人参加培训。

（佟永宏）

【学习贯彻全市组织工作会议精神专题培训班】 9月19～20日，干部学校配合人事处在密云基地举办基层党组织书记学习贯彻全市组织工作会议精神专题培训班。市园林绿化局（首都绿化办）系统基层党组织书记、人事科长74人参加培训。培训内容为传达落实全市组织工作会议精神，学习习近平总书记关于党的建设和组织工作重要思想以及蔡奇书记重要讲话精神，围绕市园林绿化局（首都绿化办）高素质专业化干部队伍建设交流研讨。

（佟永宏）

【科级以下在职党员学习习近平新时代中国特色社会主义思想轮训班】 8月13～14日、8月16～17日、8月20～21日、8月23～24日，干部学校配合机关党委在密云基地连续举办4期科级以下党员轮训班。轮训班主要学习习近平新时代中国特色社会主义思想，贯彻党中央全面从严治党总要求，落实《中国共产党党和国家机关基层组织工作条例》要求，即党员每年参加教育培训24学时以上规定要求。市园林绿化局（首都绿化办）各处室、基层各单位307名党员参加培训。

（佟永宏）

【财务人员继续教育培训班】 10月24日和31日，干部学校配合市园林绿化局（首都绿化办）计财（审计）处在百望山森林公园举办两期财务人员继续教育培训班，培训学员178名。第一期培训班98人，第二期培训班80人。培训课程包括2019年财务制度变革趋势及其应对方案，解读学习政府会计准则、政府会计制度、财务预算，非资产、资产类科目知识。

（佟永宏）

【市山区森林经营工程管理施工技术培训班】 9 月 18 ~ 20 日，干部学校配合造林营林处在延庆区中银酒店和延庆造林地现场举办北京市山区森林经营工程管理和施工技术培训班。培训学员来自北京市各区园林绿化局具体负责山区森林经营工程项目管理工作的科长、具体负责作业设计编制的技术骨干、承担 2018 年森林健康经营林木抚育任务的各乡镇林业站站长、负责森林经营管理业务的骨干 115 人。培训班邀请长期从事国家和北京市森林经营的工作专家、项目管理人员授课。培训课程包括森林经营问题与对策、中国多功能近自然森林经营理论与应用案例解析、北京市山区森林抚育技术、区级森林经营规划编制规范解读、北京市山区森林抚育技术规定作业设计等内容，涉及森林经营形势任务、政策措施、经营目标、作业设计、抚育技术、标准地调查等多方面情况。老师带领学员进入林区现场，对山区典型林分抚育经营主要技术措施和作业要点进行实操讲解，就相关技术和管理问题进行解答。

（佟永宏）

【园林绿化专业技术人员知识更新培训班】
11 月 13 ~ 15 日，干部学校配合市林业工作总站在国家林业和草原局管理干部学院举办园林绿化专业技术人员知识更新培训班，即乡镇林业站信息员培训班。来自全市 12 个区的林业站、林政科、乡镇林业站信息员等 175 名学员参加培训。培训课程包括新媒体时代新闻传播规律与技巧、林业站行业信息、宣传知识，常见公文写作基础知识等内容。

（佟永宏）

【优秀年轻干部党性专题教育培训班】 12 月 11 ~ 13 日，干部学校配合人事处在百望山森林公园举办优秀年轻干部党性教育专题培训班。目的是贯彻落实全市组织工作会精神和培养年轻干部相关要求。市园林绿化局（首都绿化办）系统 40 岁以下 50 名年轻干部参加培训。培训课程包括"用习近平新时代中国特色社会主义思想武装头脑""恪守纪律，警钟长鸣，做忠诚干净担当的好干部""在全面从严治党中锤炼党性""年轻干部心理成长"等专题辅导内容，以及"缅怀无名英雄，历练党性修养，做新时代优秀共产党员"西山无名英雄烈士广场现场教学等内容。

（佟永宏）

【干部在线学习管理】 年内，干部学校配合市园林绿化局（首都绿化办）人事处承担市园林绿化局（首都绿化办）系统干部在线学习管理工作。组织管理 474 名局级、处级、科级干部完成在北京市干部教育网在线学习任务。协助人事处将市园林绿化局（首都绿化办）系统干部参加各类教育培训班学习课时数据录入北京市干部学习管理系统。已完成 2013 年以来处级以上干部学习培训课时数据录入工作。

（佟永宏）

【领导班子成员】
校长　佟永宏

（佟永宏）
（北京市园林绿化局干部学校：
佟永宏 供稿）

北京市园林绿化局离退休干部服务中心

【概　况】　北京市园林绿化局离退休干部服务中心（以下简称离退休干部服务中心）系北京市园林绿化局所属事业单位。截止到 2018 年年底，有在岗职工 15 名，其中干部 11 名，工勤人员 4 名。

2018 年，离退休干部服务中心坚持以习近平新时代中国特色社会主义思想为指导，认真落实新时代党的建设总要求，抓好离退休干部政治建设、思想建设和党组织建设，用心、用情、用力、精心做好离退休干部服务工作，引导离退休干部坚定信念，积极为首都建设和绿化事业增添正能量。

（王宇生）

【思想政治建设】　年内，离退休干部服务中心通过举办理论学习班、党支部学习交流、写学习体会等形式，组织离退休干部学习习近平新时代中国特色社会主义思想和党的十九大精神，学习《中共中央政治局关于加强和维护党中央集中统一领导的若干规定》，学习新《宪法》《中国共产党纪律处分条例》。结合全国"两会"、纪念改革开放 40 周年等重大活动，组织"两会精神"辅导讲座、参观纪念改革开放 40 年大型展览等活动。利用微信平台推送新时代中国特色社会主义思想和习近平总书记讲话学习交流文章 50 多篇。配发《宪法》《中国共产党纪律处分条例》《中国共产党支部工作条例（试行）》和《习近平新时代中国特色社会主义思想三十讲》等学习资料，引导老干部树立"四个意识"，增强"四个自信"，做到"两个维护"，在政治立场、政治方向、政治原则、政治道路上，始终与以习近平同志为核心的党中央保持高度一致。

（王宇生）

【围绕纪念建党 97 周年开展活动】　年内，离退休干部服务中心以纪念建党 97 周年为契机，以"不忘初心，牢记使命"为主题，开展系列活动。组织离退休老党员佩戴党徽，重温入党誓词活动，表达老同志不忘初心，永远爱党、护党、跟党走的信念；组织"颂党恩、赞伟绩"文艺表演，抒发老党员心中浓浓爱国情怀；开展"共产党员献爱心"活动，其中 115 名党员、3 名入党积极分子、1 名群众捐款，共计 17330 元。

（王宇生）

【纪念改革开放 40 周年活动】　年内，离退休干部服务中心围绕纪念改革开放 40 年开展系列庆祝活动。参与市直机关工委老干部处组织的纪念改革开放 40 周年书画、征文活动，报送老干部发挥正能量典型事迹材料。协助市园林绿化局（首都绿化办）离退休干部处拍摄"我看改革开放 40 年"专题宣传片。选送退休干部李永芳参与市直机关工委老干部处组织的老干部宣讲团活动。以"我看改革开放新成就——庆祝改革开放 40 周年"为主题，举办"纪念改革开放 40 周年"书画、摄影、征文、微视频、手工艺、老物件作品展，收集老干部作品 200 余幅，集中展出 150 余幅作品，表达老同志们作为改革开放见证者、亲历者、推动者对祖国繁荣富强和首都园林绿化发展的自豪之情。

（王宇生）

【服务保障】 年内，离退休干部服务中心及时传达中央和市委关于离休干部各项待遇政策规定。完成退休人员日常定点医院变更工作。落实走访慰问制度，重大节日入户慰问80岁以上高龄及体弱多病离退休人员300余人次，探视慰问生病老同志120余人次。组织离退休干部年度健康体检。协助5位去世老同志家属办理后事。

（王宇生）

【基础设施设备修缮】 年内，离退休干部服务中心更新西区多功能厅音控系统，优化老干部学习教育环境；完成楼顶瓦片加固，消除大风掉瓦可能伤车伤人安全隐患；对西区围栏进行加固和防锈处理，修缮基础设施设备；东区老干部活动场所加装电梯，方便老干部活动。

（王宇生）

【领导班子成员】
主　任　赵伟琴（女）
书　记　张宝珠（女）
副书记　赵伟琴（女）
副主任　朱晓梅（女）　赵　兰（女）

（王宇生）

（北京市园林绿化局离退休干部服务中心：
王宇生 供稿）

北京市园林绿化局后勤服务中心

【概　况】 北京市园林绿化局后勤服务中心（以下简称后勤服务中心）为北京市园林绿化局直属事业单位。2012年，后勤中心纳入工资规范管理事业单位。现有在编在岗人员64人，其中主任1名、副主任2名，设办公室、人事科、财务科、机关服务科、房管科、车队、安全管理科7个科室。

2018年，后勤服务中心深入学习贯彻习近平新时代中国特色社会主义思想，紧紧围绕全局中心任务及上级工作部署，坚持"团结进取、作风优良、科学规范、保障有力"的工作理念，以进一步提升后勤服务保障水平为主线，统一思想、改进作风、创新方法、务求实效，深入落实全面从严治党，持续完善基础建设，着力抓好"四个服务"，努力提升安全防范工作水平，圆满完成各项服务保障任务。

（罗霜）

【西办公区路面修复】 年内，后勤服务中心针对西办公区因路面年久失修部分路段塌陷、地下管线老旧等安全隐患问题，多方考察研究制订方案，经招投标后确定施工方为北京盛力华威市政工程有限公司。该工程于9月15日进场施工，11月1日竣工。工程总价130.7万元。

（罗霜）

【老干部楼加装电梯】 年内，后勤服务中心为重点解决西区家属院离退休老干部长期以来"爬楼难"问题，经前期招投标工作，确定施工方为长城电梯集团北京机电工程有限公司。该工程于4月11日进场施工，9月5日经调试、质监局申报后投入

-226-

使用。工程造价总计 51.6 万元。

（罗霜）

【家属区枯树砍伐补植】 年内，后勤服务中心为解决家属区 35 号楼东侧枯树枝权断落安全问题，经多方走访调研、咨询政策，制订砍伐并补植西府海棠方案，严格按照枯树砍伐及补植相关法律法规，规范办理手续，按照有关要求选择有资质的北京佳龙园林绿化工程有限公司施工。9 月 7 日完成枯树砍伐作业，消除安全隐患。

（罗霜）

【机关配套设施建设】 年内，后勤服务中心根据设备设施使用年限和实际使用情况，预研预判更新维护情况，完成办公楼楼顶防水及整体修缮、食堂冷库部件更换保养和空调室外机组全面检修，更换应急电源蓄电池 90 余块、地砖 544 块，承办各类报修 1836 次。同时，配备分类垃圾桶实现垃圾分类投放、收运和处置，通过悬挂宣传横幅、张贴宣传海报、播放宣传视频的方式，加大垃圾分类、控烟等宣传力度。

（罗霜）

【机关办公用品采购】 年内，后勤服务中心针对政府采购政策调整，及时与上级财务部门沟通协调，调整采买方式，解决协议采购目录上可用商品不足以保障机关办公的难点问题，完成局文印室、纪检组及 15 个机关处室 43 次办公用品、38 次硒鼓采购工作，累计金额 38 万余元。同时，维修办公设备 20 余次。

（罗霜）

【干部职工服务保障】 年内，后勤服务中心对机关食堂开放线上充值服务，接待用餐人员 96030 余人。西办公区与圆山酒店合作接待 18 家局属单位，用餐人员 39470 余人，接待会议 1400 余次，会议时长 3746 小时，参会人数 20718 人次。组织 278 名干部职工参加体检。

（罗霜）

【安全防范管理】 年内，后勤服务中心深入开展安全隐患排查，重点利用安全生产月和 119 消防安全宣传月，举办消防安全应急疏散演练、消防知识培训、发放安全知识手册，进一步扩大宣传教育范围。日常巡查、定期检查、重点复查相结合，对责任区域内用电、消防、管井及餐厅等进行安全隐患排查，立行立改。每日安排专人全天无死角巡视，及时发现、报修并整改处理各类安全隐患 140 余次。

（罗霜）

【车辆人员管理】 年内，后勤服务中心严格落实《办公区人员出入管理制度》《办公区车辆出入管理制度》，加强交通安全宣教，认真做好公务用车保障工作。全年出车 2000 余次，安全行驶 16 万余千米，安全无事故。机关办公楼安保人员累计登记进出来访车辆 201 车次，进出来访人员 6779 人次，有效控制办公区闲杂车辆、闲散人员出入，保障办公环境安全稳定。

（罗霜）

【领导班子成员】
　　主任、书记　米国海
　　副主任　　　赵志强　杨彦军
　　　　（北京市园林绿化局后勤服务中心：
　　　　　　　　　　　　罗霜 供稿）

北京市林业勘察设计院
（北京市林业资源监测中心）

【概　况】　北京市林业勘察设计院（北京市林业资源监测中心）（以下简称市林勘院）系市园林绿化局所属专业技术事业单位，持有国家林业局甲 B 级林业调查规划设计资质、市园林绿化局园林绿化资源损失鉴定机构证书。编制 50 人，2018 年年底在职人员 45 人，其中，研究生 23 人（博士 1 人，硕士 22 人）、本科生 18 人；具有专业技术职称人员 38 人，其中，高级职称16 人（教授级高工 3 人、高工 13 人），中级职称 16 人。

2018 年，市林勘院完成北京市湿地资源调查、北京市 2017 年度林地变更调查、基于高分遥感技术动态监测年度绿化资源变化、林地林木资源价值核算调查、北京市 2018 年 LULUCF 碳汇计量监测工作、全国古树名木资源普查北京地区调查后期工作 6 项资源调查或监测工作；完成北京市2016 年平原地区造林工程核查、2018 年北京市园林绿化非工程类综合核（检）查等项目、北京市国有林场森林管护及森林公园运营维护核查、北京市 2017 年中央财政森林抚育补贴项目核查、北京市 2016～2017年京津风沙源治理工程核查工作、北京市2017 年国家重点公益林管护工程核查等近10 项核查工作；完成北京市"十三五"时期园林绿化发展规划中期评估、大兴区"十三五"时期园林绿化发展规划中期评估两个规划评估工作；完成园林绿化资源环境承载

力研究、基于林业和 GIS 技术北京市通风廊道建设研究两项课题调研和前沿课题研究；完成北京市林地林木管理及执法检查数据采集、国家级公益林变化情况汇总统计分析、《2017 年度北京市园林绿化资源情况报告》编制等园林绿化基础工作；完成工程项目使用林地可行性报告 127 项，森林（林木）资源价值评估报告 78 项，森林（林木）价值损失鉴定报告 17 项。

（韦艳葵）

【林地林木资源价值核算调查】　年内，市林勘院开展林地林木资源价值核算调查。2月，相关技术人员参加林地林木资源价值核算调查工作培训，制订工作方案。按照既定二阶段抽样方法，北京市初级抽样单元 3 个，即房山区、密云区和延庆区，按照每个区抽 3 个样本点的要求，全市抽取二级单元 9 个，分别是房山区河北镇、青龙湖镇、霞云岭乡，密云区巨各庄镇、新城子镇、大城子镇，延庆区永宁镇、张山营镇、珍珠泉镇。通过与 3 个区相关业务部门座谈研究，实地调查，填写完成全市9 个样本单元林地林木资源价值核算调查表，报送国家审核。

（韦艳葵）

【市 2018 年 LULUCF 碳汇计量监测】　年内，根据国家林业和草原局统一部署，市

林勘院会同北京市林业碳汇工作办公室承担北京市 2018 年 LULUCF 碳汇计量监测工作。参加 2018 年全国林业碳汇计量监测体系建设培训会；针对北京土地利用变化与林业碳汇计量监测方案进行研讨，提出改进思路，计算方案监测样地布设及误差精度，论证确定方案。

（韦艳葵）

【市 2016 年百万亩平原地区造林工程核查】
年内，市林勘院开展北京市 2016 年百万亩平原地区造林工程核查，项目涉及朝阳、海淀、丰台、大兴、通州、顺义、昌平、房山、门头沟、密云、怀柔、延庆 12 个区 8000 余公顷。实际核查提交自查报告的门头沟、昌平、海淀 3 个区，总面积 545.11 公顷，其中门头沟区 13.33 公顷，昌平区 233.34 公顷，海淀区 298.44 公顷。

（韦艳葵）

【市园林绿化非工程类综合核（检）查项目】
年内，市林勘院开展 2018 年北京市园林绿化非工程类综合核（检）查项目。制订《北京市森林督查技术方案》，将国家林业和草原局印发的 3735 个疑似图斑，分发到各区和市属国有林场。在有针对性地开展森林督察培训后，完成全市森林督察市级核查外业工作，取得第一手现场核查资料，同步进行 2017 年度保护发展森林资源目标责任制建设、考评和执行情况，破坏森林资源问题查处整改、执纪问责情况，以及 2017 年度林木采伐管理情况［主要包括年采伐限额及其采伐（移植）管理制度执行情况、更新造林情况、乱砍滥伐情况］检查。

（韦艳葵）

【市 2017 年中央财政森林抚育补贴项目核查】 年内，市林勘院开展北京市 2017 年中央财政森林抚育补贴项目核查，总任务量 3706.7 公顷，涉及西山、十三陵、八达岭、共青 4 个市属国有林场及门头沟、顺义、密云、延庆 4 个区 7 个区属国有林场。

（韦艳葵）

【市 2016～2017 年京津风沙源治理工程核查】 年内，市林勘院开展北京市 2016～2017 年京津风沙源治理工程核查工作，工程涉及 7 个山区、3 个市属林场及松山自然保护区，总任务量 34666.67 公顷，其中 2016 年 16000 公顷，2017 年 18666.67 公顷。

（韦艳葵）

【市 2017 年国家重点公益林管护工程核查】 年内，市林勘院开展北京市 2017 年国家重点公益林管护工程核查，工程涉及密云区、怀柔区、昌平区、延庆区、门头沟区、丰台区、松山国家级自然保护区 7 个单位，总任务量 7333.33 公顷。

（韦艳葵）

【市林地林木管理及执法检查数据采集服务项目】 年内，市林勘院开展北京市林地林木管理及执法检查数据采集服务项目。依托林业勘察数据资源，充分利用五大类数据，完善三个机制，产生三类年度成果。初步建立服务模式，构建规范化流程、模式及机制，逐步形成以年为单位的长效数据服务模式。五类数据分别是：林政资源审批数据、年度检查数据、疑似变化数据、林政执法数据、社会关注数据。三个机制分别是：完善勘察部门和林政审批部门协调联动机制，主要解决许可数据事后监督核查依据问题；完善勘察部门和市、区、乡镇三级相关部门区域联动机制，主要解决疑似变化核查工作执行力问题；完善勘察部门与林业行政执法部门沟通联系机制，主要解决信息数据沟通共享问题。三类成果分别是：年度林政审批事后监督核查结果、年度行政执法核查数据、年度疑似变化核查数据。2018 年度初步建成数据基本构架。

（韦艳葵）

【国家级公益林变化情况汇总统计分析】
年内，市林勘院开展国家级公益林变化情况汇总统计分析。5 月份开始全面梳理 2012 年以来国家级公益林面积、区位等变化情况。根据变化情况，对变化的年份、征占林地项目名称、批复文件及文号、办理征占林地手续情况、涉及面积及区位描述等情况进行逐年汇总整理分析，为国家林业和草原局进行国家公益林落界成果验收做好准备。

（韦艳葵）

【编制《2017 年度北京市园林绿化资源情况报告》】 年内，市林勘院会同市园林绿化局有关单位，全面收集整理截止到 2017 年年底的全市园林绿化资源情况，包括林地、绿地、湿地和湿地公园、野生动植物、古树名木、自然保护区、风景名胜区、森林公园、城市公园、绿化隔离地区、新城滨河森林公园、国有林场、绿色产业、森林资源资产价值等，收集整理全市自然及社会经济情况，绘制相关图表，形成报告。

（韦艳葵）

【评估鉴定】 年内，市林勘院完成工程项目使用林地可行性报告 100 余项，森林（林木）资源资产评估鉴定 30 余项，工程项目相关咨询报告 2 项，分别是《松山草甸冬奥会损失价值处理方案》和《3－10#办公楼[泛海国际居住区 3#地块（原东风家园四区）建设项目]古树避让保护实施方案》。

（韦艳葵）

【树木测绘】 年内，市林勘院完成各类工程项目用地范围内乔、灌、花、草数量、面积、位置定位测量及其胸径、地径、高度等因子调查，完成地铁 19 号线车辆段、复兴门和长安街站、朝阳区黑庄户道路、地铁 6 号线廖公庄站、体育大学冬奥会冰雪和极限场地等多项树木测绘服务工作。

（韦艳葵）

【获奖情况】 2018 年，市林勘院狄文彬、赖光辉参与完成的《第一代森林调查技术体系及观测装备研发与应用》项目获北京测绘协会测绘科技进步特等奖。

（韦艳葵）

【领导班子成员】

院　长　　　　　　　薛　康
支部书记　　　　　　陈宝义
副院长、支部副书记　杜鹏志
副院长　　　　　　　闫学强

（韦艳葵）

（北京市林业勘察设计院：韦艳葵 供稿）

北京市园林绿化局物资供应站

【概　况】　北京市园林绿化局物资供应站（以下简称物资站），系市园林绿化局直属全额拨款事业单位，现有在职工作人员12人。主要负责本站和原局直属单位市林工商公司（已停止经营活动）1名在职人员和73名离休、退休人员日常服务管理。

2018年，物资站在市园林绿化局（首都绿化办）党组领导下，认真落实离退休职工政治生活待遇，推动所办企业清理规范改革，较好地完成各项工作。

(李玉霞)

【解决历史遗留问题】　年内，物资站持续解决历史遗留问题。主要是物资站在市园林绿化局2014年事业单位分类改革中未明确分类，在职职工养老保险个人扣缴部分一直在单位保存，退休职工仍按照原渠道在单位办理退休手续，26名职工均未纳入社保系统，全体职工对单位进行分类改革和机构改革非常关注。年内，物资站完成调查研究报告《物资站现状及下一步发展的思考》，为领导决策提供参考。全年帮助离退休职工出具各种证明12人次，征求意见和建议26人次，探望走访职工55人次。

(李玉霞)

【落实职工福利待遇】　年内，物资站认真贯彻执行离退休职工工资福利政策，按时落实各项福利待遇。依据《2018年本市机关事业单位退休人员基本养老金调整工作主要政策介绍》要求，调整2017年12月31日前退休人员基本养老金；依据市园林绿化局人事处审核的绩效工资发放办法，按照物资站绩效工资发放规定，增加绩效工资；调整并补发在职职工基本工资标准；按时给全体职工报销医疗费、缴纳五险费用，向社保局缴纳职工五险费用61.2万元（物资站41.16万，林工商公司20.04万），职工报销医疗费比例96%。共缴纳住房公积金45.6万（物资站44.52万元，林工商公司1.08万元）。

(李玉霞)

【为职工帮困解难】　年内，物资站认真贯彻落实北京市老干部工作座谈会精神，搞好重要节日走访慰问，给林工商公司退休职工每人每年发放节日慰问金1400元。探望住院生病职工12人次，发放困难补助6000元，为一名因病去世的退休职工申请发放抚恤金14万余元。

(李玉霞)

【企业清理规范】　年内，物资站按照《局（办）党组〈关于开展机关事业单位所办企业清理规范工作方案〉的通知》要求，成立清理规范工作领导小组，明确工作目标和基本原则，基本摸清物资站所办北京市林工商公司及其二级、三级公司、分支机构9家单位情况，研究制订《物资站所办企业清理规范工作实施方案》报市园林绿化局

（首都绿化办）审批。

（李玉霞）

【支部党员活动】 年内，物资站党支部参加德胜街道活动4次，在职党员参加社区活动35人次，开展"共产党员献爱心"活动，缴纳党费5328元。

（李玉霞）

【党风廉政建设】 年内，物资站党支部认真开展警示教育活动，研究制订方案，组织在职党员观看《警钟长鸣》等系列警示教育片。狠抓廉洁自律教育，通过正面灌输教育和反面警示教育，引导党员干部牢固

树立"四个意识"，争做政治上的明白人。重新修订《物资站"三重一大"规定》《物资站内控手册》，严格落实中央"八项规定"和"十个严禁"，使反腐倡廉之钟常鸣。

（李玉霞）

【领导班子成员】

站　长　周荣伍
书　记　李春维
副站长　吴忠高

（李玉霞）

（北京市园林绿化局物资供应站：
李玉霞 供稿）

北京市园林绿化工程质量监督站

【概　况】 2011年10月，经市编办批准，北京市园林绿化服务中心更名为北京市园林绿化工程质量监督站（以下简称市园林绿化工程质量监督站），隶属北京市园林绿化局。主要职责为：受市园林绿化局委托，负责对本市使用国有资金投资或者国家融资的绿化工程进行质量监督的具体实施工作；承担园林绿化工程招投标活动监督管理的事务性、辅助性工作；承担园林绿化施工企业资质审核的事务性工作；承担已有资质园林绿化施工企业的信息收集工作；承担全市园林绿化行业安全生产标准化评审组织工作。内设园林工程质量监督科（园林绿化工程质量监督一科）、绿地养护监督科（园林绿化工程质量监督二科）、综合协

调科（园林绿化工程质量监督三科）、技术鉴定科（园林绿化工程质量监督四科）、招投标管理办公室、企业管理办公室、人事科、办公室、财务科、安检科10个科室。目前，全站编制38人，在职职工33人。高级职称6人，中级职称12人，技师1人，高级工1人。研究生学历7人，其中在职研究生2人；本科学历22人。

2018年，市园林绿化工程质量监督站受理新入场招标项目563宗，其中受理366宗施工类项目（含养护、材料设备），招标项目投资额累计约123.83亿元，建设面积约16136.40万平方米。据统计，2018年项目量和投资额与2017年相比都增长60%。完成资格预审文件、招标文件审核量约

827 项；对园林绿化工程施工合同的备案 282 件。累计抽取评审专家 785 批次，计 4386 人次，审核招标人选派专家 733 人次。补选应急专家、现场调整专家 44 人次，针对甲方提出的评审异议，组织专家复议 16 次，修正专家初次评审错误。全年新锁定项目经理 372 人次，办理解锁 142 人次，目前在库历年锁定项目经理 599 人。完成 217 家企业 1380 个业绩项目资料核验工作，770 个项目负责人信息核验工作，45 家外埠企业信息核验工作，42 家新成立企业信息采集工作。为企业开具介绍信、诚信证明等 96 份，对 42 家弄虚作假企业负责人进行约谈，累计对 157 家违法违规企业进行重大税收违法案件信息联合惩戒信息采集。完成北京城市副中心行政办公区质量监督工作，完成对 2019 北京世界园艺博览会（以下简称世园会）和新机场等重点工程的质量监督检查。全年监督检查 255 次，发出《整改通知书》48 份；复检 48 次；受理安全生产标准化达标申请单位 45 家，取得达标证书单位 42 家。

（李优美）

【质量监督业务培训】 1 月 25 日，市园林绿化工程质量监督站组织质量监督业务培训，聘请相关专家围绕"园林施工技术"和"北京城市绿地土壤现状、问题及对策"内容授课研讨。

（李优美）

【新一轮百万亩造林工程项目监管】 自 1 月 30 日起，2018 年度新一轮百万亩造林工程陆续进入北京市公共资源建设分平台园林子平台进行招标，涉及通州区、石景

山区、昌平区、海淀区、朝阳区、门头沟区、怀柔区 7 个区部分项目。截止到 12 月 31 日，2018 年平原造林项目共受理 33 个施工项目（125 个标段），施工类招标项目投资额累计约 50.37 亿元，建设规模约 7141.42 万平方米。全年所有项目进展顺利，14 个项目合同备案，18 个项目领取中标通知书，1 个项目招标文件备案。已入场 47 个设计项目中有 34 个项目合同备案。已入场 23 个监理项目中，有 13 个项目合同备案，10 个项目领取中标通知书。

（李优美）

【园林绿化工程质量监督站分站建设】 1 月 31 日，市园林绿化工程质量监督站赴昌平区园林绿化局举行北京市园林绿化工程质量监督站昌平分站授牌仪式。3 月 15 日，市园林绿化工程质量监督站赴密云区园林绿化局举行北京市园林绿化工程质量监督站密云分站授牌仪式。截至 2018 年年底，建立分站 16 个。

（李优美）

【招投标培训】 3 月 21 日，市园林绿化工程质量监督站对已进入北京市公共资源建设分平台园林子平台、有意向进场招标的 7 个区园林绿化主管部门、受委托招标代理机构人员进行集中招投标业务培训。主要围绕法律政策培训和业务流程培训两个方面进行。

（李优美）

【双随机检查】 4 月 24 日，市园林绿化工程质量监督站双随机检查人员，对通州区台湖万亩休憩园建设工程（二期）六标段进

行现场检查。检查人员依法对参建各方项目管理人员在岗履职情况、施工现场、工程实体、工程资料、安全生产、扬尘污染防治、绿化工地渣土车、非道路移动机械使用等情况现场抽查。全年对 50 个园林绿化工程项目进行双随机检查。

（李优美）

【电子招投标系统研发沟通协调会】 6 月 13 日，市园林绿化工程质量监督站组织园林绿化工程电子标系统研发沟通协调会议。市园林绿化工程质量监督站、北京市交易中心相关人员以及系统研发公司相关人员参加会议。会上，北京市交易中心信息部负责人进行系统介绍，并就实现电子标系统开发功能，需要协调落实的几项工作进行了沟通交流。

（李优美）

【种植土检测】 6 月 28 日，市园林绿化工程质量监督站会同北京园林科学研究院土壤检测室、北京城市副中心行政办公区先行启动区园林绿化工程建设施工监理单位对该项目种植土改良情况进行现场抽查取样，对改良后土壤的氮、鳞、钾、有机质、pH 值 5 项内容进行检测，根据检测结果评价土壤改良措施实施效果。

（李优美）

【大调研】 8 月 30 日，市园林绿化工程质量监督站深入企业开展大调研活动。主要采取研讨会形式集中听取企业意见，与 14 家企业共同研讨如何加强事中事后监管，如何为企业提供精准服务等问题。

（李优美）

【国庆天安门、长安街沿线摆花工程检查】 9 月 11 日、13 日、14 日，市园林绿化工程质量监督站分别对 5 家承揽国庆花坛结构工程施工单位企业资质、营业执照、相应人员操作资格、施工场地、现场安全、产品质量及加工进度等方面现场检查。9 月 21 日，检查建国门、西单及天安门花坛，指出施工现场存在问题并整改落实。9 月 28 日，市园林绿化工程质量监督站汇同施工、监理、设计及监督二科对国庆花坛进行竣工验收。

（李优美）

【监理人员培训】 11 月 12 ~ 14 日，市园林绿化工程质量监督站在东直门建工党校开展 2018 年监理人员培训，26 家监理单位 450 余人参加。此次培训结合监理人员工作实际，聘请从事监理、施工的一线专家授课，讲解监理规程、露地花卉栽植、病虫害防治、植物修剪、施工及验收规范等课程。

（李优美）

【北京城市副中心行政办公区园林绿化工程质量监督】 11 月 20 日，市园林绿化工程质量监督站对北京城市副中心行政办公区最后一个绿化工程实施同步监督竣工验收，标志着共计 24 个绿化工程项目全部通过验收，交付使用。

（李优美）

【对世园会有关项目监督检查】 11 月 28 日，市园林绿化工程质量监督站对世园会国外设计师创意展园建设一标段(丹麦、荷兰、日本设计师展园)(施工)和二标段(美国、英国设计师展园)(施工)(以下简称国外设计师展园)监督检查,对 2019 年世园会北京室外展园工程建设项目进行复检。

（李优美）

【园林行业增值税税率调整】 根据《财政部　税务总局关于调整增值税税率的通知》和《住房城乡建设部办公厅关于调整建设工程计价依据增值税税率的通知》要求,市园林绿化工程质量监督站认真落实北京市园林绿化建设工程计价依据中增值税税率调整有关事项。自 5 月 1 日起实行增值税从 11% 降到 10% 。

（李优美）

【梳理公共服务事项】 年内,市园林绿化工程质量监督站对"依法招标的园林绿化工程资格预审文件和招标文件备案"和"园林绿化工程合同的备案"两个市级政

务公共服务事项重新进行梳理、细化并将具体事项内容填报北京市行政审批和公共服务事项管理系统;完成《事项办理规范工作方案》。

（李优美）

【《园林绿化工程资料管理规程》修编】 年内,市园林绿化工程质量监督站完成《园林绿化工程资料管理规程》修编工作。

（李优美）

【领导班子成员】

站　　长　　　张增兵
党总支书记　　郭永乘
副站长　　　　耿晓梅

（李优美）

（北京市园林绿化工程质量监督站:
李优美 供稿）

北京市食用林产品质量安全监督管理事务中心

【概　况】 北京市食用林产品质量安全监督管理事务中心(以下简称食用林产品安全中心)内设认证科、技术科、监测科和办公室共 4 个科室;现有人员 17 人。食用林产品安全中心主要职责:本市食用林产品(含林果、蚕蜂、花卉)的质量安全检验检测及监测,食用林产品质量安全信息收集发布,食用林产品安全生产技术推广,本市无公害食用林产品产地、产品认定管理,承担食用林产品质量安全监督管理的相关事务性

工作。

2018 年,在市园林绿化局正确领导下,市食用林产品安全中心努力推进全市监管体系建设,严格食用林产品质量监测监督,不断强化无公害认证管理,大力开展食用林产品安全技术知识宣传与推广。

（林菲）

【安全监测检测】 年内,市食用林产品安全中心制订印发《北京市 2018 年度食用林

产品抽样检测方案》。抽样检测食用林产品样品 3018 批次，样品抽检合格率 99.77%。按照农业部和市食药安委工作部署，在完成年度计划抽检批次的基础上，食用林产品安全中心配合农业部相关部门展开农产品质量安全情况随机检测抽查。"双随机"工作于 5 月展开，共计开展 7 期，分别对海淀樱桃、密云杏、怀柔桃、大兴桃、昌平苹果、密云苹果、房山柿子进行双随机抽查，抽查结果全部合格；配合农业部、北京市农业局进行 2018 年度 4 次蔬菜及果品抽样工作。

（林菲）

【无公害认证管理】　年内，市食用林产品安全中心对 131 家完成新认证材料审核和现场检查取样，共 232 个品种，完成 47 家无公害产地 98 个品种复查换证现场检查工作。为保证无公害认证工作科学、准确和公正，在认证评审过程中广泛邀请业界专家参与，组织专家评审会议进行评审，确保认证结果真实准确。

（林菲）

【追溯体系建设】　年内，市食用林产品安全中心加强追溯体系建设。学习借鉴优秀省市食用林产品质量安全监管工作先进经验。赴云南省、陕西省、广西壮族自治区学习、考察、调研食用林产品质量安全监管体系建设，学习借鉴体系建设经验。在北京市 13 个区选取当地比较有代表性的食用林产品为追溯对象，与区、合作社、公司三方沟通，明确系统建立过程需求和人员配合情况。根据沟通结果制定追溯系统相关管理制度，对人员进行质量安全追溯

培训，测试运行食用林产品质量安全追溯系统，完成系统验收工作和相关总结。

（林菲）

【安全预警应急监测实验室建设】　年内，市食用林产品安全中心完成安全预警应急监测室建设工作。共配有仪器 8 台（套），包括气相色谱仪、凝胶渗透色谱、气相色谱仪、原子吸收分光光度仪、原子荧光分光光度仪、紫外分光光度计、液相色谱质谱联用仪、超高效液相色谱仪。同时，对仪器操作人员进行培训，提高操作技能。监测室建设增强了北京市食用林产品质量安全监管技术力量，保证"北京市创建国家食品安全示范城市"和《北京市食品药品安全三年行动计划》等重要工作贯彻落实。

（林菲）

【行业技术培训】　年内，市食用林产品安全中心对全市 317 名从业人员进行食用林产品质量安全检测技术和食用林产品质量安全追溯及无公害认证管理工作相关知识业务培训，促进全市食用林产品质量安全管理队伍整体业务水平提高。

（林菲）

【技术宣传推广】　年内，市食用林产品安全中心开展"2018 年度食品安全宣传周"活动，以"关注食用林产品安全，共享健康绿色生活"为倡导，在元大都遗址公园开展形式多样的宣传活动，就食用林产品质量安全相关系列知识进行全方位普及宣传。利用专题信息平台定期发布食用林产品质量安全相关法律法规和行业信息，设置"北京市无公害果品生产基地"标识牌 244 块，发

放宣传手册 7000 份等。

（林菲）

【领导班子成员】

    主　任　崔东利

    书　记　袁士永

    副主任　史玉琴

（林菲）

北京市八达岭林场

【概　况】　北京市八达岭林场（以下简称"八达岭林场"）始建于 1958 年，是市园林绿化局直属全额拨款事业单位，下设 6 个职能科室、3 个分场，现有职工 103 人，其中管理岗位 49 人、专业技术岗位 16 人、工勤岗位 38 人，具有大专以上学历 91 人，大专以下学历 12 人。

2018 年，八达岭林场按照市园林绿化局部署，积极推进国有林场改革，顺利完成各项林业工程、科研任务。现实有土地面积 2940.92 公顷，其中林地面积 2912.07 公顷，非林地面积 28.85 公顷。林地面积中，有林地面积 1640.26 公顷、灌木林地面积 1182.13 公顷、未成林地面积 77.3 公顷、无立木林地 4.21 公顷、辅助生产林地面积 8.17 公顷；森林覆盖率 55.77%，林木绿化率 94.52%。

（刘云岚）

【环首都国家公园体系建设关键技术研究示范】　1 月，八达岭林场在北京长城国家公园试点范围内丁香谷、西沟、石峡、陵园、古长城（除古长城外均属八达岭林场管辖）5 条样线内布设 30 台红外相机用于关键物

种监测，截至 10 月，记录到斑羚（国家二级保护动物）、豹猫、野猪、狍子等兽类 13 种，雉鸡、红嘴蓝鹊、宝兴歌鸫等鸟类 20 余种。11 月 15~16 日，市园林绿化局科技处、八达岭林场、北京林业大学自然保护区学院共同举办生态监测技术培训会，培训林业系统及国家公园相关工作人员 300 人次。

（刘云岚）

【森林资源管理】　3 月，八达岭林场开展园林绿化资源保护专项检查问题查处整改自查工作；5 月，完成国家级公益林区划调整工作，开展森林资源目标责任制自查；8 月份，开展 2018 年度森林督查工作自查，核实疑似变化图斑 4 处；11 月份，对 2011 年度卫片 55、74 和 133 号变化图斑进行核查，对八达岭野生动物世界下达限期拆除整改通知书，责令其限期整改；完成八达岭林场森林资源动态监测上报工作。

（刘云岚）

【延庆八达岭森林公园残障人群自然体验及疗愈中心建设项目】　3 月，延庆八达岭森

林公园残障人群自然体验及疗愈中心建设项目通过验收并完成审计工作。该项目于2015年12月20日获批，由延庆区残联投资1204.28万元，林场委托北京利君达建筑咨询有限公司代理招标，2016年3月，北京别处空间建筑设计事务所中标项目设计并由北京玉森建筑有限公司中标施工承建，2017年11月完工。项目内容包括修建森林书吧、森林之家、森林疗愈场所和电瓶车道，为残疾人进行森林康养活动提供休憩、简餐、康养监测、自由阅读和进行森林浴。

（刘云岚）

【森林质量提升专项调研】 4～10月，八达岭林场依据市园林绿化局《关于加强"大调研活动"问题整改工作的通知》要求，围绕"森林质量提升存在问题的原因及对策"开展踏查调研活动。调查出的问题主要是森林存在生物多样性低、林分结构单一、土壤养分循环缓慢、彩叶树种病虫害严重等。整改方法：对低密度油松林抚育体系进行完善，在提高油松林生产力的同时提高林场森林质量；引入栎类等阔叶树、胡枝子等灌木树种对华北落叶松同龄林进行林分结构调整，提高林分稳定性和生物多样性。

（刘云岚）

【2017年度林地变更调查】 5月15日，八达岭林场参加2017年度林地变更调查培训会；5月15日至6月底开展有关资料收集整理工作，检查核实变更调查影像判读、林业管理资料矢量化、变更调查影像图处理、更新成果制作等工作成果。八达岭林场2017年度林地变更将部分林班林地保护

等级调整为Ⅱ级，调整后Ⅰ级保护林地总面积356.9公顷，Ⅱ级保护林地总面积2552.4公顷，Ⅳ级保护林地总面积10.4公顷，非规划保护林地84.4公顷；共计调出林地30.45公顷，调入林地4.22公顷，地类变化面积7.11公顷。

（刘云岚）

【八达岭林场天然气管道接入项目】 8～10月，完成北京市八达岭林场天然气管道接入项目。该项目由市财政预算拨款并核减审定223.86万元，八达岭林场委托北京国际贸易公司代理施工招标，由北京市设备安装工程集团有限公司实施相关工程，在林场场部（北京市延庆区营城子收费站西侧100米）铺设dn200聚乙烯中压A管线1500米、dn110聚乙烯低压管线10米及DN100钢管低压管线20米，安装智能化中低压站（箱）监控系统。

（刘云岚）

【企业清理规范】 8月23日，八达岭林场成立八达岭林场企业清理规范工作小组，逐步推进企业清理工作。9月4日至12月12日，先后召开7次小组会议研讨企业监管措施、清理规范实施方案、落实上级指示、工作进展等工作，多渠道调查补充林场所办企业情况及开业企业资产情况，请律师解答疑难问题，上报《北京市八达岭林场企业清理规范实施方案》。现已注销八达岭林场及八达岭陵园管理处企业执照，注销北京京岭林林业工程监理有限公司、北京通林联芳商贸有限公司。

（刘云岚）

【第十二届长城红叶生态文化节】　9月21日至11月4日，北京八达岭国家森林公园以"体验森林文化，畅享长城红叶"为主题举办第十二届长城红叶生态文化节，游客在红叶岭景区欣赏长城红叶景观，在青龙谷景区森林体验中心探索森林奥妙。期间，《新京报》《北京晚报》《中国绿色时报》、北京电视台、北京人民广播电台等传统媒体及新媒体宣传报道27次，吸引约4.5万游客入园赏玩。

（刘云岚）

【国有林场改革】　年内，八达岭林场持续推进国有林场改革工作，5月完成国有林场备案，9月完成国有林场改革自查验收并报市园林绿化局，12月7日初步通过北京市国有林场改革领导小组验收。

（刘云岚）

【林业工程项目】　年内，八达岭林场完成林业工程项目：2018年度森林管护项目1324.47公顷、2017年度森林抚育工程800公顷、北京长城国家公园体制试点区（八达岭林场）生态保护与恢复工程1064.81公顷。

（刘云岚）

【2017年度森林抚育工程项目】　年内，八达岭林场持续推进2017年度森林抚育工程，该工程涉及面积821.72公顷。2~4月，在八达岭林场二、四、六、九、十、十二林班内进行割灌除草、修枝、人工促进天然更新、抚育疏伐施工，完成森林抚育800公顷，其中割灌除草407.67公顷，修枝、人工促进天然更新373.33公顷，抚育疏伐19公顷。

（刘云岚）

【北京长城国家公园体制试点区（八达岭林场）生态保护恢复工程项目】　年内，该项目中生态系统与资源保护工程及基础设施建设全部完成，科研监测工程持续推进。4月1日至9月7日，完成建设生态护坡3000平方米；4月3日至10月30日完成补植油松、侧柏、白皮松、栾树、元宝枫、国槐、金叶榆、山杏、丁香、黄栌、文冠果等乔木树种15.5万株，播种蒙古栎29812穴；6月22日至12月31日，完成野生动物固定监测样线设置10.6千米，植物固定样地设置32块；8月5日至10月25日完成森林抚育457.75公顷；10月20日至10月27日完成226块宣教警示牌、200个分类垃圾桶等基础设施建设。

（刘云岚）

【油松人工林生态服务功能评价项目】　年内，八达岭林场完成林业科研项目"油松人工林生态服务功能评价"，项目针对八达岭地区油松人工林生态系统服务功能，在搜集补充和实地调查的基础上，围绕其提供水源涵养功能、固碳释氧功能和文化服务功能，采用原国家林业局《森林生态系统服务功能评估规范》（LY/T 1721—2008）价值评估方法，筛选各项服务功能指标，确定每项服务价值核算方法。经计算，油松人工林生态服务功能评价值在密度1260株/公顷时效益最高，为169万元/公顷·年；不同密度油松人工林各项服务功能价值中，固碳释氧效益所占比例最大，其次为累积营养物质价值。

（刘云岚）

【义务植树尽责活动】　年内，八达岭林场接待国家林业和草原局、市政府办公厅等

26家单位及北京市民3520人开展全民义务植树尽责活动。内容包括栽植乔木、栽植容器苗、抚育管护劳动和志愿服务等，合计折算完成尽责数量10560株；举办义务植树尽责形式宣传活动2次，参与人数500余人，发放电子义务植树尽责证书109份。

（刘云岚）

【林木有害生物防控】 年内，八达岭林场编制《2018年度有害生物防治方案》，参加北京市林保站、延庆区林保站研讨培训会议10次；4～10月，购买常用药剂10箱、安装太阳能诱捕器20台，对各种类型的诱捕器、黑光灯进行检查和维护，重点对松材线虫、美国白蛾、红脂大小蠹、松墨天牛、油松毛虫进行监控，未发现侵害林木情况。

（刘云岚）

【林地林木管理】 年内，八达岭林场出动车次10次、人力40人次，完成全场范围内枯死树木调查工作。6月处理怀思堂3号门外、八达岭陵园内向林地倾倒垃圾案件，处理两起八达岭特区未经审批占用林地进行文物修缮工程案件；7月处理一起三堡村村民私自拆走林地围挡案件；9月处理一起文物保护单位未经审批占用林地修文物建筑烽火台案件；11月处理石佛寺村北占用林地违法建设案件和八达岭特区未经审批占用林地施工案件。

（刘云岚）

【林木采伐】 年内，八达岭林场严格执行森林采伐限额制度和凭证采伐制度，先后办理八达岭林场2017年度森林抚育项目采伐手续、2018年度森林管护项目采伐手续及2018年度枯死树采伐手续。合计抚育间伐面积74.06公顷，采伐株数7167株，采伐蓄积181.68立方米；采伐枯死树115株，采伐蓄积9.22立方米。

（刘云岚）

【林地手续办理】 年内，八达岭林场完成张北柔直北京换流站至昌平500千伏送出工程临时占地和林木采伐手续，该项目临时占地0.74公顷，采伐面积0.75公顷，采伐688株，采伐蓄积11.81立方米；康西35千伏线路迁改（兴延高速）工程临时占地和苗木采伐移植手续，该项目占地面积0.48公顷，采伐203株，采伐蓄积3.06立方米，移植58株；八达岭林场天然气管道接入项目临时占地和林木采伐手续，该项目临时占用林地0.29公顷，采伐19株，采伐蓄积0.48立方米；完成北京长城国家公园体制试点区生态保护与恢复工程生态护坡工程临时占地手续，面积0.3公顷；北京长城国家公园体制试点区生态保护与恢复工程空气质量监测站工程占地手续，面积0.004公顷；八达岭林场基础设施占地手续，面积1.81公顷；八达岭国家森林公园基础设施占地手续，面积0.31公顷。

（刘云岚）

【森林防火】 年内，八达岭林场内部签订森林防火责任书89份，八达岭森林公安派出所作为八达岭地区森林防火指挥部办公室与八达岭地区联防单位、林区施工单位签订责任书53份。重点防火期内设专职护林员75人，劝阻进山车辆900余车次、进山人员 3500 余人次，对因施工等原因进山车辆登记 8500 余次。在森林火灾隐患大排查大清理大整治专项行动和回头看工作中，出动检查人员 153 人次，查出火灾隐患 8 处，其中 5 处立行立改、3 处在规定时限内完成整改。清理防火隔离带及林下可燃物 2 万延长米；制作宣传展板 10 块，开展宣传活动 3 次，发放防火宣传单 3000 余份，设宣传牌 82 块、防火宣传旗帜 40 面，悬挂宣传条幅 48 条；购置防火宣传喊话器 26 台进行广播宣传。

（刘云岚）

【森林体验疗养活动】 年内，北京八达岭国家森林公园组织、承办包括市园林绿化局官方微博答谢粉丝定制森林疗养活动、陕西研修式森林疗养活动、亚洲园艺疗法协会定制森林疗养活动以及北大医学部森林疗养实证研究项目等森林体验、森林疗养活动 85 次，昆虫、观鸟、自然笔记等主题森林体验活动 15 次，其他活动 8 次，参与者 4236 人次。在市园林绿化局首都生态文明宣传教育微信公众平台、公园官方微信号、旅游委官方微信号发布活动信息 30 余次，近 300 个家庭参与，《中国绿色时报》森林旅游专刊、《绿化与生活》人物专刊刊登《森林疗养师，有朝气的新职业》《"丁香姐姐"的生态科普之路》《八达岭森林公园：在森林中打开"五感"发现森林奥秘》等相关报道。

（刘云岚）

【接待参观考察】 年内，八达岭林场接待环保部、自然资源部、商务部、国家发改委、国家林业和草原局、市园林绿化局、北京市绿化基金会、市总工会、河北省承德市滦平县林管局、四川省林业厅、四川省绿化基金会、河南省林业厅、广州市林业和园林局、中国林业科学研究院、自然之友、童行教育、宁彦教育、培德书院等企事业单位、社会团体及国内外同行参观考察 102 批次 2588 人。

（刘云岚）

【获奖情况】 年内，八达岭林场代表北京市参加"中国技能大赛——全国国有林场职业技能竞赛"，总成绩排名第九，获得团体三等奖，曹宝华获个人二等奖，孟来栓获优秀奖。

（刘云岚）

【领导班子成员】

党委书记、场长　　　蔡永茂
党委副书记、副场长　赵广亮
副场长　　　　　　　裴　军　陈庆合
副场长、工会主席　　吴晓静
纪委书记、副场长　　张　波（女）

（刘云岚）

（北京市八达岭林场：刘云岚 供稿）

【概　况】　北京市十三陵林场(以下简称十三陵林场)始建于1962年,系北京市园林绿化局直属正处级全额拨款事业单位。下设6个科室、6个分场。2018年人员编制115人,职工总数167人,在册正式工作人员94人、离退休人员73人。在册正式工作人员中,管理人员31人、专业技术人员27人、工勤人员33人、见习期3人;具有大专以上学历72人,大专以下学历22人。十三陵林场管辖林区范围东至半壁店、南接昌平城区、西至四桥子、北至上口,平均海拔400米。

　　2018年,十三陵林场实有各类土地面积8561.49公顷,其中林地面积8553.84公顷,非林地面积7.65公顷。林地面积中,有林地面积6926.46公顷、辅助生产林地面积29.66公顷、灌木林地面积1106.73公顷、苗圃地面积14.17公顷、疏林地面积476.82公顷。森林覆盖率80.9%,森林绿化率93.83%。

(李敏)

【古树名木管理】　3月28日,十三陵林场与各分场签订《古树名木保护责任书》,明确管护责任;12月11日完成38棵古树名木更换新牌工作;11月5日开展责任书落实情况检查,各分场建立古树名木管理台账,落实各项保护措施,38棵古树长势良好。

(李敏)

【市园林绿化局领导调研京藏高速(十三陵林场段)沿线景观提升工程】　7月12日、8月15日、11月19日,市园林绿化局(首都绿化办)领导赴十三陵林场和施工现场听取景观提升工程工作汇报,提出指导意见。

(李敏)

【京藏高速(十三陵林场段)沿线景观提升工程】　年内,十三陵林场持续推进京藏高速(十三陵林场段)沿线景观提升工程。该工程建设主要包括绿化工程和基础配套设施工程,总投资9979万元,造林建设任务759公顷,主要分布在居庸关、花园等7个分区,62个地块。十三陵林场2月底接到任务后,开展相关调查设计,成立景观提升工程领导小组,设立项目小组办公室。3月1日,工程领导小组召开工作动员部署会,传达市园林绿化局文件和会议精神,提出具体要求。3月6日,召开设计工作会,听取设计公司就工程实施原则、景观提升策略、基本设计思路汇报,组织双方研讨。4月11日,召开景观提升工程第五次专题会议,市园林绿化局平原办专家参加会议,对设计方案提出建议,对项目进行技术指导。9月3日,十三陵林场邀请北京农学院林业专家对京藏高速沿线(十三陵林场段)景观提升工程进行林业技术指导。10月24日工程开标,中标公司为北京丹青园林绿化有限责任公司,监理公司为北京华林源工程咨询有限公司。10月31日十三陵林场与中标公司签订施工合同。

南口分场设立工程项目指挥部，11月1日，在南口工程项目指挥部召开京藏高速沿线（十三陵林场段）景观提升工程开工动员、设计交底和图纸会审会议，项目小组与设计、施工和监理公司完成工作对接。11月24日施工单位进场施工。截止到12月底，修筑作业道19991米、清理整地现场36公顷、挖种植穴24530个。

（李敏）

【2018年森林管护项目】　年内，2018年森林管护项目总投资1561.67万元，管护面积683公顷，由北京市昊一大林业开发公司中标施工建设。建设地点在龙山、虎峪、德胜口、四桥子等分区。完成割灌71公顷、修枝403公顷、疏伐（定株）97公顷，间伐224公顷；采伐株数26951株、采伐蓄积545.77立方米；抚育剩余物处理683公顷、修树盘65公顷。截至11月底，完成全部工程建设工作。完成双条杉天牛人工防治清除虫害木、枯死木533.34公顷，美国白蛾人工打药200公顷。对12座瞭望塔防雷设备进行检测，组织防火宣传活动及制作森林防火宣传用品。

（李敏）

【山区适应气候变化技术示范区建设工程】
年内，十三陵林场与北京市林业碳汇工作办公室合作，建设地点在蟒山分区，主要措施有树种结构调整、剩余物粉碎还林、打防火隔离带等。项目由美邦园林绿化公司中标，5月29日进场施工，10月20日完成20公顷示范区建设。10月23日，通过市园林绿化局竣工验收。

（李敏）

【有害生物防控】　年内，十三陵林场在全场范围内悬挂美国白蛾诱捕器5个、红脂大小蠹诱捕器5个、松墨天牛诱捕器2个、双条衫天牛诱捕器50个，做好虫情记录；在水库南环、中山口路、蟒山森林公园等重点区域防控美国白蛾打药3次、预防黄栌胫跳甲打药1次。

（李敏）

【林政资源管理】　年内，十三陵林场接报林政案件21起，处理16起，5起界外；征占用林地涉及重点工程项目2项。

（李敏）

【组建专业森林消防队】　年内，十三陵林场新组建30人专业森林消防队，配备8名后勤人员，配置专业森林消防器材、车辆。

（李敏）

【完成调研报告】　年内，十三陵林场完成《关于进一步加强十三陵林场森林培育提升森林景观生态效能的思考》调研报告，10月26日报送市园林绿化局。

（李敏）

【燃煤锅炉清洁能源改造工程】　年内，继续推进燃煤锅炉清洁能源改造工程。该工程于2017年10月开始建设，2018年4月30日通过竣工验收，总投资673万元，项目最终评审审定结算金额536.94万元。工程由北京市林业送变电工程处施工，项目包括对6处瞭望塔进行煤改电、安装1套空气源热泵系统、电力设施改造以及北郝庄分场取暖改造工程。

（李敏）

【国有林场改革】 年内，十三陵林场制订《北京市十三陵林场所办企业清理规范工作实施方案》，完成规范企业清理工作；3 名处级干部、6 名科级干部完成工商变更手续。

（李敏）

【白皮松种质资源库苗木生长调查】 年内，十三陵林场完成蟒山白皮松种源优良单株选定工作，测出高、胸径、枝下高、冠福等相应数据，挂牌 25 株。10 月下旬，完成南口花园分区和长陵上口东沟分区内良种基地种质资源库白皮松苗高、地径和冠幅数据测量，按种源家系记录数据，共测量 1342 株。根据两次测量数据分析，北京蟒山白皮松种源生长表现稳定，家系间差异小，外地种源优株和劣株之间差距较大。甘肃两当和天水优株较多，可用作首选地引进白皮松资源。

（李敏）

【节水灌溉工程】 年内，十三陵林场完成节水灌溉工程。该工程 4 月施工，6 月底工程结束。工程地点位于北郝庄分场，灌溉覆盖面积 16 公顷。工程内容包括：水源及首部工程、干支管网工程、田间灌溉工程。主管道长 1618 米、支管道长 1724 米，采用地埋式抗拉、抗压强度较好的 UPVC 管材，灌溉方式有小管出流灌溉约 106707 平方米、滴管灌溉方式约 13751 平方米、地表喷灌方式约 19052 平方米，消防栓 62 个，快速取水口 27 个。

（李敏）

【党组织建设】 年内，十三陵林场党委组织理论中心组学习 15 次、专题研讨 4 次；组织科级以上干部集中培训 2 次；组织科级（含）以下党员集中培训 1 次；党委书记讲党课 1 次，班子成员在所属支部讲党课 5 人次；召开党支部书记例会 5 次；各党支部开展组织集中学习 51 次、专题研讨 16 次，开展主题实践活动 24 次，开展党支部书记讲党课 7 次；修订完善《中共北京市十三陵林场委员会"三重一大"决策制度（试行）》等 10 项管理制度，制订《北京市十三陵林场行政办公会议事规则（试行）》等 4 项管理制度，废止 7 项制度；召开党委会（扩大会）43 次，下发会议纪要 39 期，组织党员学习《使命呼唤担当、榜样引领时代》和郑德荣等 7 名同志"全国优秀共产党员"先进事迹，参观"4·15 全民国家安全教育日主题展览"、平北红色第一村纪念馆等，观看《厉害了，我的国》等国家安全主题影片；按照《2018 年局基层党建工作重点任务清单》要求，十三陵林场党委开设独立党费账户，收缴党费 23640 元；组织开展"共产党员献爱心"捐款活动，捐款 4463 元。

（李敏）

【党风廉政建设】 年内，十三陵林场党委和班子成员认真执行党风廉政建设主体责任记实制度，明确专人、建立台账，按季汇总，做到清单化明责、痕迹化履责、台账化记责；坚持《党风廉政建设责任书》个性化定制，全场签订责任书 91 份；党委纪委继续做好年底党风廉政建设责任制联合检查考核工作。坚持把纪律和廉政教育纳入党委中心组理论学习、党员和干部集中培训、干部读书以及党支部日常教育中，开展廉政警示教育 16 次。

（李敏）

【安全生产】 年内，十三陵林场签订《安全生产责任书》《消防安全责任书》《防汛安全责任书》《道路交通安全责任书》139 份；召开安全生产工作部署会 6 次，开展安全知识教育培训 5 次，安全生产检查 16 次，更换过期灭火器 25 个；排查安全隐患 50 项，完成整改 46 项，组织应急消防和疏散演练 3 次。

（李敏）

【领导班子成员】

党委书记	王秀芬
场长、党委副书记	王 浩
副 场 长	王玉雯 任本才
	于 洋
纪委书记	王玉雯
工会主席	张文荣

（北京市十三陵林场：李敏 供稿）

北京市西山试验林场

【概 况】 北京市西山试验林场（简称西山林场），地跨海淀、石景山和门头沟 3 个行政区，直属市园林绿化局（首都绿化办）领导，为城市景观生态公益型国有林场。西山林场现有职工 160 人，其中管理岗位 47 人；专业技术岗位 49 人，其中副高级工程师 6 人，工程师 21 人，助理工程师 22 人；工勤岗位 64 人，其中技师 3 人，高级工 46 人，中级工 14 人，初级工 1 人。

2018 年，西山林场在市园林绿化局（首都绿化办）党组正确领导下，按照市园林绿化局（首都绿化办）要求和林场中心任务，积极推进事企分开、加强森林培育和管护、加强森林公园建设、加强安全保障、开展党建等各项工作，顺利完成工作任务。

（成新新）

【国有林场改革】 年内，西山林场严格按照《北京市西山试验林场改革实施方案》和《西山林场事企分开实施方案》要求，全力推进事企分开工作。成立企业工作组，负责搭建企业组织框架，完善建立相关章程。下属企业北京丹青园林绿化有限责任公司已与林场剥离，完成企业工作人员招聘。成立林场工作组，负责梳理部门岗位职责和人员配置情况，平稳接收企业工作在编人员，规范各部门工作机制等，切实处理好改革、发展与稳定的关系。

（成新新）

【森林管护项目】 年内，西山林场完成中幼林抚育 13059 公顷、完成护林防火设备采购，清理可燃物 1993.7 公顷，维护瞭望塔、检查站正常运营，保证防火道路畅通，完成林业有害生物防治面积 57337.61 公顷。开展 2017 年度中央财政森林抚育补贴项目 393.34 公顷，完成项目验收。开展森林生态效益补偿基金项目，完成重点公益林管护面积 89200 公顷。完成京津风沙源治理二期工程检查验收工作。

（成新新）

【林业科研】 年内，西山林场继续开展森林经营样板基地建设，修订《西山林场全国森林样板基地成效监测方法》，完成 24 个森林经营成效监测样地复测工作，构筑成效监测数据库。编写《西山林场森林经营样板基地成效监测分析报告》，通过国家林业与草原局评估考核。撰写北京市地方标准《生物防治产品应用技术规程 白蜡吉丁肿腿蜂》，形成送审稿。

（成新新）

【林业有害生物防治】 年内，西山林场重点监测美国白蛾、红脂大小蠹及松墨天牛，把美国白蛾作为监测重点。采取悬挂诱捕器、释放天敌等多项生物防治措施，采取物理防治和化学防治相结合的方法，加大林业有害生物防治力度，保护西山绿化造林成果和生态环境安全。

（成新新）

【古树名木管理】 年内，西山林场完善古树名木管理和保护相关工作制度和流程，对北法海寺及静福寺 32 株古树进行树龄测定。配合法海寺二期工程施工，办理古树避让行政许可，确保施工期间古树避让措施落实到位。开展北京市古树名木第三轮普查挂牌工作，确保古树名木健康生长。

（成新新）

【森林防火】 年内，西山林场在 2017～2018 年森林防火期，投入森林防火经费 500.7134 万元，签订森林防火工作责任书 150 份。辖区内没有发生森林火情。

（成新新）

【林政资源管理】 年内，西山林场开展森林资源保护专项检查工作，拆违 1500 余平方米，恢复绿化 5000 余平方米。开展 2017 年林地年度变更工作，将林地调整为非林地；开展 2018 年度森林督查工作，在保护发展森林资源目标责任制建设、林地管理、林木采伐管理及图斑变化等方面完成自查及市级复查；开展自然保护地大检查，检查核查图斑 32 块，销账问题 22 个，历史遗留问题 8 个，未整改问题 2 个；推进三项涉林问题审计整改；依法依规申办林地、林木审批手续，办理占用林地手续 6 件，占用林地 1.41 公顷。办理采伐手续 5 件，采伐林木 24711 株，移植手续 2 件，移植林木 349 株。

（成新新）

【森林旅游】 年内，西山国家森林公园接待游客约 206 万人，接待旅游团体 700 余个，经营销售收入 565.63 万元。举办第七届踏青节、第五届牡丹文化节、第六届森林音乐节和第七届森林文化节等传统节庆活动；发挥首都生态文明宣传教育基地作用，举办"2018 爱绿一起"系列活动；西山无名英雄纪念广场接待参观团体 220 个，接待游客约 30 万人。

（成新新）

【北法海寺二期遗址保护工程】 年内，西山林场北法海寺二期遗址保护工程总投资 3746.69 万元。完成中路四大殿和其余 8 处配殿大木立架、墙体砌筑、屋面瓦等主体工程；完成北法海寺周边环境整治工程前期相关手续，实现开工建设；北法海寺附属配套设施项目进入实施阶段，通信网络工程、管理用房和公共厕所建设同步实施。

（成新新）

【方志书院建设】 年内，西山林场完成方志书院临时展览布展和接待室、藏经阁布置工作，完成书院功能规划，形成《西山方志书院总体规划方案》，召开方志书院项目申报专家评审论证会，开展书院项目申报工作。

（成新新）

【安全生产】 年内，西山林场修订完善33项安全生产管理制度、召开9次安全生产会议、签订各项责任书240份。开展安全生产检查，每季度进行一次大检查，重点时期开展安全生产专项检查。加强防汛、安全隐患整改、文物安全，开展安全培训和应急演练。转发各类预警40次。

（成新新）

【党建工作】 年内，西山林场通过召开党委中心组扩大学习会议、支部书记讲党课活动、观看《红海行动》、配发理论学习要点、开展改革开放40周年征文活动，多形式、多渠道深入学习贯彻党的十九大精神。签署党风廉政建设责任书134份。

（成新新）

【领导班子成员】

场长、党委副书记	姚 飞	
党委书记	梁 莉(女)	
副 场 长	安玉涛	刘海龙
工会主席	蒋 薇(女)	
总工程师	梁洪柱	
纪委书记	蒋 薇(女)	

（成新新）

（北京市西山试验林场：成新新 供稿）

北京市共青林场

【概 况】 北京市共青林场(以下简称共青林场)隶属北京市园林绿化局全额事业单位。1962年2月，林场林地归新建的北京市潮白河林场管理，标志着林场正式成立。"文化大革命"中，林场肢解后部分下放。1978年，林场归属市林业局。1979～1982年林场更名为潮白河试验林场，属林业部与北京市双重领导。1982年又归属市林业局领导，1984年，重新命名为"共青林场"，时任中共中央总书记胡耀邦亲笔题写场名。林场内设办公室、生产科、人事科、财务科、项目科和政工科，现有职工61，离退休职工88人，在职管理与专业技术人员45人，其中高级职称2人，中级职称7人，中级职称以下16人；在职技术工人16人，其中技术1人，高级工13人，中级工2人。共青林场沿潮白河(顺义段)两岸分布，是北京地区最大的平原生态公益林场。下设河南村、李遂、郝家瞳3个林业分场，先后与日本泛亚株式会社合作开发北京第一家高尔夫球俱乐部——北京高尔夫球俱乐部(现与海航合作经营)，与顺鑫农业股份有限公司(现名北京顺鑫控股集团有限公司)合作开发拥有四星级森林温泉度假酒店的北京绿色度假村(现名北京顺鑫中盛国际会议中心有限公司)。2013 年 9 月 30 日正式接管顺义新城滨河森林公园,并成立公园管理处,下设一室五科七队。

2018 年,共青林场在市园林绿化局正确领导下,在各机关处室大力支持下,围绕绿色北京和美丽北京建设,圆满完成各项任务。共青林场现有林地面积 1000 公顷(其中 85% 的林地铺设渗灌)。

(王博)

【资源保护管理】 年内,共青林场新建林地边界围栏 3182 米,进一步防范挖沙、取土、倾倒垃圾等侵占和破坏林地行为;依法完成申报并取得批复采伐、移植、占地等工作任务 40 件,其中采伐 26 件,实施采伐林木 974 株;移植 3 件,实施移栽林木 159 株;完善林地使用手续以及为林业生产服务设施占用林地 11 件,申请占地面积 5.48 公顷。

(王博)

【落实森林资源管护项目】 年内,共青林场落实共青滨河森林公园运营维护及森林资源管护项目。以公开招投标方式,选择具有国家城市园林绿化壹级资质的企业,确保项目按期保质完成。根据市园林绿化局批复《共青林场森林管护项目的作业设计》《共青滨河森林公园日常维护的实施方案》,采用任务书形式向中标单位下达任务,森林资源管理部门、各分场在实施过程中检查监督,主管领导验收合格后核算,提升资金利用效率。制订周工作例会、季度工作推进会等措施确保绩效目标完成。全年完成林木涂白 800 公顷·次;林地浇水 2533.34 公顷·次;割草 1600 公顷·次;修枝 342.67 公顷。

(王博)

【森林生态安全】 年内,共青林场采取围环、喷雾、熏烟、飞防、剪除网幕、悬挂诱捕器等多种措施加强春尺蠖、杨潜叶跳象、美国白蛾等病虫害防控。防控面积 800 公顷·次。春季防火加大"人防"力度,在公园入口处设置 6 处防火检查站,园区内悬挂防火标语十余处,按照重点分区安排 24 小时巡逻。采用"技防",以喷雾、洒水等方式湿化飞絮,加强预防。春季防火期出动人员 2000 人次,机械 300 台班。加强巡逻及应急响应机制,严格落实领导带班和 24 小时值守,保证第一时间发现火情火警实施快速扑救。

(王博)

【精品景观林改造】 年内,共青林场完成上园子工区林中空地补植补造,面积 3 公顷,主要栽植黄栌、山桃、白皮松等 8 个品种约 240 株大规格优质苗木。完成公园主路景观提升,沿公园一级路补植、增植北美红枫、白皮松、连翘等苗木 2896 株,其中落叶乔木 242 株,常绿乔木 401 株,花灌木 2186 株,色带 138 平方米,宿根花卉 65 平方米。根据公园后续提升发展规划,对 6000 米长导渗沟进行清理,栽植荷花、睡莲等 6950 株,打造公园"十里河荷"夏季景观。

(王博)

【文化林场建设】 年内,共青林场完成胡耀邦植树纪念点改造,面积 350 平方米。

重新设计指示牌和介绍牌，翻建拓宽道路，增加红色小景墙和小叶黄杨篱，补植、修剪周边植物，修整树池围栏等，增加景观质量。完善公共服务设施配套，修缮三级路1000平方米、健身广场850平方米、步行桥1座；更新体育健身器材29件。利用顺义区体育局资金支持，提升公园体育设施，改造升级室外标准篮球场5块，5人制足球场2块，乒乓球和棋牌长廊一块，铺装面积约7000平方米。开展森林文化体育活动，单位131家在公园举办活动，2.08万人次参加。

（王博）

【建设东部市级首都全民义务植树尽责基地】 年内，共青林场结合公园景观提升工作，推进具有共青特色的互联网＋全民义务植树尽责形式，接待中组部、中国外文局、中央芭蕾舞团、国家林业和草原局等18批，共3500人次义务植树尽责活动，折算尽责株数约1.05万株，实现义务植树尽责常态化、多样化和基地化。做好互联网＋全民义务植树，在首绿办义务植树尽责网发布尽责内容，每位适龄公民既可以在网上扫码捐资完成网上尽责，也可以通过网络联系现场尽责活动。全年约有1000人次通过互联网＋实现义务植树尽责。创新义务植树树木定位和信息采集工作，完成义务植树栽植苗木经纬度坐标、尽责单位、尽责时间等信息采集和录入，让每一位尽责人都能找到、查到、看到自己亲手栽植的苗木，提升义务植树尽责获得感。开展"在林中挂鸟巢""千人树木涂白""清除林中可燃物、护林防火我先行"等多样化尽责活动，新华网、中新社、千龙网、北京电视台、《北京日报》等30多家媒体进行报道。

（王博）

【党员干部队伍建设】 年内，共青林场继续深入开展"两学一做"，利用场党委理论中心组学习、支部学习等形式，组织开展学习教育活动。"七一"到"没有共产党就没有新中国"纪念馆开展"不忘初心　牢记使命"参观教育活动。共青林场党委书记以"新思想新时代　扬帆启航再出发"为题为全体党员讲党课。以各支部学习为抓手，通报公款宴请、违规用车、大操大办等违规违纪典型案例，为每位党员常敲警钟。开展培训活动，内容为党风廉政建设、林业专业知识、公园管理知识等。重点组织完成"职工大讲堂"活动，选用场内优秀技术人才为全体职工讲授林业专业课。通过参观学习"真理的力量——马克思诞辰200周年主题展览"、参观"国家安全教育日"主题展览、观看《大国重器》等系列教育活动，提升广大干部职工爱党爱国敬业思想意识。

（王博）

【群团工作】 年内，共青林场为在职职工缴纳京卡职工互助保险，其中包括：女职工特殊疾病互助保障计划；在职职工住院医疗、重大疾病、意外伤害等保险，为62名在职会员缴费1.26万元。利用元旦、中秋、春节等节日，探望慰问离退休老干部，探望慰问生病职工，给大家送去组织关怀与问候。组织职工到八达岭林场、大东流苗圃、黄垡苗圃等兄弟单位学习交流，开阔眼界、启迪思想。承办市园林绿化局工会三八节缝纫艺术及旗袍文化展示、中直机关健步走、"美丽扮靓生活 幸福绽放美丽"服装展示、北大医院耳鼻喉科联合义诊、局职工第四届足球赛等多种文体活动，组织交通安全知识培训、硬笔书法培训比赛、"知共青、爱共青、奉献在共青"知识竞赛等活动，丰富广大干部职工的精神文化生活。

（王博）

【领导班子成员】

场长、党委副书记	律 江
党 委 书 记	张海泉
副 场 长	孙孟彬
党 委 副 书 记	徐小军
副 场 长	石 云
工 会 主 席	李奎文
总 工 程 师	邢长山

（王博）

（北京市共青林场：王博 供稿）

北京市京西林场

【概　况】 北京市京西林场（以下简称京西林场）于2016年12月16日，经市编办批复同意设立，为市园林绿化局所属相当正处级公益一类事业单位。核定编制68人，实际在编45人，其中管理岗位30人，专业技术岗位15人（工程师7人，助理工程师7人，技术员1人），现有综合办公室、人事科、计财科、资源管理科、资源保护科5个职能科室；新成立木城涧、北港沟、八二零、长沟峪4个分场。场部位于北京市门头沟区中门寺街7号，林区分布在门头沟区和房山区两区，由大台、大安山、长沟峪、珠窝、雁翅、河南台和二斜井7个林区组成，东西跨度约120千米，南北跨度约100千米，最高峰为斋堂山，海拔高度1613米。林场总面积11640公顷，林场有林地面积3633公顷，灌木林地面积4727公顷，宜林地面积2800公顷，非林地面积480公顷，森林覆盖率31.3%，林木绿化率88%。

2018年，京西林场紧紧围绕北京市国有林场三年行动计划、门头沟及房山区"十三五"规划和京西林场生态建设与发展规划，强化机构设置，稳步推进指界确权，抓好基础设施和制度建设，加强森林资源管理和保护，落实安全生产管理工作，圆满完成年度各项任务。

（夏明盛）

【义务植树基地授牌仪式】 1月10日，全国绿化委员会办公室、首都绿化办、北京绿化基金会、门头沟区绿化办以及东、南、西、北4个尽责基地有关领导到京西林场举行首都全民义务植树尽责基地授牌仪式并召开市级尽责基地工作总结会。授牌仪式由首都绿化办副巡视员刘强主持，国家林业局造林绿化管理司副司长许传德、首都绿化办副主任廉国钊为京西林场揭牌。京西林场成为西部首都全民义务植树尽责基地。

（夏明盛）

【"爱鸟周"宣传活动】 5月10日，北京市开展以"保护鸟类资源，守护绿水青山"为主题第三十六届"爱鸟周"宣传活动。本次活动由北京野生动物保护协会主办，北京市野生动物保护中心、门头沟区园林绿化局、北京市京西林场、门头沟大台地区街道办事处协办。活动现场发放人工鸟巢103个、科普宣传材料450份。经调查，京西林场11640公顷范围内有豹猫、野猪、獾、狍子、褐马鸡、黑鹳、金雕等野生动物400余种。

（夏明盛）

【局领导调研】 5月29日，11月21日，市园林绿化局局长邓乃平分别到京西林场调研指导，观看京西林场发展纪实宣传片，了解相关情况，对林场全面建设提出具体要求。

（夏明盛）

【组建京西林场分场】 5月，京西林场按照《北京市事业单位岗位设置管理实施意见》和《北京市国有林场岗位设置管理指导意见》，京西林场下设8个分场，在具备基本生产生活条件的基础上，组建成立木城涧、八二零、北港沟、长沟峪4个分场，转任7名科级干部，配齐分场班子及干部队伍。

（夏明盛）

【中元节文明祭祀活动】 8月25日（农历七月十五）是中国传统祭祖节日——中元节，民间称为鬼节。早晨上坟烧纸祭祖，傍晚集中在各居民区路口烧纸，是京西林场辖区内的居民风俗。林场加大森林防火

力度，引领文明祭祀宣传活动。利用巡逻车、悬挂横幅等形式，宣传绿色文明祭祀、减少焚纸燃香、禁止燃放鞭炮等。当天进入林区255辆车1724人次，烧纸446处，未发生森林火灾。

（夏明盛）

【消防宣传活动】 11月7日，京西林场联合玉皇庙社区在玉皇庙广场举办"助力创城，平安您我"为主题的消防宣传日活动。京西林场森林消防队进行实地消防演练，对消防灭火器材进行展示和使用方法讲解，社区居民代表进行现场体验操作。此次宣传活动累计出动宣传人员30人次，发放消防宣传物品300余件，宣传袋1500份，宣传漫画200余份。

（夏明盛）

【联合扑火演练】 11月30日，京西林场与门头沟森林防火指挥部在525沟联合举办森林扑火实战演练。门头沟森林公安处，门头沟应急救援大队一中队、二中队、三中队，大台街道办事处，京西林场，京西林场森林公安派出所等共210人参加。本次演练首次使用水泵、移动水池等新设备，出动运兵车、指挥车、水车15台次，风力灭火机20台，高压细水雾10台，二号扑火工具20余把，灭火弹5箱。

（夏明盛）

【义务植树活动】 年内，京西林场接待北京市东城区园林绿化局、北京市东城区园林绿化管理中心和大台街道办事处等单位进行义务植树抚育管护尽责活动，共计560人次参加活动，折合义务植树株数

1680 株，发放尽责证书 153 份。

（夏明盛）

【森林防火设施建设】 年内，京西林场投资 1700 余万元建成 17 套视频监控系统及森林防火指挥中心，瞭望范围占林场面积 85%。

（夏明盛）

【京津风沙源治理工程】 年内，京西林场在北港沟分场造林 153.33 公顷，木城涧、北港沟、八二零分场封山育林 666.67 公顷。通过选用容器苗、施生根粉、撒保水剂和覆盖地膜四大技术措施，实现苗木成活率 85% 以上。强化项目管理，完成整体项目任务 92.8%。

（夏明盛）

【森林管护项目】 年内，京西林场完成森林抚育 465.89 公顷，护林防火 11640 公顷，防火隔离带打割 90.6 千米，维护防火路 50 千米，有害生物普查 1333.33 公顷，有害生物药剂防治 266.67 公顷，有害生物补充天敌防治 266.67 公顷。

（夏明盛）

【林场指界确权】 年内，京西林场着力解决与京煤集团交接指界确权问题，召开 8 次专题会议研究部署，去函 3 次主动与京煤集团协商与沟通。

（夏明盛）

【档案管理】 年内，京西林场制订《京西林场档案管理办法》，收集整理档案 8 盒，445 件，收集整理京煤移交科技档案 9 盒，36 本。

（夏明盛）

【基础设施改造】 年内，京西林场完成林场场部及森林公安派出所办公用房维修改造，面积 1894.02 平方米；完成千军台七号楼（六层）维修改造，面积 3274.80 平方米；完成八二零分场林业综合管理用房改造，面积 656.63 平方米；完成木城涧分场林业综合管理用房场改造，面积 995 平方米；完成北港沟分场林业综合管理用房改造，面积 828.12 平方米；完成石房沟、北港沟、千军台七号楼、曹家铺沟口、曹家铺和一号、二号、三号瞭望塔以及杏树台、长沟峪分场等地生产管理用房煤改电改造；完成木城涧分场、北港沟分场、长沟峪分场、曹家铺沟口、曹家铺、杏树台、莲花坑、一号瞭望塔 8 个管护点生活用水设施改造。

（夏明盛）

【资产卡片维护】 年内，京西林场加强行政事业单位资产管理基础工作，将 2777 件资产录入动态库资产卡片，每张卡片包括存放地点、使用人员、用途、管理部门等二三十条信息。达到动态库与 NC 账务处理系统固定资产一致。

（夏明盛）

【安全生产】 年内，京西林场结合林区实际开展系列安全保障工作。出动检查组 16 次，排查隐患 19 处，组织安全生产宣教培训 6 次，320 人次参加，发放宣传手册和宣传手袋 300 余份，悬挂安全生产宣传标语 7 幅，摆放生产和交通安全展板 8 张，张贴安全生产教育海报 2 张。

（夏明盛）

【获奖情况】 9月，京西林场荣获"北京市防汛抗旱先进集体奖"；11月，京西林场荣获"2018年度首都绿化美化先进集体"称号。

（夏明盛）

【领导班子成员】

场长、党委副书记	苏卫国
党委书记	朱国林
副场长、纪委书记	高 杰
副场长、工会主席	宋增兵

（夏明盛）

（北京市京西林场：夏明盛 供稿）

北京松山国家级自然保护区管理处

【概 况】 北京松山国家级自然保护区管理处（以下简称松山管理处）系北京市园林绿化局直属正处级公益一类事业单位，人员编制71人，实际在编人员45人，其中：管理岗位35人；专业技术岗位9人（其中：高级工程师2人，工程师2人，助理工程师5人）；工勤岗位1人。现有政办室、计财（审计）科、保护科、资源管理科、科研宣教科、防火安全科6个职能部门；下设3个管理站，即塘子沟管理站、大庄科管理站、玉渡山管理站和15个管理点。完善国家林业和草原局要求的"管理处——管理站、点"二级管理模式。派遣机构有森林公安派出所、森林消防队和靠前驻防森林武警部队。北京松山国家级自然保护区位于北京西北部延庆区境内，距市区百余千米，地处太行山脉军都山中，北依北京地区第二高峰——主峰为海拔2198.388米的海坨山。自然保护区成立于1985年，1986年经国务院批准为森林和野生动物类型国家级自然保护区。总面积6212.96公顷，其中国有林面积4371.68公顷，集体林面积

1841.28公顷。松山自然保护区森林覆盖率90.2%，林木绿化率94.78%。

松山自然保护区内群山叠翠、山涧溪水、峻石嶙峋。区内保存着华北地区唯一大片天然次生油松林及核桃楸、椴树、白蜡、山杨、榆树、桦树等阔叶林。重点保护天然次生油松林森林生态系统、落叶阔叶林森林生态系统、丰富的野生动物资源和淡水生态系统。维管束植物824种，分属109科437属，列入《国家重点保护野生植物名录》第一批3种，分别是紫椴、野大豆和黄檗。列入《北京市重点保护野生植物名录》I级保护野生植物4种，分别是北京水毛茛、大花杓兰、紫点杓兰和杓兰；列入北京市II级保护有草麻黄、木贼麻黄、五味子等53种。此外，保护区内还分布有地蔷薇、柳穿鱼、狼毒、泡囊草等北京地区较为珍稀的野生植物。保护区目前已记录到兽类物种26种，隶属于6目15科，其中新分布纪录一种。鸟类120种，属13目37科，新分布纪录11种。两栖爬行类7科17种。鱼类2科12种。保护区有国家

Ⅰ级保护野生动物一种，为金雕；国家Ⅱ级保护野生动物18种。北京市Ⅰ级保护野生动物14种；Ⅱ级保护野生动物52种。

2018年，松山管理处继续巩固国有林场改革成果，积极配合冬奥场馆及其综合管廊、闫崇高速等附属工程建设工作，开展冬奥外围生态监测站建设，扎实开展保护区森林资源管护，进一步推动松山自然保护区森林文化建设，切实抓好保护区基础设施建设、森林资源保护、科研宣教、支持冬奥重点工程建设等各项工作。

（吴记贵）

【联合森林武警开展植树活动】 年内，松山管理处联合驻防武警部队官兵60余人开展植树活动，在管理处院内栽植白皮松30余棵、贴梗海棠10株。

（吴记贵）

【国家重点工程占地监管】 年内，松山管理处配合冬奥会高山滑雪中心场馆、外围配套综合管廊工程、延崇高速公路（北京段）工程占地及伐移手续申报工作，组织申报相关手续21次（办理手续16次、延期3次、重新办理2次），占用林地133.87公顷，获得地上物补偿7539.70万元。国家高山滑雪中心工程占地面积124.24公顷，延崇高速公路工程占地面积8.24公顷。采用无人机、PDA定位设备对在建单位进行林地使用、林木生长状况动态技术监测，掌握变化动态。

（吴记贵）

【冬奥延庆赛区外围生态监测项目通过专家论证】 年内，北京市园林绿化局组织专家对《冬奥延庆赛区外围松山自然保护区生态环境及生物多样性监测站项目实施方案》进行专家论证。参加论证会的专家分别来自北京林业大学、北京林科院森环所、交通部环保中心、北京林学会、北京市农林科学院。专家组一致同意通过该方案。

（吴记贵）

【武警森林指挥部机动支队入驻松山保护区】 年内，松山管理处举行入驻仪式，欢迎100名武警森林机动支队官兵正式驻防松山保护区。

（吴记贵）

【北京市松山林场挂牌】 年内，为推进冬奥会建设，松山管理处特申请加挂北京市松山林场牌子。根据北京市机构编制委员会办公室《关于同意为北京松山国家级自然保护区管理处加挂牌子的函》，北京市机构编制委员会于2018年11月13日同意为松山管理处加挂北京市松山林场牌子。

（吴记贵）

【林政执法】 年内，松山管理处动用人员200余人次，租赁吊车8台班、挖掘机8台班、运输货车35辆次，历时2周，完成1200余棵非法栽植树木的清除工作。严肃处理松佛谷非法占用林地行为。

（吴记贵）

【本底资源调查】 年内，松山管理处完成本底资源专项补充调查，历时3个多月，完成调查样方1377个，调查样线433千米，设置样点60个，获取数据18477条，记录到维管束植物79科222属322种，昆虫 14 目 131 科(亚科)865 种,兽类及鸟类 45 种,进一步摸清保护区本底资源分布状况。

(吴记贵)

【森林健康经营】 年内,松山管理处继续推进 4003.4 公顷国家重点公益林森林保险工作,完成 4600 公顷国家重点公益林管护任务,完成 33.33 公顷国家重点公益林管护工程。

(吴记贵)

【基础设施建设】 年内,松山国家级自然保护区符合批复和规划基础设施共 45 项,包括保护管理设施、水气电暖通讯设施和科研试验示范基地设施 3 类,使用林地 7.23 公顷。

(吴记贵)

【濒危物种扇羽阴地蕨长势良好】 年内,松山管理处工作人员同北京林业大学植物专家到松山自然保护区内考察濒危珍稀物种扇羽阴地蕨,发现其数量由 2017 年 8 株增长至 9 株,长势良好。扇羽阴地蕨的发现丰富了北京市 I 级重点保护野生植物本底数据,填补区域分布信息,为北京珍稀濒危物种保护与管理提供基础。

(吴记贵)

【首批丁香叶忍冬幼苗回归松山自然保护区】 年内,首批丁香叶忍冬幼苗从北京林业大学实验室回归到松山自然保护区,此次回归幼苗 53 株。松山管理处高度重视此次珍稀植物回归实验,由专人监测和管护,在学院教授指导下,将对一年生、二年生

和三年生幼苗生长情况进行长期观测和记录,为后期科研工作提供数据。

(吴记贵)

【对外交流】 年内,松山管理处先后接待国家林草局、英国谢菲尔德大学、河南宝天曼国家级自然保护区管理局、宁夏灵武白芨滩国家级自然保护区管理局等单位,开展业务交流 18 次。同时,单位职工赴浙江天目山国家级自然保护区、北京百花山国家级自然保护区、市直属林场和苗圃等单位开展学习交流十余次。

(吴记贵)

【签署生态文明建设战略合作协议】 年内,北京市西城区园林绿化局一行 40 人到松山自然保护区交流学习,并与松山管理处达成共识,建立长期战略友好合作关系。主要是双方发挥各自优势,实现资源互补;加大生态保护宣传,倡导生态文明;加强人员交流,实现共同发展。

(吴记贵)

【科普宣传】 年内,松山管理处完成松山工作动态简报 32 期,发布微信公众号信息 160 余篇。制作科普产品 3000 件,制作自然保护区成果展 1 套、植物解说标牌 100 块、宣传展板 297 块。开展科普宣教主题活动 3 次、森林体验活动 5 次、森林疗养 4 次;组织"我是小小解说员"社会实践活动 1 次,科普受众 3000 人次。

(吴记贵)

【市领导检查森林防火】 年内,北京市副市长卢彦、北京市园林绿化局局长邓乃平

带队到松山自然保护区开展森林防火检查工作。检查组到达冬奥配套综合管廊施工现场检查防火工作，听取松山管理处领导介绍有关情况，观看业务人员无人机巡查演示。随后，卢彦来到松山自然保护区森林防火指挥中心，工作人员向他演示森林防火视频调度系统，介绍松山森林防火工作安排部署。卢彦在了解松山专业森林消防队、扑火装备、防火工作等情况后，对松山自然保护区森林防火工作给予充分肯定，提出要求：一是松山自然保护区作为北京市重要生态保护屏障，防火责任大、任务重，特别是保护区毗邻冬奥会赛区，在冬奥会场馆建设期间，各岗位职工一定要坚守岗位，加大检查力度，切实做好森林防火工作，确保森林资源安全；二是做好扑火物资、装备保障，防患于未然。

（吴记贵）

【领导班子成员】

主　任	胡巧立
党支部书记	许亚民
副主任	刘桂林

（吴记贵）

（北京松山国家级自然保护区管理处：吴记贵 供稿）

北京市温泉苗圃

【概　况】　北京市温泉苗圃（以下简称温泉苗圃），位于北京市海淀区温泉镇，距离北京颐和园13千米，系北京市园林绿化局直属差额拨款单位。占地面积45.3公顷，其中作业面积43公顷。温泉苗圃内设办公室、生产科、经销科、绿化工程科、人事科、财务科和党办共7个科（室）。现有职工51人，其中在职21人，退休30人。在职职工中干部17人、工人4人；拥有高级专业技术职称2人，中级专业技术职称5人，初级专业技术职称7人；高级技工3人；大学专科以上学历16人，占苗圃在职职工总数的76%。设党支部1个，党员21人，其中在职党员15人。

2018年，温泉苗圃在圃产值3898万元；固定资产总额1697万元。入圃大规格苗木2078株；出圃苗木8485株，收入600万元。开展项目建设12个，投资1050.6万元：其中财政资金498.6万元，自筹资金552万元。

（石来印）

【苗木生产经营】　年内，温泉苗圃加强精品苗木培育，完成新育苗木6.6万株，4.6公顷，其中大规格苗木近5000株；苗木调整3.28公顷3.8万株，其中调整大规格苗木7700株；采用"复壮、通风、塑型、保活"方法修剪苗木2.1万株，淘汰劣质苗木2300余株，完成扦插繁育彩叶针叶树种苗木2万株。土壤改良2.4公顷，施用有机肥38万千克、草炭土210立方米；大田整理5.47公顷；轮休白地面积2.33公顷，其中13#地0.33公顷涝田彻底改造完成；园林废弃物还田65立方米，冬季粉碎园林废弃物50立方米，嫁接繁育苗木1800余株。

（石来印）

【项目工程建设】 年内，温泉苗圃完成财政项目99.84万元北京林地绿地节水技术示范与推广项目；181.3万元园林绿化废弃物资源化利用；189.6万元优质树种资源圃建设项目；21.96万元温泉苗圃清洁能源改造；6万元会议室设备更新购置；自筹资金完成48万元修剪技术及设备提升项目；198.25万元大规格容器育苗规模化项目；179.1万元高品质苗木调整项目；79.5万元2017增彩延绿科技创新工程常绿树种繁育基地项目，2.7万元元宝枫良种选育及扩繁技术研究；23.66万元西花房基础设施改造修复。

（石来印）

【病虫害防治】 年内，温泉苗圃针对北京及周边苗木病虫害种类增多情况，采取预防为主、科学有效、查防结合、多措并举、安全环保方式对苗圃苗木进行常年监控和多次病虫害普查，采用挖蛹、涂白、药物、机械修剪、诱捕器诱捕等多种方式进行有针对性的病虫害防治；加大打药监管力度，确保安全高效。

（石来印）

【节水灌溉新模式】 年内，温泉苗圃继续推行节水灌溉新模式，采取地埋铺设管道灌溉和滴灌后，结合苗木正常生长需水用量，区别对待不同季节、不同树种，对苗圃内全部育苗地块实行小畦埂灌溉取代大水漫灌方式进行浇灌，最大化使用和节约水资源。

（石来印）

【绿化工程】 年内，温泉苗圃承接通州区绿化工程养护项目，项目共40余万平方米，项目费用1400万元。

（石来印）

【安全环境整治】 年内，温泉苗圃强化"安全第一"责任意识，认真学习职工交通安全、消防安全、生产安全等安全防范规章制度条例；科室部门及人员签订安全责任书；清理圃内易燃杂物；进行防火实际操作演练；持续抓住人、车、水、火、电、苗、病、虫等重点因素不放松，保证全年安全生产无事故。通过安全生产达标企业二级认证。

（石来印）

【党风廉政建设】 年内，温泉苗圃突出廉洁文化建设，从"机制""源头""氛围""监督""队伍"5个环节入手，在调动激发党风廉政建设文化上创新内生动力；及时组织所属人员学习《内控管理手册》，签订党风廉政建设责任书，观看小官巨贪的典型案例，讨论腐败危害；加强重点岗位人员管理教育，对关键部位进行技术和制度防范，在重要时间节点上进行走访、提醒；在重大项目经费使用上及时咨询专家，切实做到两个责任不落空、不图形式。年初，市审计局对温泉苗圃进行2016～2018年财务审计，对审计组提出的每项工作、每个问题、每条建议，都逐一进行研究，逐项进行整改。

（石来印）

【苗木保障】 年内，根据市园林绿化局（首都绿化办）部署，温泉苗圃圆满完成为中央领导同志春季义务植树提供苗木保障任务。这是温泉苗圃连续第 20 年为中央领导同志春季义务植树提供高质量、高标准、

大规格绿化苗木。

（石来印）

【领导班子成员】
党支部书记、主任　白正甲
副　主　任　　　　邵占海　王金钢
工会主席　　　　　王金钢

（石来印）

（北京市温泉苗圃：石来印 供稿）

北京市天竺苗圃

【概　况】 北京市天竺苗圃（以下简称天竺苗圃）系北京市园林绿化局所属事业单位，下设办公室、人事科、计财（审计）科、物业管理中心、安全科、职工活动中心 6 个职能科室以及北京市碧野园林绿化服务中心、北京市天竺林业开发公司、北京市顺意橡胶厂、北京市京林空港培训中心 4 个下属单位。截至 2018 年年底，苗圃在职职工 79 人，其中干部 59 人、工人 20 人，中级以上职称专业技术人员 15 人，退休职工 147 人。苗圃下属单位北京市顺意橡胶厂在职职工 3 人，退休职工 78 人。天竺苗圃业务范围广泛，涉及林业、商业、服务业等诸多领域。在林业方面主要业务包括苗木生产销售、园林绿化设计施工、绿地养护等相关产业。

2018 年，天竺苗圃积极适应改革新常态，不断创新管理机制，强化队伍建设，提升改革发展能力，全年有序开展 5 个林业财政项目，顺利完成 3 个专项工作，各

项工作顺利推进。

（石迎亮）

【苗木生产经营】 年内，天竺苗圃注重提高苗木养护管理水平和温室利用率，温室组培小组繁殖木瓜 2360 株。加强苗木浇水与苗木修剪工作，修剪七叶树、北美海棠、树状月季、北美红枫等苗木 6000 余株；春秋两季，针对欧洲花楸腐烂病、七叶树树皮干裂等现象，坚持"预防为主，防治结合"原则，注意病虫害观察，采用多种办法进行防治。

（石迎亮）

【林业项目】 年内，天竺苗圃完成隔离检疫苗圃智能化管理提升项目，重点在信息采集、自动化节水灌溉、物联网平台等方面下功夫，为隔离检疫苗圃标准化、智能化管理提供技术支持；完成乡土树种基地苗木储备项目，增加常绿树 2500 株，落叶

树 1420 株，为苗圃可持续发展奠定基础；完成乡土树种引种扩繁苗木基地节水灌溉项目，对 28.93 公顷林地设施进行节水灌溉改造，提升生产管理层次，实现精准化节水灌溉；有序推进优良乡土宿根地被植物扩繁选育及示范推广项目，该项目计划建设总周期 18 个月，自 2018 年 7 月开始至 2019 年 12 月底完成，共建设 1 个资源圃、两个示范基地、1 个繁育基地，选取 45 种优质乡土宿根地被植物推广扩繁；有序推进国家特殊及珍稀林木培育项目，该项目计划建设总周期为 18 个月，自 2018 年 7 月开始至 2019 年 12 月底完成，进行土壤改良及培肥、喷灌工程、病虫害防治、农用机械采购、其他养护措施 5 项内容，为苗圃基地可持续发展奠定基础。

（石迎亮）

【园林绿化工程服务】　年内，天竺苗圃承接城市绿心园林绿化建设工程、顺义区舞彩浅山郊野公园一期建设工程一标段绿化施工项目、京津风沙源治理二期工程 2018 年项目施工一标段项目等工程，合同额约 1.2 亿元；承接通州区城区绿地养护项目（四标段）、国航运行大楼与飞训基地场院绿化维护保养项目、国航空港工业区绿化维护保养项目等业务，合同额约 2800 万元；承接中国民用航空华北地区管理局机关服务中心、金凤凰人力资源服务有限公司、国航客舱服务部等单位日常绿植租摆工作。合同额约 28.11 万元。

（石迎亮）

【规模化苗圃建设】　年内，天竺苗圃杨镇基地积极开展前期市场调研工作，结合基地地理位置、气候类型，选取适合当地气候土壤，并有一定价值的苗木，栽植华山松、红叶海棠、红叶玉兰等 3740 株苗木，基地内苗木总计 21739 株。

（石迎亮）

【赵全营镇基地建设】　年内，天竺苗圃按要求落实赵全营基地债权变更工作，于 9 月收到法院出具债权变更裁定书；有序推进该基地建设，对基地水井及土地状况进行初步测查，初步掌握基地基础设施情况；加强日常管理，做到每日巡检与随时抽查，确保安全。

（石迎亮）

【培训中心经营管理】　年内，天竺苗圃北京市京林空港培训中心（京林大厦）完成餐厅与温泉洗浴装修改造工程，增加 4 间标准间、一个套房、一间 80 人会议室；更新监控设备、配电室（分界室）高压柜及高压电缆、消火栓管道及冷热水主管道，安装电器火灾报警系统；修缮处理大会议厅顶棚；收集整理租赁协议，对现有写字楼租赁情况以及原租户情况进行统计和排查，协助属地工商部门清理、注销以京林大厦为注册地址的异地经营写字楼租户。

（石迎亮）

【疏解整治促提升】　年内，天竺苗圃拆除建筑面积约 11700 平方米，腾退面积约 18500 平方米。疏解人口 2500 余人，疏解非首都功能商户 662 户，疏解非首都功能相关业态 14 类，彻底消除水电、食品、防火等安全隐患 100 余处，有效清除天竺苗圃部分历史遗留问题。

（石迎亮）

【企业清理】 年内，天竺苗圃成立企业清理专项工作领导小组，制订企业清理工作方案，开展摸底工作，研究确定需清理企业13家。截止到2018年年底，注销企业1家，国有资产收回1家。

（石迎亮）

【转企改制】 年内，天竺苗圃结合实际，于12月7日依法依规启动转企改制工作。成立转企改制工作小组，研究制订改革方案、明确改革任务，推动改革工作顺利实施。

（石迎亮）

【财经审计】 年内，天竺苗圃开展内部审计工作及接受政府审计工作。聘请会计师事务所对苗圃所属4个全资企业进行2017年度经济业务审计，北京市审计局对天竺苗圃2015～2017年度预算执行情况进行审计。结合审计问题，苗圃落实整改方案，认真进行整改，按时向北京市审计局报送整改资料，完成整改工作。

（石迎亮）

【业务培训】 年内，天竺苗圃加大培训力度，组织园林绿化业务知识培训会及专家现场指导6次，为职工搭建提升平台。

（石迎亮）

【工会工作】 年内，天竺苗圃组织开展以"展风采、秀厨艺"为主题的庆"三八"妇女节活动；在"六一"儿童节、春节期间分别对在职女职工、职工子女、80岁以上离退休职工及生病职工开展"送温暖"活动；举办以"快乐工作，健康生活"为主题的迎新春职工游艺活动；组织职工以"喜迎新时代，共筑中国梦"为主题的参观学习活动；组建足球队参加园林绿化局第四届职工足球比赛及开展义务植树等活动；组织在职职工79人进行健康体检。

（石迎亮）

【领导班子成员】

主　　任	姜浩野
党委书记	杨君利
副 主 任	李艺琴（女）
党委副书记	姜浩野（兼）
纪委书记、工会主席	王瑞玲（女）

（北京市天竺苗圃：石迎亮 供稿）

北京市黄垡苗圃(国家彩叶树种良种基地)

【概　况】 北京市黄垡苗圃（国家彩叶树种良种基地）（以下简称黄垡苗圃），位于北京市大兴区礼贤镇东黄垡村东，处于首都新机场临空经济区。黄垡苗圃坚持以国家彩叶树种良种基地建设为核心，秉承"共创多彩世界，同享美丽人生"理念，立足新机场建设，充分发挥区位优势，引领国际育苗技术新理念，建设集现代标准化育苗、新品种选育、林木良种审定、新技术研发、示范推广应用、园林景观、科普教育、生态文化为一体的高质量综合型苗圃，努力打造成为首都园林绿化建设成果宣传展示与示范窗口。

截止到 2018 年年底，黄垡苗圃有正式在编职工 47 人，管理岗位 19 人，专业技术人员 18 人，工勤人员 10 人。其中，副高级工程师 3 人，中级工程师 7 名，助理工程师 1 名，高级技师 2 名，技师 1 名，高级工 17 名，中级工 2 名。此外，合同制工人 22 人。苗圃组织机构为 11 个部门和 1 个下属单位。11 个部门分别是：综合办公室、计划财务科、人事科、资源管理科、项目管理办公室、科技科、推广科、监测防治科、果树资源保护科、园林管理科、安全保卫科。1 个下属单位是北京奇彩园林绿化中心。

（陶靖）

【苗木生产】　完成苗木调整 16.35 公顷，共计 2.83 万株，基于圃地土壤分析和土壤改良方案，施用有机粪肥 1200 平方米，种植绿肥燕麦 3.33 公顷。土壤理化性质得到明显改善，新栽植树木生长量增加 10% ～ 15%。节水灌溉与园林废弃物覆盖节水保水综合技术措施，增设节水灌溉设施 13.34 公顷，实现节水 50% 以上，节约用工 60% 以上。培育管护生态生草，覆盖地表、土壤保湿，丰富土壤微生物群落，持续提高土壤有机质含量。

（陶靖）

【彩叶树种收集保存】　年内，黄垡苗圃从荷兰引进 '猩红' 红花山楂、英国山楂、

'哨兵' 美洲椴、'雷德蒙德' 美洲椴、"天际线" 皂角、红叶紫珠等 12 个优新品种，共计 2910 株；引进北美冬青、冬红卫矛、黄金海岸刺柏、金心黄杨等 9 个品种 1100 株；收集保存 26 科 53 属 196 个品种。

（陶靖）

【林木有害生物监测】　年内，黄垡苗圃负责市级林木有害生物监测 41 个监测点，涉及 12 个乡镇、20 个虫种。负责区级监测 260 个监测点，涉及 18 个乡镇、21 个虫种。及时将监测情况和统计数据汇总报送市、区林保站，为做好全市林木有害生物防控提供科学数据支撑。

（陶靖）

【国际合作】　年内，黄垡苗圃在市园林绿化局（首都绿化办）科技处、碳汇办支持下，由北京市增彩延绿科技创新示范工程项目支撑，与荷兰 VAN DEN BERK 苗圃紧密合作，引入荷兰苗圃经营管理理念，土壤改良、绿肥种植、园林废弃物循环利用、节水保水综合利用、原冠苗培育、绑杆技术、整型修剪、机械化作业等系列先进技术，邀请荷兰专家开展 3 期专题技术培训，建设国际标准化苗木经营管理示范基地 26.67 公顷，推动双方在国际苗圃建设、新品种引进、新技术应用推广、专业人才培养、苗木品种选育、技术规程制订、机械化提升、景观苗圃规划等方面合作共赢。

（陶靖）

【乡土雄性毛白杨繁育研究】　年内，黄垡苗圃与大兴区种苗站合作，分别从大兴区安定镇、礼贤镇、魏善庄镇 4 株 200 余年

生乡土雄株毛白杨古树上采集根蘖苗外植体，进行组培繁育，建立乡土雄株毛白杨组培繁育体系，制定《毛白杨繁育技术规程》北京市地方标准，于 2018 年 12 月 17 日发布，2019 年 4 月 1 日实施。

（陶靖）

【项目建设】 年内，黄垡苗圃开展 7 个市级财政项目，包括乡土雄株毛白杨资源保存与繁育推广示范项目、黄垡苗圃标准化苗圃提升项目、黄垡苗圃科普平台提升与综合功能开发项目、乡土彩色植物引种驯化与繁育技术研究项目、黄垡苗圃办公设备采购项目、黄垡苗圃电缆更新改造项目、2018 年北京园林绿化增彩延绿科技创新工程国际标准化苗木经营管理示范基地项目；2 个中央财政林业补贴项目、北京黄垡国家彩叶树种良种基地补贴项目、中央财政林木良种苗木培育补贴项目；1 个中央财政资金林业科技广推项目，密枝红叶李良种繁育及在北京地区示范推广项目。通过项目建设，丰富苗圃彩叶树种种质资源，提升基地生产管理水平，促进传统苗圃向现代化苗圃转变，推动国际标准化育苗技术和经营管理模式，为北京市苗圃规范化管理开拓新理念、新思路。

（陶靖）

【科普活动】 年内，黄垡苗圃设计开发 6 个系列 23 门特色科普课程；以"践行园林科技，体验生态教育"为目标，开展科普教育活动 30 余次，科普受众 5000 余人。

（陶靖）

【党风廉政建设】 年内，黄垡苗圃制订《北京市黄垡苗圃 2018 年党风廉政建设工作计划》，设置三类个性化《党风廉政建设责任书》，年初签订个性化党风廉政建设责任书 47 份，年中开展"廉政谈话"47 人次。开展落实全市领导干部警示教育大会精神自查自纠工作，认真贯彻全面从严治党"两个责任"落实。开展整治、解决党建工作中"灯下黑"问题，充分发挥党支部战斗堡垒和党员先锋模范作用，强化党员领导干部示范引领，推动党建工作发展。

（陶靖）

【获奖情况】 2018 年，北京市黄垡苗圃被教育部授予"全国中小学生研学实践教育基地"，被中国林学会授予"全国林业科普基地"荣誉称号。

（陶靖）

【领导班子成员】
主　　任　王　浩（2018 年 3 月免）
党支部书记　梅生权（2018 年 3 月主持工作）
副 主 任　彭玉信　冯天爽
　　　　　李迎春

（陶靖）

（北京市黄垡苗圃：陶靖 供稿）

北京市大东流苗圃（北方国家级林木种苗示范基地）

【概　况】　北京市大东流苗圃（北方国家级林木种苗示范基地）（以下简称大东流苗圃）位于北京市昌平区小汤山镇大东流村南，始建于1965年，为北京市园林绿化局直属事业单位。苗圃（基地）占地153.33公顷，设有6科2室，分别为科技科、种苗科、花卉科、工程科、计划财务科、后勤服务科、党政办公室、项目办公室。苗圃集种质资源收集保存、林木花卉良种选育、新品种新技术试验示范、优质种苗繁育推广、科普教育展示为一体，是中国北方林木花卉种苗繁育示范推广窗口。承担林木种苗科研、林木良种选育、种质资源收集保存，新品种、新技术试验示范推广以及为重大活动、重点地区绿化储备大规格精品苗木等。现有职工177人（其中在职职工65人，离退休职工112人），在职管理与专业技术人员46人，占在职职工70.8%，其中高级职称14人，中级职称15人，中级职称以下17人；在职技术工人19人，占在职职工29.3%，其中技师1人，高级工4人，中级工14人。设党支部4个，党员34人，其中在职党员29人。

2018年，大东流苗圃在市园林绿化局党组正确领导下，不忘初心、牢记使命、明确责任、狠抓落实，圆满完成年度各项任务。

（赵玲）

【林木种苗生产】　年内，大东流苗圃累计移植各类苗木面积7.55公顷，共计46344株。其中自育苗木移植4.52公顷，合计43310株；外进苗木移植3.03公顷，合计3034株。出圃各类苗木共计192010株（芽），其中：针叶树类15292株，落叶乔木类6818株，地被类169900墩（芽）。

（赵玲）

【花卉生产】　年内，大东流苗圃养护各类盆栽花卉277.85万穴（盆、株），新育苗222.59万穴（盆、株），其中引进种苗7.38万盆（株），自育种苗215.21万穴（盆、株）。编制2项地方标准，其中《朱顶红栽培技术规程》于2018年10月1日发布实施。《盆栽蝴蝶兰栽培技术规程》于11月30日完成标准草案、项目申报书上报。完成世园局主持《自主知识产权园林植物良种培育及快繁关键技术研究》项目结题工作。申报"一种苗圃喷灌水车"实用型专利一项。与北京林业大学合作，对大兴300年杨树雄株进行组培研究，进展顺利。

（赵玲）

【园林绿化工程】　年内，大东流苗圃园林绿化工程保持平稳发展，修订《管理手册》等3项管理制度；继续保持4A级诚信企业荣誉，通过ISO三标换版审核认证。全年参与招投标70余项，中标19项。其中重点工程6项，完成2018年共青滨河森林公园运营维护及森林资源管护项目，项目实施总面积1017.82公顷；完成国家林业局绿化综合改造工程；完成通州区城区绿地养护项目(五标段),面积28.86万平方米,完成2018年冬季养护工作;完成济南市汉峪C04地块示范区园林景观工程,该项目为泰禾房地产集团项目之一,位于济南市高新区;完成中国北京市昌平区丽春湖项目二期园林景观分包工程,工期从2018年9月至2019年5月,2018年完成工程量30%;完成国家某重点工程养护项目,分为南区与北区,包含两所重点机关养护大院及固安养护基地、东小口养护基地四个地点,全年绿化养护完成产值约2500万元。

(赵玲)

【重要项目】 年内,大东流苗圃开展12个项目申报、招投标、资料收集归档管理和绩效考核等工作,完成2019年项目申报工作。

(赵玲)

【科技创新】 年内,大东流苗圃持续推进增彩延绿项目。开展乡土落叶乔木种质资源收集保存利用研究,对收集种质资源进行物候期观测和优良单株选育工作。对资源收集区108种树种进行物候期观测;对流苏资源收集区84个不同地区流苏树嫁接苗进行观测;对几种国外引种椴树进行物候期观测。开展落叶乔木树种优良单株选育工作。从冠形、花色、叶色、花期等方面着手,选择栾树(有主干、冠形优美)、元宝枫(秋色叶艳丽)、丝棉木(果荚红色)、肉花卫矛(秋色叶红色,观赏期长)、毛白杨雄株(大兴的300年雄株组培驯化,从大田选出树皮白色、窄冠的1号杨)、沼生栎(叶色美)、彩叶豆梨(秋季叶色美)等

树种优良树木进行重点培育,通过对这些树种物候期观测和优株选育研究,取得第一手数据,为繁育推广工作打下基础,为园林树木种植设计、选配树种、形成四季景观提供科学依据。

(赵玲)

【纪念建党活动】 年内,大东流苗圃党委为纪念建党97周年,开展"多彩京城中国梦,牢记使命谋发展""感受强军伟业,不忘初心使命""探访先辈足迹,感受革命精神"等多项主题党日活动。大东流苗圃领导为全体党员讲授《永远跟党走》专题党课,组织全体党员观看大型纪录片《厉害了,我的国》、开展"送绿色,进军营"系列活动。大东流苗圃领导走访慰问刘福才、李学龙、杜云玲等离退休老党员,利用苗圃自办《简报》印发纪念建党97周年专刊7期。

(赵玲)

【制度建设】 年内,大东流苗圃修订完善10项财务管理规定(办法),其中《北京市大东流苗圃货币资金管理暂行规定》《北京市大东流苗圃费用报销管理暂行规定》《北京市大东流苗圃差旅费管理规定》等6项经过苗圃党委会讨论通过。《北京市大东流苗圃不相容分离制度》《北京市大东流苗圃财务公开制度》等4项处于完善之中。制订完善《北京市大东流苗圃安全生产责任制汇编》《北京市大东流苗圃安全生产规章制度汇编》《北京市大东流苗圃安全生产标准化相关政策文件》等安全生产制度,为苗圃安全生产提供保障。

(赵玲)

【为群众办实事】 年内，大东流苗圃安排全体职工进行身体健康检查，为女职工增加体检项目。为全体职工交纳互助保险基金，让职工在基本医疗保险保障之外能够得到更好的医疗救助。看望职工及职工配偶生育子女 1 人次，慰问离退休老同志 20 余人次。

（赵玲）

【廉政建设】 年内，市园林绿化局党组与大东流苗圃党委签订责任书，苗圃党委同时结合工作实际和班子成员分工情况，制订具有可操作性和个性化的《2018 党风廉政建设责任书》，明确苗圃领导和中层干部廉政建设工作责任，强化各级领导履行"一岗双责"意识。严格落实民主集中制、"三重一大"、重大事项申报、领导干部收入申报、述职述廉、民主测评等制度，利用党

委中心组学习、党支部学习和《简报》等形式，宣传廉政知识，加强廉政教育。

（赵玲）

【获奖情况】 大东流苗圃职工罗殷被评为"2017 年度首都绿化美化先进个人"。

（赵玲）

【领导班子成员】

主　任	贺国鑫
党委书记	宋涛
副主任	刘春和　薛敦孟　方志军
党委副书记	贺国鑫（兼）
纪委书记	方志军
工会主席	宋涛

（赵玲）

（北京市大东流苗圃：赵玲 供稿）

北京市永定河休闲森林公园管理处

【概　况】 北京市永定河休闲森林公园管理处（以下简称永定河森林公园）系北京市园林绿化局直属公益二类事业单位。永定河森林公园是已经建成的永定河城市段沿河生态绿色发展带主要规划公园之一，位于莲石湖东岸，即南大荒，总占地面积约 141 公顷，其中公园绿化区 121 公顷，在建湿地面积 31.03 公顷。永定河森林公园设有办公室、人事劳资科、计划财务科、经营发展科、园容科、安保科和后勤服务

部，以及代管园博园北京园，下属企业都西景河绿化公司、林业送变电工程公司等 6 个经营性单位处于清理规范中。单位在职职工人数 78 人，其中管理人员 31 人，专业技术人员 11 人，工勤人员 36 人。党委建制下设 5 个党支部，党员 56 人。

2018 年，永定河森林公园认真落实市园林绿化局（首都绿化办）党组工作部署，牢固把握"四个意识"，加快推进永定河南大荒水生态修复工程和下属企业清理规范

工作。注重抓好公园湿地工程建设，精细化养护永定河休闲森林公园和园博园北京园生态景观。开展丰富有趣的公园活动，在服务市民文化休闲娱乐的同时，提升单位职工凝聚力和创造力。

（刘瑶）

【公园景观提升】 年内，永定河森林公园结合公园景观提升需要，选择湿地区域内长势好、冠幅大的乔灌木进行移植，春季移植白皮松、国槐、丁香、木槿等乔木987株，同时增加彩色树种栽植比例，新植北美红枫208株，打造秋季季相景观特色。对一级园路沿线重要节点因地制宜采取野花组合草坪等人工化措施培育地被，种植荆芥、玉簪等地被面积约30110平方米。在公园北门附近毛白杨种植区补植金银木18株、丁香9株，形成柔软和谐的林灌线层次。对公园木屋进行表面打磨、清洁，更换腐朽和已经损坏木质部件，改善区域生态景观环境，提高森林公园形象。完成北京园主阁挂檐板维修、室内局部粉刷、室内局部防水、全园损坏地砖更换等工作。园内植物景观继续优化提升，种植迎春200株、月季200株、平顶松1株，秋海棠、凤仙、芹叶牡丹等1.8万盆，铺栽丹麦草、观赏草和小叶扶芳藤300多平方米，移植青枫1株，设置町步石50块。

（刘瑶）

【湿地建设】 年内，永定河森林公园持续推进湿地建设。在市园林绿化局统筹下，1月份取得市规土委设计方案审查意见函；3月份在北京市园林绿化工程质量监督站完成项目报监备案工作；4月份获得《北京市发展改革委员会关于批准永定河南大荒水生态修复工程项目建议书(代可行性研究报告)的函》；6月份开始组织编制项目初步设计概算及报告；9月份上报项目初步设计概算，目前进入市发改委评审流程。工程于4月份取得立项批复后，4月28日正式施工。在工程管理上，组成项目办形成各科室部门联动配合参与协调管理机制，邀请北京市工程咨询公司作为项目参理方，进行全过程投资管理、资料管理等工作，每月组织专项联合检查，监督工程质量、进度、安全工作并形成月报，根据工程实际需要，及时组织设计、监理、施工、项目管理召开联席会，就方案调整、进度节点、施工交叉等进行协调推进，召开廉政专题会议，参与建立各方签订廉政责任书，与单位内部相关人员签订廉政承诺书等。

（刘瑶）

【党建工作】 年内，永定河森林公园严格落实"三会一课"等基本制度，深入学习《党章》《党的十九大报告》《习近平谈治国理政》等篇章。按时组织基层党支部换届，根据实际工作需要，将金属材料厂、送变电工程处和永定液压件3个党支部合并为一个党支部。扎实开展"不忘初心，牢记使命"主题教育。组织观看《红海行动》《厉害了，我的国》等电影；开展纪念建党97周年活动，组织全体党员到怀柔庙上村开展党日活动，参观革命遗址、组织培训讲座，举办党的十九大知识竞赛；开展"七一"党员献爱心捐款活动，号召全体党员、积极分子和群众踊跃捐款，全体党员和积极分子52人参加，共捐款2570元。

（刘瑶）

【安全管理】 年内，永定河森林公园完善各类安全生产、防火、防汛等各类制度，修订并与二级单位签订安全生产责任书、消防安全责任书、交通安全责任书、门前三包责任书等系列责任书。加强安全检查，及时排除安全隐患，组织安全检查11次。定期召开安全生产会议，积极开展宣传教育活动。购置一辆微型电动消防车，进行培训、演练，作为消防应急专用。组织承办园林绿化局防汛应急演练和防火疏散演练。接待北京市安全联合会主体责任落实工作检查。

（刘瑶）

【企业清理规范】 年内，按照市园林绿化局关于开展局属行政事业单位投资办企业清理规范工作部署，永定河森林公园成立企业清理规范工作小组，对所属企业经营范围、经营现状、资产财务状况、人员情况进行彻底清查，提出所办企业清理规范具体意见，制订所办企业清理规范工作实施方案。单位对清查企业进行分类核实，认真研究、充分讨论，严格履行工作程序，提出处置意见。8月20日，制订公园管理处所属企业清理规范实施方案，8月24日召开职工代表大会对《北京市永定河休闲森林公园管理处所办企业清理规范方案》进行审议，大会职工代表对方案表决并获得全体通过。

（刘瑶）

【森林文化节】 年内，永定河森林公园举办健步走、助盲跑、定向越野、自行车骑行、非遗展示宣传等活动64场次，参加人数超过2万人。开展中小学生社会大课堂活动，新增设草药认知，推广永定河文化教育和森林保护教育。北京园年接待团体游客近1000个。北京戏曲文化周期间，北京园接待游客2万余人。市委宣传部、北京电视台选取北京园开展主旋律电影《觉醒年代》外景取景拍摄。

（刘瑶）

【领导班子成员】

党委书记	安永德
党委副书记、主任	盖立新
纪委书记	孙丽君
副主任	赵云 冉升明 谢维正
工会主席	孙丽君（2018年1月免职）
工会主席	冉升明兼（2018年1月任职）

（刘瑶）

（北京市永定河休闲森林公园管理处：刘瑶 供稿）

北京市琅山苗圃

【概　况】 北京市琅山苗圃（以下简称琅山苗圃）隶属北京市园林绿化局，属自收自支事业单位，位于北京市石景山区苹果园大街 81 号。琅山苗圃占地面积 24.53 公顷，由西园、南园、东园和琅山平房 4 个地块组成。苗圃内设办公室、人事科、财务科、北京市环美物业管理中心、北京市景山建华苗圃。现有职工 275 人，其中在职职工 68 人，离退休职工 207 人，在职职工中管理人员 10 人、专业技术人员 15 人、技术工人 43 人。

（刘速伟）

【经营收入】 年内，琅山苗圃由于疏解拆违、企业注销剥离等，收入大幅度减少，经营收入共 598 万元，其中，工程挂靠收入 25 万元，苗木收入 490 万元，物业收入 83 万元。琅山苗圃筹集 800 万元资金，保证琅山苗圃正常运转。

（刘速伟）

【转企改制改革】 2017 年末，市园林绿化局向北京市政府报送关于琅山苗圃转企改制及划转请示。根据北京市领导批示，2018 年 1 月市园林绿化局与石景山区政府签署《合作框架协议》，琅山苗圃转企改制改革工作进入实施阶段。4 月，市园林绿化局和石景山区政府成立苗圃转企划转联合领导小组，共同起草《琅山苗圃转企改制及划转领导小组成员单位及职责分工》《琅山苗圃转企改制及划转工作方案》，明确改革路线图和时间表。5 月，市园林绿化局工作组起草《改革方案》并广泛征求意见。10 月，琅山苗圃召开职工代表大会，审议通过《改革方案》，形成决议。11 月 8 日，《改革方案》在市园林绿化局（办）党组第 19 次会议上获得批准。11 月，琅山苗圃召开

党委会，研究通过《琅山苗圃改革领导小组成员名单及职责分工》《琅山苗圃转企改制改革人员安置工作方案》。11 月 9 日，启动清产核资审计评估工作，市园林绿化局计财处委托中介机构，正式进入琅山苗圃，对琅山苗圃开展清产核资审计评估工作，截至 2018 年年末，审计报告基本完成。

（刘速伟）

【党建工作】 年内，琅山苗圃组织党委中心组学习 12 次，集中学习《中国共产党纪律处分条例》《中华人民共和国宪法修正案》等党纪法规。召开党委会 50 次，使转企改制改革工作取得阶段性进展，历史遗留问题得到妥善解决。针对 2016 年巡视、巡视"回头看"、警示教育大会指出问题，推动问题整改落实。截至 2018 年年末，存在和反馈的问题，全部整改完毕。完成撤销工贸支部和退休支部工作，调整机关支部和林业支部，配齐支部班子。指导支部落实"一规一册一表一网"，稳步推进支部规范化建设。落实党组织和在职党员"双报到"工作，落实"三会一课"、主题党日和民主评议党员等基本制度，加强党员教育管理。

（刘速伟）

【党风廉政建设】 年内，琅山苗圃加强作风和纪律建设，落实"一岗双责"，形成一级对一级负责的党风廉政建设工作格局。坚持把党风廉政建设工作与业务工作同研究、同部署、同检查，推进党风廉政建设责任制落实。纪委全程参与转企改制工作，落实监督责任，确保在转企改制过程中，苗圃和职工利益不受损失，对职工反映的

难点热点问题，及时研究解决。修改完善"三重一大"制度，推动转企改制工作顺利进行。公务车辆安装定位设备，严格按程序审批使用、按规定停放，全年未发生一起公车私用问题。以学习贯彻《中国共产党纪律处分条例》为抓手，观看警示教育片、发放警示教育书籍，抓住元旦、春节、"五一""十一"等重要时间节点，加强监督检查和提醒预防，为党员干部在思想上划出红线、行动上明确界限。

（刘速伟）

【企业清理处置】 年内，琅山苗圃对历史原因形成的苗圃二级企业，结合疏解拆违，加大力度进行清理，办理注销法人单位2个，非法人单位2个，撇清隶属关系4个，确立隶属关系1个，还有两个企业在涉及国有资产方面积极调查取证。

（刘速伟）

【安全管理】 年内，琅山苗圃与全体驾驶员签订《2018年交通安全责任书》和《会议期间交通安全责任书》；完善《总体应急预案》《安全生产总体预案》《防御灾害性天气应急预案》《烟花爆竹燃放期间保障预案》及《一岗双责制度》；加强技防人防，升级监控系统，委托保安公司进行辖区安全巡逻管理。

（刘速伟）

【领导班子成员】

党委书记	高福颖
主 任	刘宝刚
党委副书记	刘宝刚（兼） 王建华
纪委书记	王建华（兼）
副 主 任	孙建华 文家雄
工会主席	王建华（兼）

（刘速伟）

（北京市琅山苗圃：刘速伟 供稿）

北京市蚕种场

【概 况】 北京市蚕种场（以下简称市蚕种场）是隶属北京市园林绿化局的全民事业单位。全场现设人事科、财务科、办公室、项目办、生产管理科。场属企业为昊一大林业开发公司。全场职工43人。

2018年，市蚕种场全体人员在市园林绿化局（首都绿化办）党组正确领导下，强化大局观念，紧盯重点难点工作，扎实推进，稳步发展，年度各项任务圆满完成。

（刘然）

【企业清理规范】 年内，市蚕种场按照《北京市市级行政机关、市属事业单位所办企业清理规范工作的实施意见（征求意见稿）》和《北京市园林绿化局开展机关事业单位所办企业清理规范工作方案》，组织领导小组反复召开专题会研究部署，制订《北京市蚕种场所办企业清理规范工作实施方案》，经市蚕种场职工大会研究通过上报，企业清理规范工作按照程序和要求稳步推进。

（刘然）

【落实项目建设】 年内，市蚕种场完成本单位 4 个项目建设。即《北京市龙乡圣树文化园主路生态景观护坡建设》《北京市龙乡圣树文化园景观提升——耐阴植物专类园营建项目》《北京市龙乡圣树文化园景观平台项目》和《北京市蚕种场林业用机械机具购置项目》。对外承接并完成 2018 年京西林场森林管护项目、北京市园林绿化局京津风沙源治理二期工程 2018 年项目施工二标段、北京市十三陵林场 2018 年度森林管护项目（第二包）等，合同总金额 3929 万元。

（刘然）

【上万龙乡圣树文化园生产养护】 年内，上万龙乡圣树文化园强化资源保护管理，按照《北京市平原地区造林工程林木资源养护管理办法》，完成养护工作。盆栽果叶两用桑 6 万株、果桑 6000 株，嫁接优质桑苗 10 万株；繁育新栽品种桑苗 1.5 万株，播种实生苗 20 万株。养蚕 10 万余条，吸引众多市民和中小学生参观学习。

（刘然）

【东营苗圃生产经营】 年内，东营苗圃现有白皮松 3700 株，乔松 102 株，华山松 2000 株，国槐 980 株，白蜡 750 株。4 月份，储备和培育适合本地环境生长品种桑 150 株，引进品种枣树 200 株。实现全年收入 83 万元，共计销售白皮松 660 株。

（刘然）

【党风廉政建设】 年内，市蚕种场党总支推进"两学一做"学习教育常态化，制订扩大中心组学习计划，采取集中学、个人自学、观看视频和实践活动等多种形式，开展 10 次扩大中心组学习，重点学习市园林绿化局（首都绿化办）2018 年思想政治工作要点、习近平总书记关于两会精神解读、《习近平新时代中国特色社会主义思想三十讲》以及《党风廉政宣传手册》等内容。根据市园林绿化局通知精神，市蚕种场各科室查找廉政风险点，签订《2018 年党风廉政建设责任书》25 份。做好"两个专项"治理工作，对于查摆出的两个问题列出专项整治问题清单，建立整改台账，按期整改完成。梳理完善《北京市蚕种场印章管理制度》《北京市蚕种场公务车辆管理规定》和《北京市蚕种场公务交通费用实报实销管理办法（试行）》《中共北京市蚕种场总支部委员会"三重一大"决策制度（试行）》。

（刘然）

【基层党组织建设】 11 月，市蚕种场党总支按照《中国共产党章程》《中国共产党基层组织选举工作条例》等规定程序完成换届选举工作。市蚕种场党总支原下设 3 个支部，由于退休支部党员年龄偏大，行动不便，应退休党员要求，全部转到就近社区，便于参与党员活动、组织管理。机关支部和企业支部扎实开展支部规范化建设，以"一规一册一表一网"为载体，按照学习活动年度安排表开展工作、组织学习，详细记录工作手册。全体党员按时完成"党员双报到"工作，积极投身到社区活动中，充分发挥党员先锋模范带头作用。

（刘然）

【为职工办实事】 年内，市蚕种场开展"送温暖"活动。春节期间为全体会员发放米面油等生活必需品，人均300元。建立困难职工档案，为困难职工发放困难补助金8000元。组织职工到房山区中医医院进行身体检查。5月份，挂牌成立"蚕种场母婴关爱室"。持续做好《在职职工医疗互助保障计划》，截止到11月底，续缴保费9624元。4月13日，由市蚕种场工会组织全场职工到上万龙乡圣树文化园参加植树活动。积极响应市园林绿化局(首都绿化办)工会号召，参与"十元"捐款活动。市蚕种场工会会员捐款460元，市蚕种场工会捐款5000元。开展为新疆和田地区中小学生捐赠国语图书活动，共捐书106本。

（刘然）

【领导班子成员】

场长、党总支书记	张俊辉
副场长、党总支副书记	康继光
副场长、组织委员	马 健
办公室主任、宣传兼纪检委员	李 光

（刘然）

（北京市蚕种场：刘然 供稿）

区园林绿化

【概　况】　北京市东城区园林绿化局（简称区园林绿化局），挂北京市东城区绿化委员会办公室（简称区绿化办）牌子，是负责本区园林绿化工作的区政府工作部门。设办公室、绿化科、园林管理科、规划发展科、资源保护科、法制宣传科、组织人事科、计划财务科 8 个科室，编制 28 个，实有在职职工 28 人。

2018 年，东城区完成新建改造绿化面积 20 万平方米，其中新建绿地面积 5.44 万平方米，公园绿地 500 米服务半径覆盖率 92.48%，栽摆花卉 330 余万（株、盆）。完成屋顶绿化 1.2 万平方米，创建首都绿化美化花园式单位一个，首都绿化美化花园式社区 1 个，复壮古树 153 株。

绿化造林　利用全民义务植树栽植树木 5000 余株，养护树木 20 万株；推进市花月季进社区建设工程，种植各类月季 7 万余株，共计 5157 平方米；积极推进屋顶绿化工程，完成包括北京市第十一中学分校、北京市东城区华丰幼儿园、东四奥林匹克社区文化体育中心等十余处地点共 1.2 万平方米屋顶绿化建设任务。

公园风景区建设　完成位于工人体育馆西北侧的新中街城市森林公园建设工程，总面积 1.1 万平方米；完成位于景泰路与京津城际铁路交叉处的景泰城市休闲公园建设工程，总面积 7060 平方米；完成明城墙遗址公园北绿地建设工程，总面积 5500 平方米；完成位于东北二环外侧的香河园口袋公园建设工程，总面积 9450 平方米。

资源安全　做好林木有害生物防控工作，向各街道、社区、驻区单位、居住区购置并发放多种防控药品 9898 千克。设立美国白蛾成虫监测点 309 个，释放周氏啮小蜂 3000 万头，在重点地区悬挂国槐叶柄小蛾诱捕器 4000 套防治叶柄小蛾成虫。受理行政许可事项 486 项，退件 27 项，办理行政许可事项 459 项。

（曹慧）

【全民义务植树】 4月1日，是首都第34个义务植树日，东城区在新中街城市森林公园开展全民义务植树活动。区四套班子、驻区单位代表、区绿委成员代表、全国先进工作者、劳动模范和最美家庭、社区青年汇、小学生代表等200余人共同栽植白皮松、银杏、元宝枫等乔灌木200余株。植树日当天，发动15万余人参加各项绿化美化活动，设立宣传点29个，栽植树木5000余株，养护树木20万株，清扫绿地35万平方米，发放宣传材料近15万份。

（曹慧）

【市领导调研】 6月26日，北京市委书记蔡奇带领相关市级领导和专家等一行20余人到永定门公园考察调研，东城区委书记张家明以及相关单位领导参加。调研组登上永定门城楼，听取市文物局关于中轴线申遗综合整治工作情况汇报，蔡奇对中轴线整体建设规划工作提出相关意见。

（曹慧）

【市花月季进社区建设工程】 年内，东城区在春秀路小区、天坛东里中区、香河园北社区、左安漪园小区等开展市花月季进社区工作，种植各类月季7万余株，共计5157平方米。工程于5月8日开工，6月6日竣工。

（曹慧）

【新中街城市森林公园建设工程】 年内，东城区完成新中街城市森林公园建设工程。该工程位于工人体育馆西北侧，西邻新中街，总面积1.1万平方米。工程于3月开工建设，7月22日正式开园，为东城区首个城市森林公园。该工程坚持生态优先、以人为本原则，充分保护和利用现有大树，合理划分景观区域，营造近自然森林景观。保留加杨、国槐、桧柏等原有大乔木9种32株，新植银杏、元宝枫、楸树、梓树、银红槭等乔灌木21种470株，其中乡土树种占85%以上，种植崂峪苔草、菱陵菜、绣球、毛茛、玉簪等地被植物和宿根花卉36种22万株（盆），铺设冷季型草坪600平方米，铺装林下广场560平方米，完成园路广场铺装1700平方米，设置各类标识牌200余个，灯具52个，休息座椅、垃圾桶等设施25个，安装监控探头7个。利用木材、竹筒、气孔砖、瓦片循环再利用材料，搭建"昆虫旅馆"3处，为多种昆虫提供居住和越冬场所。

（曹慧）

【景泰城市休闲公园建设工程】 年内，东城区完成景泰城市休闲公园建设工程。该工程位于景泰路与京津城际铁路交叉处，总面积7060平方米，于2018年7月底开工建设，10月29日竣工。共栽植乔木292株、花灌木170株、色带41.93平方米、藤本月季928株、木本花卉769.27平方米，草坪地被4495.35平方米；铺设园路及休闲广场633平方米，环形塑胶跑道752平方米；设置休息设施4处，改造林荫停车场450平方米。

（曹慧）

【明城墙遗址公园北绿地建设工程】 该工程位于明城墙遗址西北角，属于拆违腾退后用于实施绿化建设地块，于2018年7月底开工，10月29日竣工，总面积5500平方米。绿地设计延续明城墙遗址公园疏朗大气、自然古朴的风格特点，以保护明代城墙遗址为原则，利用植物进行造景，形成复层、混交的稳定植物群落，建成展示古城风貌、展示梅花文化、开展科普教育的休闲文化绿地，同时起到改善区域生态环境的作用。工程栽植油松、国槐、桑树等 191 株乔木，引种真梅系、杏梅系、樱李梅系等 146 株特色梅花营造早春盛花期，栽植花灌木 162 株、色带 431 平方米、木本花卉 287 株，草坪地被 2700 平方米。完成园路、广场铺装面积 900 余平方米，设置景观石 9 处。

（曹慧）

【东四地铁口规划绿地建设工程】 该工程是东城区 2018 年公园绿地 500 米服务半径覆盖率消盲工程，项目位于地铁东四站东北口及西南口站前广场，地处东城区公园绿地 500 米服务半径盲区中心位置，项目总面积 1561.45 平方米。2018 年 7 月底开工建设，11 月 23 日全面竣工，消减绿地 500 米服务半径盲区 2.06%，全区公园绿地 500 米服务半径覆盖率达到 92.48%。

（曹慧）

【故宫筒子河绿地改造工程】 该工程位于故宫筒子河及故宫围墙之间，北起神武门南至午门，呈"凹"字形，改造面积约 2 万平方米，为东城区精品街区重点改造项目。工程于 2018 年 7 月底开工建设。绿地设计延续故宫庄重、大气的皇家园林特点，结合筒子河绿地现状条件及景观特色，根据使用功能合理划分景观区域，为游客通行提供更加舒适的环境体验。

（曹慧）

【香河园口袋公园建设工程】 该工程位于东北二环外侧，毗邻清水苑社区，是东城区 2018 年北京市新一轮百万亩造林绿化行动重点项目，是 2018 年全区"百街千巷环境整治提升工程"之一。工程于 2018 年 9 月底开工建设，总占地面积 9450 平方米。公园建设贯彻城市森林公园理念，利用现状地形地势，营造多重植物层次景观，构建"漫步林下，健康生活"的环境，为周边居民提供休憩、健身舒适空间。

（曹慧）

【重大节日花卉布置】 年内，东城区庆祝中华人民共和国成立 69 周年花卉布置工程按照"喜庆、靓丽、节俭"原则，以地栽花卉为主，花球、花容器及立体花坛为辅，对全区"九横八纵"主干路网和重点地区、区属公园进行花卉布置，形成"一轴、一环、多节点"（"一轴"即南北中轴；"一环"即二环路沿线；"多节点"即重点大街、重点地区）花卉布置格局。项目于 2018 年 9 月 25 日竣工，累计摆放主题立体花坛 20 组、增设花球 160 个、栽摆花箱 2070 个、悬挂花槽 2775 个、摆放花堆 11 个，结合全区"九横八纵"主要道路、区属公园绿地进行地栽花卉布置，营造"整洁、优美、喜庆、安全"的环境，累计栽摆花卉 330 余万株（盆）。

（曹慧）

【试点街道园林绿化裸露地生态治理工程】 年内，东城区对天坛、东四两个街道行政区划范围内专业绿化队和街道管理行道树裸露树坑、裸露地进行治理。工程于 9 月 26 日开工，11 月 28 日竣工。采取安装铸铁箅子、金属网格箅子、苗木补植、覆盖摩奇环保降解材料、冬季苫盖无纺布材料5种治理方式，治理裸露树坑总面积3436平方米，裸露绿地总面积15718平方米。

（曹慧）

【修编《东城区绿地系统规划》】 年内，东城区以贯彻落实《北京城市总体规划（2016年—2035年）》对首都核心功能区规划要求，实现国际一流和谐宜居之都总体建设为目标，围绕东城区绿地格局及发展目标，为衔接核心区控制性详细规划编制及全市绿地系统规划，启动《东城区绿地系统规划》修编工作。持续推进地块核实、规划内容编制工作。

（曹慧）

【屋顶绿化】 年内，东城区按照政府引导、分类推进、专业支持、社会参与、共建共享原则，完成包括北京市第十一中学分校、北京市东城区华丰幼儿园、东四奥林匹克社区文化体育中心等十余处地点共1.2万平方米屋顶绿化建设。

（曹慧）

【口袋公园建设工程】 年内，东城区建成东四块玉西侧绿地等33处共3万余平方米小微绿地和口袋公园。

（曹慧）

【绿化美化先进集体创建】 年内，东城区创建国际职业学校鼓楼校区一个花园式单位，东直门街道香河园北里社区一个花园式社区。

（曹慧）

【万株月季绿植"四进"活动】 年内，东城区开展"绿满万家，爱在东城"万株月季绿植"进家庭、进校园、进军营、进养老院"（简称"四进"）活动。通过与区民政局、教委等单位沟通协调、实地考察，分别向5家养老院、5家驻区部队、19所学校和1000余个居民家庭开展绿植赠送活动。

（曹慧）

【"乐享自然 快乐成长"系列活动】 年内，东城区在青年湖、龙潭西湖、南馆、劳动人民文化宫等公园针对少年儿童开展"乐享自然 快乐成长"系列活动，打造公园自然课堂。各公园开门办课堂，让孩子们在大自然中学习生态知识，体味自然乐趣，感悟生命之美。全年共计开展活动170余场，1.4万余人参加。

（曹慧）

【认建认养】 年内，东城区指导各街道、各单位挖掘优势资源，做好服务接待，吸引社会单位和个人参与树木、绿地认养。全区共计认养树木2078株，认养绿地17040平方米，认养古树41株。

（曹慧）

【杨柳飞絮治理】 年内，东城区对区属公园、主要道路、重点街巷和重点小区共计9332株杨柳树雌株注射"抑花一号"药物，有效控制翌年杨柳飞絮。

（曹慧）

【绿化养护管理】 年内，东城区注重做好日常绿化养护管理工作，坚决落实第三方监理"日检查、月通报、季汇总、年总评"

检查评价形式，从扩大监管范围、严格监管标准、完善监管机制三个方面进一步完善绿化养护管理第三方监理机制。做好等级绿地核定与复核，特级绿地面积增加10.99万平方米。

（曹慧）

【有害生物监测防控】 年内，东城区向各街道、社区、驻区单位、居住区购置并发放多种防控药品9898千克，支持各单位做好林木有害生物防控工作。设立美国白蛾成虫监测点309个，监测到美国白蛾成虫928头（其中越冬代成虫404头），幼虫网幕550个；释放周氏啮小蜂3000万头，在重点地区悬挂国槐叶柄小蛾诱捕器4000套防治叶柄小蛾成虫，完成对594株枣树进行输液防治枣疯病工作。开展农药安全管理复查工作统计，完成警告牌示设置2个，消防设施、急救药箱、防护手套配备14个。全年出动检查人员50余人次。

（曹慧）

【古树名木保护】 年内，东城区通过地上和地下生长环境改良、围栏保护、有害生物防治、树冠整理、树洞修补、支撑加固以及宣传标牌设置等措施，完成153株濒危、衰弱古树名木复壮工作。

（曹慧）

【园林绿化行政审批】 年内，东城区园林绿化局受理行政许可事项486项，退件27项，办理行政许可事项459项。其中区县受理166项，代市园林绿化局受理225项，报送市园林绿化局68项。所有项目中，移植树木2780株，砍伐树木749株（其中砍伐危险树木696株），临时占用绿地25990平方米，改变绿地性质与用途2021平方米。通过对现场勘察，要求申报单位优化方案，减少砍伐树木113株，减少占用绿地3300余平方米。

（曹慧）

【获奖情况】 年内，东城区园林绿化局孟庆霞、姬遇获评"2018年首都绿化美化先进个人"；东城区园林绿化局获"2018年度首都精神文明单位"。

（曹慧）

【领导班子成员】

党委书记、局长、区绿化委员会办公室主任 梁成才

党委副书记 姚鸿滨（2018年7月免）

调研员 姚鸿滨（2018年7月任）

副局长 徐莎 王士中 徐永春

区绿化委员会办公室副主任 褚玉红

副调研员 陈景林 赵伟 张德华

副调研员 吴春华（2018年5月任）

（曹慧）

（东城区园林绿化局：曹慧 供稿）

西城区园林绿化局

【概　况】　北京市西城区园林绿化局(简称区园林绿化局),挂北京市西城区绿化委员会办公室(简称区绿化办)牌子,是负责本区园林绿化工作的区政府工作部门。内设科室6个,分别为办公室、计划财务科、规划建设科、园林管理科、绿化科、法制科,在职人员33人。

2018年,区园林绿化局坚持以习近平新时代中国特色社会主义理论为引领,努力践行"绿水青山就是金山银山"生态理念,深入研究破解老城区生态园林建设难题,积极探索创新,努力实现区域园林绿化发展新突破。全区绿地面积1069.01公顷,绿地率21.16%,绿化覆盖率30.89%。公园绿地500米服务半径覆盖率96.36%,超额完成"十三五"规划确定目标。全区所属古树名木1622株,其中一级古树244株,二级古树1377株,名木1株。屋顶绿化总面积25.48万平方米,垂直绿化5.27万延长米。累计创建花园式单位464个、花园式社区23个、花园式街道11个。

绿化造林　不断创新"义务植树月"活动形式,扩大社会参与面。年内新增城市绿地共8.37公顷,其中:城市森林2处、1.48公顷,口袋公园20处、3.32公顷,小微绿地39处、1.18公顷,道路绿化2处、0.96公顷,附属绿地3处、1.43公顷。建成西海湿地公园10.5公顷,新增屋顶绿化1.13万平方米,垂直绿化1184延长米。

资源安全　进一步提升绿地、公园分类分级管理和服务保障水平,绿化执法检查力度加大并取得明显成效,林木有害生物防控、行业安全监管和应急防控能力不断增强。

(周颖)

【绿化建设听取群众意见】　3月13日,区园林绿化局联合广安门外街道办事处、区园林市政管理中心,在红莲南里社区活动站围绕广安门外蔺圃园城市森林、常乐坊城市森林建设方案召开会议,征求民意。由设计单位向社区居民代表、社工代表详细介绍建设方案,让公众更好地参与到民生实事办理中,使绿化成果更加符合民意。5月份,结合"进千门,走万户"活动,开展"党员服务进背街小巷"主题党建活动,共150余人次深入8个街道21条胡同800余户居民家中,面对面与群众互动,征求绿化建设意见和建议,把绿化惠民落到实处。

(周颖)

【区领导调研园林绿化】　3月27日,区委书记卢映川、区长王少峰一行到宣武艺园调研疏解整治促提升工作,实地察看地下空间腾退改造为地下车库利用情况,在座谈会上听取园林绿化局领导关于2018年全区绿化工作计划汇报。卢映川强调,2018年各项工作要做到:"前期准备充足、基础工作扎实、行动开展迅速、组织实施细致"。城市森林建设要紧紧围绕"让森林走进城市，让城市拥抱森林"主题，不断提高区域生态空间品质。在绿化建设中要将文化融入其中，真正做到"用园艺与绿色讲述城市历史、解读城市发展"。

（周颖）

【首都全民义务植树日活动】 3月31日，是首都第34个全民义务植树日。区绿化委员会在"常乐坊"城市森林公园开展义务植树活动，区四套班子领导及区绿化委员会部分委员、武警战士、医务人员、少先队员、"园艺达人""西城大妈"等100余人参加，植树120株。在延庆区旧县镇西龙湾村东和怀柔区杨宋镇解村设置义务植树点，接待社会单位和市民个人植树，安排技术人员进行种植技术指导和绿化美化常识讲解。区园林绿化局、各街道办事处及各公园、绿化队分别开展不同形式的绿化活动。据统计，植树日当天，全区有4.5万余人参加植树活动，共植树3400株，清扫绿地47.88万平方米，养护树木9.76万株，设宣传咨询站107个，悬挂横幅标语203幅，出动宣传车10辆，发放宣传材料6.59万份。

（周颖）

【全民义务植树活动】 4月16日，区绿化委员会办公室组织中直机关系统工作人员在"常乐坊"城市森林公园开展义务植树活动。中直管理局、首都绿化办领导等40余人参加劳动，栽植银杏、油松等树木52棵。

（周颖）

【"城乡手拉手·共建新农村"】 5月30日，区园林绿化局组织全体干部、区园林市政管理中心相关科室人员及区属各公园、绿化队负责人前往延庆区开展以"学习建设国家森林城市"为主题的手拉手交流活动，参观西城区与延庆区手拉手共建项目成果——延庆生态文化园艺推广中心"夏都公园驿站"，与驿站工作人员进行业务交流。8月29日，区园林绿化局同延庆区世园办联合举办"相约美丽延庆 共享精彩世园"共建活动，西城区"西城大妈"与延庆区"环保奶奶"完成结对共建，将在这两支志愿服务队和"园艺达人"队伍基础上，进一步扩大志愿服务交流合作，广泛传播园艺知识，深化园艺驿站共建，助力2019年北京世园会。

（周颖）

【回应群众关切】 7月20日和11月6日，区园林绿化局分别召开局长办公会暨向公众报告工作会，邀请区人大代表、政协委员、街道办事处、辖区企业和社区等代表参加，报告全区园林绿化工作情况，与代表互动，现场回应解答问题，征集大家的意见和建议。8月23日，区园林绿化局领导赴西城区政府热线坐席间参加接听12341热线咨询服务，解答政策咨询，受理热线诉求。11月6日举办"政府工作开放日"活动，组织社区干部、居民代表参观逸清园城市森林和西海湿地公园，使居民切身感受疏解整治促提升给西城区城市环境带来的新风貌。

（周颖）

【市领导视察广阳谷城市森林】 9月22日，北京市委书记蔡奇、市长陈吉宁、市人大常委会主任李伟、市政协主席吉林在拉练检查中视察位于菜市口西北角的广阳谷城市森林。蔡奇在视察中请身边市民用手机扫一扫环保雕塑上的二维码并指出，在群众身边建绿地、口袋公园、城市森林，群众获得感更强，要进一步拓展功能，发挥好广阳谷小型植物园和科普场所作用。

（周颖）

【绿化建设】 年内，区园林绿化局大力推进"留白增绿"，积极拓展绿色生态空间。全年新建常乐坊、小马厂逸清园2处"城市森林"、20处口袋公园、39处小微绿地、3处附属绿地。完成西直门嘉茂、三里河一区、红楼公共藏书楼等7处共计1.13万平方米屋顶绿化；完成二里沟小公园、新如意胡同等11处共计1184延长米垂直绿化。新增城市绿地8.37公顷。公园绿地500米服务半径覆盖率96.36%，满足市民"开窗见绿、出门进园"愿景。

（周颖）

【西海湿地公园建设】 年内，区园林绿化局按照市委书记蔡奇对什刹海提出的"亮出岸线、还湖于民"的指示要求，努力做好"绿""水"文章，协同各部门，争取属地支持，打通望海楼、山海楼、小王府等7处堵点，拆除沿湖违建4800余平方米，实现后海至西海6000余米环湖步道全面贯通。新植30余种近2万平方米水生植物，于9月建成西海湿地公园，占地面积10.5公顷，其中水面面积7.4公顷，周边绿地面积3.5公顷，环湖步道长1450米，这是北京核心区内唯一的城市湿地。

（周颖）

【园艺文化推广活动】 年内，西城区利用19处区属公园绿地及21家园艺文化推广中心驿站平台，开展园艺文化推广活动690余场，6万余人次参与。与15个街道办事处合作，开展为期一周的园艺文化推广活动，举办插花、水仙雕刻、绿植组盆、微景观制作、多肉组盆、家庭种菜等园艺活动75场。拓宽宣传渠道、创新宣传载体、加大宣传力度，开展"园艺达人"大赛，50多名选手参与；开展"百万鲜花进家庭、进社区、进街巷"活动，为百姓发放绿植花卉及花种80余万份。引领居民亲身参与绿化美化家园建设，为居民提供家庭园艺指导和绿化知识宣传。4月26日，首都绿化委员会办公室组织朝阳区、丰台区等绿化工作者实地参观西城区园艺文化推广中心、人定湖等4个驿站，针对园艺文化推广中心功能定位、管理运行机制、公益活动开展情况调研学习。

（周颖）

【花卉布置】 年内，西城区围绕"十一"国庆活动，摆放花坛10处，其中有主题花坛"月中山水""和和美美""金秋硕果""美好生活""祥云"等5处；公园花坛新增5处，在10条道路设置灯杆花卉、31条（块）地栽及小品花卉，形成点、线、面相结合的整体花卉布局，营造出花团锦簇、欣欣向荣的节日景象。

（周颖）

【花园式单位创建】 年内，西城区加大"花园式"创建宣传和投入力度，成立花园式社区创建小组，开展各类丰富多彩创建活动，全年创建花园式单位1个，即35中学；花园式社区 1 个，即月坛社区。

（周颖）

【绿化养护管理】 年内，西城区以开展综合检查评比为抓手，努力破解居住区、单位、街巷，特别是老旧小区绿化管理难题，携手街道办事处拆除违建，将和平门小区打造成生态休闲宜居小区。采取安装 ABS 材质拼插树箅子，铺设树皮、陶粒等覆盖物，对区内部分道路、绿地裸露树池进行环保覆盖美化。在北京市对全年四个季度城镇绿地绿化养护综合检查中，西城区取得三个第一名、一个第二名的优异成绩；在全市树木修剪技能大赛中获得"金剪子"和"铜剪子"殊荣，西城区园林绿化局荣获优秀组织奖。

（周颖）

【安全生产监管】 年内，西城区完成 60 家单位安全生产责任险续保工作，其中包括中心所属单位 13 家；合作单位 47 家。开展安全生产月活动，发放美国白蛾防控、防灾减灾知识、火灾预防与逃生自救、人员密集场所安全、野生动物救助等各类安全应急宣传材料 6000 余份，张贴宣传海报 450 余张；开展安全生产标准化、安全隐患排查、企业主体责任落实、消防应急知识等各类安全生产培训 60 余次，参加培训

人员 3000 余人次。检查生产经营单位 484 家次，出动 968 人次，印发督查检查通知单 457 份，查出并整改隐患 326 处。汛期排查并处理危险树木 53 株，汛期及时处理倒伏树木 119 棵、断枝树木 351 株，出动抢险人员 3200 人次、抢险车辆 600 辆。

（周颖）

【依法治绿监督管理】 年内，市园林绿化局与城管部门紧密配合，对私砍乱伐、违法占用绿地、损毁树木等绿化违法行为加大惩处力度，有效遏制绿化违法行为。解决绿化违法事项 9 件；根据举报线索完成执法案件 3 件；移交城管部门案件 6 件。开展行政执法检查 126 次，内容涵盖野生动物保护、种苗、绿地资源、古树、公园管理、湿地等。

（周颖）

【领导班子成员】

党组书记、局长　　　高俊宏

党组成员、调研员　　王　军

党组成员、区绿化委员会办公室副主任　朱延昭

党组成员、副局长　　纪冠军　王文智

（周颖）

（西城区园林绿化局：周颖 供稿）

朝阳区园林绿化局

【概　况】　北京市朝阳区园林绿化局(简称区园林绿化局),挂北京市朝阳区绿化委员会办公室(简称区绿化办)牌子,主要负责本区园林绿化建设和管理,负责组织协调全民义务植树活动及群众绿化工作,并负责直属事业单位建设和管理,职能业务归市园林绿化局监督指导。2018年,全局在职职工797人,其中公务员43人,事业编754人;设置局机关科室10个;下设基层单位17个。

2018年,朝阳区完成新一轮百万亩造林绿化面积1047万平方米,林地面积11310.25万平方米,森林面积10170.37万平方米,林木绿化率26.14%,森林覆盖率22.35%;园林绿地面积15068.93万平方米,绿地率48.23%,绿化覆盖率48.22%。

绿化造林　完成新一轮百万亩造林主体工程,实际完成1047万平方米,其中新增384.68万平方米;实施驼房营路、酒仙桥路、老迎宾线等14条重点道路景观提升;完成北窑地小区、新纪家园等10个老旧小区改造项目;完成北京市第八十中学白家庄校区、将台地区社区服务中心等屋顶绿化2万平方米。

绿色产业　完成花卉常态化项目、国庆节及中非合作论坛峰会花卉布置,使用花卉566万株(盆);提升四得公园春季景观效果,在园内重要景观地点种植阿波罗、硬金、粉色印象等品种郁金香4200株;栽植岷江、索邦、拉曼等品种百合800株。

公园建设　完成新建和改造小红门芳林公园、金茂府百子湾公园、丁香园绿地等25个大中小微公园建设;加大老旧城市公园改造力度,完成望和公园整体改造工程、大望京公园健身步道改造、中华民族园等维修建筑工程。提高公园行业综合服务管理水平,做到严格检查、规范管理,提高公园整体服务质量。

资源安全　审批林木和城市树木伐移项目656件,总株数44.88万株;结合汛期危险树、枯死树排查清理,批准危险树申请46件,砍伐危死树183株。审核临时占用林地项目8件,面积12.56万平方米;市园林绿化局审批占用林地项目16件,面积24.59万平方米。区园林局备案的占用林地项目17件,面积51.39万平方米。接受林业资源举报176起,其中行政立案14起(1起为刑事后期转行政),行政罚款64.51万元,补种树木119株。没收野生动物活体162只、死体11只、野生动物制品3件。以防治美国白蛾、春尺蠖、国槐尺蠖、蚜虫等林木有害生物为重点,普遍防治6次,防治面积9333万平方米,全区未发生林木有害生物严重疫情。

(刘晓柳)

【第十二届"春分·朝阳"文化节】　3月21日,第十二届"春分·朝阳"文化节在日坛公园举办。此次文化节以"春暖朝外古韵传新"为主题,展示改革开放40周年和建区

60周年来朝阳区和朝外街生活、文化、经济等方面发展变化。活动包括非物质文化遗产展示、传统民俗食品展示、民俗体验展示等，1000余名中外游客参加。

（刘晓柳）

【第六届"北京二闸清明踏青节"】 4月4日，第六届"北京二闸清明踏青节"在朝阳区庆丰公园举行。活动由朝阳区精神文明办、朝阳区委宣传部、朝阳区文委、文联，双井街道办事处及朝阳区园林绿化局共同主办。活动内容包括2007年被列为北京市非物质文化遗产名录传统武会项目开路圣会、舞狮圣会、群英同乐小车圣会等，传统民俗游戏项目体验、"清明节民俗文化展""京杭大运河文化展"等民俗表演及老北京特色艺术品展览。活动期间接待游客5000余人次。

（刘晓柳）

【朝阳区侨界人士植树活动】 4月9日，朝阳区侨界人士及志愿者350余人，到望和公园参加全民义务植树活动，栽植黑枣、连翘、丁香、山桃、金叶接骨木400余株。

（刘晓柳）

【第二十一届海棠花节】 4月10日，由朝阳区园林绿化局和朝阳区亚运村街道办事处主办，元大都公园承办的第二十一届海棠花节在元大都公园海棠花溪拉开序幕。海棠花节以"海棠枝头秀 花开一叶新"为主题，开幕当天游客达2万人。北京电视台生活频道采编人员对海棠花节进行专题采访。元大都公园海棠花溪总面积16.4万平方米，是北京市海棠品种最多、数量最大的海棠园，内有5000余株、28个品种

名贵海棠。景区分为西区和东区，西区保留原有景区特色，东区集中展示新优品种，该届海棠花节赏花时间持续到4月20日。

（刘晓柳）

【北京卫戍区官兵参加植树活动】 4月11日，北京卫戍区副司令员张洪波、副政委孙桂歆带领官兵380余人，到孙河乡沙子营村参加全民义务植树活动。栽植国槐、玉兰、碧桃、榆叶梅等树苗1150余株。

（刘晓柳）

【全国政协领导机关参加植树活动】 4月14日，全国政协领导机关工作人员约400人到朝阳区十八里店乡小武基公园参加全民义务植树活动。共栽植白皮松、油松、银杏、柿子等苗木1700余株。

（刘晓柳）

【第十八届红领巾科普游园会】 6月2～3日，朝阳区教育委员会、朝阳区科学技术协会、六里屯街道办事处主办，朝阳区学生活动管理中心和红领巾公园承办的"第十八届红领巾科普游园会暨2018年'六一'科普玩具欢乐汇"在红领巾公园举办。近百人参加活动。主要包括展示中华传统文化，制作陶瓷七十二道工序之一拉坯，绘制工艺宫廷扇；探索科学文化知识，"神奇的玻璃膜"等多个项目。展示3D打印笔技术、机器人智能技术、物理科学与化学实验，培养孩子们逻辑思维、科学认知及正确价值观；参加实践体验项目，极速60秒、妙笔生花、红十字急救课程、地震体验车、结绳训练、消防逃生训练帐篷等。

（刘晓柳）

【朝阳区绿化养护管理培训】 6月4~6日，朝阳区园林绿化局在怀柔区中建雁栖湖景酒店昆仑厅召开2018年养护管理培训工作会。主要围绕行道树栽植及日常养护管理和城市绿地夏季日常养护管理内容进行。区园林绿化局专业队、地区办事处、街道办事处和朝阳区范围内相关单位绿化养护负责人200余人参加培训。

（刘晓柳）

【专业养护检查】 7月24~25日，朝阳区园林绿化局开展2018年第二季度专业养护检查。检查分为内业检查和外业检查。内业检查对各单位养护方案及计划、养护日志、养护相关制度、养护合同、自查记录、应急处置预案及设施设备等文字和照片材料集中检查；外业检查组织12个专业养护单位主管领导及一线作业人员34人，对各单位有代表性的特级、一级绿地检查。

（刘晓柳）

【烈士纪念日公祭活动】 9月30日，全国烈士纪念日当天，朝阳区2018年烈士纪念日公祭活动在日坛公园马骏烈士墓前举行。区委、区人大、区政府、区政协、驻区部队主要领导，马骏烈士家属，中小学生代表等120人参加活动。

（刘晓柳）

【森林防火及野生动物保护培训】 10月17~19日，朝阳区森防办在怀柔雁栖湖组织2018年度森林防火及野保业务培训，此次培训内容是森林防火业务知识，林业行政执法工作及野生动物保护、救助。邀请市执法监察大队围绕林业法律法规运用及当前执法环境、形势等，市森林公安局围绕森林扑火安全与紧急避险、扑救森林火灾组织指挥等，市野生动物救护中心围绕北京地区动物活动特点及新形势下濒危野生动物保护等内容进行讲解。各地区办事处主管森林防火及野生动物工作负责人，区园林绿化局属各单位主管森林防火及野生动物工作负责人，区水务局、北京金都园林绿化有限公司绿化二大队、北京世奥森林公园开发经营有限公司主管森林防火及野生动物工作负责人等80余人参加培训。

（刘晓柳）

【森林防火工作电视电话会】 10月24日，朝阳区森林防火指挥部召开2019年度森林防灭火工作视频会议。朝阳区森林防火指挥部成员参加主会场会议，各地区办事处主要领导、农业服务中心主任（林业站站长或绿办主任）、郊野公园负责人，北京金都园林绿化有限公司绿化二大队、北京世奥森林公园开发经营有限公司主管领导和具体工作负责人参加分会场会议。会上，朝阳区园林绿化局领导代表区森林防火指挥部总结朝阳区2018年度森林防灭火工作，动员部署2019年度及今后一个时期森林防灭火任务，并宣读表彰朝阳区2018年度森林防灭火工作先进单位决定。

（刘晓柳）

【互联网＋全民义务植树基地落成】 12月21日，北京市首个区级"互联网＋全民义务植树"基地在望和公园落成，首都绿化委员会办公室领导和全市16个区绿化委员会办公室领导参加落成活动。

（刘晓柳）

【资源保护】 年内，朝阳区森林公安处接举报176起，其中行政立案14起（1起为刑事后期转行政），行政罚款645074元，补种树木119株，没收野生动物活体162只、死体11只、野生动物制品3件；办理刑事案件5起、行政许可审批20件；行政检查600余次；开展各类专项行动3次；开展"爱鸟周""防灾减灾日"及"11·9"全国消防日等宣传活动，发放相关法规手册、粘贴画等宣传资料万余份；对十里河天娇文化城、潘家园市场、北京华声天桥民俗文化市场、雅园国际古玩城、小武基花鸟鱼虫市场等多次集中宣传，发放宣传材料1000余份；坚持每日汇总野禽监测数据，全年发现雁鸭类3000余只、小鸟类3.8万余只，未发现禽流感病例；落实防火责任制，新增宣传牌、禁放牌1127块；购置发放防火物资，包括马甲1000件、2号工具840把、灭火弹1015枚；安装电子语音宣传杆50根。重点火险区严格实行挂双牌管理，签订森林防火责任书22份。年度森林防火期内全区未发生森林火警、火灾。

（刘晓柳）

【绿化资源管理】 年内，朝阳区园林绿化局审批林木和城市树木伐移项目656件，总株数44.8853万株，其中林木采伐许可249件、采伐株数1.507万株、立木蓄积8138.12立方米；林木移植许可292件，移植株数43.2592万株；城市树木伐移审批115件，砍伐354株，移植837株；结合汛期危险树、枯死树排查清理，批准危险树申请46件，砍伐危死树183株。审核临时占用林地项目8件，面积12.5653万平方米；市园林绿化局审批占用林地项目16件，面积24.5942万平方米。区园林绿化局备案占用林地项目17件，面积51.3927万平方米。全区有15种古树名木677株，其中古树589株，一级61株，二级528株，其他类名木88株。区园林绿化局聘请市园林绿化局古树名木专家及专业古树名木复壮公司，先后分两批对三间房生物研究所、呼家楼光华路东段、望京航空干部培训学校、南磨房国管局、潘家园武圣路等地44的株古树进行复壮及更新安装护栏设施。

（刘晓柳）

【年度工作计划编制】 年内，朝阳区园林绿化局结合北京市"六个一百"（新建及改扩建设百条主次干路、支路和断堵头路，建设提升百条环境优美大街，新建和改造百个大中小型公园，新升级百个"高精尖"功能性产业项目，打造百个绿色智慧平安社区，创建百个基层文化品牌）目标要求，开展"百个大中小微公园""百条优美大街"年度工作计划编制。召开区园林绿化局内部方案论证会38次，其中专家评审会30次，就重大项目充分论证，保证方案阶段合理性与可行性。结合北京市新一轮百万亩造林任务，运用ARCgis等软件，从规划伊始就对全区造林地块范围、面积、用地性质严格把控。既保证任务面积落实，又掌握第一手矢量数据，为后期造林成果统计打下良好基础。组织各街乡开展信息采集和项目筛选工作。对各街乡申报项目按照有关要求进行审查，协助办理相关前期手续。

（刘晓柳）

【新一轮百万亩造林建设工程】 年内，朝阳区完成新一轮百万亩造林主体工程，实际完成 1047 万平方米，其中新增 384.68 万平方米。具体建设内容包括 6 个一道绿隔地区城市公园、3 个二道绿隔地区郊野公园、3 个小微公园和 2 个城市公园以及城市森林型景观生态林建设、五环路朝阳段沿线景观提升。

（刘晓柳）

【绿化美化先进集体创建】 年内，朝阳区开展首都绿化美化创建工作，创建花园式社区 8 个，花园式单位 10 个。

（刘晓柳）

【领导班子成员】

党委书记、局长	李世喆
党委副书记、副局长	王国臣
区纪检派驻组组长	张永生
副局长（调研员）	王文胜
副局长	彭光勇
	张东利（2018 年 4 月退休）
区绿委办专职副主任（副处级）	王 涛
副局长、森林公安处处长（副处级）	
	王礼先
副调研员（正处级）	邵洪刚

（刘晓柳）

（朝阳区园林绿化局：刘晓柳 供稿）

海淀区园林绿化局

【概 况】 北京市海淀区园林绿化局（简称区园林绿化局），挂北京市海淀区绿化委员会办公室（简称区绿化办）牌子，是负责本区园林绿化工作的区政府工作部门。下辖 8 个事业单位：区园林绿化服务中心、区绿化队、区绿化二队、区绿化三队、区海淀公园管理处、区翠湖湿地公园管理处、区园林工程设计所、区林业工作总站（区林业保护总站、区林业种苗管理总站、区生态林管护中心）。

2018 年，全区森林覆盖率 35.65%，林木绿化率 40.53%，绿地率 49.12%，城市绿化覆盖率 52.54%，人均绿地面积 38.00 平方米/人，人均公园绿地面积 13.92 平方米/人（注：人均绿地、人均公园绿地均按 2018 年末常住人口计算），公园绿地 500 米服务半径覆盖率 90.89%，公园绿地 500 米服务半径提前三年完成"十三五"目标；注册城市公园 41 家，市级精品公园 25 家。

绿化造林 推进绿化重点工程等生态园林建设，完成绿化建设 359 公顷，其中新增林地绿地 140 公顷、改造林地绿地 219 公顷，新增乔木 5.71 万株，新增灌木 12.39 万株。

绿色产业 生产普通蜂蜜 5150 千克、巢蜜 40 千克、蜂王浆 147.5 千克、蜂花粉 50 千克、蜂胶 8.5 千克、蜂蜡 454 千克，收入 35.58 万元。种苗产量 231.56 万株。

资源安全 落实森林火灾综合防控和以生物防治、物理防治为主的林木有害生物绿色防控措施，加强野生动植物保护和林政执法管理。强化行业和行政监管，严格审批管理，加强精细管绿护绿，推进科技兴绿。

（朱秋媛）

【市领导调研】 9月1日，北京市委书记蔡奇来到海淀区围绕"三山五园"保护工作进行调查研究。蔡奇强调，"三山五园"地区具有独特的优秀历史文化资源、优质人文底蕴和优良生态环境。要以对历史和人民负责的态度，整体保护利用好"三山五园"这张"金名片"，建设国家历史文化传承典范地区和国际交往活动重要载体。市委副书记、市长陈吉宁一同调研。

（朱秋媛）

【全民义务植树活动】 年内，海淀区共有260余家单位近4万人参加全民义务植树活动，新植树木6万株，以18种尽责方式折合树木70万株。4月1日为首都第34个义务植树日，区四套班子领导、企事业单位和社会团体250余人在五环绿化带片区工程现场参加义务植树活动。此次植树活动种植龙柏、国槐、油松、华山松、柿树、山桃、山杏、天目琼花等乔灌木1500余株。4月12日，海淀区政协委员和机关干部60余人在"三山五园"园外园三期工地参加义务植树活动，栽植树木200余株。4月27日，区各委办主要领导和工作人员约70人，在"三山五园"园外园三期工地参加植树活动，栽植树木180余株。

（朱秋媛）

【绿化美化先进集体创建】 年内，海淀区组织街道开展群众性创建活动，创建花园

式社区2个、花园式单位5个。曙光街道、学院路街道、海融达公司3个单位被评为"首都绿化美化先进单位"；曙光街道世纪城东区、学院路街道学清苑社区2个单位被评为"首都绿化美化花园式社区"；北京恩菲物业管理有限公司、北京四海经典教育培训学校、北京信息科学技术研究院3个单位被评为"首都绿化美化花园式单位"。

（朱秋媛）

【街镇绿化美化工程】 年内，海淀区实施街镇"四个一"绿化美化工程（各街镇每年重点打造一处公共绿地、一处道路绿地、一处立体绿化和一处居住区绿化工程）共计建设绿地35.29公顷，其中道路绿地26.06公顷，公共绿地4.76公顷，居住区绿化2.47公顷，立体绿化2公顷。

（朱秋媛）

【森林健康经营示范工程】 年内，海淀区完成森林健康经营项目任务200公顷，任务建设地点：苏家坨镇北安河村、七王坟村山区。建设内容有林木抚育建设和附属工程建设。林木抚育建设为：人工补植17.06公顷，割灌除草25.8公顷，修枝31.53公顷，扩堰7.27公顷，定株30.13公顷，人工促进天然更新91.53公顷。附属工程建设为：修建作业道2704米，增设指示标示12处、垃圾箱10处、座椅10处、工程牌匾1块。建设标准为市级示范区。

（朱秋媛）

【生态林管护】 年内，海淀区将11个符合公园形态、具备公园使用功能，总面积411.93公顷并属于集体所有的生态林地纳

入《海淀区规范公园景观林地管理工作实施方案》实施范围。纳入生态林地补偿机制政策林地总面积 6852.87 公顷，其中：精品公园面积 98.24 公顷，一般公园面积 313.69 公顷，一级林地面积 93.33 公顷，二级林地面积 997.61 公顷，三级林地面积 1790 公顷，四级林地面积 1040 公顷，五级林地面积 2520 公顷。落实生态林地补偿机制政策，拨付政策资金 29232.89 万元，其中东升镇 1688.81 万元、海淀镇 847.37 万元、四季青镇 8072.66 万元、西北旺镇 3259.72 万元、温泉镇 3805.24 万元、上庄镇 2296.00 万元、苏家坨镇 7562.31 万元、国有林地养护资金 1700.77 万元。因新生违章建筑、征占用林地、养护不到位等问题扣减政策资金 1542.88 万元。完成生态林抚育 6666.67 公顷、整形修剪 280 万余株，补植补造 17 万余株，林地浇水 13333.33 公顷、600 万余株，林地涂白 3333.33 公顷、280 万余株，清理林地垃圾 1500 万千克。

（朱秋媛）

【农村街坊路绿化】　年内，海淀区园林绿化局纳入农村街坊路绿化管理涉及 3 个镇 30 个村，绿地面积 351828 平方米，农村街坊路绿化景观成效明显，农村生态环境水平得到有效提升。完成街坊路绿化实际管护情况评定，依照管护情况评定结果拨付区级管理资金约 205 万元。

（朱秋媛）

【花卉布置】　年内，海淀区布置花卉工程 95928.5 平方米，其中在长春桥桥区、紫竹桥桥区 2 处重点桥区，中关村大街、万寿路、颐和园路、长春桥路、北坞村路和西郊机场 6 条重点道路及京西宾馆 1 个重点场所布置地栽花卉 48762.6 平方米；在四环路、长春桥、万泉河路以及中关村 1、2、3 号桥等 10 处布置花箱 3516 组，花钵 1871 个，共计 26050.2 平方米，花钵外种植 11260 平方米。完成"双创周"花卉布置，建设内容包括万泉河路花钵花卉 437.1 平方米，地栽花卉 698.6 平方米，花塔花卉 12 处，立体花坛 2 处，悬挂容器花卉 86 个，平面容器花卉 180 组。完成中非论坛花卉布置，于北四环、北三环、西三环和长安街沿线栽植花卉 8720 平方米，立体花坛 4 处。

（朱秋媛）

【森林防火】　年内，海淀区层层签订各类森林防火责任书 1 万余份。投资 300 万元维修全区山区防火路；投资 126 万元维修全区 18 座防火瞭望塔；投资 112 万元维修全区 16 座防火检查站；投资 36 万元购置森林消防物资器材。建立"无人机辅助侦查，联动警力精确打击"工作模式，利用无人机开展森林防火工作；建立森林防火联防联动机制，继续巩固军地联防长效机制；加强与森警部队、区公安消防支队协调联动，森警机动支队 65 名官兵驻防北林大林场。加强与石景山区、门头沟区、昌平区三区森林防火主管部门横向交流，及时分享防火信息，在邻区交界处发生火情时，按照预定部署相互配合，联动联战。强化火情预警预报，严格落实领导带班、24 小时值班制度。发布橙色预警 5 次 23 天，全年无火情火警。割除隔离带和清理林下易燃物 120 公顷；组织巡逻检查千余次，检查单位 130 家，出动检查车 1300 车次，行程约 13 万千米，印发隐患通知书 67 份，全部得到整改。开展森林资源保护、森林防火知识等培训 17 次，培训人员 7200 余人；举办防火宣传活动 6 次，印发宣传手册 5 万份，发放宣传袋 1.2 万个，制作宣传横幅 220 条，受教育群众 15 万余人。全年无森林火灾、无人员伤亡。海淀区森林防火指挥部荣获"北京市森林防火工作先进单位"称号。

（朱秋媛）

【林木有害生物防控】 年内，海淀区推进林木有害生物防控工作社会化和专业化。设置美国白蛾、白蜡窄吉丁、红脂大小蠹、松墨天牛等 23 种虫害区级监测点 680 个，在 29 个街镇的 324 个社区（村、公园）监测到美国白蛾成虫 3469 头，巡查到美国白蛾幼虫危害树木 2236 株。推行以生物防治、物理防治为主的绿色防控措施，释放周氏啮小蜂、管氏肿腿蜂、异色瓢虫等有害生物天敌 4 亿余头；悬挂国槐小卷蛾诱捕器、粘虫板等防治用品 25000 余件（套）；完成春、夏、秋三季飞防作业 150 架次，累计防控面积 15000 公顷。

（朱秋媛）

【林政执法】 年内，海淀森林公安出动警力 3180 人次，出动车辆 1080 车次，巡护自然保护地、野生动物活动区域 350 处，清理野生动物驯养繁殖、加工经营场所 60 处，清理木材加工、存储、运输场所 3 个，开展宣传教育活动 15 次；收到并核查处理举报线索 210 条，立案侦查刑事案件 2 起，破获案件 2 起，抓获犯罪嫌疑人 2 人，查

获解救各类野生动物 356 只，其中救助濒危野生鸟类 1 只，救助国家二级野生鸟类 1 只。林业行政案件立案 33 起，办结 33 起，处罚违法行为人 25 人，处罚违法单位 4 家，罚款 272016.8 元，责令恢复林地面积 9658.66 平方米，责令补种树木 6606 株。

（朱秋媛）

【行政许可】 年内，海淀区园林绿化局受理行政许可及服务事项 640 件，发放许可证及复函 629 件，接待咨询人员 3000 余人，获得服务对象赠送锦旗 4 面；审批林木伐移 211 件，树木伐移 262 件，对 20 件林木采伐申请进一步优化方案，减少采伐林木 500 余株；审核林地备案及临时占用手续 21 项，市局批复绿地占用（含临时占用）63 项；完成绿地率审核 51 项（多规平台 4 件）；受理核发"林木种子生产经营许可证"13 份。签发《产地检疫合格证》9 份，检疫苗木 2.8 万余株，花卉 2 万株，草皮 2.7 万平方米；开具《森林植物检疫要求书》689 份。局行政审批窗口获得海淀区综合行政服务中心年度"优质服务窗口"和"党员先锋岗"称号。

（朱秋媛）

【公共绿地审查】 年内，海淀区园林绿化局取得地铁 16 号线景观提升、阜石路南侧带状绿地、百旺绿地提升工程三期等 18 项市园林绿化局设计方案批复，规划面积约 180 公顷。

（朱秋媛）

【附属绿地方案技术指导】 年内，海淀区园林绿化局完成海淀区高梁桥商业金融、

联强国际二期管理楼绿化工程项目等 8 个项目附属绿地设计方案技术指导。

（朱秋媛）

【代征绿地收缴】 年内，海淀区园林绿化局接收琨御府、温泉 D21 及 D22 地块、清华东路九号住宅及配套项目等代征绿地 7 项，面积 34.38 公顷；取得苏家坨、前沙涧北区定向安置房项目 S1－3、温泉镇 D－23 等《中华人民共和国不动产权证书》20 个，确权绿地 18.3 公顷。

（朱秋媛）

【野生动植物保护】 年内，海淀区园林绿化局完成古树养护工程招投标工作，加强 3738 株古树专业养护。举办"爱鸟周"宣传活动，发放宣传资料 3000 余份。落实野生动物疫源疫病监测日报制度，全区监测点共监测鸟类 37 万余只，未发现疫情。对野猪非洲猪瘟进行防控部署工作，做好每日野猪非洲猪瘟防控工作汇总。

（朱秋媛）

【集体林权制度改革】 年内，海淀区拨付生态公益林促进发展机制资金 216.94 万元，其中市财政资金 82.64 万元，区财政资金 134.30 万元，拨付苏家坨镇 1395366 元、西北旺镇 147042 元、温泉镇 311346 元、四季青镇 315672 元。完成四季青、西北旺、苏家坨、温泉镇共 3443.53 公顷山区生态公益林综合保险，投入保险金 92975.4 元，总保险金额 6198.36 万元。

（朱秋媛）

【种苗产业】 年内，海淀区苗木生产企业共计 41 家，苗圃面积 347.5 公顷，实际育苗面积 320.8 公顷，新育面积 9.6 公顷。苗木总产量 231.56 万株，其中：针叶树 48.46 万株，阔叶树 79.5 万株，花灌木 103.6 万株。

（朱秋媛）

【新一轮百万亩造林绿化工程】 年内，海淀区完成年度造林任务 263.56 公顷，其中新增造林 105.43 公顷，改造造林 158.13 公顷。围绕城区绿化（86.83 公顷）、平原造林（113.93 公顷）、浅山区造林（86.83 公顷）、重要通道绿化（20.93 公顷）四个方面 13 项绿化工程，打造城市"森林"形态公园绿地 2 处，城市休闲公园 1 处，小微绿地 2 处，累计种植乔木 8.56 万株、灌木 20.34 万株。

（朱秋媛）

【AI 科技主题公园】 年内，海淀区园林绿化局与百度公司、华为公司共同协作，在海淀公园试点完成的全球首个 AI 公园正式建成并对公众开放。海淀公园科技公园项目共新建网络主控机房 1 座、铺设强弱电管线 3000 米、智能灯杆 26 根、夜景灯光系统 1 套、人流计数系统 1 套，景观提升改造 2000 平方米，改造新铺园内一级油路面积 8800 平方米（长 1.8 千米）、健身步道 1200 平方米（长 860 米），改造恢复铺装 500 平方米等。园内各类智能设施包括阿波龙无人车、未来空间、智能语音亭、AR 太极、健康步道等交互体验项目，累计接待体验市民超过 10 万人次；接待政府、企事业单位团体近 500 人；到现场采访、拍摄、报道媒体有新华社（北京分社）、北京电视台、《北京日报》《北京晚报》《北京青年报》、人民网、千龙网、海淀新闻中心等70余家国内媒体，以及来自日本、韩国、德国等近20家国外媒体。

（朱秋媛）

【浅山区荒山造林工程】 年内，海淀区实施苏家坨浅山区荒山造林工程建设面积26.67公顷。此工程位于苏家坨镇七王坟村，主要以提升森林质量、提高森林稳定性为基础，补充稳定性较强的优势群落树种，促进此片林木进入森林质量选择期，累计种植乔木、灌木1.8万余株。

（朱秋媛）

【留白增绿】 年内，海淀区"留白增绿"专项工作完成绿化面积41.46公顷，涉及15个街、镇、单位，49个点位，充分利用拆违腾退地、城市边角地，建设完成解放军档案馆、大有北里社区南侧绿地等公园绿地。

（朱秋媛）

【翠湖品牌商标注册】 年内，海淀区翠湖湿地公园成功注册"翠湖湿地"品牌商标，申请注册证共19项，包括翠湖湿地文字12

项及LOGO7项，涉及教育培训、旅游纪念品、餐饮住宿等方面。

（朱秋媛）

【公园文化品牌精品建设】 年内，海淀区举办海淀公园第15届插秧节、收割节、百姓周末大舞台、2018健康中国行主题宣传活动等市区级活动25个。百姓周末大舞台累计演出60场，观看演出游客近万人。中国科普作家协会生态科普创作专业委员会在翠湖湿地公园成立，翠湖湿地公园被授予"科普创作基地"及"专业学位研究生实践教学基地"称号。公园全力配合生态科普创作专业委员会各项工作，同时为风景园林学、生态学科研实验提供实践平台。

（朱秋媛）

【领导班子成员】

　　局　　长　林　航
　　党组书记　肖敏鹏
　　副 局 长　刘素芳　王艳龙　邢晓燕
　　区绿化办专职副主任　田文革
　　森林公安处长　莫　军

（朱秋媛）

（海淀区园林绿化局：朱秋媛 供稿）

丰台区园林绿化局

【概　况】 北京市丰台区园林绿化局（简称区园林绿化局），挂北京市丰台区绿化委员会办公室（简称区绿化办）牌子，是负责

本区园林绿化工作的区政府工作部门。内设办公室、园林科、林业科等11个职能科室及森林公安处，机关行政编制40名，政

法编制 12 名，实有人数 51 名（含工勤 1 名），下辖 10 个基层事业单位：区林业工作站、北宫国家森林公园管理处、莲花池公园管理处、丰台花园管理处、万芳亭公园管理处、南苑公园管理处、长辛店二七公园管理处、丰台绿化队、长辛店绿化队、南苑绿化队。

2018 年，丰台区实有林地面积 9679.18 公顷，林木绿化率 40.31%，森林覆盖率 27.56%，城市绿化覆盖率（含水面）46.85%，人均公园绿地面积 8.63 平方米。

绿化造林 完成平原造林建设 166.67 公顷，建设嘉囷城市休闲公园及南营公园、康润城市森林休闲公园等 9 处小微绿地，建成大瓦窑公园和石榴庄南垣秋实示范地块，屋顶绿化 15 处 2.08 公顷，完成莲花池公园南部"增彩延绿"及西部拆迁区域 8.6 公顷绿化建设，完成长辛店镇张家坟及太子峪村彩色树种造林工程 33.33 公顷，王佐镇西庄店村公路河道绿化 10 千米，垂直绿化 5710 延米，种植宿根花卉 1.39 万株。

绿色产业 花卉种植面积 1.1 万平方米，主要种植盆栽花卉，生产盆栽花卉 10456 盆，总产值 215 万元。随着城市化进程不断加快，丰台区花卉市场仅剩 2 家，花卉企业 2 家，花卉从业人员 216 人，其中专业人员 47 人。

资源安全 全年未发生森林火灾，林业有害生物成灾率、测报准确率、无公害防治率、敏感地区美国白蛾等食叶害虫平均寄主叶片保存率均达标。

公园风景区 丰台区有 25 家公园风景区，其中注册公园 21 家、森林公园 1 家、风景名胜区 1 家，总规划面积 2447.22 公顷，实际面积 1314.80 公顷。

（何思思）

【全民义务植树活动】 年内，丰台区组织各类义务植树主题活动 33 次，9.2 万人新植树木 6.8 万余株，养护树木 41 万株，清扫绿地 128 万平方米。

（何思思）

【新一轮百万亩造林工程】 年内，丰台区完成造林任务 275.47 公顷，超出原计划 22.3%，种植各类月季 9 万株、地被植物 30 余种，使用建筑垃圾再生材料 6000 立方米，为全区百姓增加各类公园 30 个，公园绿地 500 米服务半径覆盖率 81%。其中：平原造林 166.67 公顷，栽植各类乔灌木 92977 株；启动北天堂公园建设；城市绿化 11.73 公顷，建设嘉囷城市休闲公园及南营公园、康润城市森林休闲公园、康养休闲绿地、槐房、郭公庄、郑常庄、朱南社区、南庭新苑和丽泽 9 处小微绿地；完成"留白增绿"专项任务 50.4 公顷，建成大瓦窑公园和石榴庄南垣秋实示范地块及大红门花飞蝶舞园、花乡特色花卉游园、郑常庄炫彩园、张家坟叠翠公园、长辛店城市森林公园、太子峪枫林杏苑公园绿地；屋顶绿化 15 处 2.08 公顷，超出年计划 73%。

（何思思）

【花卉景观布置】 年内，对丰台区二环、三环、四环、重点大街、桥区、街旁绿地等进行花卉布置，栽摆花卉 258.99 万株，其中地栽花卉 7400 平方米，栽摆花卉 52.94 万株（盆）；花箱 193 组，栽植花卉

22.23 万株（盆）；立体花卉 3 处 5 组，栽植花卉 183.82 万株（盆）。

（何思思）

【环境整治工程】 年内，丰台区完成康辛路沿线及宛平城周边环境整治，开展丰台区消除裸露土地专项行动，出台《裸露土地治理绿化技术导则》，完成 89 条道路行道树补植 1026 株，覆盖重点道路、节点树池 1 万余个，补植补种面积 60 余公顷。

（何思思）

【绿化美化先进集体创建】 年内，丰台区创建 5 个花园式社区、6 个花园式单位、4 个月季社区。花园式社区：新村街道富锦嘉园社区、西罗园街道洋北社区、丰台街道丰益花园社区、太平桥街道三路居社区、南苑乡南苑地区新宫社区。花园式单位：花乡造甲村刘孟家园小区、新村街道中海九浩苑、太平桥街道北京电力医院、卢沟桥乡华源一里 8 号院、王佐镇南宫景园二期、丰台街道东安街头条 19 号院。月季社区：西罗园街道洋桥北里社区、南苑乡德鑫嘉园二期、南苑乡新宫社区、丰益花园社区。

（何思思）

【林地绿地养护】 年内，丰台区完成 838 公顷专业绿地、区管 14 条河道 258 公顷河道绿地及 15 公顷街道移交的自管或者无人管理附属绿地养护和 40 余次重大活动环境保障工作。出台《丰台区生态林养护管理办法》，加强对乡镇 5733.33 公顷林地养护工作指导和监督。建立古树巡查机制，复壮修复古树 4 株。做好林木有害生物监测、检疫和除治工作，全区未发生林木有害生物灾情。

（何思思）

【行政审批】 年内，丰台区将审批办结时限由 12 个工作日缩短至 6 个工作日。受理行政审批事项 106 件，伐移林木、树木 12019 株，占用林地、绿地 5 公顷，其中危险树清理 60 件，采伐林木、树木 309 株。完成建设项目绿化用地审查 42 件，完成 7 个项目 40 公顷绿地率复核。

（何思思）

【代征绿地收缴】 年内，丰台区完成收缴代征绿地 14 处 21.74 公顷。即中国铁路通信信号股份有限公司中国通号轨道交通研发项目、北京市保障性住房建设投资中心丰台区西亚林公共租赁住房项目、北京天城永泰置业有限公司商业金融项目、北京天城永元置业有限公司商业金融项目、首创朝阳房地产发展有限公司商业综合项目、北京玺萌房地产开发有限公司星河城住宅小区项目、北京金缔园房地产开发有限公司居住用房项目、北京农工商联合总公司职工大学居住用房项目、北京金隅嘉业房地产开发公司居住用房项目、长城国富（北京）有限公司商业金融项目、北京旭丰置业有限公司商业金融项目、北京亚林东房地产开发有限公司亚林西居住区项目、北京亚林西房地产开发有限公司居住用房项目、北京骐骥龙腾房地产开发公司居住用地项目。

（何思思）

【行政执法】 年内，丰台区采用"以案释法"新形式开展法制宣传教育 8 次，受众 3 万余人。结合群众反映强烈的树木抹头类问题，建立"问题接收——现场指导——违法处罚"工作机制，制作树木抹头执法专题动画在《丰台有线》滚动播放。完成执法检查 1975 次、行政处罚 37 件，林业行政案件立案 12 起，刑事案件立案 6 起，各类涉林涉绿案件累计处罚 2046 万元。处理有关绿化违法行为投诉和举报 4312 起、参加联合执法 2978 次。对全区苗圃进行两次产地检疫，共检疫苗圃 15 家，苗木 20 万余株，面积 172.67 公顷。

（何思思）

【违法图斑专项整改】 年内，丰台区接收北京市园林绿化资源保护专项检查下发疑似违法图斑 501 个，面积 403.89 公顷，报市园林绿化局销账（挂账）389 个图斑，销账（挂账）率 78%，收回林地、绿地面积 114.79 公顷，栽植林木 46456 株，拆除违法建筑面积 98566 平方米，投入资金 2508.527 万元。接收国家林业和草原局下发疑似图斑 72 个，面积 58.40 公顷，整改恢复绿化 8 块，面积 3.16 公顷。自然保护地大检查行动摸排各类问题 26 项，完成整改 17 处，处罚企业或个人 3 个，罚款 70.16 万元，拆除违法建筑面积 15.01 万平方米，恢复种植面积 17.1 万平方米，整改率 65.4%。

（何思思）

【公园管理】 年内，丰台区共有 25 家公园风景区，其中注册公园 21 家、森林公园一家、风景名胜区一家，总规划面积 2447.22 公顷，实际面积 1314.80 公顷；其中 8 个为收费公园及风景区，其余 17 个为免费公园（其中 5 个是郊野公园）。共有精品公园 11 个，市级重点公园 5 个，4A 级旅游景区 5 个，其中，21 个注册公园，总规划面积 2368.41 公顷，实际面积 1237.99 公顷；一个森林公园，北宫国家森林公园（4A 级景区）规划面积 200 公顷，实际面积 100 公顷；一个风景名胜区（4A 级景区），千灵山风景区，规划面积 1250 公顷，实际面积 220 公顷。修订《公园文化活动管理办法》，莲花池公园、万芳亭公园、丰台花园实行免票入园。完成莲花池公园西侧环境提升 4 公顷、南侧"增彩延绿""城市森林"示范项目 4.8 公顷；完成丰台花园、云岗森林公园环境改造提升。

（何思思）

【公园景区服务】 年内，丰台区属各公园接待游人 1873.4 万人次，总收入 16163 万元。开展义务植树、踏青节、彩叶节、百姓大舞台等文化活动 97 次。

（何思思）

【森林防火】 年内，丰台区制订《丰台区森林防火三年行动计划（2018—2020 年）》。在王佐镇西庄店羊圈头与房山交界处新建森林防火瞭望塔一座，新修防火公路 2300 米，以春节、清明节为重点保障时期，组织大型森林防火宣传 4 次，组织扑火队培训演练 4 次，清理林下可燃物 3500 公顷，清理林区散坟周边可燃物 4800 座，开设防火隔离带 13.8 万延米，全年未发生森林火灾。

（何思思）

【林木有害生物防控】 年内，丰台区开展林木有害生物监测、普查和防治工作，全区设置监测点市级 29 个，区级 32 个。悬挂美国白蛾、国槐小卷蛾等有害生物诱芯 2.49 万套，完成有害生物春季越冬基数调查和 3 次美国白蛾等危险性林木有害生物普查。采取树干围环阻隔防治面积 793.33 公顷，灯诱成虫、色板诱杀等措施作业面积 7533.33 公顷次。释放天敌昆虫 9500 万头，控制面积 673.33 公顷次。出动打药车 709 台次、防治人员 1828 人次，作业面积 4333.33 公顷次；利用飞机喷药防治 34 架次、作业面积 3400 公顷次；施用植物源药剂、仿生制剂 6880 千克。

（何思思）

【果品安全】 年内，丰台区无公害果品产地、产品认证面积同 2017 年相比增加 6%，果品安全抽检合格率 98% 以上，对全区 14 个果园果品定性和定量检测 235 批次，全部合格；完成长辛店镇李家峪果园 6.87 公顷果品无公害认证。

（何思思）

【野生动植物资源保护】 年内，丰台区组织开展野生动物资源保护宣传 8 次，检查 60 余次，收缴国家级保护动物 17 只，解救野生鸟类 600 余只，销毁捕鸟工具 480 余件。踏查非法种植毒品原植物，铲除疑似大麻科毒品原植物 6303 株。

（何思思）

【领导班子成员】
局党组书记、局长、区绿化办主任
王世义
党组副书记　杨　凯（女）（2018 年 1 月任职）
党组成员、区绿化办副主任　李永祥
党组成员、工会主席　李建庆
党组成员、副局长　　林　晶（女）
　　　　　　　　　　刘慧兰（女）
副局长　　　　　　　蔡孟合
森林公安处处长　　　韩　孟

（何思思）
（丰台区园林绿化局：何思思 供稿）

石景山区园林绿化局

【概　况】 北京市石景山区园林绿化局（简称区园林绿化局），挂北京市石景山区绿化委员会办公室（简称区绿化办）牌子，是负责本区园林绿化工作的区政府工作部门。内设 6 个科（室）：办公室（主体责任办）、绿化科、园林科、林政科、规划管理科、财务科，行政编制人员 23 名，森林公安处，政法编制人员 5 名。下设 5 个全额拨款事业单位，分别为：绿化工程一队、绿化工程二队、玉泉花圃、园林设计所、森林消防大队。有干部、职工 139 人，其中，行政编制人员 22 人，政法编制人员 4 人，事业编制人员 113 人。

2018 年，石景山区实施绿化面积 84.3

公顷，其中新建 77.34 公顷，改造 6.96 公顷。完成石景山路两侧绿地栏杆总长度 11 千米改造提升。种植各类乔灌木 3.2 万株、绿篱色块 13.6 万株，种植花卉 98 万株，铺草 4.8 公顷。全区实有绿化面积 4322.27 万平方米，绿化覆盖率 52.67%，人均公共绿地面积 21.96 平方米。

造林绿化 完成永定河左岸森林公园、南宫地区代征绿地、何家坟精品公园等公共绿地建设及改造提升，新增公园绿地 40.31 公顷；完成"留白增绿"面积 19.3 公顷；完成石龙路匝道及护坡绿化建设，新增道路附属绿地 5.9 公顷；推进新一轮百万亩造林建设，新增绿化面积 22.78 公顷。创建花园式单位 2 家，花园式社区 1 家。

资源安全 新升级特级绿地 4 处 6.4 公顷，一级绿地 6 处 23.8 公顷；对全区 3 万株杨柳树注射"抑花一号"，抑制飞絮污染；完成全区在册 1546 株古树挂牌工作，对 4 株濒危古树进行复壮；组织开展湿地资源调查，掌握重要湿地生态环境资源状况；完成全区林地变更调查、疑似林地图斑核查、森林督查等工作；对非法捕猎或经营野生鸟类及动物制品行为加大打击力度并建立长效机制，全年行政立案 15 起，刑事立案 6 起，抓获犯罪嫌疑人 10 人；森林防火连续 16 年无警无灾。

（郑文靖）

【义务植树活动】 4 月 1 日，石景山区绿化委员会办公室结合首都全民义务植树日，发动街道及系统绿委，开展多种形式的绿化美化宣传活动。在主要繁华地段及社区设立义务植树宣传站点 40 个，向市民普及生态文明理念及绿化美化、义务植树相关知识。悬挂宣传横幅 120 条，发放绿化美化宣传材料及宣传品 2 万份。4 月 2 日，以纪念全民义务植树运动开展 37 周年为契机，在新建新安公园组织以"紧抓冬奥、促提升机遇，迈向高端绿色崛起新征程"为主题的大型义务植树活动。区四套班子领导、驻区部队官兵、驻区企业、区机关干部、劳模、妇女代表及大中小学生等 12 个单位、300 余人参加义务植树劳动。平整土地 13000 平方米，栽植油松、白皮松、元宝枫、银杏、紫叶李等树木 107 株。春季期间，全区绿色志愿者、社区居民以走进庭院清扫绿地、平整土地、绿化管护等形式履行植树义务，养护树木 5 万余株，清扫绿地、平整土地 10 万平方米。位于景园假日酒店西侧地块的社会义务植树接待点接待市民 677 人，种植树木 245 株。10 月 27 日，石景山区开展主题为"创建国家森林城市　建设美丽家园"的秋季义务植树活动，在西长安街文化艺术公园（1 处主会场）及各街道辖区内园林工地（8 处分会场）组织开展植树活动。区四套班子领导、驻区部队、创城办、创森工作领导小组成员单位、各街道办事处等 510 人参加植树活动，种植白皮松、桧柏、法桐等树木 125 株。

（郑文靖）

【绿化地块拉练踏查】 12 月 6 日，石景山区园林绿化局牵头对 2019 年新一轮百万亩造林绿化地块进行拉练踏查，对左岸城市森林二期、首钢东南区代征绿地、古城精品社区公园等项目地块进行踏勘。相关单位现场会商影响地块难点问题解决方案，确保 2019 年新一轮百万亩造林绿化主体项目春季全面开工。

（郑文靖）

【林木绿地认建认养】 年内，石景山区持续推进林木绿地认建认养工作。北京国广子行传媒(北京)公司、北京天山新材料技术有限公司、北京信诚佳美保洁有限公司、北京姿美堂生物技术有限公司组织员工分别开展认养古树、绿地抚育劳动和生态保护教育。光大银行信用卡中心认养区政府南侧绿地，面积 15449 平方米。截止到 12 月底，全区实有认养绿地面积为 113579 平方米，认养树木 614 株(其中古树认养 2 株)。

（郑文靖）

【绿化美化先进集体创建】 年内，北京市黄庄职业高中、新都名苑小区被评为"首都绿化美化花园式单位"；八角街道景阳东街第二社区被评为"首都绿化美化花园式社区"。

（郑文靖）

【群众性绿化美化】 年内，石景山区采取多种形式开展群众绿化美化工作。实施区政府 2018 年"社区绿植补种增绿"项目，工程涉及杨庄北区 19 号楼周边绿地、滨和园居住区周边绿地以及西井二区东北角绿地等 7 处地块，总面积 7245 平方米。该工程 9 月开工，10 月底完工，主要包括地块整理、土壤改良、新植苗木等。开展"市花月季进社区""乡土植物进社区"等品牌活动，组织群植单位开展月季栽植与养护技术培训。12 月 14 日，石景山区首家园艺驿站

在北京市黄庄职业高中挂牌。驿站依托校园温室资源及园林专业师资力量，面向社区和学校，定期组织插花、盆景制作、园艺工艺品制作和展示交流等公益性活动。

（郑文靖）

【绿化美化宣传】 年内，石景山区结合全国植树节、首都全民义务植树日、学雷锋日等节日，发动街道、公园、社区、单位开展绿化美化宣传，在主要繁华地段及社区设立义务植树宣传站点 50 个，悬挂横幅 120 条，发放绿化美化宣传材料及宣传品 2 万份。通过报纸、电视、微信等方式展示绿化成果，传播生态文明理念，倡议市民积极参加义务植树活动。截至 12 月，区绿化办在《石景山报》分别以义务植树、市花月季进社区等活动为主题，刊发 7 期绿化专版；通过区电视台《石景山新闻》播发园林绿化新闻 35 条、通过《记者视线》制作 7 期栏目。利用微信公众号、短信、石景山信息网等平台发布石景山区绿化动态消息和信息。制作 2018 年绿化美化工作汇报片，宣传区绿化建设成果。

（郑文靖）

【创建国家森林城市】 年内，石景山区全面启动创建国家森林城市工作，4 月获得国家林业和草原局批复，对创森工作予以备案。在首都绿化委员会办公室指导下，明确基本指标和工作程序。3 次召开区长专题会，研讨创建国家森林城市工作实施方案和指标落实。编制《石景山区创建国家森林城市工作方案》。10 月底，召开石景山区创建国家森林城市暨 2019 年造林绿化

工作部署会。编制《石景山区国家森林城市建设总体规划(2018—2035年)》，面向广大市民和区内各单位征求建议和意见，经修改完善形成报批稿，上报国家林业和草原局并通过初步审查。

（郑文靖）

【义务植树登记考核试点】　年内，石景山区被确定为全市义务植树登记考核工作试点区之一。依据首都绿化委员会办公室《关于批复石景山区、顺义区开展2018年度义务植树登记考核试点工作的通知》精神，制订《石景山区义务植树登记考核工作实施方案》。明确先期登记考核范围为区属机关团体、事业单位和区教委系统。按照属地管理、以块为主、条块结合、分级管理，以先易后难、先大后小的方式分步推进。9月发放《义务植树登记考核卡》，由登记单位填写基本信息，对照《首都全民义务植树尽责形式折算表》梳理和登记2018年以来适龄公民尽责情况，与登记卡一起作为义务植树档案资料备查。由街道、教委系统收集汇总，对照标准进行考核。11月中旬完成义务植树登记考核任务。

（郑文靖）

【花卉环境布置】　年内，石景山区结合国庆节做好绿地地栽花卉布置工作，摆放、种植万寿菊、火炬、球菊鼠尾、一串红、矮牵牛、非洲凤仙等80.23万株(盆)，覆盖面积2.3万平方米。八角立交桥摆放立体花坛面积约270平方米。结合召开民族运动会环境保障，在石景山体育场、首钢篮球馆周边地栽香彩雀、非洲凤仙、彩叶草、火炬鸡冠花、万寿菊、醉蝶花、银叶菊等花卉2365平方米，7.91万株。

（郑文靖）

【绿化管理养护】　年内，石景山区加强绿地基础信息化建设，建设好3个数据台账(公共绿地台账、行道树台账、附属绿地台账)，推进城镇绿地管理标准化建设，抓好标准规范落实；逐步提升关键环节专业化水平，从修剪、浇水、施肥、病虫害防治等工作入手，精心管护、精致养护，切实提高绿地景观效应。全年新升级特级绿地4处6.4公顷，一级绿地6处23.8公顷。

（郑文靖）

【林业有害生物防治】　年内，石景山区园林绿化局利用生物技术绿色防治蚜虫等林业害虫。利用天敌防治方法，放置异色瓢虫卡；利用害虫趋黄性，放置性信息素粘虫板。6～7月根据美国白蛾生物学特性，开展周氏啮小蜂集中释放工作。在全区美国白蛾防控重点地段集中释放美国白蛾天敌周氏啮小蜂1.6亿万头。释放周氏啮小蜂是一种较为高效无毒、无害的生物防治手段，同时对杨扇舟蛾、榆毒蛾和柳毒蛾等鳞翅目害虫也有较好的防治作用。

（郑文靖）

【涉林案件办理】　年内，石景山区森林公安处理刑事案件6起。1月15日，石景山区森林公安处成立专案组，成功破获"1·15非法出售珍贵、濒危野生动物制品案"，通过深挖该案，成功破获系列案件，刑事拘留非法出售、收购珍贵、濒危野生动物制品违法犯罪嫌疑人6人，该案件荣立国家林业和草原局森林公安局集体二等功。4

月 30 日，在石景山琅山地区成功破获"4·30 非法狩猎案"。8 月 16 日，在石景山八大处公园成功破获"8·16 非法出售珍贵、濒危野生动物制品案"，刑事拘留非法出售珍贵、濒危野生动物制品违法犯罪嫌疑人 3 人。2018 年度，石景山区森林公安处获得全市执法质量考评第一名，刑侦工作第一名。荣获北京市园林绿化局森林公安局集体嘉奖。

（郑文靖）

【森林防火】 年内，石景山区针对森林防火工作召开 5 次专题会议、8 次印发通知、工作方案，7 次组队实地检查森林防火工作，严格落实森林防火责任制。3 月，组织区森林消防大队在老山郊野公园进行森林火险处置实战演练，10 月组织开展 2019 年度森林防灭火培训和演练，2 支专业森林消防中队 60 名队员坚守岗位，随时处理突发火情。11 月组织开展森林防火宣传，邀请《北京晚报》《劳动午报》等 6 家媒体专题报道，增强全民防火意识。石景山区连续 16 年没有发生较大森林火灾。

（郑文靖）

【领导班子成员】

党委书记	李元员
局　长	毛　轩
副局长	白建锋
森林公安处处长	韩永忠
副调研员	杨占泉　任久生

（郑文靖）

（石景山区园林绿化局：郑文靖 供稿）

门头沟区园林绿化局

【概　况】 北京市门头沟区园林绿化局（简称门头沟区园林绿化局）挂门头沟区绿化委员会办公室（简称区绿化办）牌子，有职工 227 人，局机关内设办公室、人事教育科、绿化科（义务植树办公室）、造林营林科、林政资源科、林场公园科、果蜂科（科技科）、计财科、城镇园林科。另有森林公安处，下设治安刑侦科、防火科；直属事业单位 15 个（不含 9 个镇林业工作站）。

2018 年，门头沟区森林覆盖率 46.61%，林木绿化率 70.02%。绿化覆盖面积 1719.48 公顷，园林绿地面积 1643.39 公顷；绿地率 44.12%，绿化覆盖率（含水面）46.16%，人均绿地面积 62.39 平方米，人均公园绿地面积 29.99 平方米。

绿化造林 义务植树 10.03 万株，"一树一库"抚育 140.8 万株。完成美丽乡村建设面积 13.33 公顷，涉及 7 个村。完成森林健康经营林木抚育 5800 公顷，完成国家级公益林中幼林抚育 1066.67 公顷。完成 2018 年彩叶树种造林工程 120 公顷。完成 2018 年新一轮百万亩造林工程建设任务。完成 2018 年京津风沙源治理二期工程建设任务。

资源安全 森林防火期，出动巡逻检查人员1022人次，车辆326台次，排查发现森林火险隐患6件，清理可燃物400余公顷。接警138起，查处林业行政案件50起（一起转立刑事案件），罚款51.3798万元，补种树木327株。立案查处非法捕猎非国家重点保护野生动物案一起，检查集贸早夜市场2处，检查鸟类活动区域20处，收缴野生鸟类34只，救助国家二级保护动物雀鹰一只，拆除铁夹2处。

绿色产业 发展矮化密植苹果高效现代果园20公顷，完成果园基础设施提升项目园区一个，总面积4公顷。建设规模化养蜂基地1400平方米。发放"猛力28"氨基酸果树专用肥1万桶。举办各类培训班4次，培训果农、蜂农、技术人员1000余人次。开展退耕还林钱粮兑现工作，验收合格面积1501.99公顷，兑现原粮112.65万千克，发放现金补助45.06万元。

（杨超）

【绿海运动公园建设项目】 3月15日，门头沟区绿海运动公园建设项目启动施工，该项目位于门头沟新城中部，呈东北向西南带状分布。北至中门寺沟，南至冯村沟堤坝，东西边界以两侧规划路为界。建设总面积53.36公顷，总投资约1.5亿元。

（杨超）

【义务植树】 3月30日，门头沟区四大班子义务植树活动在区永定河森林公园拉开帷幕，四大班子领导及各界代表160余人参加以"弘扬生态文明，建设宜居宜业宜游门头沟"为主题的全民义务植树活动，栽植树木330余株。区绿化委员会发动1.8万余人参加植树、抚育、宣传等活动，栽植树木3.6万余株，养护树木59.8万余株。在繁华路口设立宣传咨询站13个，发放《义务植树宣传手册》《碳汇知识宣传手册》《种子法》《林木病虫害防治手册》、森林防火宣传材料、绿色生态购物袋、宣传折页等15种1.8万份。

（杨超）

【指导绿化美化先进集体创建】 6月13日，区绿化办公室工作人员先后到北京第八中学京西校区、大峪二小等创建单位进行绿化美化创建服务指导工作，对在绿化美化建设中存在的绿地裸露、绿篱缺失等问题及时指出并提出合理化建议，对其绿化美化整体布局、种类配置等栽植技术进行指导，根据创建单位绿化美化实际需求给予一定数量月季花卉绿化支持。

（杨超）

【创城工作】 7月17日，区园林绿化服务中心及各公园在公园设置宣传橱窗70余块，安放文明宣传牌500余块，发放"文明游园须知"等宣传材料3000余份。

（杨超）

【森林防火】 10月25日，门头沟区召开2019年度森林防灭火工作电视电话会议，安排部署2019年度森林防灭火任务。

（杨超）

【新一轮百万亩造林】 年内，区园林绿化局山区完成新一轮百万亩造林工程。完成造林栽植面积3000公顷。其中，山坡台地及拆迁腾退地造林项目整体全部完成，栽植面积 921.33 公顷；山前平缓地造林项目完成栽植面积 408.67 公顷。荒山造林项目工程完成栽植面积 1670 公顷。完成年度"留白增绿"项目 14.61 公顷。

（杨超）

【京津风沙源治理】 年内，区园林绿化局完成 2018 年京津风沙源治理二期工程。实施面积 1000 公顷，共计 33 个地块，总投资 7500 万元，栽植各类苗木 88 万余株。配套措施包括水管 84919.2 米，水泵 184 台，临时蓄水池 169 座。

（杨超）

【森林健康经营林木抚育】 年内，区园林绿化局完成森林健康经营林木抚育任务，建设任务 5800 公顷，投资 3560.7 万元，完成建设两个示范区，分别为清水达么庄示范区、妙峰山岭角示范区。

（杨超）

【林业产业发展】 年内，区园林绿化局完成果园基础设施提升项目园区 1 个，总面积 4 公顷。建设规模化养蜂基地 1400 平方米。发放"猛力 28"氨基酸果树专用肥 1 万桶，惠及果园面积 400 公顷。举办果农蜂农各类培训班 8 次，培训果农、蜂农、技术人员 1000 余人次。开展退耕还林钱粮兑现工作，验收合格面积 1501.99 公顷，兑现原粮 112.65 万千克，发放现金补助 45.06 万元。

（杨超）

【国家级公益林管护】 年内，区园林绿化局完成国家级公益林管护项目建设任务，

中幼林抚育 1066.67 公顷，涉及清水、斋堂、雁翅 3 个镇，具体抚育措施包括疏伐、补植、割灌和人工促进天然更新等。

（杨超）

【成立保障性苗圃名录库】 年内，门头沟区园林绿化局通过公开招标方式成立门头沟区保障性苗圃名录库，现有保障性苗圃企业 18 个，其中北京 11 个，山东 1 个，河北 2 个，天津 1 个，河南 3 个。

（杨超）

【古树名木保护】 年内，区园林绿化局古树抢救复壮、病虫害防治 195 株，普查古树 1700 余株。

（杨超）

【果品安全】 年内，区园林绿化局检测果品 120 份，共计 360 千克，其中向北京市食用林产品质量安全监督管理事务中心和北京市农林科学院林业果树研究所送检果品和蜂产品 72 份。包括樱桃、鲜杏等十余个品种，对送检果品的农药残留情况、重金属等有害物质含量进行检测，检测合格率 100%。

（杨超）

【林业资源保护】 年内，区园林绿化局优化完善测报点 470 个，测报虫种 25 种，测报人员 229 名，覆盖全区 9 个镇、5 个林场、6 个相关单位。飞机防治林业有害生物 50 架次，预防面积 5000 余公顷。签发产地检疫合格证 15 份，签发植物调运检疫要求书 1800 份。首次购买社会化服务公司进行现场检疫调查工作。完成木材检查，

检查苗木 46800 株。

（杨超）

【绿地养护】 年内，区园林绿化局完成全区公园绿地养护任务。明确划片分工职责等措施，对全区 365.73 万平方米绿地实施精准养护。

（杨超）

【领导班子成员】

党组书记、局长、区绿化办主任　杨树国

党组成员、副局长　王进亮

调 研 员　郑爱国　刘庆文　孙　龙　郭英帅

党组成员、副局长　苏海联

党组成员、区绿化办副主任　杨东升

党组成员、副局长　王绍辉　李宝锁

森林公安处处长、督察长　郑万建

副调研员　陈文清

园林绿化中心主任（副处级）　王进恺

园林绿化中心副处级待遇　管瑞有

（门头沟区园林绿化局：杨超 供稿）

房山区园林绿化局

【概　况】 北京市房山区园林绿化局（简称房山区园林绿化局），挂房山区绿化委员会办公室（简称区绿化办）牌子，是负责全区园林绿化工作的区政府工作部门，机关设置党政办公室（内部审计科）、人事科、园林管理科、绿化联络科、林政资源科、造林营林科、产业发展科及森林公安处（森林公安处设办公室、防火治安科 2 个内设机构，派驻 5 个森林公安派出所）。直属事业单位 19 个，即公益一类（全额）事业单位 16 个；公益二类事业单位 3 个。截止到2018 年年底，编制人数 419 人，实有人数396 人。

绿化造林　完成平原地区重点区域绿化面积 660 公顷，种植各类乔灌木 63.58万株。完成太行山绿化三期人工造林666.67 公顷，栽植苗木 73.6 万株。完成京津风沙源治理封山育林 2000 公顷、彩叶工程 200 公顷，公路河道绿化工程 40 千米。全区 28.5 万人参加义务植树，新植苗木10.08 万株。新建绿地 25.16 公顷。

绿色产业　新发展果树面积 135.07 公顷，栽植各类果树 15.47 万株；果品产量4694.49 万千克、果品产值 2.17 亿元。全区 102 个观光果园，采摘量 207.02 万千克，采摘收入 1257 万元。发放授粉蜂箱800 套、巢蜜盒 3.04 万个。全区蜂群总数3.21 万群，蜂蜜产量 14.92 万千克，蜂业总收入 544.87 万元。

资源安全　组织飞机防治 250 架次，防治面积 2.5 万公顷；人工地面防治 3.87万公顷。新建瞭望塔 4 座、检查站 4 座，新增防火公路 22 千米，开设防火隔离带150.31 万延长米，清理林间可燃物31586.67 公顷。森林公安处接警情 304 件，办结案件 140 起；处罚责任单位 20 个，违法行为人 108 人，追究刑事责任 7 人；罚款 92.61 万元，补种树木 1.14 万株。

（李晓鹏）

【首次发现震旦鸦雀】 2月，房山区北京牛口峪市级陆生野生动物疫源疫病监测站工作人员在牛口峪水库首次发现"鸟中熊猫"震旦鸦雀。

（李晓鹏）

【世界野生动植物日主题宣传】 3月1日，"世界野生动植物日"宣传活动在十渡镇雅布伦生态休闲文化园举办。放归国家Ⅰ级保护野生动物黑鹳一只、国家Ⅱ级保护野生动物红隼 2 只。现场悬挂宣传条幅 10 条，摆放野生动植物宣传展板 20 块，发放宣传材料及宣传品 5000 余份。设立咨询台，向市民普及和解答有关野生动植物的相关知识。

（李晓鹏）

【国际森林日植树活动】 3月21日，以"森林与可持续城市"为主题的"国际森林日"植树纪念活动在张坊镇互联网 + 义务植树基地举办。来自十多个国家和国际组织代表，全国绿化委员会成员单位、有关部门（系统）代表及各界群众 200 余人参加活动，栽植油松、国槐、柿树、白蜡、五角枫等苗木 700 余株。

（李晓鹏）

【森林消防队演习】 3月22日，房山区2018 年度专业森林消防队演习活动在区人民武装部训练基地举行。区、乡两级 26 支专业森林消防队 410 名队员，进行风力机打靶、负重长跑两个项目比赛。

（李晓鹏）

【首都全民义务植树日活动】 4月1日，房山区在西潞街道固村开展以"弘扬生态文明，建设美丽房山"为主题的全民义务植树日活动。区四大班子领导与驻区解放军官兵、区直机关等单位 1000 余人参加活动，种植油松、白皮松、玉兰、国槐、侧柏、西府海棠、紫叶李等苗木近 3000 株。

（李晓鹏）

【实习基地挂牌】 5月6日，上方山国家森林公园与中国地质大学举行实习基地挂牌活动。中国地质大学信息工程学院在上方山主要开展 GIS 专业的 3S 实习、现实实景数据采集、实验科研活动，为上方山制作最新卫星影像图、高精度无人机实景三维模型、古迹建筑产籍和面积测算、边界信息图等日常维护和规划发展数据智力支撑。

（李晓鹏）

【果树栽培管理技术培训】 5月10日，房山区园林绿化局在周口店镇娄子水村果园组织果树栽培管理技术培训。针对桃树和苹果树 5～6 月应采取果树丰产技术措施进行现场讲解与示范，围绕果树管理过程中存在问题进行互动交流，各乡镇 50 人参加。

（李晓鹏）

【百年拳谱回归】 5月22日，奇云大悲拳第三代传人崔永明向上方山管理处捐赠民国时期上方山兜率寺奇云大师刊印《大悲陀罗尼拳拳谱》，该拳谱创始于民国26年，奇云大师首创。《大悲陀罗尼拳》拳谱是第一件回归上方山的历史文化资料。大悲拳在2012年被列入区级非物质文化遗产，此拳谱是现存图文并存，记述最早的大悲陀罗尼拳资料。

（李晓鹏）

【古树名木保护】 9月11日，房山区1677株古树名木悬挂新标识牌，标识牌在原有基础上增加二维码，扫描二维码可以了解古树名木相关信息，增加市民了解古树知识途径，增强古树名木保护意识。

（李晓鹏）

【林业有害生物防治】 9月17日，房山区完成年度林业有害生物飞机防治工作。此次飞机防治工作涉及17个乡镇及有林单位，主要防治美国白蛾、春尺蠖、杨扇舟蛾等林木有害生物。

（李晓鹏）

【森林公安民警培训】 10月29日至11月2日，房山区园林绿化局利用5天时间，举办2018年森林公安民警培训班，42名民警参训。培训班邀请市、区有关领导和专家，围绕安全执法、廉洁自律、如何自我保护等内容专题讲解。

（李晓鹏）

【森林防火宣传】 11月1日，房山区开展以"保护绿水青山、森林防火当先"为主题的宣传咨询活动。良乡赛纳园设主会场，各乡镇（街道）、重点有林单位设分会场或宣传站，重点风景旅游区设宣传点，集中进行森林防火宣传。共计发放宣传画册3000本、宣传单3万张，摆放展板360块，悬挂横幅110条，发放环保袋4000个。

（李晓鹏）

【领导班子成员】

党组书记、局长、区绿化办主任　张福志

党组成员　朱　凯

党组副书记、副局长　张　雷

党组成员、工会主席　张凯军（2018年4月任职工会主席）

党组成员、区绿化办副主任　何庶民

党组成员、森林公安处处长、督察长　丁景韬

党组成员、副局长　张文玉

副局长　梁丽芳（女）

总工程师　赵　龙

林果科技服务中心主任　田文东

上方山管理处主任　朱仕学

（房山区园林绿化局：李晓鹏　供稿）

通州区园林绿化局

【概　况】　北京市通州区园林绿化局（简称区园林绿化局），挂北京市通州区绿化委员会办公室（简称区绿化办）牌子。负责本区园林绿化工作，设6个内设机构和北京市通州区园林绿化局森林公安处（简称森林公安处），以及18个局属基层单位。

2018年，在区委区政府正确领导下，区园林绿化局紧紧围绕城市副中心战略定位，完成区委区政府和市园林绿化局部署的各项任务，全区森林总面积27485.53公顷，森林覆盖率30.32%。城市绿色生态空间进一步扩大，建成一批社区绿地、城市森林，公园绿地500米服务半径覆盖率达80%。

绿化造林　高标准开展"两带、一环、一心"建设，大力推进以台湖万亩游憩园、永顺城市公园为代表的西部生态带建设，以潮白河森林景观带为代表的东部生态带建设。完成党和国家领导人义务植树、首都全民义务植树日植树等大型义务植树活动。结合市级机关搬迁入驻，在进出通州区主要道路及沿线进行园林景观建设工程，有效提升行政办公区周边区域绿化景观。

绿色产业　全区蜜蜂饲养量925群，现有养蜂户19户，养蜂专业合作社1个（运河源养蜂专业合作社）。全区果品产量4752万千克，产值约4.1亿元。截至2018年年底，有规模化苗圃38家，总面积1993.34公顷，栽植苗木1048万株，吸引社会投资16.4亿元。推进20条城市风景林荫路建设，在新华大街等主要道路沿线

及重要节点实施地栽花卉常态布置，进一步彰显城市副中心绿化景观品质。

资源安全　严格落实森林防火责任制，完善预警监测和应急指挥体系建设，做好火情防控和可燃物清理工作，实现森林火灾零发生。全面提高林业病虫害绿色防控、应急防控、社会化防控能力，无公害防治率达到95%。

（余卓恒）

【打击违法行为专项行动】　4月1日至5月31日，通州区森林公安处在全区范围内开展打击破坏森林违法犯罪专项行动，代号"春雷2018行动"；9月1日至12月10日，区森林公安处在全区范围内开展打击破坏野生动物违法犯罪专项行动，代号"绿剑2018"。

（余卓恒）

【区创建国家森林城市建设】　7月21日，《北京市通州区创建国家森林城市建设总体规划》通过国家林业和草原局专家评审。8月28日，《通州区国家森林城市建设总体规划》正式发布。

（余卓恒）

【新一轮百万亩造林工程】　9月2日，通州区召开新一轮百万亩造林绿化工程工作部署会。全年完成2900公顷新一轮百万亩造林工程主体大树栽植任务。

（余卓恒）

【规划编制】 年内，通州区编制《国家森林城市建设总体规划》《新一轮百万亩造林绿化建设规划》等多个规划。

（余卓恒）

【北京城市副中心园林绿化养护管理机制】
年内，按照北京市、通州区两级指示精神，区园林绿化局研究制订《北京城市副中心公共绿地养护移交方案》《北京城市副中心公共绿地养护监督管理工作办法》《北京城市副中心公共绿地养护管理考评工作细则》《北京城市副中心公共绿地特养特护管理办法》等园林绿化移交管理标准化文件材料，明确责任、标准、流程和质量要求。

（余卓恒）

【义务植树活动】 年内，通州区完成党和国家领导人义务植树等义务植树保障活动21 次，参加义务植树 20.58 万人次，植树102.85 万株。

（余卓恒）

【绿化美化先进集体创建】 年内，通州区创建花园式社区 1 个，花园式单位 5 个，森林城镇 1 个，绿色村庄 4 个。

（余卓恒）

【森林防火】 年内，通州区严格落实森林防火行政首长负责制，加强可燃物清理、社会面宣传和巡查防控力度，强化专业森林消防大队建设，全区连续 33 年实现无森林火警、火险。

（余卓恒）

【林木有害生物防治】 年内，通州区实施林木有害生物飞机防治 166 架次，预防控制面积约 16600 公顷次。

（余卓恒）

【林业行政执法】 年内，通州区开展园林绿化资源专项检查和打击破坏野生动物资源违法犯罪活动专项行动，立案查处行政案件 10 件、刑事案件 5 件，确保森林资源安全。

（余卓恒）

【食用林产品安全监管】 年内，通州区开展食用林产品无公害基地认证、果品抽样检测、食用林产品安全宣传等工作，完成11 家无公害生产基地新申报及 3 家复查换证工作。

（余卓恒）

【蜂产业】 年内，通州区蜜蜂饲养量 925群，现有养蜂户 19 户，养蜂专业合作社 1个（运河源养蜂专业合作社）。

（余卓恒）

【科技创新成果】 年内，通州区完成北京城市副中心生态园林动物多样性构建、平原造林虫害本底调查研究工作。开展"智慧园林"前期研究工作，推广海绵城市新理念。

（余卓恒）

【果树产业】 年内，通州区完成 386.67 公顷高效高产果园现代化管理工作。全区果品年产量 4752 万千克，产值约 4.1 亿元。

（余卓恒）

【规模化苗圃】 截至2018年年底，通州区有规模化苗圃累计38家，总面积1993.34公顷，栽植苗木1048万株，吸引社会投资16.4亿元。

（余卓恒）

【重点绿化工程】 年内，通州区持续推进运河城市段景观提升工程，主要包括月岛景观提升工程、运河菜馆停车场建设工程、八区"透视线"提升工程、主通道鱼池改造工程、十区运动场建设工程、运河两岸景观提升工程等。截至2018年年底，全区实施屋顶绿化9728平方米；垂直绿化15千米。

（余卓恒）

【广渠路树木移植】 年内，通州区配合做好广渠路东延改造工程建设，春季完成广渠路东延西段和东段9个节点树木移植工作，剩余道路沿线树木移植工作，12月底前全部完成。

（余卓恒）

【大运河森林公园】 年内，通州区大运河森林公园接待各类考察参观团体529次13958人。其中月岛观景阁接待410次12835人，清风园接待42次1123人。接待旅游团体各类中小型群众性活动65次，共计9180人。

（余卓恒）

【获得荣誉】 年内，通州区园林绿化局被国家林业和草原局评为"全国三北绿化先进单位"。

（余卓恒）

【领导班子成员】

党委书记　　张军领
党委副书记　董本新
局　　长　　禹学河
副　局　长　李书勇　王春喜
工会主席　　刘玉梅(女)
区绿化办主任　禹学河
区绿化办副主任　张宝常
森林公安处处长　高秉权

（余卓恒）

（通州区园林绿化局：余卓恒 供稿）

顺义区园林绿化局

【概　况】 北京市顺义区园林绿化局(简称顺义区园林绿化局)，挂顺义区绿化委员会办公室(简称区绿化办)牌子，机构设置为七科一室一处，即办公室、政工科、绿化美化科、园林管理科、林政资源管理科、产业发展科、财务科、法制科、顺义区森林公安处；5个规范管理科级事业单位，即区义务植树中心(区平原造林管理中心)、林业技术服务中心、北大沟林场、林业工作站、东郊森林公园顺义园管理服务中心；一个全额事业单位，即区林业植物检疫和保护站（区食用林产品质量安全监督管理事务中心）；一个自收自支事业单位，即林木绿地管护中心。顺义区森林公安处下设北大沟森林公安派出所。顺义区园林绿化局在职总人数167名，其中干部125名、工人42名；副高级职称8名、中级职称19名、初级职称30名。

2018年，全区森林覆盖率30.73%，林木绿化率37.15%，人均公园绿地面积27.74平方米，绿化覆盖率57.09%。

绿化造林 完成荒山彩色树种造林工程33.33公顷。参加义务植树人数22.8万人，完成义务植树总株数68.3万株。完成新一轮百万亩造林绿化建设任务525.27公顷。完成城区绿化建设任务14.4公顷、小微绿地1.93公顷。完成2018年度"留白增绿"专项建设任务26.01公顷。

绿色产业 全区果品产量5216万千克，产值2.2亿元。花卉种植面积1297.3公顷，产值4.48亿元。有苗圃244个，育苗面积3619.73公顷，实现销售产值8144万元。

资源安全 办理林（树）木（郊区、城区）采伐许可证1515件，涉及林木19.8万株，林（树）木（郊区、城区）移植许可证68件，涉及林木1.4万株；逐级签订森林防火责任书1500份，区森防办先后召开专题会议6次，印发通知15次。森林公安接报警89起，刑事立案3起；林业行政案件31起，已撤销17起（其中移交国土局10起）；查否45起；不予立案6起；其他4起。完成林木有害生物防控面积12.2万公顷次。

（曹梦涵）

【杨柳飞絮治理】 年内，顺义区投入资金462.5万元治理飞絮杨柳树8.9万余株，治理范围包括顺义城区及各镇重点地区（居民区、学校、医院、重点道路）。

（曹梦涵）

【绿地系统分区规划编制】 年内，顺义区园林绿化局委托北京清华同衡规划设计研究院有限公司开展《顺义绿地系统分区规划》编制工作，投入资金45万元。

（曹梦涵）

【顺平路绿化改造提升】 年内，顺义区园林绿化局开展顺平路两侧绿化改造工程，总面积63.8公顷，批复总投资2383万元，5个标段完成主体工程建设。

（曹梦涵）

【代征绿地绿化工程】 年内，顺义区园林绿化局对全区19个镇、6个街道办及4个经济功能区的407块代征绿地资料梳理普查，完成普查及编制报告工作。完成代征地绿化一期建设，总投资2481万元，总面积82114平方米。

（曹梦涵）

【义务植树林木养护】 年内，顺义区园林绿化局完成127.94公顷义务植树纪念林和420.5公顷义务植树固定责任区养护。

（曹梦涵）

【彩叶树种造林】 年内，顺义区完成荒山彩色树种造林工程33.33公顷，建设地点主要位于龙湾屯镇山里辛庄北山安利隆山庄内，栽植侧柏、油松、黄栌、元宝枫、山桃、山杏等苗木 28000 株，成活株数 27065 株，成活率 96.66%。

（曹梦涵）

【义务植树】 年内，顺义区参加义务植树人数 22.8 万人，完成义务植树总株数 68.3 万株。其中新植树木 19.2 万株，新增绿化面积 247 公顷，其他形式折合株数 49.1 万株。开展义务植树登记考核试点，推进顺义区"互联网＋全民义务植树"基地建设，宣传推介造林绿化、抚育管护、自然保护、认种认养、设施修剪、捐资捐物、志愿服务等八大类 37 种尽责形式。全区义务植树尽责率 87.9%。

（曹梦涵）

【绿化美化先进集体创建】 年内，顺义区创建首都绿化美化花园式单位 3 个，首都绿化美化花园式社区 2 个，首都绿色村庄 6 个。

（曹梦涵）

【绿植进家庭活动】 年内，顺义区在空港、光明、胜利、旺泉、双丰、石园 6 个街道 14 个社区，开展以"倡导环保理念、共享低碳生活""绿植帮您传递书香""绿植进万家　美化你我他"等为主题的绿植进家庭活动 33 场、专题培训 12 场，发放绿植 7750 盆，受益群众 5440 人。

（曹梦涵）

【园艺驿站试点建设】 年内，按照首绿办工作部署，打通生态惠民工程建设最后一公里，顺义区积极筹备开展园艺驿站试点建设，在光明街道裕龙五区、仁和镇黄氏庄园花店、顺义国际鲜花港完成 3 个园艺驿站试点建设任务。

（曹梦涵）

【新一轮百万亩造林工程】 年内，顺义区完成新一轮百万亩造林绿化建设任务 525.27 公顷，涉及平原地区重点区域绿化 351.33 公顷、浅山区造林 126.2 公顷、美丽乡村 33.33 公顷、城区绿化 14.4 公顷，涵盖 17 个镇、2 个街道和长青林场，栽植乔木 313836 株，花灌木 255338 株。

（曹梦涵）

【新增城市绿地】 年内，顺义区完成城区绿化建设任务 14.4 公顷、小微绿地 1.93 公顷。

（曹梦涵）

【绿地养护指导】 年内，顺义区园林绿化局核定一级绿地 3 块，面积 565422.25 平方米。复核一级绿地 2 块、特级绿地 6 块，达标率 100%。

（曹梦涵）

【"留白增绿"专项任务】 年内，顺义区完成 2018 年度"留白增绿"专项建设任务 26.01 公顷。

（曹梦涵）

【公园管理】 年内，顺义区园林绿化局开展"保护绿色资源，提升公园品质"专项行动，组织公园管理工作人员、园林绿化管护人员 90 余人次参加公园规范管理及养护修剪技术等技能培训，提升养护管理水平。

（曹梦涵）

【公园建设】 年内，顺义区完成中晟休闲公园、鲁能七号社区公园、恒华安纳湖社区公园建设工作。

（曹梦涵）

【果品产业】 年内，顺义区果品产量5216万千克，产值2.2亿元。完成北京市园林绿化局林产品抽样检测478份，区级林产品抽样检测1200份，完成食药局检测任务640份，配合食药局完成食品安全示范区创建工作。

（曹梦涵）

【花卉产业】 年内，顺义区花卉种植面积1297.3公顷，产值4.48亿元。生产鲜切花462万支，盆栽植物6746万盆，观赏苗木451万株，草坪165万平方米。

（曹梦涵）

【种苗产业】 年内，顺义区有苗圃244个，育苗面积3619.73公顷，在圃苗木株数1900.36万株，实现销售产值8144万元。完成38处规模化苗圃建设与验收工作，总面积1945.62公顷。

（曹梦涵）

【林政资源管理】 年内，顺义区办理林（树）木（郊区、城区）采伐许可证1515件，涉及林木19.8万株，林（树）木（郊区、城区）移植许可证68件，涉及林木1.4万株；绿地率审核58件，审核工程附属绿地面积442万平方米；因市、区各项重点工程建设，审批临时占用林地2件，面积1.96公顷。永久占用Ⅳ级林地5件，面积8.14公顷。收缴植被恢复费1588.83万元。报上级审批核准占用林地4件，面积12.98公顷。

（曹梦涵）

【森林火灾防控】 年内，顺义区逐级签订森林防火责任书1500份，区森防办先后召开专题会议6次，印发通知15次，在文化广场、农村集贸市场等繁华地区设立固定宣传点19处，出动宣传车730台次，入户宣传1550户，悬挂横幅88幅，张贴标语1130条，发放宣传材料、宣传品8500余份（个），深入村庄、林场、街道，开展森林防火宣传教育活动。开展防火检查260余次，填写《检查登记》18份，下达《森林火灾隐患整改通知书》6份，发现并制止野外违章用火55起，教育60人。清理林下可燃物18000余公顷。连续18年无森林火灾。

（曹梦涵）

【公安执法】 年内，顺义区森林公安接报警89起，刑事立案3起；林业行政案件31起，已撤销17起（其中移交国土局10起）；查否45起；不予立案6起；其他4起。林业行政罚款344.358万元，责令补种树木1790株。开展"春雷2018"等各项打击行动，对石门市场、花鸟鱼虫市场、全区11个镇集贸市场、重点饭店等进行集中清查，规范野生动物市场经营秩序。期间出动警力189人次，车辆60余台次，巡查辖区19个镇，420个行政村，5条河流水域，清理市场6个，收缴猎捕工具30件，行动中立非法占用林地行政案件一件。

（曹梦涵）

【检疫执法】 年内，顺义区园林绿化局签发《产地检疫合格证》243 份，产地检疫面积 4000 公顷，实地检疫苗木 160 万株，产地检疫率 100%。签发调运《植物检疫证书》401 份、《出省木材运输证》20 份、《森林植物检疫要求书》755 份。签发《检疫处理通知单》4 份，对 51 株有北京市补充检疫对象白蜡窄吉丁危害症状的白蜡树进行销毁除害处理。

（曹梦涵）

【林木病虫害预测预报】 年内，顺义区进一步完善监测测报网络体系建设，提升有害生物预测预报工作综合水平，在重点区域设立监测点 93 个，其中国家级测报点 1 个，市级测报点 38 个，区级测报点 55 个。对美国白蛾、春尺蠖和国槐尺蠖等 22 个主要虫种进行监测，测报准确率在 95% 以上。

（曹梦涵）

【林木有害生物防控】 年内，顺义区完成林木有害生物防控面积 12.2 万公顷次。组织飞机防治 200 架次，计 2 万公顷次。人工地面防治 10.2 万公顷次。完成 3 次美国白蛾幼虫网幕普查工作，普查林木 5567 万余株。

（曹梦涵）

【枯死树情况调查】 年内，顺义区开展枯死树调查，调查枯死树 8100 株，出具枯死树调查报告。

（曹梦涵）

【山区生态公益林抚育】 年内，顺义区园

林绿化局起草《顺义区 2018 年度山区生态公益林生态效益促进发展机制森林健康经营项目实施方案》得到市园林绿化局批复。其内容有山区生态林林木抚育总面积 200.98 公顷，其中木林镇 126.61 公顷、龙湾屯镇 15.19 公顷、大孙各庄镇 59.19 公顷。抚育措施包括割灌除草、修枝、松土扩堰。

（曹梦涵）

【林地卫星遥感疑似图斑调查】 年内，顺义区园林绿化局调查、核实卫星遥感疑似图斑 1731 余块，为林地保护执法提供大量案件线索。

（曹梦涵）

【林地保护利用规划年度林地变更】 年内，顺义区园林绿化局根据国家林草局和北京市园林绿化局要求，对《顺义区林地保护利用规划（2010—2020）》进行变更调整，核实、调整图斑 45000 余块。

（曹梦涵）

【湿地调查】 年内，顺义区以潮白河流域、温榆河流域和汉石桥湿地为重点调查区域，共调查湿地图斑 1294 块，为湿地资源发展规划及政策制定提供详实基础数据资料。

（曹梦涵）

【生态林管护】 年内，顺义区生态林护林员 332 人，人均管护面积 12.3 公顷。

（曹梦涵）

【领导班子成员】

党组书记、局长、区绿化办主任 李长勇

区绿化办副主任 唐波涛

副 局 长 刘明忠（正处级）

　　　　　高瑞边 吴清绪

森林公安处处长 刘文革

工 会 主 席 张雪梅（女）

调 研 员 乔荣臣

　　　　　吴建军（2018年11月免职）

　　　　　郭振东

副处级干部 闫兆兵

（曹梦涵）

（顺义区园林绿化局：曹梦涵 供稿）

大兴区园林绿化局

【概　况】 北京市大兴区园林绿化局（简称大兴区园林绿化局），挂大兴区绿化委员会办公室（简称区绿化办）牌子，是区政府园林绿化行政主管部门，对本区城乡绿化美化具有行使组织、指导、监督及行政执法等职能，并承担本区绿化委员会具体工作。局机关有10个处（科、室）及一个派出机构。全系统正式职工272人，其中国家公务员35人，机关工勤人员5人；事业单位管理人员91人，专业技术人员120人（其中在管理岗位10人），技术工人21人；专业技术人员中，在岗高级技术人员14人、中级技术人员47人。研究生学历22人，本科学历186人。

2018年，大兴区围绕构建全区绿色生态格局、完善绿色生态系统、提升城乡生态品质，全力推进园林绿化创新发展。完成造林绿化面积933.33公顷，森林覆盖率29.5%，城市绿化覆盖率45.6%、绿地率43%。

绿化造林 围绕北京大兴国际机场等重点地区高质量推进新一轮百万亩造林绿化建设，新增平原地区造林绿化806.47公

顷。栽植乔木49.65万株、花灌木4.58万株。认真落实"留白增绿"、农村"五边"绿化要求。

绿色产业 大兴区苗圃面积2066.67公顷（其中规模化苗圃733.33公顷），产销两旺。全区有蜂群4000群，蜂农37户，总收入455.97万元。林下经济面积248.33公顷，投资总额695万元，年产值1300万元，带动就业650人。

资源安全 林业有害生物防治坚持科学监测、精准防治。持续开展打击涉林违法犯罪行动，深入开展森林防火工作和野生动物保护行动，维护辖区内森林资源和野生动植物资源安全稳定。建立区级重点工程服务保障工作机制和台账，并联开展林地征占用、林木伐移等工作。落实部门责任，全力推进大气污染防治等。

公园建设 推进镇域公园建设，开展"保护绿色资源，提升公园品质"专项行动。在全区公园组织推广乡土地被植物应用工作。

（高敬茉）

【成立机关党委】 4月17日，大兴区园林绿化局召开党员大会，成立大兴区园林绿化局机关党委。同日召开党委一次全会，会议采取无记名投票方式，选举产生新一届党委成员。

（高敬茉）

【职能机构调整】 5月7日，根据《北京市大兴区编办关于划转区园林绿化局相关城市管理职责的通知》，将大兴区园林绿化局"大兴区新城规划范围内公共绿地、公园、城市道路两侧绿化带建设养护、环境卫生管理（不含埝坛公园和清源公园）"职责划转至大兴区城市管理委员会。6月2日，根据《北京市大兴区编办关于调整区园林绿化局职责的通知》，原由大兴区园林绿化局承担的公园管理和规划建成区外园林绿化管理、古树名木保护等方面行政处罚职能划入大兴区城管执法局。

（高敬茉）

【世界月季名园】 6月28日至7月6日，应世界月季联合会和举办国邀请，大兴区赴丹麦哥本哈根参加第18届世界月季大会，并于丹麦哥本哈根当地时间7月4日晚，北京时间4日凌晨，魏善庄月季主题园荣获"世界月季名园"称号。

（高敬茉）

【北京市副市长卢彦调研】 9月15日，北京市副市长卢彦、北京市园林绿化局局长邓乃平等到大兴区先后实地调研永定河生态廊道（北臧村段）及狼垡拆除腾退地块绿化建设情况，听取大兴区2018年新一轮百万亩造林绿化进展以及永定河造林绿化情况、狼垡片区规划建设和2019年绿化建设计划。卢彦对大兴区造林建设工作给予充分肯定，强调绿化建设工作主要是满足百姓对绿色生态、健康生活的向往，既要活干得漂亮，也要让百姓满意；要结合地域特征，在有限空间内尽可能多栽植大冠树种，让百姓纳凉有荫。

（高敬茉）

【北京市委书记蔡奇调研】 9月22日，北京市委书记蔡奇到大兴区调研指导造林绿化工作，在北臧村镇召开现场推进会。蔡奇强调：造林绿化功在当代、利在千秋，是落实习近平总书记对北京重要讲话精神实际举措，造福市民、富强农民的重要途径，建设国际一流和谐宜居之都的应有之义。要抓紧研究土地复垦等方案，按照大尺度绿化要求，置换调整小散地块，推动新造林和原有林成片成带。各区要履行属地责任，切实解决好土地流转、拆迁腾退和建筑垃圾资源化利用等问题，确保造林有地。要抓住秋冬季时机加紧施工。要优化审批程序，提高审批效率。优化招投标程序。对已完成招投标的，要倒排工期，压茬推进。要强化督促检查。严把方案设计和工程质量关。完善后期养护机制，确保绿一块成一块。

（高敬茉）

【世界月季名园授牌仪式】 9月25日，"世界月季名园"授牌仪式在大兴区魏善庄镇举行。世界月季联合会前主席凯文向大兴区赠与"世界月季名园"奖牌，并表示，大兴区世界月季主题园月季品种丰富，园林景观优美，月季文化内涵深厚，获得此殊荣实至名归。世界月季联合会育种俱乐部主席杰拉德·梅兰，世界月季联合会会议委员会主席海格·布里切特，中国花卉协会月季分会会长张佐双，世界月季联合会副主席、中国花卉协会月季分会常务副会长兼秘书长赵世伟，区领导及相关部门人员参加。

（高敬茉）

【园艺驿站建设】 9月29日，大兴区首家园艺驿站授牌仪式在北京麋鹿苑举行。北京麋鹿生态实验中心园艺驿站位于大兴区亦庄镇南海子麋鹿苑生态文明宣传教育基地，建筑面积100余平方米，驿站内设置盆栽花卉展示区、科普绿植作品展示区、科普制作区、生态缸展示区、湿地植物展示区、湿地动物展示区六大板块，悬挂20余块湿地文化内容科普展板。首绿办、区绿化办、北京麋鹿生态实验中心等相关部门及展览部人员参加。

（高敬茉）

【新一轮百万亩造林绿化】 年内，大兴区围绕北京大兴国际机场、永定河沿线等重点地区推进新一轮百万亩造林绿化建设，坚持前期手续办理与绿化地块整地并联推进，坚持施工进度与施工质量并重，新增平原地区造林绿化806.47公顷，涉及11个镇一个林场。栽植乔木49.65万株，花灌木4.58万株。

（高敬茉）

【镇村绿地建设】 年内，大兴区新增绿地16.7万平方米，超额完成15万平方米建设总任务。包括大兴新城4.1万平方米绿地建设及瀛海、庞各庄、青云店、长子营、榆垡等镇12.6万平方米绿地建设。充分利用拆违腾退地、城市边角地、废弃地以及闲置地等"见缝插绿""填空补绿"。

（高敬茉）

【全民义务植树活动】 年内，大兴区接待中央军委、国家工信部、国家财政部等重大义务植树活动7次，累计植树112.12万株，其中新植12.56万株，多种尽责形式折合植树99.56万株。

（高敬茉）

【屋顶绿化】 年内，大兴区在北京小学翡翠城分校南校区、大兴区第五幼儿园、亦庄荣华街道办事处完成屋顶绿化建设4274平方米，涉及3个单位、5个屋顶。

（高敬茉）

【"留白增绿"专项任务】 年内，大兴区完成"留白增绿中的园林绿化工作"专项任务总量50.36公顷，其中既有绿化项目捆绑实施25.74公顷，单独立项24.62公顷，涉及北臧村、安定、庞各庄、长子营、魏善庄5个镇。针对单独立项任务，结合大兴区功能地位，突出重点区域，编制《北京市大兴区2018年留白增绿专项任务实施方案》。9月4日开始施工，10月31日完成绿化栽植任务，栽植落叶、常绿等各类苗木3.2万余株。

（高敬茉）

【森林火灾防控】 年内，大兴区森林防火指挥部办公室印发森林防火通知15件。签订各级森林防火责任书800余份。建立区、镇、村以及林场片区共同防火机制。在春节、两会、清明、中非论坛等敏感时段，加强重点时段，突出重点部位（新机场、造林地块等），管住重点人群，及时消除火险隐患，将各项森林防灭火措施落实到位。截至2018年年末，全区连续30年未发生森林火灾。

（高敬茉）

【林业有害生物防治】 年内，大兴区林业有害生物防控指挥部办公室印发《大兴区2018年防控美国白蛾等林木有害生物实施方案》《大兴区防治美国白蛾技术规程》。完成物理防治春尺蠖和柳蜷叶蜂386.67公顷。完成以美国白蛾为主的90架次9000公顷次（含京津冀协同防控10架次）飞防。开展白蜡窄吉丁专项调查行动，印发防治实施方案及相关文件，组织白蜡窄吉丁防治现场会，学习巡查识别和防治技术。组织林保专业技术培训3次，培训235人次。推进京津冀协同防控，与廊坊市固安县等地区联合培训4次，参与人员188人次。

（高敬茉）

【林业有害生物监测预报】 年内，大兴区有林业有害生物市级监测点43个，区级监测点65个，全部实现政府购买社会化服务新模式运作。发布《大兴林保情况》简报34期。召开林业有害生物监测预报工作培训会，布置全区工作任务，发放美国白蛾诱芯诱捕器、黑光灯、高枝剪等监测用品。发布暴食性、危险性有害生物监测信息，提前做出技术预警。将1.93万公顷生态公益林林业有害生物监测纳入工作范围，设立145个监测点，通过公开招投标方式由专业公司实施。

（高敬茉）

【林业有害生物检疫执法】 年内，大兴区开具产地检疫126份，调运检疫178份，检疫要求书1656份。5月23~25日，京津冀三省市开展检疫检查联合行动，大兴区是此次联合检疫检查的北京地区唯一会场。5月23日，大兴区林业保护站相关人员参与检查行动，现场展示产地检疫流程、检疫追溯、证件查验真伪技术和疫木处理流程等内容。

（高敬茉）

【林木伐移管理】 年内，大兴区办理征占用林地许可12份，涉及林地面积221.12公顷；办理林木采伐许可证1036份，涉及林木144276株；蓄积42511.53立方米；办理移植林木280份，涉及林木142227株。

（高敬茉）

【生态林养护管理】 年内，大兴区落实各镇月查、区级季查制度，累计开展区级检查4次，通报问题地块16块，下发整改通知2份。加强应用技术培训推广应用，围绕中幼龄森林抚育中的乔灌木修剪开展培训9次，培训800余人次，在全市"金剪子"决赛中大兴区获得两金两银四铜。编制完成养护实施方案；建立生态林征占用情况台账，系统梳理征占用周期，形成资源动态管理机制；开展征占用生态林恢复检查验收，初步实现全区生态林管理动态平衡和规范化管理。

（高敬茉）

【**林业执法**】 年内，大兴区森林公安接处警100起，行政案件立案47起、刑事案件立案6起（其中3起为两法衔接案件），移交北京市规土委大兴分局擅自改变林地用途线索8个。办结涉林行政案件23起（含撤案8起）。处理违法个人7人、违法单位8个。侦办刑事案件7起（含2017年刑事案件1起），对10名犯罪嫌疑人采取刑事强制措施。

（高敬茉）

【**野生动物保护**】 年内，大兴区森林公安救助野生动物8只，其中国家Ⅱ级野生动物一只、国家Ⅲ级保护动物一只、市Ⅱ级保护动物二只、列入濒危野生动植物种国际贸易公约附录Ⅰ野生动物2只，列入濒危野生动植物种国际贸易公约附录Ⅱ野生动物一只，其他动物一只。开展打击破坏森林和野生动物资源违法犯罪专项行动、保护迁徙候鸟"清网"专项行动、"绿剑2018"专项打击行动及严厉打击犀牛和虎及其制品非法贸易专项行动。联合大兴区食品药品监督管理局加强对全区餐饮场所非法经营、利用、滥食野生动物及其制品的管理防控工作，进一步增强信息沟通和执法协作，共同推动打击野生动物非法贸易合作机制，共享深挖违法犯罪线索，坚持严管重惩，严厉打击相关违法犯罪行为。

（高敬茉）

【**公园管理**】 年内，大兴区共有29个注册公园，总面积1354.21公顷。开展为期一年的"保护绿色资源 提升公园品质"专项行动，整治黄土露天2.5万平方米，清理枯死树1700株，清理病虫枝、枯死枝

4.8万株，补植树木3800株，补植花草2.1万平方米。在全区公园推广乡土地被植物应用工作，与南海子郊野公园管理处合作开展地被植物应用试点。

（高敬茉）

【**城镇绿地养护管理**】 年内，大兴区完成临时占用绿地行政许可5项，附属绿地建设开工告知服务3项。每月定期开展城镇绿地检查，发现问题及时要求养护单位整改，确保城镇绿地景观效果。

（高敬茉）

【**古树名木**】 年内，大兴区对128株古树名木生长和管护情况逐棵进行检查，针对管护不合格情况进行分类处理。组织实施《2018年大兴区古树保护科技复壮建设项目》，包括古树复壮、古树养护、安装检测避雷针、蛀干害虫防治等工作，全区128株古树名木得到有效保护。

（高敬茉）

【**杨柳飞絮治理**】 年内，大兴区对新城重点区域内杨柳飞絮问题进行集中调查和治理，完成10018株雌株杨柳治理工作，其中杨树4935株、柳树5083株。聘请杨柳飞絮治理工作专家现场培训，为新城范围内杨柳树雌株树干注射"抑花一号"药物。

（高敬茉）

【**果品产业**】 年内，大兴区牵头制定并出台《关于加强大兴区老梨树、桑树保护工作的意见》，完成全区50年生及以上51456株老梨树、桑树资源普查、挂牌和资源信息动态管理平台建设。起草产业结构调整

推进果品产业转型升级意见。完成 5 个标准化基地新建和原有 56 个基地规范管理，完成三品基地认证和复查换证工作。实施果园减农药、减化肥行动。建立病虫害综合防治示范基地一个，安排检测 50 个标准化基地土壤营养和安全现状指标。以魏善庄镇北研垡密植果园建设精准帮扶为示范，开展产业帮扶。完成产业类技术培训 5200 余人次。在京津冀果品争霸赛中，大兴区精品梨和葡萄荣获 3 个金奖。

（高敬茉）

【老梨树桑树资源保护】 年内，大兴区应用国内先进树龄鉴定、3S 遥感和无人机扫描等技术，对全区 6 万余株备选老梨树、桑树进行树龄鉴定、定位和信息采集，对树龄达 50 年及以上的 51456 株老梨树、桑树逐一进行编号并挂牌保护。出台老梨树、桑树管护补贴政策，纳入保护范围的老梨树、桑树每株每年补贴管护费 262.5 元。

（高敬茉）

【林下经济】 年内，大兴区林下经济面积 248.33 公顷，投资总额 695 万元，年产值 1300 万元，带动就业 650 人。

（高敬茉）

【食用林产品安全】 年内，大兴区新认证无公害果品基地 6 个，新增面积 94.53 公顷，年增长率 10%。累计抽样检测果品 513 批次，现场快检 502 批次，未发现农残超标现象；对食用林产品生产基地进行现场检查及产品抽样检测，覆盖率 100%，整改后合格率 100%；督导生产基地强化自检制度，定期进行自检。面向全区"三品"基地开展食用林产品安全生产现场检查，涉及 48 个果品生产基地，累计现场检查 67 批次，签订质量安全生产承诺书，针对个别存在问题的基地，予以纠正并提出整改意见。发放食用林产品安全宣传资料 200 余份，解答群众咨询 50 余人次。对从业者及技术人员进行食用林产品安全生产相关培训 200 人次。

（高敬茉）

【果树科技研究】 年内，大兴区依托青云店优质果树研究示范基地和北臧村林业站种质资源圃两个果园，引进优新品种、新技术进行示范，通过植物形态学观测、生理生化实验研究和技术培训，推广优质高效生产关键技术。引进樱桃新品种 2 个，梨新品种 3 个。对资源圃中梨品种进行筛选。初步总结密植栽培技术，形成高效密植果园技术要点。引进 2 种无公害病虫害防治技术。聘请中国农科院、北京农林科学院等科研院所专家，通过现场指导、授课及咨询等多种方式，在春季花期管理、夏季病虫害防治、冬季修剪等生产关键环节推广相关新品种、新技术。

（高敬茉）

【种苗产业】 年内，大兴区苗圃面积 2066.67 公顷（其中规模化苗圃 733.33 公顷），产销两旺，为丰富全区造林树种、提高生态治理奠定基础。以新一轮百万亩造林绿化工程为重点，严把全区林木种子苗木质量关，累计检查 54 个标段、抽查苗批 134 个，退回不合格苗木 1899 株。

（高敬茉）

【蜂产业】 年内，大兴区有蜂群4000群，蜂农37户。产蜂蜜93100千克、蜂蜡1500千克、花粉3600千克、蜂胶400千克、王浆1510千克。授粉收入292.47万元，总收入455.97万元。配合组织全市梨树蜜蜂授粉技术现场交流培训会，蜂农、技术人员100余人参与。

（高敬茉）

【绿化美化先进集体创建】 年内，大兴区绿化委员会办公室开展首都绿化美化群众性创建工作，创建首都绿化美化花园式社区5个，首都绿化美化花园式单位2个，首都绿色村庄3个，首都森林城镇1个。

（高敬茉）

【获得荣誉】 年内，大兴区园林绿化局获得2017年度"首都全民义务植树先进单位"称号。大兴区林业保护站站长赵洪林获得2018年度"三北防护林体系建设工程先进

个人"称号（国家林业和草原局颁发）。

（高敬茉）

【领导班子成员】
　　局党组书记　黄道平（2018年8月免职）
　　局党组书记、局长、区绿化办主任
何立楼（2018年8月任局党组书记）
　　局党组副书记　王金星
　　副局长、区绿化办副主任　李光熙
　　局党组成员、副局长、总工程师
李振茹（2018年10月免去局党组成员职务）
　　局党组成员、副局长　潘宝明　欧小平
　　局党组成员、区绿化办专职副主任
范忠良
　　局党组成员、工会主席　姜立文
　　森林公安处处长　赵立辉
　　调研员　刘洪军
　　副调研员　刘启祥

（高敬茉）

（大兴区园林绿化局：高敬茉 供稿）

北京经济技术开发区城市管理局

【概　况】 北京经济技术开发区城市管理局（以下简称市开发区城市管理局）（水务局）作为管委会下设的一个综合职能部门，主要负责开发区内城市次干路和支路及其附属桥梁、公共交通、雨污管道等市政基础设施的管理工作；负责开发区内园林绿化、市容环境卫生的管理工作；负责开发区内排水、节水、污水处理等水务管理工作；负责开发区内户外广告设置和监督管

理工作。市开发区城市管理局（水务局）编制15名，下设事业单位水务工作站，编制7人。实有公务员13人，事业编6人，另有合同工4人，安全员4人，借调人员12人。

　　2018年，市开发区城市管理局绿化工作在保证日常养护工作的基础上，主要围绕公园、公共绿地建设及改造提升开展工作，全区绿地率28.14%，公园绿地500米

服务半径覆盖率96%。

（单振盈）

【国际企业文化园绿化提升工程】　年内，市开发区城市管理局更新改造完成企业文化园内儿童活动场地，优化企业文化园环园道路基础设施，在西园建设健身步道，并投入使用；对东、西园主环路均设置视频监控系统、无线网络系统、公共广播系统，覆盖两园主环路重点区域。在主环路两侧部分区域补栽地被花卉面积约19121平方米。

（单振盈）

【林木有害生物防控】　年内，市开发区城市管理局完成对开发区区域范围内约1290.6万平方米绿化面积进行美国白蛾病虫害防控工作，全年打药5次。为预防重大林木有害生物灾害和疫情发生，对开发区林木有害生物进行监测，定期向北京市林保站汇报测报工作。

（单振盈）

【杨柳飞絮治理】　年内，市开发区城市管理局将全区市政范围内杨柳树雌株纳入到注射"抑花一号"范围内并统一进行注射，有效抑制飞絮产生。

（单振盈）

【绿化环境提升】　年内，市开发区城市管理局改造提升X86绿地、亦城名苑、博客雅苑周边区域景观品质。对博兴六路（泰和三街－兴海路）、博兴八路未绿化区域、天华西路东北角、科创四街与经海二路抹角等路东区、河西区凉水河路等路段依据实际情况进行绿化工程施工。

（单振盈）

【安全生产】　年内，市开发区城市管理局定期、不定期组织日常安全督查检查、专项督查检查，督促企业自检自查。与市开发区城市管理局下属各绿化养护单位签订各类安全责任书20余份。出动开展安全生产隐患事故检查90余次，排查各类事故隐患53项，并全部整改。

（单振盈）

【领导班子成员】

局　　　长　　张　君
书　　　记　　赵　军
副 局 长　　翟　乾
副总工程师　　秦志清

（单振盈）
（北京经济技术开发区城市管理局：
单振盈 供稿）

昌平区园林绿化局

【概　况】　北京市昌平区园林绿化局（简称昌平区园林绿化局），挂昌平区绿化委员会办公室（简称区绿化办）牌子，是区政府园林绿化行政主管部门。设8个内设机构

（办公室、义务植树科、造林营林科、果树产业科、科技科、城镇绿化科、林政资源科、政工科）和区森林公安处（挂北京市公安局昌平分局森林公安处牌子，简称市公安局昌平分局森林公安处），按有关规定设置监察科，下属事业单位29个，编制人数504人，实有人数437人（其中初级工程师96人，中级工程师33人，高级工程师17人），研究生学历17人，本科学历239人，大专及以下学历181人。

截至2018年年底，昌平区林木绿化率66.99%，森林覆盖率47.31%。

绿化造林 完成平原地区造林任务400公顷，栽植树木27.7782万株；完成浅山荒山造林66.7公顷，栽植树木6.9万株；完成彩色树种造林工程66.7公顷，栽植树木5万株；完成生态效益促进发展机制森林健康经营工程林木抚育2866.7公顷（含国家重点公益林抚育）。全年累计约35万人参加植树活动，完成义务植树任务105.33万株。

绿色产业 全区完成老果园更新发展31公顷，其中更新发展矮化苹果、樱桃、京白梨等优势树种21公顷，采购果袋9196.9万个，完成果树支柱建设9公顷，补贴铁肥2500千克。年内，全区花卉种植总面积202公顷，总产值23631.7万元。

资源安全 全年共做产地检疫72个单位（个人），苗木检疫1467公顷，产地检疫率100%；全年累计监测野生鸟类180万只；开设防火隔离带约3700公顷，清理林间可燃物约7200公顷，防火期启动森林火灾二级应急响应9次，三级应急响应51次。其中，处置森林火情6起，制止野外用火54起，未发生森林火灾。

公园风景区建设 全区共有注册公园11个，其中城市公园8个、郊野公园3个。全区精品公园3个，市级重点公园1个。年内，全区注册公园共接待游客790万人，同2017年相比增长1.1%。十三陵风景名胜区年游客接待量394万人，年收入13900万元。

（王鑫）

【平原地区造林】 年内，昌平区完成平原地区造林任务400公顷，栽植树木277782株。

（王鑫）

【浅山区荒山造林】 年内，昌平区完成浅山荒山造林66.7公顷，栽植侧柏、油松、栾树、黄栌等苗木6.9万株，建设地点位于崔村镇西峪村、流村镇北照台村等浅山前山脸区域。

（王鑫）

【为民办实事工程】 年内，昌平区城镇绿化为民办实事工程建设内容主要包括：绿地景观新建及提升工程、公园及绿地配套设施改造工程、绿地圈围工程三部分内容。其中绿地景观新建及提升工程16处总改造面积112783平方米，公园及绿地配套设施改造工程22处，绿地圈围23处（圈围长度7955米），项目地点分别位于南邵、回龙观、城北、城南、天南、霍营等镇（街）。

（王鑫）

【彩叶树种造林】 年内，昌平区完成彩色树种造林工程66.7公顷，共栽植黄栌、元宝枫等彩叶树种5万株，建设地点位于崔

村镇香堂村、麻峪村，兴寿镇桃峪口村前
山脸。

（王鑫）

【森林健康经营】 年内，昌平区完成生态
效益促进发展机制森林健康经营工程林木
抚育 2866.7 公顷（含国家重点公益林抚
育），其中重点地区林木抚育面积 989.1 公
顷，一般地区林木抚育面积 1877.5 公顷；
作业道路建设 1.4 万米。

（王鑫）

【义务植树活动】 年内，昌平区完成 6 项
大型义务植树活动，累计约 35 万人参加。
造林绿化类折合 47.23 万株，抚育管理类
折合 33.47 万株，自然保护折合 4.58 万
株，认种认养折合 1250 株，设施修建折合
18.97 万株，志愿服务折合 9630 株，共计
完成 105.33 万株。

（王鑫）

【代征绿地收缴】 年内，昌平区完成代征
绿地收缴 4 处、149272 平方米。其中中关
村科技园区昌平园东区三期联合储备开发
项目 0303 - 32 - 1 地块 14905 平方米；中
关村科技园昌平区 3 - 3 街区定向安置房项
目 4192 平方米；昌平区中关村科技园区昌
平园东区二期 0303 - 04 地块 14803 平方
米；昌平区北七家镇二类居住、商业金融、
公共交通、中小学合校、托幼等用地项目
115372 平方米。

（王鑫）

【第十五届昌平区苹果文化节】 年内，昌
平区举办第十五届昌平区苹果文化节。开

幕式活动现场设置昌平精品苹果及其他林
果产品展评区，准备精品苹果展示样品
102 份，新优品种样品 18 份，同时在崔村
镇真顺果园和八达岭奥莱开设分会场举办
系列展销活动，全面开展昌平区林业产业
发展成果展示和优质林产品展销活动。活
动在北京电视台、北京人民广播电台等 30
余家新闻媒体和微信平台进行宣传。

（王鑫）

【果品产值产量】 年内，昌平区果品总产
量 25562 吨，产值 2.83 亿元，其中苹果产
量 11537.3 吨，产值 1.27 亿元。

（王鑫）

【苹果产业】 年内，昌平区更新发展矮砧
苹果 11.1 公顷，苗木保存率普遍在 90% 以
上；累计完成苹果套袋 8234.2 万个。

（王鑫）

【林木有害生物防控】 年内，昌平区对 72
个单位（个人）进行产地检疫，检疫苗木总
面积 1467 公顷，实现产地检疫率 100% 的
目标；监测测报美国白蛾、红脂大小蠹等
林果有害生物 32 种。

（王鑫）

【林木伐移管理】 年内，昌平区共发放
《林木采伐许可证》522 件，采伐林木
160628 株，蓄积 23599 立方米。严格执行
限额采伐管理，林木移植发证 73 件、
25644 株，树木砍伐审批 34 件、175 株，
树木移植 8 件、116 株。

（王鑫）

【野生动物保护】 年内，昌平区累计监测野生鸟类 180 万只，未发现野生动物传播疫源疫病异常现象。救助雕枭、猫头鹰等野生动物 36 只。

（王鑫）

【古树名木管理】 年内，昌平区对 5918 株古树分别开展四季日常养护，对衰弱或濒危一级古树，实施周密的科技复壮保护措施。邀请专家组对盘龙松进行系统会诊，共同研究制订科学复壮方案。对全区古树进行重新统计和挂牌。

（王鑫）

【绿地监管】 年内，昌平区持续加强绿地监管。自 2012 年起，城市管理信息系统考评结果纳入区政府督察考核工作指标。2018 年共接到区城市管理监督指挥中心来件 3868 件，办结 3865 件，办结率 99.4%。完善"园林绿化资源动态监管系统"三级平台建设，建立绿地台账，将 21 个镇（街道、企业）930 处的 8310.73 公顷绿地纳入台账管理，累计接件 110 件、办结 93 件。借力"保护绿色资源，提升公园品质"专项行动，认真梳理补植增绿护绿、清理卫生死角、开展厕所革命、排查安全隐患、规范服务、违法侵占绿地等九类问题，并全部整改。其中消除黄土露天 46400 平方米，清除枯死树 1551 株，清除病虫枯死枝 18217 株，补种树 7925 株，补种地被 82995 平方米，补植色带 5000 株；清理卫生死角 163 处，清理垃圾 8086 方，清洁水面 41668 平方米；新增卫生间 1 坐，改造 2 座；更换健身器材 31 组，增设提示警示牌示 244 处、护栏 14 处、石桌凳 47 套、果皮箱 167 个、座椅 134 个、便民衣架 35 个，修补路面 57 处，增设避雨设施 9 处；清理整治公园违建 70 平方米。

（王鑫）

【花卉产业】 年内，昌平区花卉产业总产值 23631.7 万元，比 2017 年同期增加 19.9%。鲜切花以百合、多头菊花为主，特色盆花有蝴蝶兰、红掌、长寿花、君子兰等，既有自育品种，也有引进新品种。研发微型盆花，分别为 7 厘米盆径超迷你长寿、9 厘米盆径迷你红掌及木槿，开始规模化生产。引进试种洋牡丹 7 种，经过对比各品种引种后性状表现、消费者反馈以及市场价格，遴选出两种比较适合在昌平区种植并推广的洋牡丹品种。结合全区花卉生产一线工作人员研究成果与技术特点，编纂出版《观赏园艺使用生产技术研究》。

（王鑫）

【执法情况】 年内，昌平区依法处理结办林业行政案件 17 件，处理违法人员 7 人，处理违法单位 10 个，执行罚款 522435.78 元。侦办刑事案件 5 起，其中结办刑事案件 4 起，分别为："6·29"滥伐林木案（审查起诉），采取刑事强制措施 3 人；苏某非法狩猎案（审查起诉），采取刑事强制措施 1 人；项某某非法狩猎案（审查起诉），采取刑事强制措施 1 人；李某某滥伐林木案（审查起诉），采取刑事强制措施 1 人。正在侦办中一起：崔某非法占用农用地案，采取刑事强制措施 4 人。

（王鑫）

【森林火灾防控】 年内，昌平区共有5616名护林员、28支巡查队84名巡查员、15个森林防火检查站、33座瞭望塔63名瞭望员，全区实现24小时不间断实时瞭望监测。在此基础上，72路视频监控全面投入使用，监测山区半山区面积85%以上。共投入森林防火宣传资金40余万元，集中宣传3次，累计发放森林防火折叠宣传画册、画说森林防火100问、宣传卡、宣传扑克牌、宣传口号、卡套、环保购物袋等约35万份。

（王鑫）

【果品质量安全认证管理】 年内，昌平区对20家单位进行无公害、绿色和有机果品认证及复查换证，其中首次认证单位4家，复查换证单位16家；对全区37家无公害认证单位、6家有机认证单位和2家绿色认证单位进行生产管理规范性、生产标准落实情况和包装标识合法性等检查；在全区范围内抽检樱桃、杏、桃、李、葡萄、枣、板栗、核桃、柿子、苹果等果品样品504份，按无公害果品标准检测农药残留，

用于监测果品质量安全。

（王鑫）

【果农技术培训】 年内，昌平区累计开展冬剪、花期管理、着色管理等培训指导、座谈研讨50余场次，培训果农4500人次，发放技术资料2000多份，定期到10个镇、21个示范果园开展关键期技术培训指导和示范；12月，邀请日本矮化苹果栽培专家成田束敏到昌平区进行矮砧苹果技术交流活动。

（王鑫）

【领导班子成员】

局党组副书记、局长、区绿化办主任　茅　江

局党组书记　　马传亮

局党组副书记　张树玲

副　局　长　　王家红（调研员）　赵连友

　　　　　　　王　霞　徐晓春

副调研员　　　杨春起

（王鑫）

（昌平区园林绿化局：王鑫供稿）

平谷区园林绿化局

【概　况】 北京市平谷区园林绿化局（简称平谷区园林绿化局），挂平谷区绿化委员会办公室（简称区绿化办）牌子，是区政府园林绿化管理部门。内设5个行政科室。平谷区园林绿化局下辖森林公安处（副处级单位），派出机构有大华山森林公安派出所、南独乐河森林公安派出所。纳入工资规范管理全额拨款事业科室24个，6个临时机构，13个镇乡林业站，共有干部职工249名。完成3个自收自支事业单位改制，注册成立北京丽城嘉苑农业发展有限公司。

2018年，全区有森林总面积6.38万

公顷，活立木总蓄积量 117.62 万立方米，森林覆盖率 67.2%，林木绿化率 71.84%。城镇园林资源现有园林绿地面积 1571.09 公顷，绿化覆盖面积 1776.1 公顷，绿化覆盖率 51.69%，人均公园绿地面积 20.66 平方米。

绿化造林　完成新一轮百万亩造林任务 1019 公顷。完成山区森林健康经营抚育面积 2000 公顷。完成京津风沙源工程二期 713.33 公顷，其中封山育林 666.66 公顷、困难立地条件造林 46.67 公顷。封山育林建成护林碑 2 块、设置围栏 385.5 延米、补种修枝抚育 186.66 公顷。

绿色产业　全区有苗圃 47 个，苗圃总面积 585.85 公顷，总产苗量 336.09 万株。花卉种植面积 21.4 万平方米，年产值 1366 万元，销售额 844 万元。全区有养蜂户 262 户，养蜂总规模 2.4 万群。年产蜂蜜 18 万千克，蜂王浆 1.2 万千克，蜂胶 100 千克，蜂花粉 1500 千克，蜂蜡 3000 千克，养蜂总收入 957 万元。

资源安全　区森林公安处接各类警情 400 余起，立刑事案件 5 起，刑事拘留 9 人，批捕 3 人，取保候审 6 人。林业行政案件 117 起，罚款 25 万余元。对 58 棵古树进行清除杂草、有害生物防治。救助野生动物 20 只，分别为国家Ⅱ级保护、北京市重点保护野生动物。区政府投资 320 万元购买消防车，投资 420 万元用于森林防火高火险期洒水湿化经费，投资 1298.54 万元建设森林防火检查站。森林病虫害预防治理面积 1.33 万公顷，飞机空中防治面积 4000 公顷，人工地面防治面积 0.66 万公顷。

（王兴富）

【森林防火检查】　1 月 21 日至 2 月 2 日，区森林防火指挥部对全区各乡镇森林防火工作进行全面检查，提出整改意见 25 条，发放防火隐患通知书 18 份。

（王兴富）

【森林防火演练】　3 月 1 日，区森防办组织王辛庄镇、金海湖镇、山东庄镇、兴谷街道等 12 个乡镇一个街道森林消防中队，在大华山镇小金山和夏各庄镇浅山地带进行应急演练。对新配发 GPS 使用和队伍接警后快速反应能力、专用灭火机具使用开展检查。

（王兴富）

【城北湿地公园开园】　3 月 1 日，平谷城北湿地公园对外正式开园。城北湿地公园是跨年度工程，工程自 2015 年春进场施工，2017 年年底完成。建设总面积 83.73 公顷，总投资 1.21 亿元。工程建设绿地 40 公顷，栽植银杏、国槐、碧桃、海棠等乔灌木 8 万株；建设林荫停车场、公共卫生间、科普宣传栏、休闲座椅等附属设施，建成 2.5 万平方米休闲步道，公园水面面积 20 公顷。良好生态环境引来成群的白鹭、野鸭等鸟类栖息。

（王兴富）

【城北湿地公园管护移交】　3 月 1 日，城北湿地公园由区园林绿化局转交北京锦绣绿都园林绿化有限公司接管，按照验收成果逐项完成公园绿化、管理用房、公共卫生间、道路、广场铺装、灌溉给排水管道等项目管护移交。

（王兴富）

【山区生态林森林保险衔接】 3 月 24 日，平谷区完成全区投保 2018 年度山区生态公益林森林保险。投保面积 39041.26 公顷。保费 1405485 元，保额 7.03 亿元，与 2017 年度有效衔接，为全区山区生态公益林持续发展提供保障。

（王兴富）

【湿地公园多媒体科普视窗】 3 月 20 日，平谷区城北湿地公园安装多媒体科普视窗 25 组，大中小型植物科普标牌 500 个，带太阳能发电板及 LED 照明灯科普宣传栏 15 个，"会说话椅子" 30 组。实现音像、影像、图文展示与播放相融合的科普解说系统，展示湿地生态环境保护、植物、昆虫、鸟类、鱼类等生物多样性资源及湿地生态功能、生态文化。

（王兴富）

【清明节森林防火检查】 4 月 1 日，区领导带领平谷区森林防火指挥部办公室成员和平谷区消防支队相关工作人员到黄松峪乡公墓、白云寺重点防火区等地清明节前森林防火检查。对清明防火工作提出要求。

（王兴富）

【义务植树活动】 3～5 月，平谷区绿化办公室协调组织义务植树活动。开展大型义务植树活动 37 次，完成义务植树新植树木 16.16 万株，绿化面积 51.9 公顷。完成抚育 140 万株。

（王兴富）

【森林防火实战演习】 4 月 29 日，平谷区在熊儿寨乡魏家湾村开展森林防火实战演习，演习提高无人机、肩扛式灭火弹、冲锋舟、以水灭火等装备协同作战能力。区领导、区森林防火指挥部成员、各乡镇(街道)行政领导共 280 人现场观摩。

（王兴富）

【园林绿地景观提升】 4 月 10 日至 10 月 7 日，平谷区园林绿化局在麦当劳绿地、府前西街(大龙以东分车带)进行春、夏、秋季花卉景观提升，栽植花卉 60 万株，面积 1 万平方米，赏花期 6 个月。

（王兴富）

【绿化资源疑似图斑梳理】 5 月 30 日，平谷区园林绿化局对市园林绿化局 594 个图斑分类梳理，按照卫片所属乡镇政府、街道、管委会，将《关于侵占林地行为限期处理告知函》和违法图斑印发，各乡镇逐地块对非法侵占林地行为进行确认和恢复，以照片和文件形式将处理情况备案。对因经营开发侵占林地的事件严格立案查处；公益民生类限期补办手续。全区限期恢复 148 个，完善手续、规范管理 190 个，严肃查处 43 个。报市园林绿化局立行立改图斑 391 件，剩余 203 件正在完善相关手续。

（王兴富）

【市领导调研湿地公园】 7 月 9 日，北京市委书记蔡奇到平谷城北湿地公园调研，实地察看平谷城北湿地公园绿色景观和生态保护，现场听取森林城市创建等相关情况汇报，蔡奇对城北湿地公园建设与养护表示满意，强调结合新一轮百万亩造林绿化工程，扩大绿色生态空间，对争创国家森林城市提出新要求。

（王兴富）

【自收自支事业单位改制】 7月，平谷区园林绿化局成立自收自支事业单位改制工作领导小组，制订改制方案。11月6日，聘请北京嘉禾庆资产评估有限公司，完成对平谷区南独乐河果园、峪口果园、种苗服务站的资产评估。12月10日，区财政局对评估结果予以批复，确认改制3个单位。3个单位资产评估值3580.21万元，负债评估值535.67万元，净资产评估值3044.54万元。按照改制方案，将改制3个单位现有固定资产、流动资金、在岗职工全部由平谷区国有资产监督管理委员会在收归国有基础上，由北京锦绣绿都园林绿化有限公司，以改制3个单位净资产作为出资，采取国有独资形式成立新公司。12月6日，公司注册成立北京丽城嘉苑农业发展有限公司，自收自支事业单位完成改制。

（王兴富）

【城镇绿地环境美化】 9月11～18日，为迎接第二届中国（北京）休闲大会，优化会场周边环境，平谷区园林绿化局对平谷综合服务大楼等绿地铺种草坪1.34万平方米，安装公路隔离护栏30米，金属网护栏108平方米。

（王兴富）

【京津冀联合森林火灾应急演练】 9月26日，在平谷区夏各庄镇（三省市交界地区），京津冀联合开展森林火灾应急处置演练。在北京市森林防火指挥部办公室指导下，平谷区与怀柔区、密云区、昌平区、顺义区、天津市蓟州区、河北省三河市等地的10支专业队伍210名森林消防队员参加演练。现场出动指挥车、运兵车、装备车、120急救车等30余辆，直升机1架。演练以在平谷区夏各庄镇发生森林火灾为场景，各参演单位紧密配合、迅速扑灭。通过应急演练，提高三地森林防火组织指挥和协同作战能力。

（王兴富）

【平谷区获市首个"国家森林城市"称号】 10月15日，在深圳召开的2018森林城市建设座谈会上，国家林业和草原局批准北京市平谷区等27个城市获得"国家森林城市"称号。平谷区代表北京市第一个获得"国家森林城市"称号。平谷区领导接受颁牌。

（王兴富）

【森林防火动员部署会】 10月16日，平谷区召开2018年森林防火动员部署会。会议通报2017年度森林防火工作考评结果，对2018年度森林防火工作作出部署。

（王兴富）

【古树名木管理移交】 10月18日，平谷区将58棵古树管理工作移交资源管理中心管理。

（王兴富）

【京津冀森林防火模拟实战演练】 11月1日，平谷区联合天津蓟州区、河北三河市开展京津冀森林防火模拟实战演练。平谷区与蓟州区、三河市相关领导及3支专业森林消防队伍，共70余人参加。演练以东高村镇渔阳滑雪场发生火灾为背景，由3支队伍分别从不同路线到达火灾现场，开展模拟扑火行动，提高京津冀联合处置、扑救森林火灾实战能力。

（王兴富）

【区领导检查调研】 11月10日，平谷区领导率区水务局、环保局、园林绿化局等单位主要负责人围绕"河长制""新一轮百万亩造林"到王辛庄镇、峪口镇调研，实地查看河长制工作落实整改情况和山前平缓地绿化建设工程。11月12日，区领导围绕"新一轮百万亩造林工程""冬季防火"到东高村镇大旺务村森林防火检查站，实地查看森林防火情况。到夏各庄镇南太务村查看国家电网造林地块新一轮百万亩造林地块造林检查。分别围绕检查调研内容提出要求。

（王兴富）

【新一轮百万亩造林工程】 11月29日，平谷区完成全区2018年新一轮百万亩造林建设任务1019公顷，工程总投资39744万元。涉及13个乡镇、46个村，分4个项目实施：平原地区重点区域绿化275.53公顷，山前平缓地造林366.73公顷，浅山区山坡台地造林350.07公顷，荒山造林26.67公顷。

（王兴富）

【平谷区新城绿道工程】 年内，平谷区新城绿道环形健走区及纸寨桥驿站完成苗木栽植2万株，种植地被2.7万平方米，铺设园路2.6千米，完成照明电缆埋设及庭院灯安装、服务中心及驿站建筑装修装饰；小辛寨石河段完成场地平整，完成总体工程量62%。

（王兴富）

【重要活动花卉布置】 年内，平谷区利用平谷休闲大会和国庆佳节期间，在体育中心、蓝帕国际酒店、蓝帕国际酒店北侧绿地、北环路、千里马环岛、迎宾环岛、大龙环岛、府前东西街和国泰对面花池等重要地点布置花卉。摆放串红、矮牵牛、孔雀草、凤仙和海棠等花卉31.8万盆。

（王兴富）

【留白增绿】 年内，平谷区对所有"留白增绿"地块优化整合，结合新一轮百万亩造林绿化，完成"留白增绿"绿化面积16.43公顷，占市园林绿化局下达增绿任务14.31公顷的114.8%。涉及全区9个乡镇17个村31个地块。其中：乡镇绿化1.16公顷；纳入2018年新一轮百万亩造林绿化工程6.03公顷；建设"山、水、林、田、湖、草"生态休闲公园9.24公顷。

（王兴富）

【山区生态公益林补偿】 年内，平谷区发放山区公益林效益补偿资金2209.69万元。全区152个村，57312户，170795人享受补偿政策。

（王兴富）

【低收入户帮扶增收】 年内，平谷区为低收入农户2625户发放94.67万元帮扶款；山区生态林管护员优先聘用84名低收入农户人员；在园林绿化养护中聘用5名低收入户劳动力，增加低收入户收入。

（王兴富）

【征占林地管理】 年内，平谷区审核、审批征占林地事项54件，涉及林地总面积

58.69 公顷，其中报市园林绿化局工程项目使用林地手续 23 件，涉及林地面积 20.44 公顷，由平谷区园林绿化局备案 18 件，涉及林地面积 14.65 公顷。受理临时使用林地 13 件，涉及使用林地总面积 23.6 公顷，经区园林绿化局审核同意 1 件，使用林地面积 0.18 公顷。

（王兴富）

【林木伐移管理】 年内，平谷区受理移伐林木申请 679 件，4.52 万株，8.04 万立方米。批准采伐 588 件，3.628 万株，6.02 万立方米。批准移植 10 件，1724 株。

（王兴富）

【林业案件查处】 年内，平谷区森林公安处接各类警情 400 余起。除反映不实、调解、转出等情形外，立刑事案件 5 起，刑事拘留 9 人，批捕 3 人，取保候审 6 人。其中，林地案件 2 起，滥伐林木案件 2 起，失火案件 1 起。林业行政案件 117 起，罚款 25 万余元。没有行政复议变更及行政诉讼败诉案件。

（王兴富）

【农村宅基地农转用占用林地核实】 年内，区园林绿化局配合国土部门核实农村宅基地农转用项目占用林地情况。根据平谷区林地保护利用规划，全区 207 个村新增宅基地，其中有 120 个村占用规划林地，已审批 4 件，其他不占用规划林地的及时出具证明。

（王兴富）

【古树名木管理】 年内，平谷区对 58 棵古树进行清除杂草、有害生物防治。修补围栏 18 棵，围堰 10 棵，支撑 7 棵，焊接避雷针 1 棵，牵引 5 棵，引自来水管 10 米，清理垃圾 10 立方米。

（王兴富）

【湿地调查】 年内，平谷区园林绿化局完成全区湿地调查，全区湿地总面积 3134 公顷。按湿地功能和效益分，全区有重点湿地 751 公顷，一般湿地 2383 公顷。按湿地类别分，有天然湿地 1223 公顷，人工湿地 1911 公顷。调查湿地植物有 64 科 130 属 225 种。湿地动物调查记录到大型底栖无脊椎动物 21 种。

（王兴富）

【野生植物调查】 年内，平谷区园林绿化局完成外业野生植物多样性调查，全区记录有维管束植物 1027 种，隶属于 128 科 520 属。其中蕨类植物 16 科 19 属 35 种，裸子植物 4 科 9 属 14 种，被子植物 108 科 492 属 978 种。被子植物中双子叶植物 92 科 387 属 766 种，单子叶植物 16 科 105 属 212 种，是本区植物主要建群种。分布有国家Ⅱ级重点保护野生植物 3 种，分别为紫椴、黄檗和野大豆。收录在《中国植物红皮书》中的植物有 3 种，分别为黄檗、核桃楸和野大豆。有 13 种列入《濒危野生动植物种国际贸易公约》植物种，均为兰科植物。《北京市重点保护植物名录》中平谷区有 48 种，其中Ⅰ级保护植物 4 种，Ⅱ级保护植物 44 种。

（王兴富）

【野生动物调查】 年内，平谷区园林绿化局完成野生动物外业调查，野生动物调查记录平谷区有陆栖脊椎动物27目66科165种，兽类5目12科20种；鸟类17目43科123种；爬行类3目7科16种；两栖类2目4科6种。有国家Ⅰ级重点保护野生动物3种，均为鸟类，即黑鹳、金雕和白尾海雕。国家Ⅱ级重点保护野生动物种12种，其中兽类1种。平谷区有北京市重点保护动物79种，其中北京市Ⅰ级重点保护动物18种，Ⅱ级重点保护动物61种。

（王兴富）

【森林防火】 年内，平谷区实现森林无较大森林火灾和无人员伤亡事故。区政府投资320万元购买消防车，投资190万元用于森林防火高火险期洒水湿化经费，投资1298.54万元建设森林防火检查站，投资66万元对8个瞭望塔进行维修改造。区森防办投入8万余元用于制作森林防火年历、环保袋、围裙、套袖、扇子、彩页等宣传材料4万份。

（王兴富）

【野生动物保护救助】 年内，平谷区园林绿化局救助野生动物20只，分别为国家Ⅱ级保护、北京市重点保护野生动物。

（王兴富）

【野生动物监测】 年内，平谷区设置3个监测站点，监测到各种鸟类44.8万只，在金海湖国家级监测站采集野生鸟类粪样240份，送检均无异常；开展野猪"非洲猪瘟"疫情监测，未发现异常情况。

（王兴富）

【野生动物执法】 年内，平谷区森林公安对全区集贸市场、饭店、大集检查3次，发放告知书十余份，对平原地区洵河、洳河等河道周边进行日巡查，发现并制止弹弓打鸟行为4次，收缴粘鸟网3张。开展"爱鸟周"和"保护野生动物宣传月"等宣传活动5次，设立野生动物保护宣传牌40块，发放宣传材料5500份。

（王兴富）

【森林病虫害防治】 年内，平谷区建立国家、市、区级测报点102个。预防治理面积1.33万公顷，飞防40架次，防治面积4000公顷，人工地面防治面积6600公顷。释放周氏啮小蜂0.5亿头。在城区采取投放性诱剂、释放天敌昆虫、释放周氏啮小蜂柞蚕蛹和赤眼蜂卵、摆放粘板等生物防治措施。种苗产地检疫969.93万株，产地检疫率100%，无公害防治率95%，测报准确率91%以上，成灾率1‰以下。

（王兴富）

【局领导班子成员】

局长、绿化办主任	陈军胜
局党组书记	景国平
副局长	王春青（女）
	王国全　刘福山
绿化办副主任	赵春雷
森林公安处处长	任达伟
工会主席	王俊青

（王兴富）

（平谷区园林绿化局：王兴富 供稿）

平谷区果品办公室

【概　况】　平谷区人民政府果品办公室（简称果品办）于1991年成立，现有5个行政科室，分别为果树规划管理科、植保科、科技科、办公室、产业化办公室；事业科室两个，分别为平谷区农产品产销服务中心（工资规范）和平谷区果树技术服务中心（工资规范）。现有职工38人，其中公务员16人，行政工勤3人，事业人员19人。区果品办公室负责贯彻落实全区果品生产发展的政策、法规；制订全区果品生产发展的规划和年度工作计划；负责全区名特优新果品品种的引进和果品基地及苗木基地的建设和管理；负责果品生产科技研发工作，负责全区果树技术培训、普及、推广工作，制订果树标准化生产标准和技术操作规程，负责组织国家和北京市在本区的果品生产建设项目的实施；负责全区安全果品、绿色果品、有机果品基地建设及管理；负责全区病虫害的预报、预测、防治工作。

2018年，全区果品总产量2.69亿千克，同2017年相比降低13.2%，果品总收入15.8亿元，同2017年相比增加2.8%；其中，大桃总产量2.1亿千克，同2017年相比降低15.3%，总收入12.54亿元，同2017年相比增加4.4%。

（王东峰）

【高密植果园建设】　年内，平谷区研究制订平谷区2018年现代化高密植果园建设奖励政策及实施方案，加强领导，明确责任分工，强化时间节点，完成全区高密植桃园建设33万平方米，涉及17个乡镇（街道），129个村，1245户。

（王东峰）

【桃细菌黑斑病防控】　年内，平谷区投入1100余万元，对盛果期桃园桃细菌性黑斑病等重点病害进行"统一药剂、统一时间、统一标准"联防联治，防控面积7733万平方米。经防治效果调查，全区桃果平均发病率控制在1.04%，挽回经济损失1亿多元。

（王东峰）

【果品质量安全监测】　年内，平谷区共完成桃、梨、核桃、苹果、杏等7个树种的550份样品果品质量安全检测，其中桃300余个，全部检测合格。

（王东峰）

【病虫害监测防治】　年内，在平谷区设置约230个监测点，制订并印发《平谷区果品苹果蠹蛾、中华锉叶蜂等有害生物疫情防控方案》《关于加强中华锉叶蜂、栎纷舟蛾、栎掌舟蛾等果品有害生物防控的通知》。8月，在平谷区黄松峪乡白云寺村四棵山杏树上发现中华锉叶蜂，由于监测及时，措施得力，疫情得到及时扑灭。

（王东峰）

【果树实用技术培训】　年内，平谷区果品

办在全区17个乡镇(街道)开展果树冬季修剪、定植嫁接、夏季修剪等累计培训1000余场，覆盖全区168个果品生产专业村(包含128个大桃专业村)。

(王东峰)

【新品种引进】 年内，平谷区投资35万元从北京果树研究所、郑州果树研究所引进黄油桃、黄蟠桃、黄毛桃、油蟠桃等系列优新品种21个，1.7万余株成品苗，安排在10个大桃重点乡镇15个村16个试点进行试验示范。

(王东峰)

【甜桃王擂台赛评选活动】 年内，平谷区分别在刘家店镇丫髻山风景区太极广场和平谷区果品产业协会基地举办“甜桃王”擂台赛评选活动。该活动通过北京电视台新闻频道和北京时间进行电视和网络直播。《北京日报》《北京青年报》《农民日报》和新华社、人民网30家新闻媒体近百名记者进行现场报道。

(王东峰)

【土壤改良】 年内，平谷区结合2017年耕地质量保护试点检测结果，制订《平谷区果园土壤改良方案》，将全区耕地(果园)划分为5个区，同时对各区域有针对性地制订土壤改良方案和肥料投入标准；推荐果园土壤改良技术模式和各分区果品(桃)施肥方案。实施《平谷区2018年大桃提质增效综合技术示范区建设项目》，示范面积286.67公顷。

(王东峰)

【美好田园环境整治督查】 年内，平谷区配合制订美好田园整治综合措施方案，制定美好果园创建标准；联合召开美好田园整治工作部署会，下发整治综合措施方案；联合开展4次督查检查，完成夏各庄、王辛庄镇、刘店、大华山、熊尔寨、镇罗营、山东庄、金海湖镇、南独乐河镇、马坊东高村镇等17个乡镇美好果园环境整治督查工作；同时，将枝条粉碎还田等生态栽培技术纳入果树技术培训内容。

(王东峰)

【领导班子成员】

平谷区农委主任兼果品办主任　李小丰
副 主 任　韩新明
党组成员　陈　东(2017年3月任职)
副调研员　张文忠

(王东峰)

(平谷区果品办公室：王东峰 供稿)

怀柔区园林绿化局

【概　况】 北京市怀柔区园林绿化局(简称区园林绿化局)，挂怀柔区绿化委员会办公室(简称区绿化办)牌子，是区政府园林绿化行政主管部门。机关行政编制27名，设办公室、政工科、财务科、造林科、果树科、绿化科、园林科、林政资源管理科、综合管理科 9 个科室。森林公安有森林公安政法专向编制 30 名，设 1 个处（副处级）3 个所。其中，森林公安处设刑侦科、治安科、综合科；3 个所分别是汤河口森林公安派出所、桥梓森林公安派出所、喇叭沟门森林公安派出所。区园林绿化局（区绿化办）有事业单位 29 个。截止到 12 月底，全局有在职职工 327 人。

2018 年，怀柔区林地总面积 18.42 万公顷，林木绿化率 80.03%，森林覆盖率 57.9%，城市绿化覆盖率 61.34%，人均绿地 57.18 平方米，人均公园绿地 29.68 平方米。

绿化造林　完成新一轮百万亩造林工程建设任务 1510.07 公顷；完成京津风沙源治理工程任务 2133.33 公顷；完成森林健康经营林木抚育工程 8400.9 公顷；完成国家重点公益林管护工程 2403.8 公顷；完成彩叶林工程 200 公顷；完成公路绿化 20 千米；参加义务植树 14.06 万人，完成植树 42.1 万余株；完成 6 个镇（乡）边角地绿化，新增绿化面积 3.33 公顷；完成创建首都绿色村庄 5 个、花园式单位 3 个、花园式社区 1 个。

绿色产业　全区果品产量 20190.2 吨。完成高效节水现代化果园 35 公顷；完成 6.94 公顷乡土果园项目建设；完成大果榛子栽培管理技术推广示范项目 1.33 公顷；养蜂农户 180 户，蜂群保有量 1.45 万群；全区有苗圃 100 家，育苗总面积 556.69 公顷。

资源安全　完成生物防治 673.3 公顷，物理防治 1230 公顷，人工地面防治 0.56 万公顷，飞机防治 1.72 万公顷；全年救助野生动物 22 只；全年接警情 166 件，查办 166 件，办结 164 件，未发生行政复议和行政诉讼案件；年内区森防办、区护林防火督导组及森林公安处共督导检查镇乡、有林单位管护员履职、杨柳飞絮治理、重点人盯防、隐患排查等专项活动 900 余次，下达隐患通知单 35 次，全年无森林火灾发生。

（张红军）

【武警森林指挥部机动支队派驻怀柔】　1 月 1 日至 6 月 15 日，武警森林指挥部机动支队派驻怀柔区 70 名官兵担负驻防区域及周边地区森林火灾火场应急扑救任务。

（张红军）

【创建国家森林城市】　2 月 28 日，国家林业和草原局复函同意怀柔区创建国家森林城市，完成备案。3 月 9 日，召开怀柔区创建国家森林城市前期推进工作会，会议审议并通过成立怀柔区创建国家森林城市领导小组建议，启动编制《北京市怀柔区国家森林城市建设总体规划（2018—2035年）》。4 月 4 日，区编委批准成立北京市怀柔区创建国家森林城市领导小组。9 月 16 日，国家林业和草原局宣传中心安排 7 名国家森林城市专家组成评审组，听取怀柔区规划编制汇报，审阅相关材料，经过讨论质询，评审组一致同意通过《北京市怀柔区国家森林城市建设总体规划（2018—2035年）》。9 月 27 日，北京市怀柔区人民政府正式发布《北京市怀柔区国家森林城市建设总体规划（2018—2035年）》，在国家林业和草原局备案，标志着怀柔区创建国家森林城市工作进入全面实施阶段。

（张红军）

【生态公益林投保】 3 月，怀柔区园林绿化局与中国人民财产保险股份有限公司北京分公司签约，连续 4 年投保全区生态公益林 154.49 万公顷，每年保险费 556.1 万元。

（张红军）

【义务植树活动】 3 月 14 日，怀柔区组织召开 2018 年义务植树工作会。23 家中央、市属单位主管领导参加会议。4 月 1 日，在杨宋镇北年丰村开展以 "创建森林城市提升生态环境 惠及民生福祉" 为主题的大型义务植树活动。自然资源部、外交部、中国科学院、中航勘察设计研究院有限公司 4 家中央、市属单位，共有 800 余人参加此次植树活动，栽植树种包括金枝国槐、油松、白蜡、玉兰、紫叶矮樱、金叶榆等，共计 1120 余株。全年累计参加义务植树 14.06 万人，完成植树 42.1 万余株。其中，新植 10.2 万株，其他方式折合 31.9 万株。植树日活动期间，设宣传咨询站 3 个，发放宣传材料 1 万份，制作展板 12 块，悬挂宣传标语 15 幅，养护树木 4 万株，清扫绿地 5 万平方米。

（张红军）

【第八届北京国际电影节花卉布置】 4 月 11 日，怀柔区完成电影节期间 3 座花坛摆放工作，投资约 300 万元，使用花卉 47 万株。其中，在迎宾南环岛摆放 "影都之门" 主题花坛，在会展中心摆放 "影人风采" 主题花坛，在影视基地正门摆放 "魅力影坛"

主题花坛。5 月 18 日撤除。

（张红军）

【平原造林地块开展城镇生活污泥试点】 8 月，怀柔区在北房镇宰相庄村平原造林地块开展处理达标后城镇生活污泥试点工作，试点面积 1.33 公顷。该地区为非水源保护区，土壤相对贫瘠，生态风险较低，共施用污泥肥料 10 万千克，对施用时间、方式、数量、污泥种类进行详细记录，定期观察树木生长状况，确保生态安全，林木生长健康。

（张红军）

【小微绿地建设】 年内，怀柔区完成小微绿地建设 3.66 公顷，投资约 1200 万元。其中，杨宋镇梦想家园小区小微绿地 0.56 公顷，东亚华欣湾小微绿地 1.1 公顷，丽湖嘉园居住区小微绿地 0.8 公顷，泉河二区东侧小微绿地 1.2 公顷。

（张红军）

【生态补偿资金发放】 年内，怀柔区生态补偿金发放工作涉及泉河街道和 14 个乡镇，223 个行政村，约 5 万农户，11 万农民。全区已经确权山区生态公益林补偿面积 15.70 万公顷，2018 年发放生态补偿金 9893.52 万元（补偿标准每年每公顷 630 元）。资金于 4 月底拨付乡（镇、街道）。

（张红军）

【新一轮百万亩造林工程】 年内，怀柔区完成新一轮百万亩造林工程建设任务 1510.07 公顷。涉及 11 个乡（镇），重点围绕北部山区低收入增收、重要道路廊道景观建设、拆迁腾退建绿、疏解整治"留白增绿"等确定 9 个项目进行建设，其中山前平缓地造林 933.33 公顷、平原地区重点区域绿化 66.67 公顷、荒山造林 200 公顷、山坡台地造林 198.07 公顷、拆迁腾退地造林 4.47 公顷、城南森林公园 80 公顷、庙城精品公园 3 公顷、小微绿地 4.53 公顷、美丽乡村 20 公顷。

（张红军）

【京津风沙源治理】 年内，怀柔区完成京津风沙源治理工程任务 2133.33 公顷，总投资 1300 万元。其中：困难立地造林 133.33 公顷，涉及北房镇、桥梓镇、渤海镇、宝山镇、喇叭沟门乡；封山育林 2000 公顷，涉及北房镇、桥梓镇、渤海镇、宝山镇、喇叭沟门乡、九渡河镇。栽植侧柏、油松、五角枫、黄栌等各类苗木 14.8 万株。

（张红军）

【彩叶林工程】 年内，怀柔区完成 2017 年彩叶林工程 200 公顷，建设单位九渡河镇镇政府，栽植黄栌 36500 株、五角枫 3750 株。2018 年彩叶林工程总面积 200 公顷，转移建设单位至喇叭沟门乡乡政府。

（张红军）

【公路绿化工程】 年内，怀柔区完成 2017 年公路绿化工程 20 千米，建设单位汤河口镇。2018 年公路绿化工程规划长度 20 千米，转移建设单位至喇叭沟门乡乡政府。

（张红军）

【森林健康经营林木抚育】 年内，怀柔区完成森林健康经营林木抚育 8400.9 公顷。

工程涉及喇叭沟门乡、长哨营乡、宝山镇、汤河口镇、雁栖镇 5 个乡（镇）35 个行政村。

（张红军）

【国家重点公益林管护工程】 年内，怀柔区完成国家重点公益林管护工程 2403.8 公顷。工程涉及喇叭沟门乡、宝山镇和庙城镇 3 个乡(镇)10 个行政村。

（张红军）

【绿化美化先进集体创建】 年内，怀柔区完成创建首都绿色村庄 5 个，分别是喇叭沟门满族乡苗营村、长哨营满族乡八道河村、杨宋镇仙台村、庙城镇彩各庄村、汤河口镇卜营村；创建花园式单位 3 个，分别是中国航空综合技术研究所、北京兴怀供水厂、北京观山邸酒店；创建花园式社区 1 个，为雁栖镇新村社区。

（张红军）

【五河十路绿色通道管护交接】 年内，怀柔区"五河十路"绿色通道管护总面积 403.33 公顷，涉及"三路三河"，6 个镇 36 个行政村。根据年初区园林绿化局工作安排，五河十路生态林管护工作由区平原造林管护中心按照平原造林管护标准统一管理。3 月份，经造林科、百事百达监理公司、怀资公司、平原造林管护中心四方现场核查，完成"五河十路"403.33 公顷确认交接工作。

（张红军）

【平原生态林日常管护监管】 年内，怀柔区平原生态林养护总面积 1752.13 公顷。

其中，2012～2016 年平原造林 1348.8 公顷，五河十路生态林 404.33 公顷。根据《怀柔区平原地区造林工程林木资源养护管理办法》《怀柔区 2018 年度平原生态林管护实施方案》《怀柔区平原造林管护实施细则》落实管护监管工作，全年杂草清理 4～5 次，修树盘 2 次，浇水 4～5 次，树干涂白 2 次，有害生物普防 1～2 次，施肥 1 次。

（张红军）

【平原生态林管护促进本地就业】 年内，怀柔区参与平原生态林管护人员 857 人，其中怀柔本地农民 761 人，占总人数 88.7%，人均增收 2400 元/月。按照市园林绿化局要求，平原生态林每 10 公顷安排 1 名专职巡查人员，负责日常林地卫生、防火、监测病虫害、监测侵占林地等工作，平原生态林管护全年安排巡查人员 168 人。

（张红军）

【纪念林管护】 年内，怀柔区共有纪念林 13 块，总面积 58.54 公顷。其中，桥梓镇 3 块，分别是青年林、阳光林和信报林；怀北镇 4 块，分别是外交部独生子女纪念林、索尼纪念林、中日友好青年林、香江国际植树纪念林；九渡河镇 1 块，中日友好万里长城绿化纪念林；杨宋镇 1 块，迎奥运青年文明林；琉璃庙镇 1 块，北京盈之宝纪念林；雁栖镇 2 块，伊甸园幸福林和 APEC 碳中和纪念林；怀柔镇 1 块，世界妇女友谊林。制定《怀柔区纪念林养护管理标准》。严格落实管护人员和管护责任制，建立管护台账。

（张红军）

【青春公园提升改造工程】 年内，怀柔区完成青春公园提升改造工程，改造提升面积 2680 平方米，总投资约 160 万元。工程丰富植物种类，加设林荫休闲广场，修筑公园道路，修饰仿古双亭，发挥街心公园生态和社会效益。工程于 6 月 16 日竣工并对外开放。

（张红军）

【庙城精品公园】 年内，怀柔区完成庙城精品公园建设。该公园建设面积 3.7 公顷，投资约 450 万元。公园位于庙城镇最东端，毗邻霍各庄村、焦村，承担起怀柔区南大门景观形象展示功能。建设内容主要为绿化工程、庭院工程、给排水工程、照明工程等。

（张红军）

【屋顶绿化工程】 年内，怀柔区对两河小学、实验二小实施屋顶绿化工程，完成绿化面积 3447 平方米。怀柔区人民政府曾与北京市市政府签订《2016—2020 绿化目标责任书》，"十三五"期间怀柔区完成屋顶绿化 1 万平方米。

（张红军）

【农村五边绿化】 年内，怀柔区完成宝山镇三块石、渤海镇渤海所、长哨营乡八道河、琉璃庙镇西湾子、桥梓镇秦家东庄、汤河口镇卜营村 6 个乡（镇）边角地绿化工作，新增绿化面积 3.33 公顷。

（张红军）

【杨柳飞絮综合治理】 年内，怀柔区实施杨柳飞絮治理项目，市财政局投资 960 余万元。8 月开始施工，采用综合措施治理杨柳雌株 1605 株，其中树木采伐更新 1374 株，整形修剪 231 株；地被吸附种植地被物 20 公顷。11 月底，北京市林业工作总站组织专家组进行检查验收，获得通过。

（张红军）

【板栗优新品种繁育栽培技术研究】　年内，怀柔区在桥梓镇前茶坞村、明清板栗园及板栗试验站试验园开展板栗优新品种繁育及有机高效栽培技术研究，总面积约 33.33 公顷。在示范园内实施修剪、嫁接及接后管理、增施有机肥 6 万千克、喷施氨基酸、修剪枝条粉碎还田等工作。

（张红军）

【板栗疫病防治技术研究】　年内，怀柔区分别在渤海所村、白木村、水长城景区及板栗试验站示范园进行实验，实施板栗精细修剪 20 公顷、增施有机肥 4.8 万千克、树干涂白 3000 株、刮病斑 3000 株、喷石硫合剂 1 次，杀菌剂 1 次，氨基酸 3 次等工作。通过上述措施，示范园病树死亡率降低，树势在一定程度得到恢复。

（张红军）

【高效节水现代化果园建设工程】　年内，怀柔区完成高效节水现代化果园建设 35 公顷，涉及庙城镇、桥梓镇、怀柔镇等 8 个乡（镇），主栽树种为榛子、苹果、樱桃等。

（张红军）

【乡土果园项目建设】　年内，怀柔区在雁栖镇会展中心完成 6.94 公顷乡土果园项目

建设，栽植各类果树 2.04 万株。其中，栽植苹果 2.47 公顷，4 个品种 8214 株；梨 1.67 公顷，10 个品种 2860 株；桃 1.13 公顷，10 个品种 3774 株；杏 0.27 公顷，3 个品种 888 株；李子 0.27 公顷，2 个品种 888 株；樱桃 1.13 公顷，5 个品种 3774 株。截止到入冬时节，总体栽植成活率 90% 以上。

（张红军）

【榛子栽培管理技术推广示范】　年内，怀柔区在怀北镇神山村建立大果榛子栽培管理技术推广示范基地 1.33 公顷。项目实施建设内容主要针对大果榛子 1～2 年生幼树管理以及生长季栽培管理进行技术指导，包括施用生物动力肥 3.8 万千克进行土壤改良、施用氨基酸肥 790 千克进行叶面施肥，全年用 480 个人工对自然生草进行果园生草培肥，聘请专家技术指导 1 次，定期进行常规病虫害防治以及土肥水管理技术指导。项目建设时间 4～12 月，总体投资 10 万元，12 月底完成全部建设内容。

（张红军）

【申报无公害果品生产基地】　年内，怀柔区新申报 4 家无公害果品生产基地，认证面积 54 公顷。这 4 家基地申请人分别是庙城镇王史山村北京双利双鑫樱桃种植专业合作社，生产产品为樱桃，申请认证面积 5.33 公顷；九渡河镇黄花镇村北京聚园兴干鲜果品种植专业合作社，生产产品为蓝莓，申请认证面积 4 公顷；渤海镇白木村、沙峪村、景峪村的北京市民华富升农副产品购销专业合作社，生产产品为板栗，申请认证面积 40 公顷；桥梓镇后桥梓村的鸿

燊元（北京）商贸有限公司，生产产品为桃，申请认证面积 4.67 公顷。

（张红军）

【蜜蜂产业】 年内，怀柔区共有养蜂户 180 户，蜂群 1.45 万群。因受自然气候变化影响，春季倒春寒、干旱少雨，产蜜期阴天多雨，蜂产品产量较 2017 年减产 80% 以上，山区不转地蜂农几乎没有产量，仅够维持蜜蜂基本饲料。2018 年生产普通蜂蜜 4 万千克，蜂王浆 400 千克，蜂花粉 500 千克，蜂蜡 1000 千克。全年授粉、售蜂、蜂产品等总产值 92 万元。

（张红军）

【种苗生产】 年内，怀柔区有苗圃 100 家，育苗总面积 556.69 公顷，总产苗量 444.54 万株。其中：常绿树 253.23 公顷，223.56 万株；阔叶树 254.73 公顷，193.44 万株；花灌木 48.73 公顷，27.54 万株。

（张红军）

【规模化苗圃建设】 截止到 12 月底，怀柔区有规模化苗圃 6 个，总面积 356.78 公顷，分布于桥梓镇、汤河口镇、长哨营满族乡、喇叭沟门满族乡。规模化苗圃建设不仅为全区及周边地区提供优质苗木、改善生态环境，还带动全区 993 人绿岗就业。

（张红军）

【林果科技科普培训】 年内，怀柔区组织开展大型科普活动 32 次，制作科普展板、挂图，现场发放果树修剪、病虫害防治、森林防火、法制宣传、新品种简介等资料 1 万余份，发放宣传品 5000 余份；接待群众咨询 5000 余人次；举办林果技术培训 40 余次，培训人数 1.2 万余人次，内容包括果树技术、森林消防专业技能、生态林管护员技术指导等。

（张红军）

【林下经济】 年内，怀柔区开展林下经济经营主体备案登记工作，共有 20 家林下经济主体完成备案登记。发展林下经济 5289.4 公顷，涉及 11 个乡（镇）。主要有林游、林药、林粮、林花、林禽、林菌、林蔬 7 种模式。

（张红军）

【森林防火】 年内，怀柔区森林防火指挥部、区森防办印发森林防火工作通知 27 次，转发市园林绿化局指导性文件 6 次、专项工作方案 5 次、简报 7 期、各类信息 28 篇，联合区广播电视台制作 1 期森林防火专题节目。区森防办联合各乡（镇）、森林公安、森林消防中队分别在桥梓镇、怀北镇、汤河口镇以及长哨营满族乡开展 4 次森林防火宣传活动，发放森林防火宣传材料 2 万余份，受教育群众 13000 多人。区森防办制订《怀柔区森林火灾隐患认定手册》，发至各森林防火分指挥部 3000 余本。全区有森林防火督查组 1438 个。区森防办、区护林防火督导组及森林公安处共督导检查乡镇、有林单位管护员履职、杨柳飞絮治理、重点人盯防、隐患排查等专项活动 900 余次。下达隐患通知单 35 次。本防火年度，全区未发生森林火灾。

（张红军）

【森林防火基础设施建设】 年内，怀柔区新增森林防火电子语音宣传杆 100 个，购置枝丫粉碎机 14 台，分发给 14 个乡镇。割打省市界防火隔离带 5.45 万延长米，隔离带宽度 30 米，对隔离带内胸径 5 公分以下（含 5 公分）乔木、灌木、杂草及落叶等可燃物清除。投入 623.792 万元改建防火道路 10.114 千米。为全区 10 支专业扑火队队员以及桥梓镇、雁栖镇和喇叭沟门满族乡 3 个乡镇生态林管护员配置巡查定位管理系统 1 套，包括定位器 3048 台、移动管理终端 107 台。购置卡口进山监控设备 7 套，分别安装在雁栖镇观音寺路口、徐家峪路口、大好河山对面沟口、环驼峪路口、大杨峪路口、柏崖厂村纳百川对面和泉水头村墓地停车场。购置森林防火 LED 显示屏宣传碑 2 块，分别安装在雁栖镇和喇叭沟门满族乡，辅助功能有负离子监测、环境温度监测、风力风向、湿度监测、设备运行状态监测和报警功能等。

（张红军）

【查处涉林案件】 年内，怀柔区接警情 166 件，出警率 100%。查办 166 件，查办率 100%；办结 164 件，办结率 98%。其中，一般警情 126 件，办结 124 件；立林业行政案件 40 件，全部办结。罚款 4595879.44 万元，责令补种树木 5382 株。办理刑事案件 3 件，追究刑事责任 3 人。全年未发生行政复议和行政诉讼案件。

（张红军）

【野生动物保护】 年内，怀柔区救助国家和北京市保护野生动物 15 种 22 只，其中，鸟类 20 只（包括雕鸮、灰林鸮、大天鹅、夜鹭、大雁等），蜂猴 1 只，猕猴 1 只。

（张红军）

【林业有害生物预测预报】 年内，怀柔区收集林业有害生物监测报表 2155 份，发布中短期预报及防治信息 14 篇。全区设置林业有害生物监测测报点 500 个，监测美国白蛾、红脂大小蠹、桔小实蝇等林果有害生物种类 56 种。

（张红军）

【林业有害生物防治】 年内，怀柔区采取生物防治 673.3 公顷，其中，在平原地区释放周氏啮小蜂 1.4 亿头防治美国白蛾，防治面积 70 公顷；在九渡河镇、渤海镇、怀柔镇、雁栖镇、琉璃庙镇等地区部分板栗园释放赤眼蜂 2.6 亿头防治板栗害虫，防治面积 353.3 公顷；在怀柔城区、红螺寺景区和桥梓镇自然果园释放异色瓢虫 80 万粒防治各类蚜虫，防治面积 50 公顷；在前山脸侧柏林地中释放管式肿腿蜂 90 万头防治双条杉天牛，防控面积 200 公顷。采取物理防治 1230 公顷，其中，诱捕防治 1090 公顷；塑料胶带围环阻隔防治 140 公顷。采取飞机防治 1.72 万公顷，飞行 172 架次。采取人工地面防治 0.56 万公顷，防治美国白蛾、白蜡窄吉丁、栎纷舟蛾、各类蚜虫等有害生物。

（张红军）

【植物检疫执法】 年内，怀柔区调运检疫，检疫苗木 3.52 万余株、果品 17.5 万千克、木制品和包装箱 840 件，开具《森林植物检疫要求书》1394 份、《植物检疫证书》140 份；产地检疫，检疫苗木和花卉

459.16 万余株（盆），开具《产地检疫合格证》194 份。检疫执法，开具《林业有害生物限期除治通知书》9 份、《检疫处理通知单》11 份，检查 310 余人次，处理无证调运苗木案件 1 例。

（张红军）

【林政资源管理】 年内，怀柔区批准采伐 719 件，472165 株，3.68 万立方米，其中占用限额 1.48 万立方米；批准移植 40 件，移植林木 4349 株；不予批准林木采伐 11 件，62752 株，268.74 立方米。全年征占用林地市园林绿化局审批 8 件，批准使用林地 35.91 公顷，缴纳森林植被恢复费 11923.611 万元；区级备案（四级林地）审批 14 件，批准使用林地 104.70 公顷，缴

纳森林植被恢复费 28201.296 万元；临时占用林地审批 7 件，批准使用林地 72.86 公顷，缴纳森林植被恢复费 18857.965 万元。

（张红军）

【领导班子成员】

党组书记、局长　　　魏海东
党组副书记、副局长　翟文岩
党组成员、副局长　　秦建国　刘国柱
　　　　　　　　　　王建国　张　勇
副局长　崔尚武
工会主席　景海燕

（张红军）

（怀柔区园林绿化局：张红军 供稿）

密云区园林绿化局

【概　况】 北京市区园林绿化局（简称区园林绿化局），挂密云区绿化委员会办公室（简称区绿化办）牌子，主要负责全区营林造林、推进林果产业发展、森林防火、林政资源管理、林业有害生物防控和城镇绿化美化管理等工作。全局设行政科室 5 个（办公室、政工科、计财科、综合科、林政科），森林公安处和库东、库西、库南 3 个森林公安派出所，事业单位 22 个（林业工作站、调查队、机关事务管理办公室、林木病虫防治检疫站、护林防火巡查队、国有林场总场、城镇绿化管理中心、果树技术开发中心、重点工程办公室、林木种苗管理站、蜂业管理站、平原管理中心、园

林绿化工程质量服务中心、北京市专业森林消防总队密云区大队，雾灵山林场、云蒙山林场、五座楼林场、潮白河林场、白龙潭林场、锥峰山林场、种苗繁育实验中心、古北口林木检查站）。

2018 年，区园林绿化局按照区委要求，全力推进各项园林绿化事业。全区林木绿化率 73.25%，森林覆盖率 65.05%。

绿化造林　完成新一轮百万亩造林 1386.47 公顷、京津风沙源治理 2200 公顷、林木抚育 8840 公顷、彩色树种造林 166.67 公顷、公路河道绿化 30 千米、"留白增绿" 7.33 公顷等；完成义务植树 53.32 万株。

绿色产业　新发展果树 106.87 公顷，

新建和提质增效一批高效密植果园、果品生产基地和果品观光园；成功举办21世纪第三届全国蜂业科技与蜂产业发展大会暨首届北京密云蜂产业发展高峰论坛。全区养蜂规模11.2万群、2102户，是北京市养蜂第一大区。

资源安全　依托64个森林火灾视频监控系统和5094名生态林管护员，监测野外用火点位34处，查处违章用火18起，初步建成人防、技防水库森林火灾综合防控网络，监测面积由10%提升到85%。

（张海军）

【新一轮百万亩造林绿化工程】　年内，密云区投资45711万元，完成造林任务1386.47公顷，涉及全区14个镇。建设内容包括平原地区重点区域造林55.20公顷、十里堡景观生态林15.47公顷、山前平缓地造林368.47公顷、浅山区山坡台地造林工程744.67公顷、荒山造林200公顷，栽植苗木88.3万株。

（张海军）

【京津风沙源治理】　年内，密云区完成京津风沙源治理二期工程2018年项目2200公顷，总投资1800万元，包括困难立地造林200公顷，封山育林2000公顷。栽植针叶、阔叶树种22万株，修建围网1000米，树立护林标牌14块，病虫害防护1200公顷，人工促进天然更新1400公顷。

（张海军）

【森林健康经营林木抚育】　年内，密云区完成森林健康经营林木抚育项目工程建设，项目总任务6533.33公顷，投资4045.884万元，涉及石城、不老屯、太师屯、北庄、大城子、巨各庄、东邵渠7个镇。建设作业步道23.884千米，设立市级示范区2处（太师屯镇石岩井村、东邵渠镇史长峪村）。

（张海军）

【国家级公益林管护工程】　年内，密云区完成国家级公益林管护工程建设，项目总任务2306.67公顷，涉及冯家峪、高岭、古北口、新城子4个镇和白龙潭、五座楼2个国有营林场。工程划分119个小班，设立市级示范区一处（古北口镇古北口村，面积133.33公顷）。

（张海军）

【"留白增绿"建设】　年内，密云区完成"留白增绿"建设工程。总任务6.36公顷、63631.8平方米，涉及北庄镇、河南寨镇、十里堡镇、溪翁庄镇、东邵渠镇、石城镇和太师屯7个镇、15个地块。截至2018年年底，实际完成6.44公顷、64461.22平方米。

（张海军）

【彩色树种造林工程】　年内，密云区完成彩色树种造林工程166.67公顷，总投资200万元。安排在西田各庄镇。工程以王庄村为中心，涵盖周边署地、坟庄、黄坨子和河北庄4个村。栽植黄栌、五角枫等彩色树种12.5万株，通过市级核查。

（张海军）

【公路河道绿化】　年内，密云区完成30千米公路河道绿化任务，总投资90万元。工程安排在穆家峪镇密古路、穆九路、穆阁路，共栽植五角枫、栾树等 2000 株，丁香、连翘等灌木 1.86 万株，通过市级核查。

（张海军）

【全民义务植树】 4 月 1 日，密云区委、区人大、区政府、区政协领导和区机关工委、驻密部队及各部委办局和镇、街机关干部 1000 余人，在冯家峪镇保峪岭村参加主题为"服务首都功能定位，加快城乡绿化步伐，努力构建国际一流和谐宜居之都生态体系"大型义务植树活动，栽植油松、山桃、紫叶李等树苗 4000 余株；年内，接待中央国家机关、首都高校、社会团体赴密义务植树单位 20 批次、4600 人，栽植油松、榆树、杨树等树木 2.7 万余株。

（张海军）

【国家森林城市创建】 9 月底，密云区完成创建国家森林城市规划初稿编制工作。10 月开始征求区属单位意见。11 月，完成密云区创建国家森林城市在国家林业和草原局申请备案工作。

（张海军）

【果品产业】 年内，密云区新发展果树 106.87 公顷，建设高效密植果园 5 个、23.13 公顷，低效果园改造 4 个、17.13 公顷，建设果品安全生产基地 37 个、4253.33 公顷；在高岭镇辛庄村的北京金地达源果品专业合作社园区内，开展中草药种植林下经济示范建设项目 33.33 公顷；累计完成果树技术培训 4 万人次，发放果树技术材料 8000 余份。全区干鲜果品总产量 7494.76 万千克，总产值 4.77 亿元。

（张海军）

【蜂产业】 年内，密云区培育和推广具有体型大、产卵建群和生产力强等优质特点的高产蜂王 2360 只；建立全国首家蜂产业质量追溯系统，在全区 7 个养蜂示范蜂场推广使用；积极筹办 21 世纪第三届全国蜂业科技与蜂产业发展大会暨首届北京密云蜂产业发展高峰论坛；根据洪灾和旱灾恢复生产实际需要，为受灾蜂农申请补损资金 1000 余万元，已得到区政府批复，财政资金正在筹措中；大力推广无公害、绿色蜂产品生产技术，累计培训蜂农 3160 人次，发放相关资料 1000 余份。

（张海军）

【种苗产业】 年内，密云区受理《林木种子生产经营许可证》审批 29 件，全区有效资质苗圃 125 个、518.8 公顷（含采种基地 166.67 公顷），总产苗量 330 万株，苗木总产值 1.2 亿元。

（张海军）

【花卉产业】 年内，密云区花卉种植面积 120.67 公顷，年销售额 482 万元。

（张海军）

【森林火灾防控】 年内，密云区检查有林单位 441 个，发放检查备忘录 475 份，排查火险隐患 137 处，制止违章用火 38 次，查处违章用火 18 起；森林火灾视频监控系统监测到野外用火点位 34 处，与 2017 年同期 262 处相比下降 228 处，均因发现及时、快速处置而未形成山火；新建森林防火检查站5座，割打防火隔离带155万延米，清理林下可燃物10200公顷。

（张海军）

【森林防火宣传】 年内，密云区组织开展"严防森林火灾、保护绿水青山"为主题的森林防火宣传活动，设森林防火宣传站点25个，发放各类宣传品10万余份，出动宣传车380台次，受教育群众20余万人。

（张海军）

【林政资源管理】 年内，密云区批准林木采伐许可622件，立木蓄积2.4万立方米（含非规划不占限额部分）；网上受理城市伐移审批14件，采伐移植树木300株；办理占用林地审批3件；对长势濒危、生存环境差的13株古树实施复壮工程；开展林地疑似变化图斑核实工作，涉及526个疑似图斑变化点，完成现场核实。

（张海军）

【湿地建设】 年内，密云区继续推进穆家峪红门川湿地公园项目建设。该项目于2017年8月实施。年内，完成部分拆迁清表、毛石嵌草道路修建、角亭和木栈道修缮等建设内容，计划2019年6月底完成全部建设任务；冯家峪白马关河湿地保护小区建设项目完成项目可行性研究报告（代项目书）并报送区发改委；潮河下游湿地公园项目完成湿地建设范围路径勘察和前期设计规划。

（张海军）

【林木有害生物防控】 年内，密云区悬挂黑光灯1875台，监测到美国白蛾成虫622头；开具《调运检疫要求书》10份，《产地检疫合格证》173份，《植物调运检疫证书》42份；完成飞防任务6300公顷，释放管氏肿腿蜂400万头，预防双条杉天牛93.33公顷；完成无公害防治任务135.33公顷。

（张海军）

【白河城市森林公园建设】 密云区白河城市森林公园建设项目是区2018年十大重点建设项目之一。范围东至白河东岸，西至户部庄村、西智村交界处，南至沙河铁路交界处，北至西智路，总占地面积120.1公顷（其中公园绿地103公顷，白河河面面积17.1公顷），工程于2018年11月初开始施工，年内完成总工程量30%。

（张海军）

【杨柳飞絮治理】 年内，密云区加强杨柳飞絮专项治理。自4月20日开始，在密关路、沙河铁桥至溪翁庄加油站的密溪路两侧开展杨柳飞絮治理工作，通过注射"抑花一号"抑制剂控制杨柳树雌株进行花芽分化，可抑制90%以上飞絮。全年完成治理树木1950株。

（张海军）

【屋顶绿化】 年内，密云区完成北京通城网联科技有限公司屋顶绿化593平方米，铺装总面积约372平方米，栽植金叶女贞绿篱、卫矛绿篱、红王子锦带绿篱39平方米，栽植金叶女贞球、丁香球、卫矛球等9株。

（张海军）

【建设工程项目附属绿地审核】 年内，密云区审核工程建设附属绿地项目 10 个，总建设用地面积 85.06 万平方米，代征绿地面积为 11.05 万平方米。

（张海军）

【行政执法】 年内，密云区重新梳理全局行政权力 199 项，10 个执法科室完成行政检查 1674 起，行政处罚 57 件，同 2017 相比分别提高 211.4% 和 237.5%。

（张海军）

【涉林案件查处】 年内，密云区接警情 118 件（重复接警 8 件），经查立案 87 起，其中立为刑事案件 6 起（刑事拘留 5 人），立林业行政案件 81 起（其中非法改变林地用途案 9 起、野外用火案 20 起、毁林案 26 起、盗伐林木案 6 起、滥伐林木案 19 起、非法猎捕非国家重点保护野生动物案 1 起），查否 12 起，不予立案 6 起，移交其他部门处理 5 件，办结率 100%。

（张海军）

【"绿剑 2018"专项行动】 年内，密云区出动警力 126 人次、车辆 54 台次，检查农贸市场、湿地、水库库区以及周边宾馆饭店十余处，成功破获利用粘网非法猎捕野生鸟类案 1 件，抓获犯罪嫌疑人 2 名；破获滥伐林木案 1 起，涉案林木 39 株，立木蓄积 10.50 立方米，价值 3141 元。

（张海军）

【领导班子成员】

局长、局党组副书记、区绿化办主任　于庭满

区绿化办副主任　白明祥

副局长　高天放　张国田　彭连兴

（密云区园林绿化局：张海军 供稿）

延庆区园林绿化局

【概　况】 北京市延庆区园林绿化局（简称延庆区园林绿化局），挂延庆区绿化委员会办公室（简称区绿化办）牌子，是区政府园林绿化行政主管部门。设 6 个内设机构、北京市延庆区森林公安处、2 个所（北京市公安局延庆分局四海森林公安派出所和北京市公安局延庆分局千家店森林公安派出所）、46 个财政补助事业单位（含纳入工资规范管理事业单位 16 个：北京市延庆区果品服务中心和 15 个乡镇林业站）。在职人员 543 人，其中高级职称现聘人数 16 人、中级职称现聘人数 89 人、初级职称现聘人数 42 人。离退休（含果树场退休人员 29 人）250 人，其中离休干部 1 人。

2018 年，延庆区完成新一轮百万亩造林、京津风沙源治理、森林健康经营等营造林工程 22300 公顷。全区森林覆盖率 59.28%，林木绿化率 71.67%，人均绿地面积 53.14 平方米，人均公园绿地面积 46.13 平方米。

绿化造林　全区参加义务植树23.9万人，植树92.6万株，其中新植树木17.8万株。完成京津风沙源治理工程733.34公顷。其中，困难地造林（千家店镇六道河村）66.67公顷，封山育林（珍珠泉下花楼村）666.67公顷；完成彩色树种造林工程（刘斌堡乡）200公顷，栽植苗木5.6万株；完成森林健康经营林木抚育项目7000公顷；完成国家重点公益林管护工程1933.34公顷；完成播草盖沙工程200公顷；完成平原生态林管护10400公顷。创建园艺主题社区4个，创建达标首都花园式社区1个、首都花园式单位2个、首都绿色村庄8个、首都森林城镇1个。

绿色产业　确定申报食用林产品无公害初次认证基地1家133.34公顷、绿色认证基地1家40公顷。全区花卉种植面积1000公顷，实现产值1.5亿元。林下种植累存面积3066.80公顷，主要分布在千家店、四海、珍珠泉等乡（镇），平均每亩林地比种植其他农作物增收1200元，带动农民劳动就业3000余人；全区蜂群总量10030群，生产蜂蜜约45000千克，蜂花粉2200千克，蜂王浆500千克，实现产值约56.88万元。全区苗圃面积3333.34余公顷，其中规模苗圃2395.50公顷。

资源安全　签订防火责任书1.7万份；巡查队员制止野外违法用火1965次；发布高森林火险橙色预警4次，共计11天。制作资源安全宣传海报、挂历等各类宣传品投入30万元。

（刘艳萍）

【机构变更】　3月12日，根据《北京市延庆区机构编制委员会办公室关于同意区园林绿化局调整完善自然保护区和风景名胜区管理机构的函》，北京市延庆区园林绿化局设立内设机构自然保护区（风景名胜区）管理科，并将区园林绿化局所属公益一类正科级财政补助事业单位北京市延庆区林业生态工作站（北京市延庆区自然保护区管理中心）更名为北京市延庆区自然保护区（风景名胜区）管理中心。同时按照属地管理原则，在7个基层林业工作站加挂自然保护区管理站牌子。6月19日，根据《北京市延庆区机构编制委员会办公室关于同意区园林绿化局内设机构林业科增加食用林产品质量安全监管职责等事项的函》，北京市延庆区园林绿化局公益一类正科级财政补助事业单位北京市延庆区果树保护站加挂北京市延庆区食用林产品质量安全管理事务中心牌子。

（刘艳萍）

【首都义务植树日活动】　4月1日，是第34个首都义务植树日。当日，延庆区开展以"绿化美化延庆大地　服务保障世园冬奥"为主题的全民义务植树活动，约10万人参加。栽植各类树木1.6万株，养护树木31万株，出动绿色小信使5300人，清扫绿地60万平方米。

（刘艳萍）

【"爱鸟周"宣传活动】　4月5日，北京市第36个"爱鸟周"主题宣传日活动在野鸭湖国家湿地公园举办。活动以"保护鸟类资源，守护绿水青山"为主题，由野鸭湖国家湿地公园管理处和延庆区园林绿化局生态站主办，北京市野生动物救护中心、北京飞羽志愿者协办。

（刘艳萍）

【参加北京农村专业技术协会会员代表大会】 5月12日，北京农村专业技术协会第二届第四次会员代表大会召开，北京农村专业技术协会常务理事李建军代表延庆区果树协会出席大会。北京市延庆区果树协会荣膺2017年度中国农村专业技术协会科普奖和"全国优秀农村专业技术协会"称号。

（刘艳萍）

【首都园艺驿站建设试点工作启动仪式】
6月27日，首都园艺驿站建设试点工作启动仪式在延庆区第一个园艺驿站夏都公园举行。首都绿化委员会办公室副主任廉国钊和延庆区副区长罗瀛为夏都公园园艺驿站揭牌。首都绿化委员会办公室、各区绿化委员会办公室负责人以及参与"爱绿一起"活动的市民和志愿者约120人参加。

（刘艳萍）

【第四届北京百合文化节开幕】 6月29日，第四届北京百合文化节在延庆区世葡园开幕。本届百合文化节由中国花卉协会球宿根分会、北京市园林绿化局、北京花卉协会和延庆区政府主办，北京市延庆区园林绿化局、北京市八达岭旅游总公司、北京市延庆区花卉协会、西诺（北京）花卉种业有限公司承办，为期一个月。文化节以"相约延庆，盛世花海"为主题，分为室外展和室内展两个部分。其中室内展区面积4500平方米，展出百合品种64个、70多万株。

（刘艳萍）

【杨树炭疽病防控专家研讨会】 9月7日，

北京林业大学、北京市农林科学院及北京市林业有害生物防控协会、北京市林业保护站有关专家一同到延庆江水泉公园、世园会园区实地调查杨树炭疽病发生危害情况，研究探讨防治措施，为世园会和冬奥会生态安全提供保障。

（刘艳萍）

【第三届中国（北京）园林园艺景观苗木博览会】 9月9~10日，"2018年第三届中国（北京）园林园艺、景观苗木博览会"在延庆区八达岭国际会展中心召开。来自全国16个省（市）的150余家企业参展，延庆区3个协会组织22家企业参展，展示特色苗木、精品花卉、水果盆景等。

（刘艳萍）

【第十届北京菊花文化节开幕】 9月15日，第十届北京菊花文化节在延庆区世界葡萄博览园开幕。北京市园林绿化局、中国振华进出口总公司、北京市延庆区、中国菊花协会、北京市延庆区园林绿化局和北京八达岭世界葡萄博览中心等单位相关领导出席开幕式。本届文化节以"菊韵妫川·喜迎盛会"为主题，融合"葡萄"圆形设计元素，将园区设计成一线六区，以菊花观赏展示和体验互动为布展形式。文化节覆盖中秋、国庆两个节日，于10月10日结束。

（刘艳萍）

【森林防火宣传活动】 11月15日，延庆区森林防火指挥部在妫川广场举办"保护绿水青山，森林防火当先"为主题的森林防火宣传活动。活动现场展出宣传展板20块，发放宣传材料 2000 份，播放防火知识，受教育群众上万人次。

（刘艳萍）

【北京 14 区平原生态林养护单位经验交流会】 12 月 5 日，北京市林业工作总站及全市 14 个区平原生态林养护单位管理人员及技术骨干 130 余人，到延庆区召开平原生态林先进单位经验交流会。参会人员围绕单位内部管理模式、人员结构等方面内容进行座谈，并到位于世葡园北门的平原生态林地块参观交流。

（刘艳萍）

【养蜂新技术培训班】 12 月 20 日，北京市蚕业蜂业管理站和延庆区园林绿化局联合在延庆区举办 2018 年养蜂新技术培训班。培训班邀请全国知名蜜蜂饲养专家韩胜明、蜜蜂病虫害综合防控专家陈大福、蜂业生产基地建设与管理专家朱黎授课。培训主要围绕"现代蜜蜂饲养高新技术""蜜蜂病虫害综合防控技术"和"蜂业生产基地建设与管理"3 个课题进行。180 余人参加培训。

（刘艳萍）

【城乡景观质量提升】 年内，延庆区对夏都、香水苑、江水泉、百泉、迎宾 5 个公园进行景观提升，绿化面积约 27.74 万平方米，栽植乔灌木 1.2 万余株，种植花草地被 26.8 万平方米；对香苑街、玉皇阁大街等 8 条街道进行绿化改造，栽种乔木、色带、地被 12.46 万株；对妫水街、高塔街等 4 条街道进行城区街道景观提升，绿化面积 6.71 万平方米，栽植乔灌木、色

块、草花组合 16.04 万株，草坪 5.42 万平方米。完成延庆新城世园会回迁房周边绿化 22963.6 平方米；完成世园会回迁房安置小区绿化 4.8 万平方米。完成村庄五边绿化 48.2 公顷，完成"留白增绿"任务 24106 平方米。

（刘艳萍）

【林业案件查处情况】 年内，延庆区森林公安接报警 135 起，同 2017 年相比下降 17%。其中立林业行政案件 61 起，经查无违法事实不立案 62 起，移交 1 起，重复信访 10 起，调查中 1 起。经处警初查共受立案数 61 起，同 2017 年相比上升 8%；办结案件 51 起，其中盗伐林木案 1 起，非法移植案 1 起，非法猎捕案 1 起，毁坏林木案 18 起，滥伐林木案 7 起，擅自改变林地用途案 23 起；造成损失：林地 28810.43 平方米，林木 2134 株，立木材积 84.664 立方米，造成直接经济损失 26713.61 元。处理违法单位 23 个，违法个人 28 人，行政罚款 748586.41 元，补种树木 4812 株。

（刘艳萍）

【野生动物保护】 年内，延庆区对全区取得野生动物驯养繁殖许可证的单位以及个人监督检查 2 次，其中对八达岭野生动物世界检查 8 次。全区 5 个野生动物疫源疫病监测站严格执行信息日报告制度，年内无异常状况发生。1 月 22 日，在延庆区野鸭湖湿地公园、野生动物救护中心等野外进行玉米投喂两次。全年救助各种野生动物 36 只，其中国家Ⅱ级重点保护动物 18 只，北京市Ⅰ级重点保护动物 3 只，北京市Ⅱ级重点保护动物 9 只。野生动物损害

补偿涉及 11 个乡镇，136 个行政村，1985
户，造成农作物面积损失 51.78 公顷，产
量 68 万千克，造成损害家禽家畜 1802 只，
共计损失金额 1840263 元。按照补偿比例
70% 进行补偿，补偿金额 1288202 元。

（刘艳萍）

【创建国家森林城市】 年内，延庆区编制
完成《北京市延庆区国家森林城市建设总体
规划（2017—2026）》，并完成专家评审。
提出"京畿夏都宜居地，长城脚下森林城"
城市森林建设理念。制发《延庆区创建国家
森林城市工作考核办法》等文件。完成"关
注森林网"实名注册，上传延庆创森信息资
料 22 篇，利用主题节日和节庆活动通过电
子显示屏、延庆电视台、延庆报社等媒体
平台进行宣传。成立"林小青"创森志愿者
服务队。开展森林文化、园艺知识进村庄、
进单位、进营区、进学校、进家庭"五进"
创森活动十余次。设计制作延庆创森 Logo，
完成创森动漫宣传片设计制作。打造夏都
公园园艺驿站和夏都公园乡土植物文化科
普教育基地，完成延庆区创森专题汇报片
外景拍摄。

（刘艳萍）

【林地森林资源管理】 年内，延庆区审核
审批占用林地 74 件、238.25 公顷，收取
森林植被恢复费 56755.878 万元。办理林
木采伐审批 584 件，采伐林木 32882.22 立
方米、32.02 万株。其中主伐 7055.2 立方
米，更新采伐 2043.13 立方米，其他采伐
20974.31 立方米，低效林改造 52.42 立方
米，抚育间伐 2757.16 立方米。批准林木
移植 176 件、13.3338 万株。受理城区树木

砍伐移植 18 件，批准砍伐树木 91 株，批
准移植树木 52 株。完成康庄镇大王庄村新
型农村集体建设用地项目等 28 个建设项目
园林绿化审查意见复函。

（刘艳萍）

【古树名木保护】 年内，延庆区对全区古
树名木进行全面巡查，林业有害生物防控
及保护 170 余株，完成古树维护 9 株；设
立宣传标物 9 块，修建树盘 4 个，修建围
栏 6 个，堵洞修补 5 株，外观仿生处理 10
株，防腐处理 7 株。清理地面杂物 36 株，
修枝整形 130 株，支撑加固 5 株，枝条拉
纤 3 株，覆土施肥 6 株，挂营养液复壮 3
株，其他处理 14 株。

（刘艳萍）

【林业有害生物防治】 年内，延庆区设立
国家级测报点 1 个、市级测报点 40 个、区
级测报点 80 个、美国白蛾监测点 80 个，
在世园会园区及冬奥赛区周边建立监测点
55 个、设置巡查路线 10 条。安装各类诱
捕器 560 套，新安装太阳能测报灯 22 台，
对 80 余种林业有害生物进行监测，测报准
确率 95% 以上。发布林业有害生物发生趋
势 2 次，发布虫情信息 18 期、800 余份，
制作延庆区有害生物测报点分布图、测报
设备分布图和踏查线路图。办理产地检疫
125 份，涉及苗木 988.2 万株；开具调运
证书 174 份，涉及苗木 35.1 万株；开具要
求书 2052 份，涉及 21 个省（市）；开具新
建种苗繁育基地记录单 3 份，面积 4.08 公
顷；枯死木鉴定 57 份，涉及苗木 3216 株。
完成世园会、新一轮百万亩绿化造林等工
程苗木复检 4743 车、218 个品种、1346.9

万株，产地检疫率 100%。采取悬挂诱捕器、悬挂红色粘虫板、缠绑粘虫胶带、施放周氏啮小蜂等天敌和喷药方法，完成全区林业有害生物防治面积 1 万公顷，无公害防治率 95 % 以上；成灾率控制在 1‰ 以下。

（刘艳萍）

【自然保护区管理】 年内，延庆区调整玉渡山区级自然保护区，新建水头区级自然保护区。调整后玉渡山区级自然保护区面积 9082.60 公顷。其中保护区核心区 2951.30 公顷，缓冲区 786.10 公顷，实验区 5345.20 公顷。水头区级自然保护区面积 1362.50 公顷，其中核心区 666.50 公顷，缓冲区 144.90 公顷，实验区 551.10 公顷。主要保护珍稀动植物资源及其栖息地、地带性森林群落和森林生态系统。

（刘艳萍）

【引进精品水生植物】 年内，延庆区园林管理中心从白洋淀引入野生古代莲、多瓣荷花、睡莲等 11 种精品水生植物，从当地聘请专业种植人员到夏都公园和江水泉公园种植。其中 3 万株种植在东湖紫光昭和宝塔东水域，5000 株种植在江水泉水域内。

（刘艳萍）

【利用花芽抑制剂治理杨柳飞絮】 年内，延庆区园林管理中心首次对城区内所辖主要街道及部分公园 2011 株杨柳雌株飞絮进行实验性药剂防治。采取树干注射花芽抑制剂方法，实现全部植株花芽抑制。治理药剂符合无公害防治要求。

（刘艳萍）

【延庆鲜食葡萄获金奖】 年内，在第二十四届全国葡萄学术研讨会暨荆楚味道·第九届性灵公安葡萄节上，延庆区葡萄及葡萄酒产业促进中心选送的"瑞都香玉"与"早夏黑"两个品种夺得两项全国优质鲜食葡萄金奖。

（刘艳萍）

【京津冀协同防控林业有害生物】 年内，京津冀持续开展林业有害生物协同防控工作。5 月 8 日，延庆、怀来、赤城三区（县）林保部门技术人员在玉渡山自然风景区联合开展林业有害生物踏查。5 月 25 日，延庆区林保站与张家口市森防站、怀来县森防站在怀来联合开展林业植物检疫检查专项行动。6 月 6 日，与怀来县森防站、赤城县森防站在延庆 2019 年世园会园区联合开展林业有害生物检疫防治交流活动，到四海镇大吉祥村、黑汉岭村查看红脂大小蠹和延庆腮扁叶蜂防治情况。7 月 3~4 日，与市林保站、张家口森防站以及怀来森防站在怀来县白龙山、月亮岛国家级湿地公园联合进行灯诱、踏查活动。8 月 9 日，与赤城县森防站、怀来县森防站联合开展林业有害生物踏查、灯诱活动。10 月 10 日，到河北省小五台山国家级自然保护区考察学习。12 月 11 日，邀请北京林业大学教授、中国林业科学院研究员、中国农业科学院研究员等林业有害生物专家赴怀来开展松阴吉丁发生情况及防控措施研讨会。

（刘艳萍）

【领导班子成员】

党组书记、局长、区绿化办主任　田全升

调 研 员 谢 强

党组副书记 朱 虎

党组成员、区绿化办副主任 王华琨

党组成员、副局长、调研员 王淑琴

党组成员、副局长（正处级） 吴永才

党组成员、工会主席 闫书霞

副 局 长 庞月龙

园林管理中心主任（副处级） 郑永喜

森林公安处处长（副处级） 张正好

调 研 员 杨海青

副调研员 李树根

保留副处级待遇 丁双六 王志广
　　　　　　　　　　郭春明

（刘艳萍）

（延庆区园林绿化局：刘艳萍 供稿）

荣誉记载

2017 年度首都绿化美化先进集体

(一) 首都全民义务植树先进单位(188 个)

中直机关系统

中央警卫局管理处行政科

中联部机关服务中心物业管理部

中央政法委机关服务中心

中央党校机关服务局园林绿化处

人民日报社经济社会部农村采访室

国家新闻出版广电总局绿化基地

新华社房山绿化基地

中央国家机关系统

全国人大机关绿化委员会办公室

外交部绿化委员会办公室

国家发展与改革委员会绿化基地

工业和信息化部绿化委员会办公室

人力资源和社会保障部绿化委员会办公室

交通运输部绿化委员会办公室

国家税务总局绿化委员会办公室

国家安全部绿化委员会办公室

国务院国有资产监督管理委员会轻工机关服务中心绿化基地

中国人民银行绿化委员会办公室

国家林业局绿化办委员会办公室

国家体育总局办公厅行政处

中国对外友好协会绿化委员会办公室

中信集团公司绿化委员会办公室

中国农业银行总行机关绿化委员会办公室

中国石油天然气集团公司(北京)科技开发有限公司

中国保险监督委员会北京监管局工会办公室

驻京解放军、武警部队系统

中国人民解放军 61001 部队

中国人民解放军 66194 部队

中国人民解放军 66429 部队

中国人民解放军 32141 部队防化营

中国人民解放军 66736 部队一营

中国人民解放军92076部队
中国人民解放军92857部队
中国人民解放军93658部队
中国人民解放军空军北京西郊干休所
中国人民解放军96786部队综合保障营
中国人民解放军96630部队
中国人民解放军32087部队营房处
中国人民解放军战略支援部队航天工程大学军事设施建设处
中国人民武装警察森林指挥部机动支队二大队
中国人民武装警察北京市总队第十五支队

市委系统
市委办公厅行政管理处
市委统战部北京市党派团体办公楼服务管理中心
市委党校行政管理处
市纪委办公厅行政处

市人大
北京市人大常委会机关服务中心
北京市人大常委会机关代表服务中心

市政府系统
北京市人民政府研究室农村发展处
北京宽沟会议中心环境部
北京市人民政府机关事务管理办公室
北京市人民政府办公厅行政服务处

市政协
中国人民政治协商会议北京市委员会办公厅机关事物管理处
中国人民政治协商会议北京市委员会中山堂管理服务办公室

市宣传系统
北京电视台新闻节目中心社会新闻采访部
北京歌华有线电视网络股份有限公司延庆分公司
新京报社房产广告部、品牌活动部
中共北京市委宣传部外宣办媒体服务处

市政法系统
北京市公安局警务保障部行政处
北京市国家安全局三局行政处
北京市高级人民法院机关后勤服务中心
北京市未成年犯管教所
北京市松鹤温泉新村

市发展改革委
北京市发展和改革委员会区域发展处

市教委系统
北京师范大学后勤管理处
首都师范大学后勤集团
北京外国语大学后勤管理处
北京体育大学后勤管理处
北京交通大学后勤服务产业集团校园服务管理中心
北京理工大学后勤集团物业管理服务中心
北京大学医学部总务处
北京市大成学校
北京市怀柔区职业学校
北京市房山区良乡第二小学

市科委
北京市科学技术委员会行政事务服务中心

市经济信息化委
北京市经济信息化委后勤服务中心

市财政局
北京市财政局农业处

北京市财政局机关服务中心
北京市财政局预算处
市环保局
北京市环境保护局机关服务中心
市规划国土委
北京市勘察设计和测绘地理信息管理办公室
市住房城乡建设委
北京市住房和城乡建设委员会中央工程服务处
市城市管理委
北京市使馆清洁运输管理处
市交通委系统
北京市交通委员会规划设计处
北京市船舶检验所(北京市运输管理技术支持中心)
北京市交通执法总队第二执法大队
市农委
北京市农委村镇建设处
北京市农业局办公室
市水务局
北京市东水西调管理处
市商务委
北京市商务委员会教育中心
市旅游委
北京市旅游发展委员会办公室
市卫生计生委系统
首都医科大学附属北京佑安医院
首都医科大学附属北京天坛医院
北京急救中心
市社会办
中共北京市委社会工作委员会、北京市社会建设办公室机关党委
市国资委系统
公交集团第六客运分公司

一轻控股北京玻璃集团公司
城建集团北京园林绿化集团公司
首开集团北京首开亿信置业股份有限公司
首旅集团中国全聚德(集团)股份有限公司行政办公室
北京二商东方食品集团有限公司
市供销社北京京农控股集团有限公司
市地税局
北京市密云区地方税务局
市工商局
北京市工商行政管理局东城分局
市安全监管局
北京市安全生产执法监察总队
市新闻出版广电局
北京市广播电影电视局后勤服务中心
北京计算机软件登记中心
市文物局
北京市团城演武厅管理处
北京市大葆台西汉墓博物馆
北京古代建筑博物馆
北京西山大觉寺管理处
市体育局
北京市先农坛体育运动技术学校
市金融局
中国工商银行股份有限公司北京朝阳支行
首都文明办
首都文明办公室创建处
市总工会
北京市劳动人民文化宫
团市委
共青团江西省委驻北京工作委员会
北京市京师社会工作事务所
走进崇高先遣团

市妇联

北京市昌平区妇女联合会

北京市平谷区妇女联合会

北京市延庆区张山营镇妇女联合会

市台联

北京市台湾同胞联谊会

市投资促进局

西门子(中国)有限公司

博世力士乐(北京)液压有限公司

阿尔派电子(中国)有限公司

市国税局

北京市顺义区国家税务局

北京电力公司

国网北京市电力公司后勤工作部

市自来水集团

市自来水集团禹通市政工程有限公司

东城区

东城区财政局

东城区妇女联合会

东城区城市综合管理委员会

东城区总工会

西城区

西城区广外绿化队

西城区滨河绿化队

西城区新街口街道西里二社区

外交学院后勤办公室

朝阳区

朝阳区园林绿化局

朝阳区豆各庄乡人民政府

朝阳区孙河乡人民政府

朝阳区武装部

朝阳区水务局

海淀区

海淀区苏家坨镇政府

海淀区四季青镇政府

海淀区东升镇政府

北京林业大学实验林场

丰台区

丰台区花乡人民政府

丰台区南苑乡人民政府

丰台区大红门街道办事处

丰台区南苑街道办事处

石景山区

中关村科技园区石景山园管理委员会

北京市石景山区自来水有限公司

中国中医科学院眼科医院行保处

门头沟区

门头沟区政法委

门头沟区团区委

门头沟区绿化委员会办公室

门头沟区总工会职工服务中心

房山区

房山区人民武装部

房山区卫生和计划生育委员会

国网北京市电力公司房山供电公司

北京送变电有限公司

通州区

通州区永顺镇人民政府

通州区财政局

通州区潞城镇林业工作站

北京市育才学校通州分校

顺义区

顺义区马坡镇绿化委员会办公室

顺义区龙湾屯镇绿化委员会办公室

顺义区李桥镇绿化委员会办公室

顺义区汉石桥湿地自然保护区管理办公室

昌平区

昌平区审计局

昌平区百善镇人民政府

共青团北京市昌平区委员会

昌平区平原造林管理中心

大兴区

大兴区礼贤镇人民政府

大兴区榆垡镇人民政府

大兴区高米店街道办事处

大兴区园林绿化局

平谷区

北京锦绣绿都园林绿化有限公司

平谷区峪口镇人民政府

平谷区烟草专卖局

北京马坊工业园区管理委员会

怀柔区

北京首都旅游集团有限责任公司董事会办公室

北京市旅游发展委员会办公室

北京市人力资源和社会保障局机关事务服务中心

密云区

密云区不老屯镇大窝铺村委会

密云区石城镇人民政府

密云区国家税务局

密云区园林绿化局

延庆区

延庆区人大常委会办公室

中共北京市延庆区委办公室

延庆区审计局

延庆区水务局

（二）首都绿化美化先进单位（65个）

东城区

东城区龙潭街道办事处

东城区体育馆路街道办事处

北京永定门地区公园管理处

东城区东四街道办事处

西城区

西城区什刹海街道办事处

西城区广内街道办事处

西城区广外街道办事处

西城区大栅栏街道办事处

朝阳区

朝阳区农村工作委员会

朝阳区将台乡人民政府

朝阳区大屯街道办事处

朝阳区常营乡人民政府

朝阳区六里屯街道办事处

海淀区

海淀区清河街道

海淀区曙光街道

海淀区万寿路街道

丰台区

丰台区园林绿化局

中关村科技园丰台园

丰台区和义街道办事处

石景山区

石景山区八角街道办事处

石景山区鲁谷社区行政事务管理中心

石景山区五里坨街道办事处

门头沟区

门头沟区环境办

门头沟区园林绿化局

门头沟区公路分局

房山区

房山区青龙湖镇人民政府

房山区张坊镇人民政府

房山区大安山乡人民政府

通州区

通州区宋庄镇人民政府

通州区台湖镇窑上村

通州区新华街道如意社区

顺义区

顺义区北小营镇林业站

顺义区李遂镇林业站

北京鲜花港投资发展中心

昌平区

昌平区园林绿化局沙河林业工作站

昌平区园林绿化局流村林业工作站

昌平区园林绿化局北七家林业工作站

大兴区

北京经济技术开发区市政管理局

大兴区南海子郊野公园管理处

大兴区林业保护站

平谷区

平谷区园林绿化局山东庄镇林业工作站

平谷区大华山镇人民政府

平谷区森林消防大队

怀柔区

怀柔区宝山镇人民政府

怀柔区怀北镇人民政府

怀柔区庙城镇人民政府

密云区

密云区西田各庄镇人民政府

密云区新城子镇人民政府

密云区园林绿化服务中心

延庆区

延庆区康庄镇政府

延庆区儒林街道办事处

延庆区林业调查队

市交通委系统

北京市交通委员会路政局昌平公路分局

市水务局

北京市城市河湖管理处

市园林绿化局

北京市园林绿化局规划发展处

北京市园林绿化局执法监察大队

北京市林业保护站

北京市野生动物救护中心

北京市林业工作总站

市公园管理中心

北京市颐和园管理处

北京动物园

北京铁路局

北京铁路局北京车辆段

京煤集团

北京金泰集团有限公司金泰先锋小区

首农集团

北京市东郊农工商联合公司

首发集团

北京市首发天人生态景观有限公司

（三）首都绿化美化花园式单位（100个）

1. 首都绿化美化花园式社区

东城区

东城区东直门街道东外大街社区

西城区

西城区展览路街道滨河社区

朝阳区

朝阳区六里屯街道办事处碧水园社区

朝阳区平房地区办事处星河湾社区

朝阳区常营地区办事处常营民族家园社区

朝阳区东湖街道办事处利泽西园一区社区

朝阳区望京街道办事处望京西园三区

朝阳区孙河地区办事处康营家园二社区

朝阳区奥运村街道办事处龙翔社区

朝阳区大屯街道办事处慧忠北里第一社区

海淀区

海淀区八里庄街道五路社区

海淀区曙光街道武警总部蓝靛厂小区社区

丰台区

丰台区长辛店街道珠光嘉园社区

丰台区新村街道青秀城社区

丰台区太平桥街道太平桥南里社区

丰台区南苑乡德鑫嘉园社区

丰台区卢沟桥乡绿洲家园社区

石景山区

石景山区八宝山街道沁山水南社区

门头沟区

门头沟区东辛房街道办事处石门营新七区

门头沟区大峪街道办事处龙山一区社区

房山区

房山区长阳镇馨然嘉园社区

房山区窦店镇山水汇豪苑社区

通州区

通州区中仓街道西上园社区

通州区北苑街道西关社区

顺义区

顺义区双丰街道鲁能润园社区

顺义区空港街道天竺花园社区

昌平区

昌平区百善镇林溪园社区

昌平区百善镇善缘家园社区

大兴区

大兴区兴丰街道黄村东里社区

大兴区荣华街道卡尔百丽社区

大兴区瀛海镇南海家园二里社区

平谷区

平谷区渔阳地区办事处建兰社区

怀柔区

怀柔区泉河街道开放路社区

密云区

密云区鼓楼街道银河湾社区

密云区溪翁庄镇云溪花园社区

延庆区

延庆区香水园街道兴运嘉园社区

2. 首都绿化美化花园式单位

东城区

中央工艺美术学院附属中学校区

西城区

北京市西城区中古友谊小学

中共中央组织部机关服务中心

朝阳区

北京向东方花园国际酒店有限公司

晨光家园 B 区（北京天瑞物业管理有限责任公司）

常营民族家园 B 区

万达大湖公馆

三间房乡瑞和国际小区

天创世缘小区（长城物业集团股份有限公司北京物业管理分公司天创世缘管理处）

新荣家园小区（北京新荣物业管理有限公司）

锐创国际大厦

昆泰大厦

慧谷根源小区

海淀区

北京华清物业管理有限责任公司

北京市第一〇一中学

武汉天宇弘物业管理有限公司北京分公司

丰台区

北京千灵绿谷农业发展园有限公司

中国人民解放军空军北京南苑离职干部休养所

丰台区花乡羊坊花园小区

丰台区长辛店镇园博嘉园小区

丰台区长辛店镇园博府小区

丰台区新村街道中海苏黎世家小区

北京市丰台区康助护养院

石景山区

北京师范大学附属中学京西校区

中海金石公馆

中国人民解放军中部战区军休七所

北京乐康物业管理有限责任公司西山汇 B 区

门头沟区

北京八中京西校区

门头沟公路分局京门路基专养段

门头沟区第三幼儿园

房山区

中粮(北京)农业生态谷发展有限公司

房山区良乡双语艺术幼儿园

房山区张坊林场

北京中医药大学后勤处

通州区

通州区梨园镇海棠湾嘉园

通州区马驹桥镇兴华嘉园

顺义区

北京束兰国际服装有限责任公司

顺义区北小营镇革命烈士教育基地

顺义区李桥镇中心幼儿园

昌平区

昌平区园林绿化局沙河林业工作站

昌平区阳坊镇中心幼儿园

昌平区阳坊中学

大兴区

北京首兴永安供热有限公司

北京宏泰艺龙科技有限公司

北京美巢集团股份有限公司

北京天缘绿化工程中心

大兴区高米店街道旭辉御府小区

平谷区

北京金佳俊犬业有限公司

平谷区王辛庄镇城北水乡小区

平谷区司法局

国网北京市电力公司平谷供电公司金海湖供电所

平谷区大华山镇大华山村民委员会

北京路桥瑞通养护中心有限公司十三处

怀柔区

北京市怀柔区国家税务局第四税务所

北京金田麦国际食品有限公司

北京鸣谷旅游开发有限责任公司

密云区

北京云海绿洲种植专业合作社

北京兴发旺盛商贸有限公司

北京市密云区国家税务局第三税务所

北京八家庄葡萄种植专业合作社

北京市益环天敌农业技术服务有限公司

北京揽湖山庄农产品产销专业合作社

延庆区

北京市延庆区瑞康缘老年养护中心

延庆区张山营镇上郝庄村－夏都湾社区

(四)首都森林城镇(6个)

顺义区

顺义区北小营镇

房山区

房山区长沟镇

昌平区

昌平区百善镇

平谷区

平谷区大华山镇

密云区

密云区新城子镇

密云区石城镇

（五）首都绿色村庄（50个）

门头沟区

门头沟区妙峰山镇下苇甸村

门头沟区斋堂镇龙门口村

门头沟区斋堂镇东胡林村

门头沟区清水镇田寺村

房山区

房山区琉璃河镇福兴村

房山区十渡镇马鞍村

房山区长沟镇太和庄村

房山区城关镇马各庄村

房山区大石窝镇三岔村

通州区

通州区西集镇前东仪村

通州区西集镇史东仪村

通州区永乐店镇坚村

通州区永乐店镇老槐庄村

顺义区

顺义区赵全营镇西水泉村

顺义区大孙各庄镇后岭上村

顺义区张镇港港西村

顺义区北小营镇前鲁各庄村

顺义区马坡镇马卷村

顺义区南彩镇九王庄村

昌平区

昌平区百善镇下东廊村

昌平区北七家镇曹碾村

大兴区

大兴区长子营镇赤鲁村

大兴区榆垡镇西张华村

大兴区礼贤镇王庄村

平谷区

平谷区大华山镇瓦官头村

平谷区夏各庄镇大岭后村

平谷区镇罗营镇北水峪村

平谷区峪口镇中桥村

平谷区马昌营镇天井村

平谷区平谷镇北台头村

怀柔区

怀柔区宝山镇四道河村

怀柔区桥梓镇一渡河村

怀柔区琉璃庙镇琉璃庙村

怀柔区庙城镇西台下村

怀柔区汤河口镇东湾子村

怀柔区喇叭沟门满族乡北辛店吕营村

密云区

密云区西田各庄镇署地村

密云区巨各庄镇水树峪村

密云区新城子镇巴各庄村

密云区新城子镇小口村

密云区河南寨镇钓鱼台村

密云区冯家峪镇保峪岭村

密云区石城镇石城村

密云区石城镇梨树沟村

延庆区

延庆区大庄科乡铁炉村

延庆区永宁镇北关村

延庆区张山营镇东门营村

延庆区珍珠泉乡八亩地村

延庆区刘斌堡乡周四沟村

延庆区井庄镇王仲营村

2017 年度首都绿化美化先进个人

中直机关系统

徐学良　董　奇　史秀峰　林春才
张　伟　刘自禄　李　炎　赵金荣

中央国家机关系统

康彦青　杨　崛　刘清波　黄宇青
刘　康　周振忠　刘爱军　张　奇
薛晓勇　王纪明　张金一　张　骋
谭建民　李　博　王　超　杨清友
柳　军　缪清海　姚　冬　张维刚

驻京解放军、武警部队系统

李　涛　仲崇银　王清海　李跟洋
张自力　任守贵　田海涛　韩东城
林海成　冯爱奎　刘任远　耿　锐
赵　强　吴大刚　王宏伟　韩立明
王　皓　吴宏博　喻　龙　杨　帆

市委系统

李　颖　胡　冰　李　淙　冯　坤
李公民

市人大

王　烁

市政府系统

高大勇　高樱英　杨成群

市政协

王勇伟

市宣传系统

刘俊杰　孙立强　吴小平

市政法系统

张志荣　邱　斌　孙　杰

市发展改革委

夏铭君　张浣中

市教委系统

芦石磊　肖　潇　李海军　孙连鑫
耿增德　王志龙　袁　征　崔宏韬
孟凡明　冯念东　周　杰　史　震
温海燕　杨培鑑　戴连和　李晓元
王梦娜　郭少明

市经济信息化委

李鹏飞　朱淋杰

市民委

妙　有

市财政局

李　鹏　张文术　宋　杉

市环保局

王海华　张开太

市规划国土委

周子燕　王　婧　唐　玮　张颖浩

市住房城乡建设委

秦　剑　韩玉成　王　毅

市城市管理委

孟庆海　张熙燕　韩孝芳

市交通委系统

王现卫　崔　波　陈　铁　李　江

市农委系统

杜建平　王轶群　程　佳

市水务局

郝玉英

市商务委

贡百万　尚丽英

市旅游委

胡　方　薛　芳　侯　颖

市卫生计生委系统

关京浩　赵汝生　马秀萍　乔润成
沙庆海

市审计局

付　勇

市社会办

张文文

市国资委系统

陈国玉　韩占起　裴亚生　徐　琳
马立群　贾文生　周军凯　于海燕
孟　云　耿燕生　白洪兵　陈宝山
于　敏　冯　浩

市地税局

王劲松

市工商局

刘　斌

市质监局

庞邓霞

市安全监管局

李鹏飞

市新闻出版广电局

杨子君　邢敬华

市文物局

李永华　赵迎龙　张洪刚

市体育局

尚文迁

市统计局

王义龙　袁嘉欣

市园林绿化局

曾小莉　王建军　李迎春　李　勇
刘　静　孔俊杰　朱建刚　李　涛
沈　冲　张永福　徐静珍　蒋　健
杜新元　罗　殷　王熙钢

市金融局

金媛媛　刘桂凤

市民防局

黄元宝

首都文明办

徐　琨　高　乔

市总工会

赵一喆　高印柱

团市委

冉冬卉　刘霖波　李峰松　侯东风
卢　靖

市妇联

王秀珍　李　蕊　曹春梅　李雪梅
李常秦

市残联

陈　茜

市台联

许俊章

市公园管理中心

赵京成　李连红　刘　宁　袁　辉
焦进卫　王　鑫　王茂良　肖　洋

市投资促进局

赵　跃　杨俊乾　李文军

市国税局

王志刚

北京出入境检验检疫局

刘　鹤

市气象局

贾　良

北京海关

孙艳玲

市爱卫会

刘炳轩

市邮政公司

杨　利

北京铁路局

王　成

京煤集团

王文兴

首农集团

张 超

北京电力公司

滕 龙 张 巍

首发集团

于艳华

市自来水集团

王世熠

市燃气集团

王 佳

市热力集团

张 杰

园林绿化社会团体

李喜花 纪建伟 旷小满 焦 宇

向星政 牛力文

新闻单位

范 俊 贺 勇 王海燕 郭晋旭

李 莲 王 钰

东城区

王永刚 曹伊斯 杨 辉 马 平

单洁萍 王旎妮 李亚若 李元一

岳 欣 刘雪梅 李 瑶 陈 浩

陈何苗 王 轩 刁江辉 高 凯

董 蕾 郑龙辉 郑 璇 康鸿楠

曹振钢 艾 民 杨燕飞 姜 松

西城区

姚艳停 李 源 董 争 王 琦

靳站群 郭 军 欧阳慧珍 刘 杨

刘从胜 赵 强 程苏华 杜 洲

王其志 高宝峰 张正旸 张长复

高 川 王 燕 宋志勇 吕燕顺

田 声 周小蓉 陈 冉

朝阳区

李士博 田 宁 杨敬辉 华泽武

李 超 杨东林 田秀青 孟卫杰

王玉娟 陈 曦 张 雪 王志国

朱晓明 刘 佳 郭 琦 李 志

易湘林 秦新兵 栗朝阳 康 洋

张 帆 赵 琼 杨 静 张振宇

海淀区

邓来福 郭 爽 王 丽 于振涛

邢元华 陈延明 多 韬 刘 彬

吕永波 唐景山 程西彪 刘大勇

甄 蕾 焦庆辉 杨燕徽 王 旸

贠 萌 宋 阳 赵雁潮 刘颖杰

丰台区

李明建 王增军 刘彬彬 吴玉敏

郭 文 宋 丽 王旭坤 许晶亚

刘长红 张亮新 段 然 高生海

张建新 刘 有 邓平平 夏锦之

刘 俐

石景山区

何竹青 张群夫 秦代成 毛剑威

孙 蕊 李 爽 李 伟 侯会斌

翟 源 马 钰 郭 超 翟万群

许文平 周 淼 吴 丹

门头沟区

郝景华 张 昕 刘庆霞 张 燃

任国静 周宝杰 张 宁 连 舜

王建戈 杨 帆 高艳华 高文章

张万敏 姜 山 刘美廷

房山区

张宝义 杨叶辉 靳亚明 赵晓娜

刘彭宇 王海英 李 平 纪 颖

晋军营 晋长梅 华 星 王占荣

王武德 金立颖 吕明翰 张 鹏

李建山 郭凤超

通州区

王 川 王 玥 齐 峰 孙 伟

李建雄　肖　迪　张京徽　张海云
郝红芬　姚大海　贾弘宇　夏桂森
徐海龙　葛　帅　潘海英

顺义区

高永利　张翠花　李春海　吴　昊
王乃丽　史文涛　张　涛　谷　丽
梁　民　屈光阳　康文岩　田海山
王　菁　王　鑫　陈　晨　范宇辉

昌平区

王家红　徐晓春　杨春起　陈　宏
郭广颜　何佳亮　牛丽明　王　嘉
王茂清　李　丁　杨　江　林　明
勘超杰　赵海涛　郭　斌

大兴区

胡守刚　李　港　朱冬梅　李玉新
韩浩奎　赵利国　潘新忠　任喜军
张　晨　张　杨　黄道平　范晓冬
惠春跃　袁秋平　尹连民

平谷区

张小楠　贾晓静　冯　强　李建霞

岳晓昀　陈　靖　刘　锴　杨永军
张力平　金宝龙　崔　庆　张海琴
段增贤　李春科　代香军　张佳熙

怀柔区

胡　江　杨志彤　马　雪　程　斌
薛　军　王瑞福　徐　然　刘振丽
刘跃鹏　孙　凯　任国杰　张春华
马晓利　朱利民　曹海军

密云区

赵一鸣　池建波　冯　敏　赵怀忠
郭如明　彭光存　肖书伶　潘　旭
何　旋　任显辉　王　楠　王明亮
季宝海　王　君　唐亚东　刘海峰

延庆区

刘　洋　刘旭彪　高国忠　郁世民
黎兴虎　刘　芳　张进鹏　姬桂生
贺进东　张利军　俞建明　闫金华
贾海云　董晓颖　谢　强

统计资料

指标名称	单位	北京市	西城区	东城区	朝阳区	丰台区	石景山区	海淀区	门头沟区
森林面积	公顷	777603.50	431.70	552.44	10170.37	8441.16	2386.75	15350.36	67627.97
林地面积	公顷	1099282.59	431.70	552.44	11310.25	9702.03	3009.78	17982.06	134645.43
林木面积	公顷	1009259.12	738.75	800.78	11895.79	12320.68	3428.45	17457.49	101578.01
活立木蓄积量	万立方米	2246.78	4.87	3.67	73.29	70.89	14.78	107.55	136.52
森林蓄积量	万立方米	1798.00	—	—	49.54	29.13	9.69	76.55	133.93
林木绿化率	%	61.50	14.62	19.13	26.14	40.29	40.66	40.53	70.02
森林覆盖率	%	43.50	8.54	13.20	22.35	27.61	28.32	35.65	46.61
森林火灾次数	次	1	—	—	—	—	—	—	—
森林火灾受害森林面积	公顷	0.89	—	—	—	—	—	—	—

注："—"表示没有数据。

资源情况统计表

房山区	通州区	顺义区	昌平区	大兴区	怀柔区	平谷区	密云区	延庆区
69703.14	27485.53	31343.54	63566.98	30571.44	122918.29	63849.01	145012.52	118192.30
139573.08	31479.10	40707.83	89878.72	33777.46	184238.85	70574.96	169203.07	162215.83
124465.62	31076.34	37888.91	90003.74	33296.96	169873.28	68257.34	163284.92	142892.06
169.12	183.13	272.97	173.29	191.02	221.76	119.54	257.77	246.61
132.12	147.92	208.55	118.98	144.24	175.53	99.66	245.97	226.19
62.56	34.29	37.15	66.99	32.13	80.03	71.84	73.25	71.67
35.03	30.32	30.73	47.31	29.50	57.90	67.20	65.05	59.28
—	—	—	—	—	—	—	—	1
—	—	—	—	—	—	—	—	0.89

2018 年北京市城市绿化资源情况统计表

项目	单位	北京市	西城区	东城区	朝阳区	丰台区	石景山区	海淀区	门头沟区	房山区	通州区	顺义区	昌平区	大兴区	怀柔区	平谷区	密云区	延庆区
一、绿化覆盖面积	公顷	90635.13	1560.77	1391.23	15065.13	6350.77	4419.29	13078.91	1726.48	8649.28	7049.85	7931.38	7187.56	8446.27	2442.74	1776.10	1698.41	1860.96
二、绿地面积	公顷	85286.37	1069.01	1106.54	15068.93	6063.35	4322.27	12228.91	1650.40	8037.15	6337.69	7430.53	6630.89	7964.95	2367.30	1571.09	1588.22	1849.14
(一)公园绿地	公顷	32618.50	506.31	631.76	6718.62	1820.27	1295.73	4140.75	593.85	1704.08	2381.94	3051.14	2994.91	2399.63	1228.91	941.96	603.28	1605.36
1.公园	公顷	20543.19	424.44	487.69	4465.35	745.68	933.71	2408.61	339.38	924.81	1977.04	1669.58	742.56	2061.47	904.93	429.50	468.19	1560.25
2.社区公园	公顷	1093.73	17.07	13.78	308.55	22.12	40.79	115.05	21.14	147.35	27.68	89.69	76.80	44.63	17.60	88.47	49.08	13.93
3.街旁绿地	公顷	3675.07	6.05	127.60	1088.05	215.89	86.26	513.12	37.34	150.40	93.17	461.09	443.55	136.82	44.78	232.81	16.14	22.00
4.其他公园绿地	公顷	7306.51	58.75	2.69	856.67	836.58	234.97	1103.97	195.99	481.52	284.05	830.78	1732.00	156.71	261.60	191.18	69.87	9.18
(二)生产绿地	公顷	1675.87	1.03	4.03	61.84	—	6.10	106.75	17.78	393.00	28.54	234.15	597.14	194.33	17.91	13.27	—	—
(三)防护绿地	公顷	16937.18	—	—	3652.82	1553.39	1863.93	3670.51	582.03	2994.71	785.78	61.78	396.23	1344.85	31.15	—	—	—
(四)附属绿地	公顷	33881.62	561.67	470.75	4635.65	2689.69	1156.51	4310.90	456.74	2945.36	3141.43	4083.46	2642.61	4026.14	916.13	615.86	984.94	243.78
1.居住绿地	公顷	11649.78	202.29	177.84	1994.46	1211.22	414.30	1662.39	116.00	1259.89	612.42	739.66	1466.82	982.02	91.92	116.80	503.88	97.87
2.道路绿地	公顷	10351.52	111.70	127.02	1108.26	624.90	212.38	735.85	179.89	407.63	1809.22	2182.29	266.94	1733.25	459.32	183.61	182.85	26.41
3.单位附属绿地	公顷	11545.76	247.68	165.89	1532.93	850.00	525.33	1912.57	160.85	1277.84	526.68	1158.61	908.85	1310.22	235.15	315.45	298.21	119.50
4.其他附属绿地	公顷	334.56	—	—	—	3.57	4.50	0.09	—	—	193.11	2.90	—	0.65	129.74	—	—	—
(五)其他绿地	公顷	173.20	—	—	—	—	—	—	—	—	—	—	—	—	173.20	—	—	—
三、绿化植物																		
(一)实有树木	万株	15387.48	217.53	286.09	3615.77	1285.60	607.79	1354.83	557.03	1221.62	1228.63	408.41	2425.09	1202.29	430.43	260.51	260.74	25.00
(二)实有草坪	万平方米	20377.16	332.70	220.23	3480.85	829.78	976.11	1134.45	454.33	1387.41	1605.42	3361.15	1424.63	3322.41	763.28	692.97	248.62	142.82
四、绿化水平																		
(一)绿化覆盖率	%	48.44	30.89	33.24	48.22	46.88	52.67	52.54	46.35	49.42	45.48	57.09	47.71	45.60	61.34	51.69	56.02	67.99
(二)绿地率	%	46.17	21.16	26.43	48.23	44.75	51.52	49.12	44.31	45.93	40.89	53.49	44.02	43.00	59.45	45.72	52.38	67.55
(三)公园绿地500米服务半径覆盖率	%	80.00	96.36	92.48	92.60	81.30	95.38	90.89	88.09	64.59	80.00	82.19	67.93	62.90	95.42	98.33	79.46	89.26
(四)人均绿地面积	平方米/人	42.15	9.07	13.46	41.80	28.80	73.26	38.00	62.41	67.65	40.16	65.20	44.04	44.35	57.18	34.45	32.09	53.14
(五)人均公园绿地面积	平方米/人	16.30	4.29	7.69	18.64	8.65	21.96	13.92	30.49	14.34	15.09	27.74	26.79	13.36	29.68	20.66	12.19	46.13

注："—"表示没有数据。

2018 年北京市营造林生产情况统计表

项目	单位	北京市	朝阳区	丰台区	海淀区	门头沟区	房山区	通州区	顺义区	昌平区	大兴区	怀柔区	平谷区	密云区	延庆区	市局直属单位
一、营造林面积	公顷	29979	1045	244	263	4080	4307	2844	525	2490	924	3645	1792	3614	2800	1406
人工造林面积	公顷	18427	382	198	105	4080	2307	2831	525	490	889	1645	1091	1614	2117	153
其中:新造混交林面积	公顷	10980	—	198	105	—	2307	2831	—	490	546	1645	1091	1614	—	153
非林业用地造林面积	公顷	—	—	—	—	—	—	—	—	—	—	—	—	—	—	—
新造灌木林面积	公顷	150	—	—	—	—	—	—	—	—	—	—	—	—	150	—
新造竹林面积	公顷	—	—	—	—	—	—	—	—	—	—	—	—	—	—	—
飞播造林面积	公顷	—	—	—	—	—	—	—	—	—	—	—	—	—	—	—
荒山飞播面积	公顷	—	—	—	—	—	—	—	—	—	—	—	—	—	—	—
飞播营林面积	公顷	—	—	—	—	—	—	—	—	—	—	—	—	—	—	—
当年新封山(沙)育林面积	公顷	10001	—	—	—	0	2000	—	—	2000	—	2000	667	2000	667	667
无林地和疏林地新封山育林面积	公顷	1934	—	—	—	0	—	—	—	—	—	—	—	1267	667	—
有林地和灌木林地新封山育林面积	公顷	8067	—	—	—	0	2000	—	—	2000	—	2000	667	733	0	667
退化林修复面积	公顷	744	—	—	158	—	—	—	—	—	—	—	—	—	—	586
其中:纯林改造混交林面积	公顷	114	—	—	114	—	—	—	—	—	—	—	—	—	—	—
低效林改造面积	公顷	744	—	—	158	—	—	—	—	—	—	—	—	—	—	586
退化林防护林改造面积	公顷	—	—	—	—	—	—	—	—	—	—	—	—	—	—	—
人工更新面积	公顷	807	663	46	—	—	—	13	—	—	35	—	34	—	16	—
其中:新造混交林面积	公顷	15	—	—	—	—	—	13	—	—	2	—	—	—	—	—
人工促进天然更新面积	公顷	43	—	—	—	—	—	—	—	—	9	—	34	—	—	—
二、森林抚育面积	公顷	96261	33	5733	6852	6867	—	—	453	2533	18934	10805	2000	9007	28329	4715
三、当年实有封山(沙)育林面积	公顷	84098	—	—	—	4933	7466	—	—	2000	—	4467	2133	3600	57933	1566
四、四旁(零星)植树	株	6307124	—	—	—	—	249900	—	—	5706300	15000	174304	161620	—	—	—
五、林木种苗 林木种子采集量	吨	—	—	—	—	—	—	—	—	—	—	—	—	—	—	—
当年苗木产量	株	86710905	269442	675000	2315600	912285	11736695	4559000	19150000	3775012	9536000	4445394	3360909	3310000	20366600	2298968
育苗面积	公顷	14921	150	270	321	95	594	2369	3620	705	1674	557	566	333	3319	348
其中:国有育苗面积	公顷	432	—	3	0	0	—	—	—	—	50	—	33	—	23	323

注:"—"表示没有数据。

附　　录

北京市园林绿化局（首都绿化办）领导名单
（2018 年）

邓乃平　　党组书记　局长（主任）

（兼北京世界园艺博览会事务协调局党组书记）

高士武　　党组成员　副局长

戴明超　　党组成员　副局长

高大伟　　党组成员　副局长

朱国城　　党组成员　副局长

廉国钊　　党组成员　副主任（首都绿化办）

蔡宝军　　党组成员　副局长

程海军　　党组成员　市纪委驻局纪检监察组组长

贲权民　　副巡视员

周庆生　　副巡视员

王小平　　副巡视员

刘　强　　副巡视员

（市园林绿化局领导名录：杨道鹏 供稿）

市园林绿化局（首都绿化办）处室领导名录

（2018 年）

姓　　名	职　　务	任现职时间
袁士保	办公室主任	2017 年 11 月～
张　琦	办公室副主任	2013 年 8 月～
彭　强	办公室副主任	2017 年 1 月～
冀　捷	法制处处长	2006 年 3 月～
李　欣	法制处副处长	2016 年 5 月～
王　军	研究室主任	2009 年 8 月～
武　军	研究室副主任	2016 年 5 月～
刘丽莉	联络处处长	2009 年 8 月～
陈长武	联络处副处长	2013 年 8 月～
杨志华	义务植树处处长	2016 年 11 月～
向德忠	义务植树处副处长	2009 年 9 月～
曲　宏	义务植树处副处长	2017 年 1 月～
刘明星	规划发展处处长	2010 年 6 月～
王建炜	规划发展处副处长	2017 年 1 月～
王金增	造林营林处处长	2017 年 11 月～
张启生	造林营林处副处长	2010 年 12 月～
揭　俊	城镇绿化处处长	2016 年 12 月～
宋学民	城镇绿化处副处长	2017 年 1 月～
施　海	林政资源管理处处长	2017 年 11 月～
侯　智	林政资源管理处副处长	2017 年 1 月～
叶向阳	公园风景区处处长	2016 年 11 月～
尹俊杰	公园风景区处副处长	2009 年 9 月～
李金海	林场处（花卉产业处）处长	2015 年 6 月～2018 年 1 月
曾小莉	林场处（花卉产业处）副处长	2016 年 5 月～
陈峻崎	林场处（花卉产业处）副处长	2015 年 6 月～
张志明	野生动植物保护处处长	2017 年 4 月～
黄三祥	野生动植物保护处副处长	2017 年 1 月～
陶万强	产业发展处处长	2017 年 11 月～
卢宝明	科技处处长	2017 年 7 月～
杜建军	科技处副处长	2009 年 9 月～
吴海红	应急工作处处长	2016 年 12 月～
张志文	应急工作处副处长	2017 年 1 月～
王继兴	计财（审计）处处长	2009 年 8 月～
董印志	计财（审计）处副处长	2016 年 5 月～
杨　博	人事处处长	2013 年 8 月～

（续）

姓　名	职　　务	任现职时间
冯　喆	人事处副处长	2013 年 8 月 ~
刘润泽	森林公安局局长	2016 年 12 月 ~
孙　磊	森林公安局政委	2015 年 6 月 ~
于占宇	森林公安局副局长	2005 年 1 月 ~
李福厚	机关党委专职副书记	2009 年 8 月 ~
侯雅芹	工会主席	2012 年 12 月
吕红文	离退休干部处处长	2014 年 1 月 ~
丁桂红	离退休干部处副处长	2009 年 9 月 ~
马金华	驻局纪检组副组长	2014 年 9 月 ~
张　旸	农村林业改革发展处处长	2016 年 11 月 ~
刘　松	农村林业改革发展处副处长	2013 年 8 月 ~
李　洪	平原绿化处处长	2016 年 11 月 ~
刘军朝	平原绿化处副处长	2014 年 1 月 ~

（处室领导名录：杨道鹏 供稿）

市园林绿化局（首都绿化办）直属单位一览表

（2018 年）

单 位 名 称	地　　　址	电　话
北京市园林绿化局执法监察大队	西城区裕民中路 8 号	82024298
北京市林业工作总站（北京市林业科技推广站）	西城区裕民中路 8 号	84236009
北京市林业保护站	西城区裕民中路 8 号	62061803
北京市林业种子苗木管理总站	西城区裕民中路 8 号	62032491
北京市野生动物保护自然保护区管理站	西城区裕民中路 8 号	84236492
北京市水源保护林试验工作站（北京市园林绿化局防沙治沙办公室）	西城区裕民中路 8 号	84236433
北京市蚕业蜂业管理站	西城区裕民中路 8 号	84236226
北京市林业基金管理站	西城区裕民中路 8 号	84236068
北京市野生动物救护中心	西城区裕民中路 8 号	89451195
北京市园林绿化局直属森林防火队（北京市航空护林站）	昌平区北郝庄村	89711863
北京绿化事务服务中心	西城区裕民中路 8 号	62056928
首都绿色文化碑林管理处	北京市海淀区黑山扈北口 19 号	62870640
北京市林业碳汇工作办公室（北京市园林绿化国际合作项目管理办公室）	西城区裕民中路 8 号	84236201

（续）

单 位 名 称	地 址	电 话
北京市园林绿化局信息中心	西城区裕民中路 8 号	84236719
北京市园林绿化局宣传中心	西城区裕民中路 8 号	62382262
北京市园林绿化局干部学校	西城区裕民中路 8 号	84236089
北京市园林绿化局离退休干部服务中心（东办公区）	西城区德外裕中东里甲 33 号	84236097
北京市园林绿化局离退休干部中心（西办公区）	海淀区万寿寺路 8 号	68461316
北京市园林绿化局后勤服务中心	东城区安外小黄庄北街 1 号	84236206
北京市林业勘察设计院（北京市林业资源监测中心）	西城区裕民中路 8 号	84236334
北京市园林绿化局物资供应站	西城区裕民中路 8 号	62047982
北京市园林绿化工程质量监督站	海淀区西三环中路 10 号	88653909
北京市食用林产品质量安全监督管理事务中心	西城区裕民中路 8 号	84236033
北京市八达岭林场	北京市延庆县营城子收费站西侧	81181989
北京市十三陵林场	北京市昌平区邓庄村南	89700104
北京市西山试验林场	北京市海淀区香山旱河路 6 号	62591345
北京市共青林场	北京市顺义区野生动物保护中心东侧	61496208
北京市京西林场	北京市门头沟区中门寺街 7 号	60821521
北京市松山国家级自然保护区管理处	北京市延庆县张山营镇松山管理处	69112634
北京市温泉苗圃	海淀区温泉镇	62406134
北京市天竺苗圃	北京市朝阳区首都机场南平东里一号京林大厦	64561659
北京市黄垡苗圃	大兴区礼贤镇东黄垡村北	89215260
北京市大东流苗圃	北京市昌平区小汤山镇沟流路 95 号	61711840
北京市永定河休闲森林公园管理处	石景山区京原路 55 号	88957095
北京市琅山苗圃	石景山区苹果园大街 81 号	88733618
北京市蚕种场	房山区良乡拱辰北大街 13 号	89354583
北京市森林旅游开发公司	西城区北三环中路甲 3 号	62042627

（直属单位一览表名录：杨道鹏 供稿）

市园林绿化局（首都绿化办）所属社会组织一览表
（2018）

序号	社会团体名称	会长（理事长）	业务主管处室	秘书长	成立时间
1	北京市果树产业协会	无	产业发展处	佘雅琳	2002.9
2	北京花卉协会	无	林场（花卉）处	无	1984.7
3	北京屋顶绿化协会	无	城镇绿化处	王仕豪	2006.3
4	北京林学会	尹伟伦	项目办	智信	1962
5	北京园林学会	邓乃平	城镇绿化处	揭俊	1964.10
6	北京果树学会	王玉柱	产业发展处	张开春	1955
7	北京野生动物保护协会	黄德峰	野生动植物保护处	杜连海	1986.12
8	北京市盆景艺术研究会	石万钦	林场（花卉）处	石毅	1992.6
9	北京绿化基金会	杨树田	义务植树处	杨振君	1996.3
10	北京生态文化协会	高大伟	宣传中心	吴志勇	2013.6
11	北京林业有害生物防控协会	蔡宝军	林保站	朱绍文	2016.12
12	中华民族园管理处	王平	公园管理处	无	
13	北京酒庄葡萄酒发展促进会	黄卫东	产业发展处	战吉成	

北京市登记注册公园名录（截至2018年年底363个）

市公园管理中心（11）	颐和园	天坛公园	北海公园	景山公园	陶然亭公园	玉渊潭公园
	香山公园	紫竹院公园	北京动物园	中山公园	北京市植物园	
东城区（21）	地坛公园	劳动人民文化宫	柳荫公园	青年湖公园	永定门公园（东城段）	皇城根遗址公园
	菖蒲河公园	奥林匹克社区公园	北二环城市公园	地坛园外园	明城墙遗址公园	南馆公园
	北京游乐园	龙潭西湖公园	玉蜓公园	龙潭公园	二十四节气公园	燕墩公园
	前门公园	角楼映秀公园	永定门桃园公园			
西城区（20）	什刹海公园	月坛公园	人定湖公园	北滨河公园	永定门公园（西城段）	南礼士路公园
	顺成公园	玫瑰公园	白云公园	官园公园	德胜公园	西便门城墙遗址公园
	莲花河城市休闲公园	北京大观园	万寿公园	宣武艺园	北京滨河公园	翠芳园
	丰宣公园	长椿苑公园				
朝阳区（44）	日坛公园	北京中华民族园	朝阳公园	红领巾公园	兴隆公园	元大都城垣（土城）遗址公园（朝阳段）
	奥林匹克森林公园	北京金盏郁金香花园	杜仲公园	团结湖公园	四得公园	南湖公园
	丽都公园	太阳宫公园	将府公园	东坝郊野公园	北小河公园	朝来森林公园
	太阳宫体育休闲公园	东一处公园	望湖公园	立水桥公园	大望京公园	白鹿公园
	鸿博郊野公园	镇海寺郊野公园	海棠郊野公园	京城槐园	东风公园	金田郊野公园
	八里桥公园	老君堂郊野公园	古塔公园	京城梨园	常营公园	北焦公园
	庆丰公园	朝来农艺园	京城体育场郊野公园	京城森林公园	百花公园	黄草湾郊野公园
	勇士营郊野公园	清河营郊野公园				

（续）

海淀区 （34）	圆明园遗址公园	玲珑园	会城门公园	马甸公园	阳光星期八公园	元大都城垣（土城）遗址公园(海淀段)
	海淀公园	长春健身园	上地公园	百旺公园	碧水风荷公园	温泉公园
	东升八家郊野公园	丹青圃郊野公园	玉东郊野公园	金源娱乐园	美和园公园	北极寺公园
	燕清文化体育公园	五棵松奥林匹克文化公园	巴沟山水园公园	翠微烟雨公园	北坞公园	中华世纪坛公园
	南长河公园	清河翠谷公园	王庄公园	厢黄旗公园	小营公园	中关村广场
	中央电视塔公园	车道沟公园	荷清园公园	田村城市休闲公园		
丰台区 （25）	莲花池公园	北京世界公园	鹰山森林公园	青龙湖公园	石榴庄公园	北京南宫世界地热博览园
	万芳亭公园	中国人民抗日战争纪念雕塑园	桃园公园	南苑公园	长辛店公园	丰台园区公园
	丰台花园	万泉寺公园	世界花卉大观园	怡馨花园	海子郊野公园	嘉河公园
	御康郊野公园	万丰公园	丰益公园	高鑫公园	云岗森林公园	天元郊野公园
	北京园博园					
石景山区 （10）	八大处公园	石景山游乐园	法海寺森林公园	半月园公园	松林公园	小青山公园
	石景山雕塑公园	古城公园	北京国际雕塑公园	永定河休闲森林公园		
门头沟区 （7）	黑山公园	门头沟滨河公园	滨河世纪广场	葡萄嘴山地公园	在水一方公园	东辛房公园
	石门营公园					
房山区 （35）	白水寺公园	昊天广场公园	燕山公园	韩村河公园	燕华园	北潞园健身公园
	房山迎宾公园	朝曦公园	北京中华石雕艺术公园	中国版图教育公园	圣泉公园	文体公园
	贾公祠公园	长阳体育公园	燕怡园（青年园）	双泉河公园	宏塔公园	周口店镇中心公园
	阎村文化产业园	富恒农业观光园	南洛村森林公园	京白梨大家族主题公园	府前公园	塞纳园
	青龙湖镇焦各庄公园	青龙湖镇石梯公园	青龙湖镇沙窝公园	青龙湖镇果各庄公园	青龙湖镇坨里公园	青龙湖镇常乐寺公园
	街心公园	煦畅园	韩村河龙门农业生态园	昊天公园	长阳公园	
通州区 （21）	西海子公园	漫春园	玉春园	运河公园	梨园主题公园	假山公园
	宋庄镇临水公园	三八国际友谊林公园	萧太后河公园	潞县镇圣火公园	萧太后码头遗址公园	台湖艺术公园
	减河后花园	街心花园	宋庄镇奥运森林公园	大运河森林公园	永乐文化广场	商务富锦公园
	潞城药用公园	永乐生态公园	潞城中心公园			

（续）

顺义区 （18）	顺义公园	朝凤森林公园	减河凤凰园	李各庄农民公园	卧龙公园	天竺镇公园
	怡园公园	北京汉石桥湿地公园	木林镇公园	光明文化广场公园	减河五彩园	龙湾屯双源湖公园
	顺义和谐广场公园	花卉博览会主题公园	潮白柳园	仁和公园	共青滨河森林公园	新城滨河森林公园
昌平区 （11）	昌平公园	赛场公园	南口公园	亢山公园	百善中心公园	东小口森林公园
	回龙园公园	回龙观体育公园	永安公园	半塔郊野公园	太平郊野公园	
大兴区 （29）	团河行宫遗址公园	北京中华文化园	康庄公园	街心公园	黄村儿童乐园	国际企业文化园
	兴旺公园	北京野生动物园	金星公园	杨各庄湿地公园	天水科技企业文化公园	旺兴湖郊野公园
	采育镇文化休闲公园	明珠广场	半壁店森林公园	青云店镇公园	东秀湖公园	东孙村公园
	崔营民族公园	留民营生态科普公园	兴海休闲公园	兴海公园	亦新郊野公园	南海子公园
	高米店公园	滨河公园	地铁文化公园	大兴新城滨河森林公园	枣林公园	
平谷区 （8）	平谷世纪广场	峪口广场	东鹿角街心公园	张各庄人民公园	山东庄绿宝石广场	鱼子山街心公园
	碣山文化园	琴湖公园				
怀柔区 （41）	百芳园	凤翔公园	沙峪村东公园	滨湖健身公园	体育公园	迎宾环岛公园
	八旗文化广场公园	碾子浅水湾公园	十二生肖公园	慧友文化广场公园	凤山百果园公园	绿林公园
	世纪公园	黄花城公园	八宝堂湿地公园	杨树下敛巧饭公园	狼虎哨林下休闲公园	双文铺公园
	后河套公园	板栗公园	怡然公园	后桥梓文化广场公园	小龙山公园	北京圣泉山公园
	北宅百亩公园	明星公园	法制廉政公园	汤河口镇桥头公园	满乡文化园	鹰手营公园
	乡村公园	神庙公园	马到成功公园	栗花沟公园	兴海公园	滨湖人口文化园
	乡土植物科普园	水库周边景观带状公园	世妇会纪念公园	苗营公园	燕城薰衣草儿童主题乐园	
密云县 （19）	冶仙公园	密虹公园	奥林匹克健身园	法制公园	时光公园	云启公园
	滨河公园	白河公园	太扬公园	密云县太师屯世纪体育公园	古北口村御道公园	古北口镇历史文化公园
	人民公园	不老屯镇政府公园	迎宾公园	明珠生态休闲公园	高岭公园	云水公园
	长城环岛公园					
延庆县 （9）	夏都公园	香水苑公园	江水泉公园	妫川广场	三里河湿地生态公园	百泉公园
	妫水公园	迎宾公园	张山营镇镇前公园			
城建集团 （2）	东单公园	双秀公园				

北京市市级重点公园名录（截至 2018 年年底 36 个）

序号	公园名称	序号	公园名称
	市公园管理中心(1)		丰台区(3)
1	玉渊潭公园	25	莲花池公园
		26	世界公园
	东城区(9)	27	世界花卉大观园
2	地坛公园		
3	柳荫公园		石景山区(3)
4	皇城根遗址公园	28	八大处公园
5	菖蒲河公园	29	北京国际雕塑公园
6	明城墙遗址公园	30	石景山游乐园
7	青年湖公园		
8	劳动人民文化宫		通州区(1)
9	永定门公园(东城段)	31	西海子公园
10	龙潭公园		
			顺义区(1)
	西城区(7)	32	顺义公园
11	月坛公园		
12	人定湖公园		昌平区(1)
13	宣武艺园	33	昌平公园
14	永定门公园(西城段)		
15	北京滨河公园		大兴区(1)
16	大观园	34	康庄公园
17	万寿公园		
			怀柔区(1)
	朝阳区(4)	35	世妇会纪念公园
18	日坛公园		
19	元大都城垣(土城)遗址公园(朝阳段)		密云县(1)
20	奥林匹克森林公园	36	奥林匹克健身园
21	朝阳公园		
			延庆县(2)
	海淀区(3)	37	夏都公园
22	海淀公园	38	江水泉公园
23	圆明园遗址公园		
24	元大都城垣(土城)遗址公园(海淀段)		

注：元大都城垣(土城)遗址公园、永定门公园均为跨不同行政区域的公园，各按一个公园计。

北京市精品公园名录（截至2018年）

区域	第一届（2002年）10	第二届（2003年）12	第三届（2004年）10	第四届（2005年）10	第五届（2006年）10	第六届（2007年）8	第七届（2008年）7	第八届（2010年）7	第九届（2011年）7	第十届（2012年）10	第十一届（2013年）	第十二届（2014年）	第十三届（2016年）
市属公园	颐和园、天坛、香山公园、北京植物园、中山公园	北海公园、陶然亭公园	北京动物园	景山公园、紫竹院公园		玉渊潭公园							
东城	皇城根遗址公园	菖蒲河公园、明城墙遗址公园	南馆公园、玉蜓公园	奥林匹克社区公园	地坛公园、永定门公园	北二环城市公园		青年湖公园	地坛园外园		二十四节气公园		
西城	龙潭公园	顺成公园、大观园	万寿公园	玫瑰公园、滨河公园		月坛公园、丰宣公园	人定湖公园、宣武艺园	西便门公园、莲花河公园	德胜公园	什刹海公园	白云公园		
朝阳	日坛公园	团结湖公园	朝阳公园	红领巾公园	四得公园	北小河公园	奥林匹克森林公园	古塔公园	将府公园	大望京公园	庆丰公园	兴隆公园	
海淀		元大都遗址公园	阳光星期八公园		百旺公园		长春健身园	长辛店公园	海淀公园、金源娱公园	碧水风荷公园、温泉公园、会城门公园	五棵松奥林匹克文化公园、巴沟山水园、北极寺公园	北坞公园、南长河公园	荷清园公园、车道沟公园、世纪坛公园
丰台	世界公园	莲花池公园	青龙湖公园	世界花卉大观园	南宫地热博览园	丰台花园	万芳亭公园、丰台园区公园、北宫森林公园						园博园
石景山	国际雕塑园		八大处公园										
门头沟			黑山公园		滨河世纪广场								
房山									燕怡园	塞纳园、朝曦公园	长阳公园		

（续）

区域	第一届(2002年)10	第二届(2003年)12	第三届(2004年)10	第四届(2005年)10	第五届(2006年)10	第六届(2007年)8	第七届(2008年)7	第八届(2010年)7	第九届(2011年)7	第十届(2012年)10	第十一届(2013年)	第十二届(2014年)	第十三届(2016年)
通州								运河公园		大运河森林公园			潞城中心公园
顺义		顺义公园		卧龙公园	减河五彩园			光明文化广场			仁和公园		汉石桥湿地公园
昌平									昌平公园	南口公园	永安公园		
大兴			康庄公园		中华文化园							地铁文化公园	南海子郊野公园
平谷										世纪广场			
怀柔				世妇会纪念公园	滨湖公园								
密云		奥林匹克健身园			江水泉公园								
延庆		夏都公园				妫川广场							

索　引

A

爱鸟周　117，251，343

案例要举　130

安全生产　131，140，245，247，252，
280，318

B

北京市园林绿化局执法监察大队　190

北京市林业工作总站　192

北京市林业保护站　194

北京市林业种子苗木管理总站　198

北京市野生动物保护自然保护区管理站
200

北京市水源保护林试验工作站　202

北京市蚕业蜂业管理站　204

北京市林业基金管理站　205

北京市野生动物救护中心　206

北京市园林绿化局直属森林防火队　208

北京市绿化事务服务中心　210

北京市林业碳汇工作办公室　217

北京市园林绿化局信息中心　219

北京市园林绿化宣传中心　221

北京市园林绿化局干部学校　222

北京市园林绿化局离退休干部服务中心
225

北京市园林绿化局后勤服务中心　226

北京市林业勘察设计院　228

北京市园林绿化局物资供应站　231

北京市园林绿化工程质量监督站　232

北京市食用林产品质量安全监督管理事务
中心　235

北京市八达岭林场　237

北京市十三陵林场　242

北京市西山试验林场　245

北京市共青林场　247

北京市京西林场　250

北京松山国家级自然保护区管理处　253

北京市温泉苗圃　256

北京市天竺苗圃　258

北京市黄垡苗圃　260

北京市大东流苗圃　263

北京市永定河休闲森林公园管理处　265

北京市琅山苗圃　267

北京市蚕种场　269

病虫害　310，328，329

标准化　100，132，140，158，169

博览会　110，138，344

C

场圃　156，157

彩色树种　92，339

城市副中心　93，103，104，126，137，
　141，173，234，305

朝阳区园林绿化局　281

昌平区园林绿化局　318

D

第九届北京郁金香文化节　107

第四届百合文化节　108

第十届北京菊花文化节　108，344

道路绿化　136

东城区园林绿化局　272

大兴区园林绿化局　311

F

风沙源治理　92，202，229，252，300，
　333，339

飞机防治　125

蜂产业　113，305，317，336，340

蜂业　204

风景名胜区　152，154，155

丰台区园林绿化局　290

房山区园林绿化局　301

G

公益林管护　229，300，333，339

古树名木　120，121，122，213，242，
　246，276，300，303，315，321，325，
　327，246

公路河道绿化　91，339

国际森林日　97，302

共和国部长　98

国际合作　99，102，217，218，261

果园　110，111，112，329，335

果树基金　112

果品产业　110，309，315，340

公安执法　129，309

国有林场　53，156，239，244，245

国家公园　212，237，239

干部队伍　177，178，249

公共绿地　288

H

花卉产业　107，309，321，340

海棠花节　282

海淀区园林绿化局　285

怀柔区园林绿化局　330

J

基层林业站　157

监测预报　197，314

京冀生态水源保护林　92

京津风沙源治理　92，202，229，252，
　300，333，339

京西林场　250，251

纪念林　99，334

郊野公园　28，32，42，55，76，84，93，
　96，152，190，259，285，293，298，
　315，319

集体林权　133，132，289

K

科学研究　167

科技创新　167，264，305

科学技术　166

科普　255，262，282，324，336

L

林地保护　123，310

林业案件　327，345

绿色产业　105

林政执法　254，289

林业有害生物　125，126，186，195，
　197，246，297，303，314，337，346，
　347

林木抚育　91，300，333，339

林业有害生物　125，126，127，186，

195，196，246，297，303，314，337，346，348

绿地监管 321

绿化规划 163

绿化带 142，213，286，312

绿化景观 138

绿化美化 139，210，275，285，286，292，296，299，305，308，317，333，349，358

林业碳汇 99，100，217

林下经济 115，316，336

林业科研 246

立体绿化 139

林政资源 123，125，243，246，309，338，341

M

苗圃 105，156，198，256，258，259，260，263，267，270，300，306，336

苗木 198，211，244，256，258，261，344

蜜蜂 113，114，336

门头沟区园林绿化局 298

密云区园林绿化局 338

N

年宵花展 107

农村林业改革 133

P

平原造林 332

平原生态林 55，193，333，334，345

苹果文化节 320

平谷区园林绿化局 322

Q

全民义务植树 97，173，214，249，273，278，283，286，291，302，313，340

R

荣誉 194，216，220，306，317，349

认养 225，296

S

生态文明 15，255

生态文化 187，239

生态环境 91，161

森林文化 102，154，218，219，268

森林防火 24，49，128，208，240，246，252，255，283，287，293，298，299，303，305，323，324，325，328，336，337，341，344

三北防护林 2，194，317

湿地 95，96，97，122，266，279，310，323，324，327，341

生态保护 171，239

森林资源 123，124，156，237，248，346，362

森林公园 237，265，273，306，341

森林疗养 102，218

森林健康 91，214，255，286，300，320，333，339

森林抚育 229，239

森林城市 297，304，325，331，340，346

食用林产品 325，305，3116

山区生态 310，324，326

首都绿色文化碑林管理处 211

石景山区园林绿化局 294

T

太行山绿化 92

通州区园林绿化局 304

土壤污染 166

退耕还林 172，202

W

屋顶绿化　183，275，313，334，341

五河十路　333

X

休闲公园　273

乡村绿化　9，37，46，72，103，158，169

小微绿地　334

信息化建设　172

西城区园林绿化局　277

Y

一带一路　3，13，14，24，29，41，99，108，187

雨燕保护　185

野生动植物　116，117，119，171，201，289，294，302

野生动物保护　118，157，184，190，200，201，207，283，315，321，328，337，341

园林博览会　136

月季　108，109，110，273，275，312

园林绿化　15，19，27，60，65，84，96，99，100，101，118，119，123，124，137，139，141，157，161，163，164，165，166，168，169，171，173，174，175，182，190，191，193，196，202，213，224，234，242，259，263，272，276，305，366

杨柳飞絮治理　275，307，315，318，341

延庆区园林绿化局　342

Z

资源保护　105，124，136，157，171，191，248，284，294，300，316

自然保护区　96，116，118，200，253，255，347

中央军委　98

政协领导　98，282

种苗产业　104，289，309，316，340

执法检查　153，229

植物检疫　197，337

后　记

　　《北京园林绿化年鉴》是由北京市园林绿化局主办，北京市园林绿化局编纂委员会编纂的年度性资料文献。《北京园林绿化年鉴》编辑部设在北京市园林绿化局史志办。

　　《北京园林绿化年鉴》(2019 年版)的顺利编辑出版，是在市园林绿化局党组的正确领导下，全市园林绿化部门和有关单位各级领导、特约编辑、撰稿和编审人员辛勤劳动的成果。在此，我们谨对各位同仁长期不懈给予年鉴事业的关心、支持和奉献表示衷心的感谢！

　　《北京园林绿化年鉴》(2016 年版)荣获第二届北京市年鉴编校质量评比二等奖。

　　2019 年版基本保持《北京园林绿化年鉴》(2018 年版)的总体框架结构，插图107 幅，总字数约 61 万字。并根据年鉴体例和业务情况作了局部调整和修改，但由于我们的编辑水平所限，仍有疏漏或欠妥之处，望各级领导和读者予以指正，以利改进。

编　者

2019 年 10 月 20 日